FeuerTrutz Brandschutzkongress 2023
21./22. Juni 2023 in Nürnberg

FeuerTrutz Brandschutzkongress 2023

21./22. Juni 2023 in Nürnberg

Kongress für vorbeugenden Brandschutz in Deutschland

Veranstalter

FeuerTrutz
Network für Brandschutz

RM Rudolf Müller

© 2023 RM Rudolf Müller Medien GmbH & Co. KG, Stolberger Straße 84, 50933 Köln
Alle Rechte vorbehalten.

Das Werk einschließlich seiner Bestandteile ist urheberrechtlich geschützt. Jede Verwertung außerhalb der engen Grenzen des Urheberrechtsgesetzes ist ohne die Zustimmung des Verlages unzulässig und strafbar. Dies gilt insbesondere für Vervielfältigungen, Bearbeitungen, Übersetzungen, Mikroverfilmungen und die Einspeicherung und Verarbeitung in elektronischen Systemen. Wir behalten uns eine Nutzung unserer Inhalte für Text und Data Mining im Sinne von § 44b UrhG ausdrücklich vor.

Wiedergabe von DIN-Normen mit Erlaubnis des DIN Deutsches Institut für Normung e. V. Maßgebend für das Anwenden von Normen ist deren Fassung mit dem neuesten Ausgabedatum, die bei der Beuth Verlag GmbH, Burggrafenstraße 6, 10787 Berlin, erhältlich ist. Maßgebend für das Anwenden von Regelwerken, Richtlinien, Merkblättern, Hinweisen, Verordnungen usw. ist deren Fassung mit dem neusten Ausgabedatum, die bei der jeweiligen herausgebenden Institution erhältlich ist. Zitate aus Normen, Merkblättern usw. wurden, unabhängig von ihrem Ausgabedatum, in neuer deutscher Rechtschreibung abgedruckt.

Aus Gründen der besseren Lesbarkeit wird bei Personenbezeichnungen und personenbezogenen Hauptwörtern die männliche Form verwendet. Entsprechende Begriffe gelten im Sinne der Gleichbehandlung grundsätzlich für alle Geschlechter. Die verkürzte Sprachform hat nur redaktionelle Gründe und beinhaltet keine Wertung.

Das vorliegende Werk wurde mit größter Sorgfalt erstellt. Verlag und Autoren können dennoch für die inhaltliche und technische Fehlerfreiheit, Aktualität und Vollständigkeit des Werkes und seiner elektronischen Bestandteile (Internetseiten) keine Haftung übernehmen.

Wir freuen uns Ihre Meinung über diesen Tagungsband zu erfahren. Bitte teilen Sie uns Ihre Anregungen, Hinweise oder Fragen per E-Mail: fachmedien.brandschutz@rudolf-mueller.de oder Telefax: 0221 5497-140 mit.

Umschlaggestaltung und Satz: Hardy Kettlitz, Berlin
Druck und Bindearbeiten: Westermann Druck Zwickau GmbH, Zwickau
Printed in Germany

ISBN 978-3-481-04670-5
ISBN 978-3-481-04640-8 (E-Book-Ausgabe als PDF)

FSC
www.fsc.org
MIX
Papier aus verantwortungsvollen Quellen
FSC® C110508

Grußworte

FeuerTrutz

Sehr geehrte Kongressbesucherinnen und -besucher,

der FeuerTrutz Brandschutzkongress steht 2023 erstmals nicht unter einem konkreten Motto. Zwar gibt es Themen wie Nachhaltigkeit und Holzbau, die gerade viel Aufmerksamkeit erlangen und auch verdienen, aber der Brandschutzkongress hat den Anspruch, breit gefächert viele aktuelle Fragestellungen aufzugreifen. Das eine, alles überragende Thema gibt es aus meiner Sicht zurzeit nicht. Diese Vielfalt von Vorträgen – 42 an der Zahl – spiegelt auch sehr gut die vielfältigen Herausforderungen wider, mit denen Sie als am vorbeugenden Brandschutz Beteiligte regelmäßig konfrontiert werden. Schwerpunkte bilden in diesem Jahr die Themen „Brandschutz im Holzbau", „Brandschutzkonzept 1+2", und „Energiewende und Brandschutz". Aber letztlich entscheiden eben Sie, wo Ihr konkreter Bedarf liegt und wählen entsprechend aus.

Zu fast allen der in 12 thematische Blöcke gegliederten Vorträge finden Sie im vorliegenden Tagungsband Erläuterungen – oft mit weiterführenden Informationen und Quellenangaben. Er dient damit der Vertiefung, als Nachschlagewerk für die Vorträge, die Sie nicht live verfolgen können, und als Ort für Ihre Notizen. Es sei daran erinnert, dass Sie alle Vorträge, über die der Livestream erfolgt ist, auch im Nachgang zum Kongress sechs Monate lang auf der Online-Plattform ansehen können, egal ob Sie den Kongress vor Ort in Nürnberg oder digital verfolgt haben.

Den Referentinnen und Referenten, die zusätzlich zu Ihren Vorträgen auch die hier versammelten Artikel verfasst haben, gehört mein Dank. Nicht nur für die Zeit und Mühe, die sie aufgewendet haben, sondern vor allem für die Bereitschaft ihr Wissen und Ihre Meinungen zu teilen. So unterstützen sie den Wissenstransfer in unserer Branche und bereiten besseren oder neuen Lösungen im vorbeugenden Brandschutz den Weg.

Ich hoffe, Sie profitieren von zwei informativen Kongresstagen und von den damit verbundenen Begegnungen und freue mich über Ihr offenes Feedback sowie Hinweise auf unberücksichtigte Themen, die wir künftig aufgreifen sollten an a.gesellchen@rudolf-mueller.de.

Ihr

André Gesellchen

Leitung Programm FeuerTrutz

Sehr geehrte Damen und Herren,

liebe Messebesucherinnen und Messebesucher,

am **21. und 22. Juni 2023** treffen sich in Nürnberg nun bereits zum 12. Mal Brandschutzfachleute aus Wirtschaft, Industrie, Bauwesen und Behörden, um sich bei der Fachmesse „Feuertrutz2023 = vorbeugender Brandschutz" zu aktuellen und grundsätzlichen Themen im baulichen, anlagentechnischen und organisatorischen Brandschutz auszutauschen.

Hier können Sie sich zum einen durch ein großes Ausstellungsangebot einen umfassenden Überblick über die technischen Möglichkeiten verschaffen; zum anderen fördert der begleitende, hochkarätige Brandschutzkongress den fachlichen Austausch und die Kommunikation untereinander. Ebenso können Sie sich auf den Fachforen umfassend rund um die aktuellen Themen der Branche informieren.

Und es gibt auch dieses Jahr wieder viel Neues zu entdecken: Premiere auf der FeuerTrutz feiert 2023 das Forum „Digitalisierung praktisch gestalten". Dieses steht ganz im Zeichen des zentralen Zukunftsthemas Digitalisierung. Hier geht es um die Praxis: Unternehmen aus dem Bereich Brandschutz teilen ihre konkreten Erfahrungen und best case Beispiele rund um die Digitalisierung. Auch neu in diesem Jahr ist die Talk-Runde „Das Rote Sofa", in der Experten direkt im Messegeschehen über vorbeugenden Brandschutz diskutieren.

Bestehen bleibt das bewährte Aussteller-Fachforum. Neu hinzu kommt das asecos Forum – ebenfalls eine Premiere. Neben den Berichten von Ausstellern über ihre Innovationen und Lösungen gibt es hier diesmal einen Expertenblock mit Brandversuchen.

Eines der alljährlichen Highlights bildet wieder das ERLEBNIS Brandschutz mit Indoor und Outdoor Live-Vorführungen. Darüber hinaus bietet das Rahmenprogramm der FeuerTrutz eine Jobbörse und den Treffpunkt Bildung & Karriere. Die für die Zukunft ungemein wichtige Plattform „GMSJU/Start-Up Area" bündelt neu entwickelte, innovative Produkte und Verfahren beim Gemeinschaftsstand junger Unternehmen. Ob Investor, Verkäufer, Käufer oder einfach nur interessiert, schauen Sie sich um in der neuen Welt des Brandschutzes. Ich wünsche diesem Gemeinschaftsstand junger innovativer Unternehmen sowie der Start-up-Area viel Erfolg!

Ich freue mich sehr, dass die Messe wieder unter normalen Umständen stattfinden kann und wünsche Ihnen einen sehr interessanten und erfolgreichen Messe- und Kongressverlauf. Nehmen Sie auch in diesem Jahr wieder neue Anregungen und Impulse mit, damit der Brandschutz stets auf dem aktuellem Stand bleibt.

Marcus König

Oberbürgermeister der Stadt Nürnberg

Sehr geehrte Leserinnen und Leser,
liebe Teilnehmerinnen und Teilnehmer,

DIvB
Deutsches Institut
für vorbeugenden Brandschutz e.V.

die „Zeitenwende" nimmt Kurs auf den Brandschutz! Deutschland braucht zwar dringend zusätzlichen Wohnraum, die stark gestiegenen Bau- und Finanzierungskosten würden jedoch zu unbezahlbar hohen Mieten führen. Auch für viele private Bauwillige ist der Traum von den eigenen vier Wänden geplatzt. Neben der Politik versuchen zahlreiche Verbände der Bauwirtschaft den Wohnungsbau wieder in Schwung zu bringen – mit potenziellen Auswirkungen auf den Brandschutz.

Zum „Wohnungsbautag 2023" am 20. April 2023 haben die sieben im „Verbändebündnis Wohnungsbau" zusammengeschlossenen Organisationen der Bau- und Immobilienwirtschaft Vorschläge für ein schnelleres und kostengünstigeres Bauen präsentiert. Im Wesentlichen geht es um Klimaschutz und um Deregulierung. Spätestens hier kommt der Brandschutz ins Spiel, denn als konkrete Wohnungsbauhindernisse benennt die Bauwirtschaft: „… den Schall- und Brandschutz, Vorgaben bei Stellplätzen, für Außenanlagen und beim Material für Gebäudefassaden."

Seit seiner Gründung tritt zwar auch das DIvB für eine Deregulierung ein, allerdings nicht durch eine Absenkung der hohen Sicherheitsstandards im Brandschutz, sondern durch ein bundesweit einheitliches Baurecht. Ob die Initiative der Bauwirtschaft oder die derzeit laufende Neufassung der Musterbauordnung (MBO) den Wohnungsbau erleichtert, bleibt abzuwarten. Es wäre schon viel gewonnen, wenn sich die Länder anschließend dazu durchringen könnten, die MBO möglichst unverändert ins Baurecht zu übertragen.

Was wir für mehr Wohnungsbau brauchen, ist eine Genehmigungspraxis mit Augenmaß. Das DIvB hat sich daher einer Initiative von Architects4Future (A4F) und dem Bund Deutscher Architektinnen und Architekten (BDA) angeschlossen und in einem offenen Brief an die ARGEBAU für ein möglichst einheitliches behördliches Vorgehen bei Bauanträgen im Gebäudebestand geworben. Ohne einen Kraftakt aller beteiligter Interessengruppen wird sich der Wohnungsmarkt weder für Mieter noch für Bauwillige und auch nicht für die Bauwirtschaft zum Positiven ändern. Und die Klimaschutzziele im Gebäudesektor würden in noch weitere Ferne rücken. – Reden wir darüber, gerne bei uns am Messestand.

Wir wünschen allen Teilnehmenden und dem Veranstalter eine erfolgreiche FeuerTrutz.

Ihr Roman Rupp
Präsident des Deutschen Instituts für vorbeugenden Brandschutz e. V. (DIvB)

Sehr geehrte Teilnehmende, Mitwirkende und Referierende des FeuerTrutz Brandschutzkongresses,

der FeuerTrutz-Kongress 2023 mit seinen drei Kongresszügen in den 12 thematischen Vortragsblöcken und über 40 Einzelvorträgen steht in diesem Jahr unter dem Veranstaltungsmotto

„Brandschutz im Fokus".

Fokus wird aus dem Lateinischen mit „focus" übersetzt, was passenderweise „Feuerstätte" bedeutet. Gemeint ist damit der Brennpunkt als jener besondere Punkt, in dem sich die Strahlen schneiden, also sich aus verschiedenen Blickwinkeln zentral kreuzen. Genau diesen Brennpunkt bildet mit den Blickwinkeln des baulichen, technischen und organisatorischen Brandschutzes der FeuerTrutz-Kongress.

- Bestand, Umbau oder Sanierung:
  Brandschutz steht im Fokus der Zeit.
- Digitalisierung, Forschung, Regelwerke:
  Brandschutz steht im Fokus der Technik.
- Zukunftstechnologien, Impulse, Erfahrungen:
  Brandschutz steht im Fokus der Menschen.

Eine Fokussierung bedeutet auch Priorisierung, mit der wir unsere gesamte Aufmerksamkeit auf eine einzige Aufgabe lenken, um sich uneingeschränkt auf eine Sache konzentrieren zu können. Der Fokus ist wichtig, um schwierige Aufgaben zu lösen, kreativ zu denken und effizient arbeiten zu können. Die bewährte Kombination aus Fachkongress und begleitender Messe aus allen Bereichen des vorbeugenden Brandschutzes bietet Ihnen eine Konzentration der aktuellen Themen des Brandschutzes.

Als Vorsitzender des Vereins der Brandschutzbeauftragten in Deutschland e. V. (VBBD) freue ich mich, Sie auch in diesem Jahr als ideeller Partner zum FeuerTrutz-Brandschutzkongress 2023 und der begleitenden Fachmesse in Nürnberg begrüßen zu können. Lassen Sie uns mit einem intensiven Erfahrungsaustausch während der zwei folgenden Tage den Brandschutz in den Fokus stellen.

Mit freundlichen Grüßen

Lars Oliver Laschinsky

1. Vorsitzender
Verein der Brandschutzbeauftragten in Deutschland e. V. (VBBD)

Sehr geehrte Kongress-Teilnehmer*innen!

Die Vereinigung der Brandschutzplaner begrüßt Sie sehr herzlich zu dieser Highlight-Veranstaltung der Brandschutzbranche und dankt allen Beteiligten von FeuerTrutz Network zum wiederholten Male für die Durchführung des Kongresses.

Höchste Attraktivität versprechen auch das Löschtechnik-Seminar im NCC-Ost, die Aktionen im Außengelände sowie die Aussteller-Fachforen in der Messehalle und nicht zuletzt die Gemeinschaftsstände zu „Innovationen" sowie „Bildung & Karriere".

Wir – die VdBP – leisten unseren Beitrag an unserem Messestand in Halle 4 Stand 333.

Gemäß unserer Vereinssatzung fördern wir die Expertise der Brandschutzplaner und bieten während des Jahres zahlreiche Möglichkeiten zum Meinungs- und Erfahrungsaustausch.

Insbesondere die schutzzielbezogenen Interpretationsmöglichkeiten von ungeregelten Rechtsbegriffen im Baurecht als auch die Feinheiten im Bauproduktenrecht bis hin zum organisatorischen und nicht zuletzt dem abwehrenden Brandschutz sind unseren Mitgliedern ein Anliegen. Nur durch eine offene Kommunikation und Berücksichtigung der funktionalen, gestalterischen sowie konstruktiven Belange wird ein genehmigungsfähiges Brandschutzkonzept auch zu wirtschaftlichen Baukosten und praxisgerechter Nutzung führen.

Die Planerseite muss gemeinsam daran arbeiten, dass die häufig vorzufindende Ignoranz der Brandschutzeinrichtungen ein Ende findet. Gemeint sind insbesondere das Verkeilen von Brandschutztüren, das Verstellen von Rettungswegen und der leichtsinnige Umgang mit Brandgefahren.

Zahlreiche große Herausforderungen für die Brandschutzbranche resultieren aus den neuen Energiekonzepten – Elektromobilität und Wasserstoff – und den nachhaltigen Baustoffen in einer neuartigen Verarbeitung – wie Stampflehm, Strohdämmung und Brettsperrholz – und sind am besten im Dialog zu bewältigen. Ob aus der Forschung und Entwicklung oder Herstellung und Anwendung ist jeder aufgefordert mit seinem Wissen für eine erfolgreiche Zukunft beizutragen.

In diesem Sinne wünschen wir allen Messebeteiligten und allen Teilnehmer*innen viel Mut und Erfolg und freuen uns auf viele weitere Veranstaltungen mit FeuerTrutz.

Anton Pavic
VdBP Vereinigung der Brandschutzplaner e. V.
1. Vorsitzender

ZVEI:

Die Elektroindustrie

Liebe Teilnehmerinnen und Teilnehmer des FeuerTrutz,

der FeuerTrutz als Kongressmesse hat in der sich nach der Corona-Pandemie neu sortierenden Messe- und Veranstaltungslandschaft einen hohen Stellenwert. Das Treffen von Kollegen, Partnern und Marktbegleitern, das Fachsimpeln und Diskutieren, kurz das Miteinander und das Menschliche sind auch im Zeitalter der Digitalisierung nicht zu ersetzen.

Brandschutz ist und bleibt wichtig, weil Komplexität und Anforderungen an moderne Gebäude hinsichtlich Nutzung, Größe und architektonischer Individualität steigen. Davon profitiert die Anlagentechnik als eigenständiges Maßnahmenpaket, aber auch als Kompensationsmechanismus zur Überwindung baulicher Restriktionen in besonderem Maße. Hinzu kommt die Forderung nach einer höheren Wirtschaftlichkeit, Energieeffizienz und flexiblerer Nutzung von Gebäuden, ohne Abstriche bei den Schutzzielen zu machen. Und schließlich bieten die Energiewende und ihre Umsetzungsmaßnahmen, wie das Gebäudeenergiegesetz (GEG) oder die „Energy Performance of Buildings Directive" der EU, Chancen für den anlagentechnischen Brandschutz. Systeme zur Rauchableitung und Lüftung in Aufzugsschächten (RLA) können zur Vermeidung von rund 2 Mio. t CO_2-Emissionen beitragen, wie das ifeu-Institut bestätigt hat, und werden voraussichtlich als Maßnahme in das GEG implementiert.

Hinzu kommen neue Themen wie der Brandschutz im Zeichen der Stromspeicherung in Lithium-Ionen-Akkus oder die Früherkennung von großflächigen Wald- oder Deponiebränden durch videobasierte Branderkennung und Wärmebildkameras. Mit diesen Themen setzen wir uns als ZVEI aktiv auseinander – auch beim FeuerTrutz.

Unser rechtlicher und normativer Rahmen unterliegt mit der Bauprodukten-Verordnung und dem begleitenden Acquis-Prozess einem tiefgreifenden Wandel. Noch sind nicht alle Facetten der Regulierung und der künftig in diesem Rahmen stattfindenden Normung durchanalysiert. Doch ist dieser Rahmen notwendig, um im Wege der Kompensation wie bisher so auch künftig Anlagentechnik im Gebäude – gleichwertig mit baulichen Maßnahmen – einsetzen zu können.

Daneben stellen uns die Digitalisierung von Produkten und Dienstleistungen und die digitalen Prozesse rund um das Planen, Bauen und Betreiben von Gebäuden vor neue Aufgaben, versprechen aber auch neue und attraktive Geschäftsmodelle.

Der ZVEI beschäftigt sich mit all diesen Fragen und engagiert sich in der Normung und Standardisierung. Wir unterstützen Forschungs- und Entwicklungsprojekte und setzen uns für Innovation und Qualität im „Wertschöpfungsnetzwerk Sicherheit" ein. Vorbeugender Brandschutz ist immer auch das Zusammenspiel unterschiedlicher Ansätze und Technologien. Auf der Suche nach Konzepten und Lösungen wollen wir alle Beteiligten einbeziehen: Planer, Architekten, Ingenieure, Bauaufsicht, Sachverständige, Errichter, Hersteller, Bauherren, Betreiber und die Politik als Regelsetzer. Unser Ziel ist es, das Bewusstsein und das Wissen um die Möglichkeiten und Rahmenbedingungen des anlagen- und gebäudetechnischen Brandschutzes zu fördern im Dialog mit Ihnen.

Wir wünschen dem FeuerTrutz 2023 viel Erfolg und allen Messe- und Kongressbesuchern ebenso wie den Ausstellern neue Erkenntnisse, Kontakte und einen inspirierenden Gedankenaustausch.

Dirk Dingfelder
Vorsitzender ZVEI-Fachverband Sicherheit

Inhalt

Grußworte	5
Veranstalter und ideelle Träger	16
Sponsoren	18
Übersichtsplan Kongresszüge	19
Brandschutzkongress 2024	20

Block A
Kongresszug 1 *Brandschutzkonzept 1*

A 1.1   *Bernd Steinhofer*
Brennt es in Deutschland anders als in Österreich? –
Vergleich der Rettungswegsystematik   21

A 1.2   *Prof. Dr.-Ing. habil. Gerd Geburtig*
Raus aus der Komfortzone: Den Brandschutz neu denken!   29

A 1.3   *Dipl.-Ing. Josef Mayr*
Fortschritt oder Wildwuchs? 40 Jahre Brandschutz in Deutschland   41

Kongresszug 2 *Brandschutz im Holzbau*

A 2.1   *M.Sc. Thomas Engel, Dr.-Ing. Norman Werther, M.Eng. Christoph Kurzer, Univ.-Prof. Dr.-Ing. Stefan Winter*
Brandschutz im mehrgeschossigen Holzbau   45

A 2.2   *Univ.-Prof. Dr.-Ing. Jochen Zehfuß, Sven Brunkhorst*
Der Beitrag sichtbarer Holzoberflächen zur
Brandentwicklung in Holzbauten   55

A 2.3   *Dr. Michael Merk*
Ein Blick in die Zukunft – was tut sich in der bauordnungsrechtlichen
Weiterentwicklung der MHolzBauRL?   63

A 2.4   *Norman Werther*
Technische Regeln zur Brandschutzbemessung im Holzbau –
was bringen DIN 4102-4 und Eurocode 5 in Zukunft   69

Kongresszug 3   Betrieblich-organisatorischer Brandschutz

A 3.1   Paul Benz
Brandschutz aus Sicht des Brandschutzsachverständigen bei einer
Projektbearbeitung/-abwicklung   85

A 3.2   Stefan Deschermeier
Erweiterungen zu Anforderungen an die Löschwasserrückhaltung   87

A 3.3   Lars Oliver Laschinsky
Neues aus der ASR A 2.3: Haupt- und Nebenfluchtwege,
Türen und Notausgänge, Sammelstellen   93

A 3.4   Prof. Dr.-Ing. Marion Meinert
Unterstützung der Feuerwehr durch den Brandschutzbeauftragten   111

Block B
Kongresszug 1   Brandschutz-Recht

B 1.1   Dr. Michael Neupert
Vorlageberechtigung für Brandschutzkonzepte   117

B 1.2   Dipl.Verw. (FH), Rechtsanwalt Stefan Koch
Aktuelle Rechtsprechung zum Brandschutz   123

B 1.3   Dipl.-Ing. Knut Czepuck
Rechtscharakter von Normen mit aktuellen Beispielen   131

B 1.4   Dipl.-Ing. (FH) Torsten Pfeiffer
Anschließbarkeit von Komponenten an eine BMZ
„Können" vs. „Dürfen"   137

Kongresszug 2   Brandschutz im Bestand

B 2.1   Lutz Battran
Brandschutz bei Umbau und Sanierung   147

B 2.2   Ralf Abraham
Auf dem Weg zu einer Umbauordnung –
Aufzeigen von Ermessensspielräumen   159

B 2.3   Prof. Dr.-Ing. habil. Gerd Geburtig
Angemessener Brandschutz bei Baudenkmalen – Praxisbeispiele   165

B 2.4   Angelo Tonn
Der Brandschutzkoordinator am Hauptbahnhof Frankfurt a. M. –
Umbau B–Ebene   187

Kongresszug 3 Anlagentechnik

B 3.1 *Eike Peltzer*
Fluorfreie Schaummittel in Löschanlagen 193

B 3.2 *Frank Wienböker*
Funktionale Sicherheit von Druckbelüftungsanlagen,
das 1 x 1 der Druckbelüftungsanlagen 197

B 3.3 *Peter Vogelsang und Tobias Endreß*
Druckbelüftungsanlagen anders denken 203

B 3.4 *Miriam Braun und Bastian Nagel*
Keine BMA ohne Konzept – Neues Brandmelde- und Alarmierungskonzept schafft Klarheit und schließt entscheidende Lücken 211

Block C
Kongresszug 1 *Brandschutzkonzept 2*

C 1.1 *Dipl.-Ing. (FH) Frank Lucka, M.Eng.*
Sicherheitstechnisches Steuerungskonzept – Pflicht oder Kür 215

C 1.2 *Dipl.-Ing. (FH) Christoph Vahlhaus, Ing. Patrick Sonntag, M.Sc.*
Brauchen wir ein Brandschutzausführungskonzept? 241

C 1.3 *Dipl.-Ing. Matthias Dietrich*
Der notwendige Flur – das unbekannte Wesen 247

C 1.4 *Rechtsanwalt Stefan Koch*
Besteht ein Anspruch auf Abweichungen? 263

Kongresszug 2 *Energiewende und Brandschutz - PV-Anlagen, Speicher, Mobilität*

C 2.1 *Lutz Erbe*
PV-Anlagen auf Dächern mit brennbaren Baustoffen –
ist das noch zulässig? Schäden, Urteile, Technik und Regeln 269

C 2.2 *Dr. Dana Meißner*
Transport alternativ betriebener Fahrzeuge auf RORO-Fährschiffen 277

C 2.3 *Marco Schmöller*
Umgang mit Lithium-Batterien – (wie) ist das geregelt?
Bewertung aus Sicht des Nachweiserstellers 285

Kongresszug 3 *Bauproduktenrecht und Normung*

C 3.1	Johanna Bartling MVV TB Ausgabe 2023-1: Was ändert sich?	293
C 3.2	Knut Czepuck Verzichtserklärung oder Duldung von Bauprodukten ohne Nachweis durch Oberste Bauaufsicht	295
C 3.3	Dr. Till Fischer und Dipl.-Ing. Thomas Krause-Czeranka Bauaufsichtliche Nachweise: Wunsch und Wirklichkeit – Jurist und Techniker im Dialog	303
C 3.4	Dr. Sebastian Hauswaldt Anschlüsse von Balkonen, Laubengängen und Wintergärten – Anforderungen und Nachweise	313

Block D
Kongresszug 1 *Neu geregelt – Update 2023*

D 1.1	Manfred Lippe, Frank Möller Gebäudetechnischer Brandschutz in der Praxis	323

Kongresszug 2 *BIM und Digitalisierung im Brandschutz*

D 2.1	Carsten Janiec, Prof. Dr. Eugen Nachtigall Ausfall kritischer Infrastruktur: Ein Thema für den vorbeugenden Brandschutz?	347
D 2.2	Dipl.-Ing. Martin Hamann Die Digitalisierung im Prüfprozess bautechnischer Nachweise – neue digitale Werkzeuge unterstützen medienbruchfreies und effizientes Arbeiten	357
D 2.3	Dr.-Ing. Manuel Kitzlinger BIM im Brandschutz – wo stehen wir und wie geht es weiter?	367

Kongresszug 3 *Ingenieurmethoden im Brandschutz*

D 3.1	Dr. Benjamin Schröder Zwischen Anspruch und Wirklichkeit: Ingenieurtechnische Nachweise im Brandschutz	371
D 3.2	Prof. Dr. Kathrin Grewolls und Dr. Gerald Grewolls Mehr als nur Evakuierung: Personenströme simulieren	379

Anhang

A.0	Download der Referentenvorträge und Zugang zur Aufzeichnung der Vorträge	387
A.1	Referenten	389

Veranstalter und ideelle Träger

Veranstalter

FeuerTrutz
Network für Brandschutz

RM Rudolf Müller Medien GmbH & Co. KG
Geschäftsfeld Brandschutz (FeuerTrutz)
Stolberger Str. 84
50933 Köln

Telefon + 49 (0)221 5497-500
Telefax + 49 (0)221 5497-140
veranstaltungen@rudolf-mueller.de
www.feuertrutz.de
www.brandschutzkongress.de

Ideelle Träger

Deutsches Institut für vorbeugenden Brandschutz e. V. (DIvB)
Brunnenstraße 156, 10115 Berlin

Telefon + 49 (0)30 25732103
info@divb.org, www.divb.org

Vereinigung der Brandschutzplaner e. V. (VdBP)
Anton-Böck-Str. 34, 81249 München

Telefon + 49 (0)152 26225713
info@vdbp.de, www.vdbp.de

Verein der Brandschutzbeauftragten in Deutschland e. V. (VBBD)
Reeseberg 3, 21079 Hamburg

Telefon +49 (0)40 33484164
office@vbbd.de, www.vbbd.de

ZVEI e.V.
Verband der Elektro- und Digitalindustrie
Fachverband Sicherheit und Arge Errichter und Planer
Lyoner Str. 9, 60528 Frankfurt am Main

Telefon: +49(0)69 6302-0
zvei@zvei.org, www.zvei.org

Sponsoren

Mit freundlicher Unterstützung von:

Colt International GmbH
Briener Straße 186, 47533 Kleve
Telefon: +49 (0) 2821 990-262
Telefax: +49 (0) 2821 990-263
colt-info@de.coltgroup.com
www.colt-info.de

Holzbau Schmid GmbH & Co. KG
Ziegelhau 1-4, 73099 Adelberg
Telefon +49 (0) 7166-5777
Telefax +49 (0) 7166-5719
info@hoba.de
www.hoba.de

Stöbich Brandschutz GmbH
Pracherstieg 6, 38644 Goslar
Telefon: +49 (0) 5321 5708-0
Telefax: +49 (0) 5321 5708-1150
info@stoebich.com
www.stoebich.de

ZAPP-ZIMMERMANN GmbH
Marconistraße 7-9, 50769 Köln
Telefon +49 (0) 221 97061-0
Telefax +49 (0) 221 97061-929
info@z-z.de
www.z-z.de

Übersichtsplan Kongresszüge

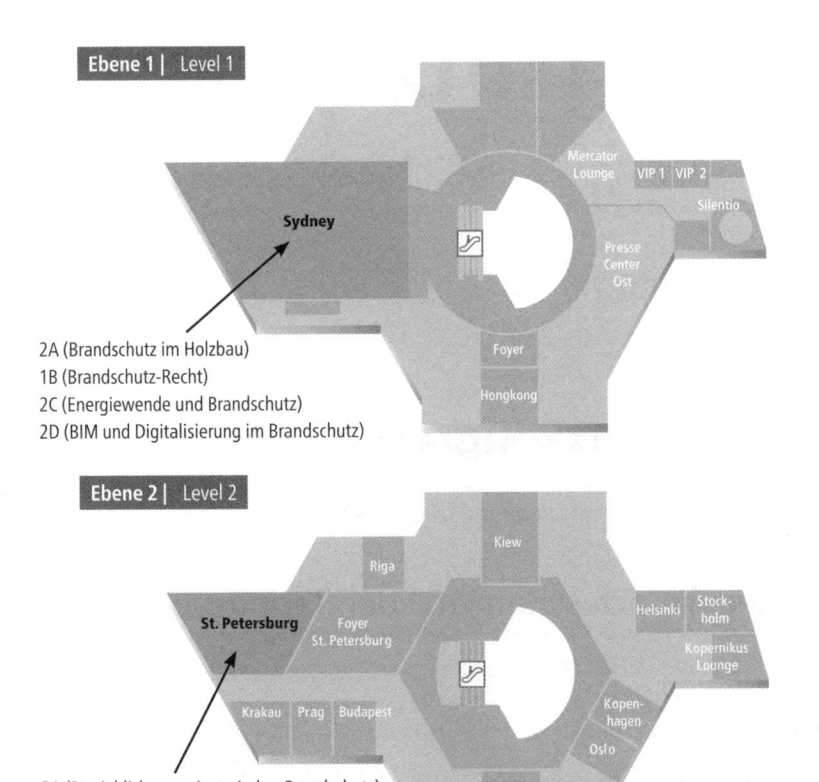

Ebene 1 | Level 1

2A (Brandschutz im Holzbau)
1B (Brandschutz-Recht)
2C (Energiewende und Brandschutz)
2D (BIM und Digitalisierung im Brandschutz)

Ebene 2 | Level 2

3A (Betrieblich-organisatorischer Brandschutz)
3B (Anlagentechnik)
3C (Bauproduktenrecht und Normung)
3D (Ingenieurmethoden im Brandschutz)

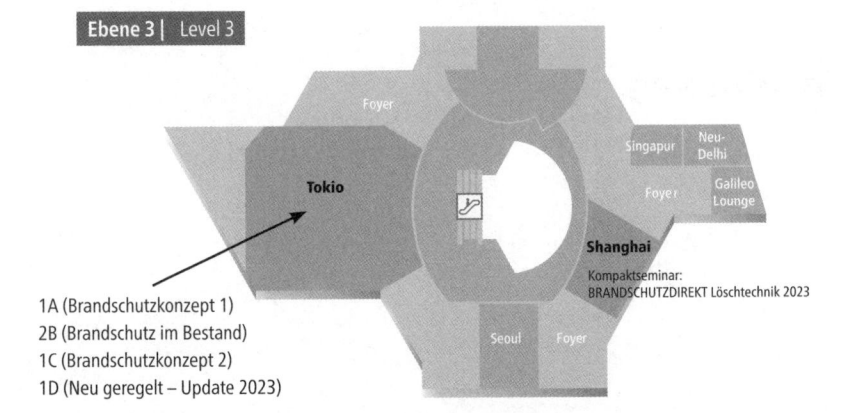

Ebene 3 | Level 3

1A (Brandschutzkonzept 1)
2B (Brandschutz im Bestand)
1C (Brandschutzkonzept 2)
1D (Neu geregelt – Update 2023)

FeuerTrutz Kongress

Nächstes Jahr wieder:

Brandschutzkongress 2024

Merken Sie sich schon jetzt den Termin vor!

Am

26. und 27. Juni 2024

in Nürnberg.

Bernd Steinhofer

1.1
Brennt es in Deutschland anders als in Österreich? – Vergleich der Rettungswegsystematik

Abb. 1: Vergleich der Brandschutz- und Rettungsweganforderungen in Deutschland und Österreich.

Im Hinblick auf die europaweit stattfindende Harmonisierung der Normen sowie der Produktzulassungen, ist es rätselhaft, warum es so unterschiedliche Anforderungen des materiellen Baurechts hinsichtlich des Brandschutzes gibt.

Bei der Betrachtung der Ausgangslage allein in Deutschland fragt sich der geneigte Betrachter, ob es scheinbar in Brandenburg anders brennt als in Baden-Württemberg oder in Nordrhein-Westfalen anders als in Bayern. Der genaue Blick in die brandschutztechnischen Vorgaben offenbart teils marginale, teils wesentliche Unterschiede in den

Bauordnungen der 16 deutschen Bundesländer. Dies wird noch ergänzt durch eine weitere Variante des Baurechts in der Musterbauordnung. Daraufhin ist der Gedanke unweigerlich präsent, dass es – wie eben beschrieben – entweder in den verschiedenen Regionen anders brennt oder die Menschen von Bundesland zu Bundesland mit einem anderen Sicherheitsniveau rechnen dürfen.

Sieht man sich die Entstehung der Landesbauordnungen an, wird ersichtlich, dass sich hinter den Regelungen und Anforderungen des materiellen Baurechtes keine ingenieurtechnischen Nachweisverfahren oder Sicherheitstheorien verbergen, sondern dass jede Landesbauordnung für sich auf politischem Weg im jeweiligen Länderparlament ratifiziert wird.

Jedoch veranschaulicht unter anderem eine weitergehende im Brandschutzwesen zur Anwendung gebrachte Regelung, dass es scheinbar doch innerhalb der politischen Grenzen der Bundesrepublik Deutschland ein einheitliches Verständnis für die Sicherheit gegenüber Brandereignissen geben muss. Dies wird deutlich an der Industriebaurichtlinie, die in allen 16 Bundesländern annähernd entsprechend der Muster-Industrierichtlinie, wie sie durch die ARGE Bau/Bauministerkonferenz definiert ist, eingeführt ist.

Dieser Ansatz über eine in Deutschland im Allgemeinen gleichlautende Industriebaurichtlinie stellt dar, dass im Grunde ein einheitliches oder relativ gleichlautendes Grundverständnis für die Sicherheit und Sicherheitsstruktur im Brandschutz deutschlandweit angenommen werden kann. Auch der Aspekt, dass in allen Bundesländern die im Brandschutz zu verfolgenden Schutzziele sich wiederfinden, unterstreicht diese These.

„Bauliche Anlagen sind so anzuordnen, zu errichten, zu ändern und instand zu halten, dass der Entstehung eines Brandes und der Ausbreitung von Feuer und Rauch (Brandausbreitung) vorgebeugt wird und bei einem Brand die Rettung von Menschen und Tieren sowie wirksame Löscharbeiten möglich sind." (§14 MBO, Art. 12 BayBO).

Abgeleitet davon, wagen wir den Blick über die Landesgrenzen der Bundesrepublik Deutschland hinaus ins benachbarte Österreich. Nachdem es schon innerhalb der 16 Bundesländer Unterschiede gibt, wirft sich unweigerlich auch hier die Frage auf, ob das Sicherheitsniveau und die Sicherheitsarchitektur länderübergreifend Gemeinsamkeiten hat oder

Brennt es in Deutschland anders als in Österreich?

Dieser Frage kann anhand der materiell-rechtlichen Anforderungen zu den Rettungswegen aus dem deutschen Baurecht und den Anforderungen aus der OIB Richtlinie 2 aus Österreich nachgegangen werden. (Abb. 1)

Auch hier gilt es, sich die Systematik in Österreich zu verdeutlichen und eine Ableitung aus der Sicherheitsarchitektur der beiden Länder anzustellen.

Dazu bedienen wir uns für einen Abgleich wieder der Muster-Industriebaurichtlinie (Abb. 2), wie sie in Deutschland eingeführt ist. Vergleicht man diese mit der in Österreich gültigen OIB-Richtlinie 2.1 (Abb. 3), die den Brandschutz bei Betriebsbauten regelt, kann festgestellt

A 1.1 Brennt es in Deutschland anders als in Österreich? 23

werden, dass sich diese beiden Rechtsgrundlagen für Industriebauten (in Österreich Betriebsbauten genannt) in den Grundzügen entsprechen.

Sicher-heits-kate-gorie	Anzahl der oberirdischen Geschosse								
	erdgeschossig		2geschossig		3geschossig		4geschossig	5geschossig
	Feuerwiderstandsfähigkeit der tragenden und aussteifenden Bauteile								
	aus nichtbrenn-baren Baustoffen	Feuer-hemmend	Feuer-hemmend	Hochfeuer-hemmend und aus nichtbrenn-baren Baustoffen	Feuer-beständig und aus nichtbrenn-baren Baustoffen	Hochfeuer-hemmend und aus nichtbrenn-baren Baustoffen	Feuer-beständig und aus nichtbrenn-baren Baustoffen	Feuer-beständig und aus nichtbrenn-baren Baustoffen	Feuer-beständig und aus nichtbrenn-baren Baustoffen
K 1	1.800 [1]	3.000	800 [2][3]	1.600 [2]	2.400	1.200 [2][3]	1.800	1.500	1.200
K 2	2 700 [1][4]	4.500 [4]	1.200 [2][3]	2.400 [2]	3.600	1.800 [2]	2.700	2.300	1.800
K 3.1	3.200 [1]	5.400	1.400 [2][3]	2.900 [2]	4.300	2.100 [2]	3.200	2.700	2.200
K 3.2	3.600 [1]	6.000	1.600 [2]	3.200 [2]	4.800	2.400 [2]	3.600	3.000	2.400
K 3.3	4.200 [1]	7.000	1.800 [2]	3.600 [2]	5.500	2.800 [2]	4.100	3.500	2.800
K 3.4	4.500 [1]	7.500	2.000 [2]	4.000 [2]	6.000	3.000 [2]	4.500	3.800	3.000
K 4	10.000	10.000	8.500	8.500	8.500	6.500	6.500	5.000	4.000

Abb. 2: Auszug MIndBauRL, Tabelle 2

Sicher-heitska-tegorie	Gesamtanzahl der oberirdischen Geschoße des Betriebsbaues						
	1		2	3	4	> 4	
	Feuerwiderstandsdauer der tragenden und aussteifenden Bauteile						
	Ohne Anforde-rungen	R 30	R 30	R 60 [(1)]	R 90 und A2 [(2)]	R 90 und A2 [(2)]	R 90 und A2 [(2)]	R 90 und A2
	Zulässige Netto-Grundfläche je oberirdisches Geschoß in m²						
K 1	1.800 [(3)]	3.000	800	1.600	2.400	1.800	1.500	1.200
K 2	2.700 [(3)]	4.500	1.000	2.000	3.600	2.700	2.300	1.800
K 3.1	3.200 [(3)]	5.400	1.200	2.400	4.200	3.200	2.700	2.200
K 3.2	3.600 [(3)]	6.000	1.600	3.200	4.800	3.600	3.000	2.400
K 4.1	5.000	7.500	2.000	4.000	6.000	4.500	3.800	3.000
K 4.2	7.500	10.000	5.000	7.500	10.000	6.500	5.000	4.000

Abb. 3: Auszug OIB-Richtlinie 2.1, Tabelle 1

Dies lässt den Schluss zu, dass auch länderübergreifend zwischen den beiden Nationen Deutschland und Österreich ein gewisses Grundverständnis herrscht, welches Sicherheitsniveau erforderlich ist. Ingenieurtechnisch betrachtet zeigt es, dass mit der hinreichenden Äquivalenz der beiden Rechtsgrundlagen „Muster-Industriebaurichtlinie" und „OIB-Richtlinie 2.1" in beiden Ländern ein vergleichbares probabilistisches Sicherheitskonzept anerkannt, akzeptiert und eingeführt wurde.

Dieser Ansatz ermöglicht es, weitergehende Vergleiche zwischen den Vorgaben und Anforderungen des materiellen Brandschutzes anzustellen.

So drängt sich die Frage auf, ob bei manchen Gebäudetypen und -klassen die Anforderungen an Rettungswege differieren und warum?

Vorangestellt ist zu erwähnen, dass die OIB-Richtlinie in Österreich eine Unterscheidung zwischen Fluchtwegen und Rettungswegen vornimmt, wobei Fluchtwege selbstständig benutzbar sind und Rettungswege unter Zuhilfenahme der Feuerwehr benutzt werden. Der länderübergreifende Vergleich weist bereits bei den Rettungswegen/Fluchtwegen (D/Ö) die ersten Unterschiede auf.

So ist die höchstzulässige Weglänge für Aufenthaltsräume (Begrifflichkeit MBO) mit maximal 35 Meter die in Analogie dazu in Österreich eine zulässige Fluchtweglänge von 40 Meter ermöglicht. Analog wiederum in beiden Rechtsgrundlagen sind die Anforderungen gegeben, dass ein Rettungsweg bzw. Fluchtweg einen direkten Ausgang ins Freie, in ein Treppenraum/Treppenhaus bzw. zu einer Außentreppe bedarf.

Der Blick in die OIB-Richtlinie 2, die die Anforderungen an Regelbauten von Wohn- und Geschäftsgebäuden sowie diverser in Deutschland bekannt als Sonderbauten, wie Schulen, Kindergärten, Beherbergungsstätten, etc. regelt, zeigt in Tabelle 2a (Abb. 4), dass unter gewissen Voraussetzungen für Gebäude der Gebäudeklasse 2, 3 und 4 (Anmerkung annähernd gleiche Einstufung wie noch MBO) ein Treppenraum als einziger Rettungsweg ausreichend erscheint. Bei weitergehenden höheren Anforderungen ist sogar möglich, auch in Gebäudeklasse 5 gemäß Tabelle 2b (Abb. 5) mit nur einem Rettungsweg auszukommen. Anleiterbare Stellen sind hierbei nicht vorgesehen bzw. erforderlich.

Was bei genauer Betrachtung deutlich wird ist, dass sich die baulichen Anforderungen von Treppenräumen und daran angrenzenden Türen zu Wohnungen, Betriebseinheiten und sonstigen Räumen der OIB-Richtlinie 2 im Allgemeinen über den Anforderungen des materiellen Baurechts der Musterbauordnung bzw. der einzelnen Länderbauordnungen befinden. Auch bei der Sicherung des notwendigen Treppenraumes zeigt sich, dass die OIB-Richtlinie 2 hier klar auf eine Entrauchung an oberster Stelle setzt, was die Wirksamkeit einer Entrauchung weitaus mehr fördert als die in Deutschland zulässigen Öffnungen zur Rauchableitung in jedem Geschoss.

A 1.1 Brennt es in Deutschland anders als in Österreich?

Tabelle 2a: Anforderungen an Treppenhäuser bzw. Außentreppen im Verlauf des einzigen Fluchtweges gemäß Punkt 5.1.1 b) in Gebäuden der Gebäudeklassen 2, 3 und 4

	Gegenstand	GK 2 [1]	GK 3	GK 4
1	**Wände von Treppenhäusern**			
1.1	in oberirdischen Geschoßen [2]	REI 30 EI 30	REI 60 EI 60	REI 60 [3] EI 60 [3]
1.2	in unterirdischen Geschoßen	REI 60 EI 60	REI 90 und A2 EI 90 und A2	REI 90 und A2 EI 90 und A2
2	**Decke über dem Treppenhaus** [4]	REI 30 EI 30	REI 60 EI 60	REI 60 [3] EI 60 [3]
3	**Türen in Wänden von Treppenhäusern**			
3.1	zu Wohnungen, Betriebseinheiten sowie sonstigen Räumen	EI$_2$ 30	EI$_2$ 30-C	EI$_2$ 30-C-S$_{200}$
3.2	zu Gängen in oberirdischen Geschoßen [5]	-	E 30-C	E 30-C
3.3	zu Gängen und Räumen in unterirdischen Geschoßen	EI$_2$ 30	EI$_2$ 30-C	EI$_2$ 30-C-S$_{200}$
4	**Treppenläufe und Podeste in Treppenhäusern**	R 30	R 60	R 60 und A2
5	**Geländerfüllungen in Treppenhäusern**	-	-	B [6]
6	**Rauchabzugseinrichtung**			
6.1	Lage	an der obersten Stelle des Treppenhauses [7]	an der obersten Stelle des Treppenhauses	an der obersten Stelle des Treppenhauses
6.2	Größe	geometrisch freier Querschnitt von 1,00 m² [7]	geometrisch freier Querschnitt von 1,00 m²	geometrisch freier Querschnitt von 1,00 m²
6.3	Auslöseeinrichtung	in der Angriffsebene der Feuerwehr sowie beim obersten Podest des Treppenhauses mit Zugängen zu Aufenthaltsräumen; unabhängig vom öffentlichen Stromnetz [7]	in der Angriffsebene der Feuerwehr sowie beim obersten Podest des Treppenhauses mit Zugängen zu Aufenthaltsräumen; unabhängig vom öffentlichen Stromnetz und über ein rauchempfindliches Element an der Decke	in der Angriffsebene der Feuerwehr sowie beim obersten Podest des Treppenhauses mit Zugängen zu Aufenthaltsräumen; unabhängig vom öffentlichen Stromnetz und über ein rauchempfindliches Element an der Decke
7	**Außentreppen**	A2 und im Brandfall keine Beeinträchtigung durch Flammeneinwirkung und gefahrbringende Strahlungswärme	A2 und im Brandfall keine Beeinträchtigung durch Flammeneinwirkung und gefahrbringende Strahlungswärme	A2 und im Brandfall keine Beeinträchtigung durch Flammeneinwirkung und gefahrbringende Strahlungswärme

(1) Gilt nicht für Reihenhäuser sowie Gebäude mit nicht mehr als zwei Wohnungen;
(2) Anforderungen an den Feuerwiderstand sind nicht erforderlich für Außenwände von Treppenhäusern, die aus Baustoffen A2 bestehen und die durch andere an diese Außenwände anschließende Gebäudeteile im Brandfall nicht gefährdet werden können;
(3) Die Bauteile müssen treppenhausseitig aus Baustoffen A2 bestehen;
(4) Von den Anforderungen kann abgewichen werden, wenn eine Brandübertragung von den angrenzenden Bauwerksteilen auf das Treppenhaus durch geeignete Maßnahmen verhindert wird;
(5) Für die Türen umgebende Glasflächen mit einer Fläche von nicht mehr als dem Dreifachen der Türblattfläche genügt E 30;
(6) Laubhölzer (z.B. Eiche, Rotbuche, Esche) mit einer Mindestdicke von 15 mm sind zulässig;
(7) Die Rauchabzugseinrichtung kann entfallen, wenn in jedem Geschoß unmittelbar ins Freie führende Fenster mit einem freien Querschnitt von jeweils mindestens 0,50 m² angeordnet sind, die von Stand aus ohne fremde Hilfsmittel geöffnet werden können.

Abb. 4: Auszug OIB-Richtlinie 2, Tabelle 2a

Tabelle 2b: Anforderungen an Treppenhäuser bzw. Außentreppen im Verlauf des einzigen Fluchtweges gemäß Punkt 5.1.1 b) in Gebäuden der Gebäudeklasse 5

	Gegenstand	GK5 mit mechanischer Belüftungsanlage	GK 5 mit automatischer Brandmeldeanlage und Rauchabzugseinrichtung	GK 5 mit Schleuse und Rauchabzugseinrichtung
1	**Wände von Treppenhäusern und Schleusen**			
1.1	in oberirdischen Geschoßen [1]	REI 90 und A2	REI 90 und A2	REI 90 und A2
1.2	in unterirdischen Geschoßen	REI 90 und A2	REI 90 und A2	REI 90 und A2
2	**Decke über dem Treppenhaus** [2]	REI 90 und A2	REI 90 und A2	REI 90 und A2
3	**Türen in Wänden von Treppenhäusern**			
3.1	zu Gängen in oberirdischen Geschoßen [3]	E 30-C	E 30-C-S_{200}	nicht zutreffend
3.2	zu Wohnungen, Betriebseinheiten sowie sonstigen Räumen	EI_2 30-C	EI_2 30-C-S_{200}	unzulässig
3.3	zu Gängen und Räumen in unterirdischen Geschoßen	EI_2 30-C	EI_2 30-C-S_{200}	nicht zutreffend
4	**Türen in Wänden von Schleusen**			
4.1	zu Gängen und Treppenhäusern [3]	nicht zutreffend	nicht zutreffend	E 30-C
4.2	zu Wohnungen, Betriebseinheiten sowie sonstigen Räumen	nicht zutreffend	nicht zutreffend	EI_2 30-C
5	**Treppenläufe und Podeste in Treppenhäusern**	R 90 und A2	R 90 und A2	R 60 und A2
6	**Geländerfüllungen in Treppenhäusern**	B	B	B
7	**mechanische Belüftungsanlage**	Eignung für Eigenrettung von Personen aus dem Brandraum, Verhinderung des Eindringens von Rauch ins Treppenhaus bei geschlossenen Türen zum Brandraum sowie Verdünnung und Abführen des bei kurzzeitigem Öffnen der Türe zum Brandraum ins Treppenhaus eindringenden Rauches	nicht zutreffend	nicht zutreffend
8	**automatische Brandmeldeanlage**	nicht zutreffend	im Treppenhaus einschließlich allgemein zugänglichen Bereichen, wie Gängen und Kellerräumen im Schutzumfang „Einrichtungsschutz" mit interner Alarmierung	nicht zutreffend
9	**Rauchabzugseinrichtung**			
9.1	Lage	nicht zutreffend	an der obersten Stelle des Treppenhauses	an der obersten Stelle des Treppenhauses
9.2	Größe	nicht zutreffend	geometrisch freier Querschnitt von 1,00 m²	geometrisch freier Querschnitt von 1,00 m²
9.3	Auslöseeinrichtung	nicht zutreffend	in der Angriffsebene der Feuerwehr sowie beim obersten Podest des Treppenhauses mit Zugängen zu Aufenthaltsräumen; unabhängig vom öffentlichen Stromnetz und über die automatische Brandmeldeanlage sowie zusätzlich in der Angriffsebene der Feuerwehr eine manuelle Bedienungsmöglichkeit mit Stellungsanzeige	in der Angriffsebene der Feuerwehr sowie beim obersten Podest des Treppenhauses mit Zugängen zu Aufenthaltsräumen; unabhängig vom öffentlichen Stromnetz und über ein rauchempfindliches Element an der Decke des Treppenhauses sowie zusätzlich in der Angriffsebene der Feuerwehr eine manuelle Bedienungsmöglichkeit mit Stellungsanzeige
10	**Außentreppen**	A2 und im Brandfall keine Beeinträchtigung durch Flammeneinwirkung, gefahrbringende Strahlungswärme und/oder Verrauchung		

(1) Anforderungen an den Feuerwiderstand sind nicht erforderlich für Außenwände von Treppenhäusern, die aus Baustoffen A2 bestehen und durch andere an diese Außenwände anschließende Gebäudeteile im Brandfall nicht gefährdet werden können;
(2) Von den Anforderungen kann abgewichen werden, wenn eine Brandübertragung von den angrenzenden Bauwerksteilen auf das Treppenhaus durch geeignete Maßnahmen verhindert wird;
(3) Für die Türen umgebende Glasflächen mit einer Fläche von nicht mehr als dem Doppelten der Türblattfläche genügt E 30.

Abb. 5: Auszug OIB-Richtlinie 2, Tabelle 2b

Brandschutz sicher geplant

Der Vergleich der Rechtsgrundlagen für den Brandschutz in Deutschland zu denen in Österreich zeigt durchaus unterschiedliche Herangehensweisen. Er lässt aber aufgrund des oben dargestellten Vergleiches der in beiden Ländern vorhandenen „Industriebaurichtlinie" auch erkennen, dass jeder Landesbauordnung im Vergleich zur OIB-Richtlinie 2 ein annähernd gleiches Sicherheitsniveau unterstellt werden kann. Daher gibt es kein richtig oder falsch der einen oder der anderen Rechtsgrundlage. Zumeist sind diese Unterschiede historisch begründet. Es ermöglicht jedoch bei einem Blick über die Ländergrenzen hinweg, Lösungen zu finden, die der jeweiligen Planungsaufgabe am weitesten gerecht werden.

So lässt sich auch die These aufstellen, ob nicht die in Österreich regulär dargestellten Möglichkeiten einer Treppenraumkonzeption ein Ansatzpunkt sein können, das in den Landesbauordnungen der einzelnen Bundesländer in Deutschland nicht näher definierte Element des Sicherheitstreppenraumes mit Leben zu füllen.

Auf jeden Fall soll dieser Vergleich dazu dienen, die Disziplin Brandschutz mit ingenieurmäßigem Verstand zu betreiben.

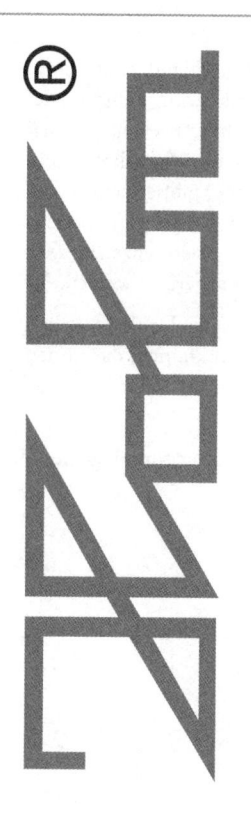

IHR SPEZIALIST FÜR TRANSPARENTE BRANDSCHUTZLÖSUNGEN AUS HOLZ, GLAS UND EDELSTAHL.

**Besuchen Sie uns:
Halle 4 - Stand 425**

Prof. Dr.-Ing. habil. Gerd Geburtig

1.2
Raus aus der Komfortzone: Den Brandschutz neu denken!

Abb.1: Bühne frei für einen modernen Brandschutz!

Auch der vorbeugende Brandschutz kann einen wertvollen Beitrag zu einer möglichen Ressourceneinsparung leisten. Der entscheidende Ausgangspunkt sollte dabei sein, dass einer *deskriptiven* Arbeitsweise zunehmend der Vorrang gegenüber der bisher weithin üblichen *präskriptiven* zu geben ist.

Momentane gesellschaftliche Ausgangssituation

„Im Rahmen des Forschungsprogramms „Zukunft Bau" werden wir serielles und modulares Bauen und Sanieren … weiterentwickeln sowie bauplanungs- und bauordnungsrechtliche Hürden identifizieren und beseitigen." [1] lautet ein wichtiges Ziel im Koalitionsvertrag der derzeitigen Bundesregierung für das Bauwesen. Damit ist der gesellschaftliche Wille, zum

einen Bauen und Wohnen wieder bezahlbarer zu machen und zugleich ressourcensparender zu entwerfen und bauen, klar umrissen. Aber verhalten wir uns auch nach diesem Ziel oder wirtschaften wir gegenwärtig nicht einfach weiter „vor uns hin"?

Nicht generell, denn es gibt durchaus vielfältige Bestrebungen, den vorbeugenden Brandschutz zu modernisieren; voran sei dahingehend die fortschreitende Normung auf dem Gebiet des Brandschutz-Ingenieurwesens benannt.

Aber auch anderweitig mehren sich die Stimmen, die eine schutzzielorientierte Arbeitsweise im Brandschutzbereich fordern. Als Beispiel möge hierfür die Neufassung des § 71 der Hessischen Bauordnung dienen, die seit 2018 besagt:

„Die Bauaufsichtsbehörde kann Abweichungen von Vorschriften dieses Gesetzes oder von Vorschriften aufgrund dieses Gesetzes zulassen, wenn sie unter Berücksichtigung des Zwecks der jeweiligen Anforderung und unter Würdigung der öffentlich-rechtlich geschützten nachbarlichen Belange mit den öffentlichen Belangen, insbesondere den Anforderungen des § 3 vereinbar sind **(Schutzzielbetrachtung)**. [2]

Damit wurde auch aus bauaufsichtlicher Sicht deutlich gemacht, worauf es bei der Brandschutzplanung ankommt: Diese kann auch mit Abweichungen bzw. Erleichterungen genauso sicher sein, wie eine dem Regelwerk entsprechende, wenn nur die gegebenen Schutzziele damit „genauso gut" zu erreichen sind. In einer leider immer noch zu unbekannten Urteilsfindung des OVG Mecklenburg-Vorpommern wurde es wie folgt auf den Punkt gebracht:

„Dabei geht die Neufassung ... davon aus, dass Vorschriften des Bauordnungsrechts bestimmte – in der überarbeiteten Landesbauordnung namentlich in den Regelungen des Brandschutzes verstärkt verdeutlichte – Schutzziele verfolgen und zur Erreichung dieser Schutzziele einen – aber auch nur einen Weg von mehreren möglichen – Weg weisen ... Ziel der Abweichungsregelung ist, die Erreichung des jeweiligen Schutzziels der Norm in den Vordergrund zu rücken und – insbesondere ohne Bindung an das Erfordernis des atypischen Einzelfalls – auf diese Weise das materielle Bauordnungsrecht vollzugstauglich zu flexibilisieren". [3]

Das Ganze fordert einen Perspektivwechsel in Form einer Abkehr von einer vermeintlichen absoluten Sicherheit durch die Erfüllung aller materieller Maßgaben in der Bauordnung bzw. den Sonderbauverordnungen oder einer Vielzahl zunehmender technischer Normen und Vorschriften hin zu einer beschreibenden Arbeitsweise, wie die ausreichende Sicherheit bei einem konkreten Vorhaben erreicht werden soll.

Die gegenwärtigen Vorschriften werden zudem häufig in der Praxis schlichtweg zu starr vollzogen: Statt die oben dargelegten Ermessensspielräume sowohl auf der brandschutzplanerischen als auch auf der behördlich-prüfenden Seite voll auszunutzen, werden gegenwärtig – offensichtlich in der Sorge, irgendeinen Fehler begehen zu können – stetig zunehmend Anpassungen verlangt, obwohl es der Gesetzgeber eigentlich anders offeriert. Insbesondere deswegen werden vermehrt im Bestand noch bestens funktionierende Bauteile entfernt oder überflüssige Nachbesserung und Änderungen verlangt. Die in den Abbildungen 3 und 4 zu sehenden Bauteile werden weiterhin den erforderlichen funktionalen Anforderungen gerecht, ohne dass sie den aktuellen Brandschutzvorgaben entsprachen. Aber wie oft werden zu vergleichende Teile völlig überflüssig entfernt und damit schleichend die Abfallmasse im Bauwesen täglich vergrößert!

Abb. 2: Stoffgebundene Energieinhalte gilt es weiter zu nutzen.

Abb. 3: Die historische Konstruktion einer Versammlungsstätte leistet weiterhin ihren Dienst.

Risikohafte Einsparungen versus vermeintliche Sicherheit?

Genau dieser Loslösung von zu rigorosen standardisierten materiellen Vorgaben wird leider des Öfteren unterstellt, dass diese folgerichtig zu einer nicht beherrschbaren Unsicherheit im brandschutztechnischen Sinn führen würde. Aber insbesondere, wenn man die Vielzahl möglicher und täglich auftretender Abweichungen berücksichtigt [4], würde das bedeuten, dass die Anzahl an Brandtoten stetig ansteigen müsste, was jedoch eindeutig nicht der Fall ist. Im Gegenteil trifft eine dementsprechende Brandgefährdung zunehmend ältere Menschen, aber nicht wegen eines vermeintlich zu geringen Feuerwiderstandes, sondern aus ganz anderen Gründen, wie u. a. [5] entnommen werden kann.

Leider führt mittlerweile die vor mehr als 100 Jahren gut gemeinte Systematisierung der baupolizeilichen materiellen Brandschutzanforderungen [6], die zwar zu diesem Zeitpunkt mehr als überfällig war, zu Konfliktfeldern, die wir uns als Gesellschaft sparen können und müssen. Dabei kommt es im Einzelfall überhaupt nicht auf die hölzerne Treppe in einem Wohngebäude der Gebäudeklasse 4 oder 5 an, sondern auf den richtigen Umgang damit (s. Abb. 5), den man allen Nutzern vermitteln muss: Nicht akzeptable Nutzungen von Rettungswegen sind zu unterbinden (s. Abb. 4 und 5) und nicht Holztreppen zu „verteufeln".

Abb. 4: Nutzerverhalten vor ...

Abb. 5: ... und nach der brandschutztechnischen Begutachtung.

Mittels wissenschaftlich anerkannter Verfahren können zudem mittlerweile Nachweise erbracht werden, dass für erforderliche Zeiträume die Rettungswege (raucharm oder mit zugelassenen Belastungen) ausreichend zu benutzen oder wirksame Löscharbeiten dennoch möglich sind bzw. die Standsicherheit ausgewählter Bauteile gewährleistet ist, auch trotz womöglich bestehender Defizite, die sich aber nur aus der Vorschriftenlage ergeben. Die in den sicherheitstechnisch erforderlichen Zeiträumen einzuhaltenden Sicherheitskriterien, die entweder der Begründung einer Abweichung oder dem Nachweis einer Brandschutzmaßnahme dienen können, sind dabei aufgrund anerkannter Kriterien des Brandschutzes bzw. anhand bestehender Vorschriften objekt- und schutzzielbezogen festzulegen.

Ausgehend von der Identifizierung der jeweiligen Schutzinteressen (bauordnungsrechtliche und individuelle) sowie den möglichen Brandgefahren können damit sowohl für Neubauplanungen als auch für die Behandlung bestehender Gebäude bereits während der konzeptionellen Brandschutzplanung anhand der zu bewertenden funktionalen Subsysteme die Wechselwirkungen zwischen den brandschutztechnischen Komponenten ermittelt werden. Dabei sind die Auswahl relevanter Szenarien und die Bestimmung für den jeweiligen Einzelfall zu betreiben und geeignete Ingenieurmethoden für den Nachweis des Brandschutzkonzeptes festzulegen. Somit ergibt sich ein ganzheitliches brandschutztechnisches Sicherheitskonzept, dessen Nachweis mit Hilfe der Anwendung von Methoden des Brandschutzingenieurwesens erfolgte. Die Ausrichtung des Brandschutzingenieurwesens ist damit folgerichtig nicht an die Grenzen der bisherigen Anforderungen des Bauordnungsrechtes gebunden, was selbstverständlich nicht bedeutet, dass eine derartige „übliche" Arbeitsweise anhand des „klassischen" Bauordnungsrechtes, insbesondere bei Brandschutzplanungen für Standardgebäude, zunächst weiterhin erhalten bleibt.

Dennoch ist festzustellen, dass es immer häufiger geboten ist, das entsprechende Maß notwendiger bzw. geeigneter Brandschutzmaßnahmen nachzuweisen, statt präskriptive Vorgaben zwangsläufig einzuhalten. Mit DIN 18009-1 [7] wurde die gebäudekonkrete und schutzzielorientierte Nachweisführung einer ausreichenden Brandsicherheit unterstützt und zugleich die Anwendung von Methoden des Brandschutzingenieurwesens einem breiteren Anwenderkreis eröffnet. Es wird das auf die Erfüllung von Schutzzielen ausgerichtete Planen anstelle des Nachweises einzelner Bauteile als Abgleich zur Bauordnung oder zu gültigen Sonderbauvorschriften in eine geeignete Form gebracht und damit ausreichend strukturiert. Zugleich wird beschrieben, in welchem Umfang eine Dokumentation erforderlich ist, damit die Entscheidungsfindung bei der Brandschutzplanung und der notwendigen Prüfung einvernehmlich erfolgen kann.

Nach DIN 18009-1 ist grundsätzlich die Anwendung der folgenden beiden ingenieurtechnischen Verfahren möglich:

- **argumentative ingenieurgemäße Nachweisführung; ggf. auch unter Verwendung von Schätzverfahren, z. B. engineering judgement,**
- **leistungsbezogene Nachweisführung.**

Während bei der argumentativen ingenieurgemäßen Nachweisführung das Kriterium in einer unmittelbaren Akzeptanzfindung besteht, wird im Rahmen der leistungsbezogenen Nachweisführung die Erfüllung sicherheitstechnischer Leistungskriterien bestätigt. Eine solche Arbeitsweise ist oftmals ein iterativer Vorgang, wobei auch die Einbindung von Experimenten in die Nachweisführung durchaus möglich und üblich ist. Zu beachten ist zudem, dass auch bei der erstgenannten Nachweisführung die Festlegung geeigneter funktionaler Anforderungen und die Auswahl korrekter Szenarien zu erfolgen hat.

Randbedingungen für Bestandsnutzung verbessern und CO_2-Einsparungen durch reduzierte Brandschutzanforderungen ermöglichen

Mit der zuvor erläuterten ingenieurgemäßen Arbeitsweise wird das individuelle, deskriptive Planen gestärkt und das sich insbesondere bei Sonderbauten zu starre präskriptive Handeln zunehmend überwunden (s. Tabelle 1).

Tabelle 1: Mögliche Abstufungen für Brandschutznachweise

Stufe	Konzept	Arbeitsweise/Inhalt	Präskriptiv	Deskriptiv
A	Standardkonzept	Erreichen der Brandsicherheit durch Erfüllen der Bauteilanforderungen anhand einer eingeführten Technischen Baubestimmung für Standardgebäude*	X	-
B	Erweitertes Standardkonzept	Erreichen der Brandsicherheit durch grundsätzliches Erfüllen der Bauteilanforderungen anhand eingeführter Technischer Baubestimmungen für Standardgebäude* oder Sonderbauten** unter teilweiser Verwendung ingenieurgemäßer Nachweise	X	X
C	Individualkonzept	Erreichen der genügenden Brandsicherheit durch schutzzielorientiertes Konzept ohne zwangsläufiges Einhalten von standardisierten Bauteilvorgaben	-	X

*Es wird von den reduzierten materiellen Anforderungen nach [4] ausgegangen.
**Es wird von den reduzierten materiellen Anforderungen, z. B. nach [8] ausgegangen.

Abb. 6: Schleuse vor einem alternativen Sicherheitstreppenraum in einem Hochhaus

In der Abbildung 6 ist beispielsweise ein nach dem Umbau eines Wohnheims auf der Basis einer *argumentativen ingenieurgemäßen Nachweisführung* zugelassener Sicherheitstreppenraum in einem Hochhaus zu sehen, der zwar nicht der Musterhochhaus-Richtlinie entspricht, für den trotzdem eine bauaufsichtliche Zustimmung seitens des beauftragten Prüfingenieur für Brandschutz erlangt werden konnte.

Dahingehend ist es dringend notwendig, die bestehende Musterbauordnung auf die Schutzziele des Brandschutzes zu reduzieren und vor allem, um pragmatische Regelungen für die Um- und Weiternutzung von Bestandsgebäuden, auch bei wesentlichen Änderungen wie Umnutzungen, zu erweitern.

Unabhängig davon, ob es sich um eine brandschutztechnische Beurteilung eines Neubaus oder eines Bestandsgebäudes handelt, gilt es, die Entstehung von Abfällen in der Bauwirtschaft zu vermeiden und die aufzuwendende Menge an Primärenergie zu verringern.

Dass auch der verbeugende Brandschutz einen beträchtlichen Anteil dazu leisten kann, wurde in der gesamten Beitragsreihe nachgewiesen. Dazu sind die gegenwärtigen Technischen Baubestimmungen zu vereinfachen und vor allem auf die ursprünglichen funktionalen Zusammenhänge des Brandschutzes und dessen Schutzziele zurückzuführen. In dieser Hinsicht ist ein Perspektivwechsel – weg von die tausendstel Sekunde messenden Brandprüfungen unter Reinraumbedingungen, die mit dem Baustellenbetrieb nur wenig gemein haben, hin zu praktischen Versuchsreihen, mit denen ein weitaus größeres Anwendungsspektrum abgedeckt sowie die Entwicklung innovativer und ressourcensparender Bauprodukte und Bauarten gefördert werden kann – notwendig.

Dieser Zusammenhang kann an dem folgenden Beispiel erläutert werden: Durch die im Beitragsteil 2 dargestellten möglichen Reduzierungen ergibt sich eine durchschnittliche Einsparung der einzubauenden Betondicke von Geschossdecken von etwa 2 cm. Was zunächst als sehr wenig erscheint, führt bei einer momentanen jährlichen Anzahl von etwa 295.000 neu errichteter Wohnungen und einer durchschnittlichen Wohnfläche von ca. 92 m² zzgl. der Nebenflächen wie Rettungswege, Abstellbereiche und Tiefgaragen zu einer Einsparung von bis zu 700.000 m³ Beton pro Jahr in der Bundesrepublik Deutschland. Diese einzusparende Betonmenge bedeutet zzgl. des notwendigen Transportes, der Verarbeitung usw. bereits hinsichtlich der Herstellung eine mögliche Verringerung des CO_2-Ausstoßes von etwa 350.000 t; ein Anfang wäre das allemal.

Diese Einsparung wäre möglich, ohne dass die erforderliche Sicherheit auch nur im Ansatz reduziert würde! Hinzu kommt, dass bei denkbaren Reduzierungen weiterer korrespondierender Normungen, beispielsweise bei der Standsicherheit hinsichtlich der zu führenden Durchstandsnachweise oder der einzuhaltenden Durchbiegungsbeschränkungen und des damit verbundenen verpflichtenden Stahleinsatzes sowie der sich daraus ergebenden Betondicken von Wänden und Decken, ein noch weitaus größeres Einsparpotenzial besteht.

Abb. 7: Bestehende Konstruktionen können oft ohne nachträgliche Nachweise weitergenutzt werden.

Brandschutz neu denken!

Bei der überfälligen Erneuerung des vorbeugenden Brandschutzes sollten die folgenden sechs Punkte im Zusammenhang mit einem ressourcenschonenden vorbeugenden Brandschutz im Mittelpunkt stehen:

- Es ist eine **Reduzierung der materiellen Anforderungen an Standardgebäude** bei gleichbleibendem und ausreichendem Sicherheitsniveau möglich.
- Das bisherige „Brandschutzkonzept" der Musterbauordnung als einen Weg von mehreren möglichen ist in eine **Technische Baubestimmung für Standardgebäude** zu überführen, von der ein Abweichen nach § 85a MBO nicht ausgeschlossen sein darf.
- Die Übernahme des sog. **Prüfingenieurmodelles für Brandschutz** ist **in allen Bundesländern** einzuführen, wie es seit Jahrzehnten auch bei der Standsicherheit üblich ist. Damit sind schnellere Bearbeitungszeiten zu generieren sowie Entscheidungen über Abweichungen und Erleichterungen zu vereinfachen.
- Es ist eine **Vereinfachung des Bauproduktenrechtes** und die Einführung alternativer Brandprüfrandbedingungen für bestehende Baukonstruktionen notwendig, um die An- oder Verwendbarkeit in Bestandsbauteilen nachweisen zu können.

- Die zumindest schrittweise **Abkehr von der präskriptiven Arbeitsweise** beim vorbeugenden Brandschutz hin zu einer deskriptiven, insbesondere bei Sonderbauten ist durchzusetzen.
- Es ist die **verpflichtende Unterrichtung von Architekturstudenten/-innen** in die Grundzüge des vorbeugenden Brandschutzes, insbesondere hinsichtlich der Vermittlung der Schutzziele, auf denen die materiellen Anforderungen des Brandschutzes basieren, zu fordern.

Diese sechs Kernforderungen unterstützen zugleich die Ansprüche des o. g. Koalitionsvertrages, in dem auch der Anspruch „*Wir wollen die Prozesse der Normung und Standardisierung so anpassen, dass Bauen günstiger wird.*" [9] enthalten ist und die Ambitionen des Bündnisses bezahlbarer Wohnraum vom 12. Oktober 2022, in dem formuliert wurde „*Bauordnungsrechtliche Vorgaben sollten weiter harmonisiert und mit Blick auf die Kostenbegrenzung weiterentwickelt sowie – nach Möglichkeit – reduziert werden.*" [10]

Fazit

Ausgehend von unserem aktuellen gesellschaftlichen Anspruch, ressourcenschonender zu leben und arbeiten zu wollen, ist festzustellen, dass auch auf dem Gebiet des vorbeugenden Brandschutzes erhebliche Einsparpotenziale aufgezeigt werden können, die unverzüglich durch die politisch und normativ Verantwortlichen aufgegriffen werden sollten und die es schnellstmöglich zu nutzen gilt.

Wir alle können davon profitieren, wenn wir zukünftig beim Brandschutz mehr schutzzielbezogen und damit **deskriptiv** statt gedankenloser präskriptiv zu **planen**, nur um ja keinen (formalen) Fehler zu begehen. In diesem Sinne ermutige ich alle Gewillten, unsere Potenziale beim Brandschutz konsequent zu nutzen, auch wenn einem immer wieder gewisse „bürokratische Mühlen" entgegenstehen mögen, in welcher beteiligten Behörde auch immer. Das bedeutet umgekehrt aber auch, dass man als Brandschutzplaner die erreichte Sicherheit für eine bauliche Anlage aus Brandschutzsicht differenzierter nachzuweisen hat.

Wir dürfen uns auch beim vorbeugenden Brandschutz nicht mehr mit den oftmals üblichen pauschalen „Unsicherheitsbedenken" zufriedengeben, sondern müssen uns im Sinne des modernen brandschutz-ingenieurtechnischen Denkens den brennenden Herausforderungen unserer Zeit stellen.

Ich fordere Sie deswegen auf: **Machen auch Sie mit, den Brandschutz neu zu denken!**

Anmerkungen

[1] Mehr Fortschritt wagen – Bündnis für Freiheit, Gerechtigkeit und Nachhaltigkeit, Koalitionsvertrag 2021 – 2025 zwischen der Sozialdemokratischen Partei Deutschlands (SPD), BÜNDNIS 90 / DIE GRÜNEN und den Freien Demokraten (FDP), S. 91

[2] Hessische Bauordnung, i. d. Neufassung v. 28. Mai 2018, zul. geä. am 3. Juni 2020, § 73 (1)

[3] Oberverwaltungsgericht Mecklenburg-Vorpommern Beschluss, 12. Sept. 2008 - 3 L 18/02, Gründe I.37

[4] Geburtig. G., Raus aus der Komfortzone: Überprüfung materieller Anforderungen der MBO, in: FeuerTrutz Magazin 02.2022, Köln 2022, S. 55–59

[5] Pahlsmeier K. u. G. Geburtig, Analyse der Brandtotenentwicklung, Teil 1, in: FeuerTrutz Magazin 05.2022, Köln 2022, S. 16–20

[6] Entwurf einer Bauordnung. Erlaß des Staatskommissars für das Wohnungswesen vom 25. April 1919, in: Baupolizeiliche Vorschriften, hrsg. v. Preußischen Ministerium für Volkswohlfahrt, Druckschrift Nr. 3, Berlin 1925, S. 16–62

[7] DIN 18009-1:2016-09, Brandschutzingenieurwesen – Teil 1: Grundsätze und Regeln für die Anwendung

[8] Geburtig. G., Raus aus der Komfortzone: Angemessene Anforderungen an Schulen in: FeuerTrutz Magazin 04.2022, Köln 2022, S. 16–21

[9] Mehr Fortschritt wagen …, wie Anm. 1, hier S. 89

[10] Bundesministerium für Wohnen, Stadtentwicklung und Bauwesen (Hrsg.), Bündnis bezahlbarer Wohnraum Maßnahmen für eine Bau-, Investitions- und Innovationsoffensive vom 12. Oktober 2022, S. 16

FeuerTrutz 2023
NÜRNBERG
\>> MESSEHALLE 4A | **STAND 209**

Colt-Rauchschürzen
für mehr Sicherheit von Menschen und Sachwerten

Damit Rauch, Flammen und Brandgase im Brandfall nicht unkontrollierte Wege gehen, setzt Colt zur Begrenzung oder Kanalisierung Rauchschürzen ein. Diese bilden Barrieren und halten die Flucht- und Rettungswege rauchfrei. Als Pionier des Rauch- und Wärmeabzugs wissen wir, wie sich Funktionalität und Ästhetik einzigartig vereinen lassen.

Erfahren Sie jetzt mehr über Colt und Colt-Technologien:
www.colt-info.de

COLT
a **Kingspan**.company

Dipl.-Ing. Josef Mayr

1.3 Fortschritt oder Wildwuchs? 40 Jahre Brandschutz in Deutschland

Die Kernfragen im vorbeugenden baulichen Brandschutz lauten:
1. Warum machen wir Brandschutz?
2. Wieviel Brandschutz brauchen wir?
3. Wie können wir gewährleisten, dass der erforderliche Brandschutz fachgerecht ausgeführt wird?

Die Frage nach dem „**warum**" ist zunächst sehr einfach zu beantworten. Natürlich müssen unsere Gebäude mindestens so brandsicher sein, dass das „*gesellschaftlich akzeptierte Risiko*" als eingehalten gilt. Betrachtet man allerdings die letzten (40) Jahre, so kann man sich auch die durchaus provozierende Frage stellen, ob da vielleicht nicht noch andere Gründe bzw. Interessen mitspielen. Das „Geschäftsfeld" vorbeugender Brandschutz hat sich in den letzten 40 Jahren erheblich verändert und enorm erweitert. **Anmerkung**: Da der Referent dazu nicht unerheblich beigetragen hat, muss er sich natürlich auch selbst kritisch hinterfragen.

Die Frage nach dem **wieviel** wird in den LBOs und ergänzenden Verordnungen und Vorschriften relativ konkret beantwortet. Aber auch hier haben sich im Laufe der Jahre (abhängig vom dem im jeweiligen Land vorherrschenden Sachverstand) teilweise durchaus unterschiedliche Risikobewertungen und daraus erfolgende Änderungen bzw. Anpassungen in den Vorschriften ergeben.

Schließlich geht es noch um die dritte Frage, wie wir eine **fachgerechte Ausführung** gewährleisten können. Diese betrifft im Wesentlichen die **Verwendbarkeit und Anwendung** von Baustoffen, Bauteilen, Sonderbauteilen, Bauprodukten, Bausätzen und Bauarten. Neben der obligatorischen Fortschreibung von nationalen Normen und Richtlinien führten die europäische Harmonisierung und die Bauproduktenverordnung in den letzten Jahren zu den größten und umfangreichsten Änderungen.

Im Zuge der Einführung und Umsetzung der **Bauproduktenverordnung** und „motiviert" durch die diesbezüglichen Urteile des Europäischen Gerichtshofs (EuGH) versucht man in Deutschland, das alte (bisher gebräuchliche) System aufrecht zu erhalten mit der Begründung, damit das bisherige hohe nationale Sicherheitsniveau zu wahren.

Dies hat unter anderem zur Folge, dass wir auch heute noch in den LBOs nur „**verbale Begriffe**" und **keine konkreten Anforderungen** in Form von „**Leistungsklassen bzw. Leistungsanforderungen**" haben. Im Gegenteil: dort, wo wir in der Vergangenheit konkrete

Klassen in den Vorschriften angegeben hatten (z.B. MIndBauRL 2000, Tabelle 1: F 30, F 60 und F 90) ruderte man zurück in das System der verbalen Begriffe (z.B. MIndBauRL 2014, Tabelle 2: fh, hf und fb).

Zur Umsetzung und Zuordnung dieser bauaufsichtlichen „verbalen Begriffe" zu nationalen und europäischen Klassen wurden die **Anhänge 4 und 12 der MVV TB** geschaffen, die individuell in 16 Ländern als VV TB eingeführt werden und insgesamt etwa 16 x 71 = **1136 Seiten „Zuordnungs- und Umsetzungsvorschriften"** ergeben. (Unqualifizierte Bemerkung des Referenten: „Der Weltmeistertitel in dieser Disziplin ist uns damit sicher!")

Auch bezüglich der in den LBOs enthaltenen materiellen Brandschutzanforderungen spuckt die VV TB gewaltig in die Brandschutzsuppe, da sie in Teil A 2.1 zahlreiche Anforderungen der LBOs aufgreift, erläutert und teilweise auch definiert.

Ein besonderes *„Schmankerl"* der MVV TB und der jeweiligen nationalen VV TBs sind die **Bauarten** und die für bestimmte Bauarten erforderlichen allgemeinen Bauartgenehmigungen, die **nur in Deutschland** und **nur vom DIBt** ausgestellt werden dürfen. *(Unqualifizierte Bemerkung des Referenten: „ein Schelm, der sich ... dabei denkt").*

Die durchaus berechtigte Frage, wann genau eine Bauart vorliegt und welcher Nachweis hierfür erforderlich ist, wird teilweise in den VV TBs beantwortet. Allerdings sind die Angaben dort teilweise unvollständig bzw. auch widersprüchlich.

Im Beitrag wird anhand von ausgewählten Beispielen erläutert, wie sich die Beantwortung und Lösung der vorstehenden Kernfragen in den letzten 40 Jahren entwickelt hat. In einem Ausblick wird angeregt, wie wir es besser und vor allem einfacher machen können. Denn eines ist sicher: **Je komplizierter es wird, umso mehr Fehler werden gemacht.**

Wollen wir unser Ziel erreichen, bei allen Gebäuden (auch im Bestand) einen ausreichenden und fachgerecht umgesetzten Brandschutz zu haben, dann muss es unbedingt **einfacher werden**. In den letzten 40 Jahren wurde es immer aufwändiger und komplizierter. Es wird höchste Zeit, dass das einfacher wird.

Ein **erster Schritt** in die richtige Richtung (nach Meinung des Referenten) wäre es z. B., die bauaufsichtlichen materiellen Anforderungen je Gebäudeklasse möglichst tabellarisch in **europäischen Leistungsklassen bzw. Leistungsanforderungen** anzugeben. Nur dort, wo dies nicht möglich ist, werden (noch) die nationalen Klassen genannt. Für alle **Bauarten mit CE-gekennzeichneten Bauprodukten** können entsprechende **Anforderungen für deren Anwendung** definiert werden (z.B. in neuen VV TBs). Damit würde man die VV TBs in Deutschland um ca. **1136** Seiten „abspecken".

In einem **zweiten Schritt** wäre es möglich, die MVV TB und sinngemäß die VV TBs deutlich zu kürzen. Durch die Nennung der Leistungsklassen bzw. Leistungsanforderungen sowie der Anforderungen für die Verwendung von bestimmten Bauarten mit CE-gekennzeichneten Bauprodukten ist dies möglich. Für die teilweise noch geltenden Anforderungen mit nationalen Klassen kann die MVV TB entsprechend angepasst werden. Außerdem müssen in den VV TBs nicht die Anforderungen der LBO wiederholt bzw. interpretiert werden. Alle Anforderungen sollten sich eindeutig und konkret aus der jeweiligen LBO ergeben.

Für den **dritten Schritt** gibt es zwei alte aber durchaus aktuelle und realistische Sprichwörter:

- „*Viele Köche verderben den Brei.*"
- „*Wenn die Köche aneinandergeraten, verdirbt die Suppe und der Braten.*"

Frage: Benötigen wir wirklich 16 LBOs mit 16 landesspezifischen VV TBs mit insgesamt mehr als **7.000 Seiten Gesetzes- und Vorschriftentext**?

Bei aller Liebe zum **Föderalismus**: Beim vorbeugenden Brandschutz fällt es schwer, hier Vorteile zu erkennen. Wünschenswert wäre es, bezüglich der materiellen Anforderungen an den Brandschutz eine nationale „**Technische Regel Brandschutz**" (Arbeitstitel) zu entwickeln. Diese sollte sowohl die Mindestanforderungen an den baulichen Brandschutz als auch die Anforderungen an seine Umsetzung enthalten (Technische Regeln, Nachweise, Anforderungen für die Anwendung von Bauarten). Empfehlenswert wäre, wenn dies in einem **ersten Schritt** von „wenigen, aber sehr guten Köchen" geschieht.

In einem **zweiten Schritt**, bei dem dann viele Köche (16 Länder) mitwirken, kann für die Fälle, in denen der spezifische Sachverstand eines Bundeslandes nicht kompromissfähig ist, die allgemein gültige „Technische Regel Brandschutz" mit einem **nationalen Anhang** entsprechend den Vorstellungen des jeweiligen Landes erweitert bzw. ergänzt werden.

Schlusswort: Dem Referenten ist bewusst, dass Teile in diesem Beitrag für manche provozierend sein können. Für alle, die sich provoziert fühlen, möchte der Referent jedoch ausdrücklich bemerken, dass es ihm in diesem Beitrag nicht darum geht, „alles besser zu wissen". Sein Ziel ist die Anregung von fachlich fundierten Diskussionen. In diesem Zusammenhang sollte jedoch berücksichtigt werden, dass ein **„Weiter so"** bestimmt nicht die beste Lösung darstellt.

stoebich.com

STÖBICH®

Pionier und Weltmarktführer

Über 40 Jahre Erfahrung im vorbeugenden Brandschutz.

LIVE BRANDVERSUCHE TÄGLICH 12 UND 15 UHR
AKTIONSFLÄCHE BRANDSCHUTZ

Besuchen Sie uns auf der FeuerTrutz auf unserem **Stand 303 in Halle 4A**

Ausgezeichnet als **Zukunftgeber**
Gelistet im **Lexikon der deutschen Weltmarktführer**

M.Sc. Thomas Engel, Dr.-Ing. Norman Werther, M.Eng. Christoph Kurzer,
Univ.-Prof. Dr.-Ing. Stefan Winter

2.1 Brandschutz im mehrgeschossigen Holzbau

Holz ist der wichtigste nachwachsende Rohstoff der Zukunft und kann für die notwendige Dekarbonisierung der Erde einen entscheidenden Beitrag leisten. Wesentlich für diesen Veränderungsprozess sind mehrgeschossige Gebäude unterhalb der Hochhausgrenze und der Nachweis, dass trotz der Brennbarkeit des Materials Holz das brandschutztechnische Schutzniveau entsprechender Wohn- und Bürogebäude erhalten bleibt.

Das Verbundforschungsvorhaben TIMpuls [1] der Technischen Universität München, der Technischen Universität Braunschweig, der Hochschule Magdeburg-Stendal und des Instituts für Brand- und Katastrophenschutz Heyrothsberge hatte die Erarbeitung des wissenschaftlich begründeten Nachweises einer unbedenklichen Verwendbarkeit tragender und raumabschließender Holzbaukonstruktionen in mehrgeschossigen Gebäuden bis zur Hochhausgrenze zum Ziel. Auf der Basis umfangreicher experimenteller und numerischer Untersuchungen wurden die erforderlichen Grundlagen zur Fortschreibung bauaufsichtlicher Brandschutzregelungen für eine erweiterte Anwendung des mehrgeschossigen Holzbaus erarbeitet. Dieser Beitrag bietet einen kleinen Auszug relevanter Grundlagen und abgeleiteter Ergebnisse für die brandschutztechnische Planung von Holzgebäuden.

Schutzwirkung von Brandschutzbekleidungen

In der brandschutztechnischen Bewertung von Holzbauteilen und Konstruktionen hat das Bekleiden der Holzbauteile einen wichtigen Stellenwert.

Neben dem Erscheinungsbild der Bauteiloberflächen wird über Bekleidungen das brandschutztechnische Verhalten der Bauteile positiv beeinflusst. Die Schutzwirkung der Bekleidungen ermöglicht eine Optimierung der Bemessung von Holzbauteilen oder schließt sogar die Beteiligung der Holzbauteile am Brandgeschehen aus. Üblicherweise werden dazu nichtbrennbare Plattenwerkstoffe wie Gipskarton-, Gipsfaser-, Kalziumsilikat- oder Lehmbauplatten als Bekleidungen eingesetzt. Je nach Anwendungsbereich oder Quelle werden bisher in der Praxis zur Benennung entsprechender Bekleidungen unterschiedliche Begriffe genutzt, was auf die bisher unterschiedlichen Schutzziele oder auch auf Unkenntnis des Anwenders zurückzuführen ist.

So finden sich u. a. Begriffe wie Brandschutzbekleidung, brandschutztechnisch wirksame Bekleidung, Kapselbekleidung oder Schutzbekleidung.

Besonders für die Anwendung im mehrgeschossigen Holzbau spielen die genaue Definition und die einheitliche Bezeichnung der eingesetzten Bekleidung eine entscheidende Rolle, um

Abb. 1: Mehrgeschossiges Wohngebäude in Hybridbauweise im Prinz-Eugen-Park in München.

die gewünschte Schutzfunktion für die Holzbauteile sicherzustellen. Das Schutzvermögen entsprechender Bekleidungssysteme ist eine Eigenschaft, die durch die Materialität der Bekleidung und ihren konstruktiven Aufbau (Dicke, Befestigung, Ausbildung der Fugen, Hinterlegungsmaterial) definiert wird.

Hinsichtlich der Schutzwirkung kann zwischen zwei Arten von Bekleidungen differenziert werden. Neben Bekleidungen mit klassifizierter Brandschutzfunktion (brandschutztechnisch wirksame Bekleidung) auf der Basis der DIN EN 13501-2 [2] wird weiterhin in Schutzbekleidungen nach DIN EN 1995-1-2 [3] unterschieden.

Beide Arten von Bekleidungen werden nachfolgend hinsichtlich ihrer Eigenschaften beschrieben.

Wand- und Deckenbekleidungen mit klassifizierter Brandschutzfunktion (brandschutztechnisch wirksame Bekleidung – „Kapselung")

Zielsetzung einer solchen Bekleidung ist es, dahinterliegende Holz- und Holzwerkstoffe vor Schäden wie Entzündung oder Verkohlung vollständig zu schützen. Jedweder Beitrag der Holzbauteile am Brandgeschehen soll so für eine festgelegte Zeit ausgeschlossen werden. Grundlage dafür sind die sog. „Kapselklassen", z. B. $K_2 30$ (30 Minuten) oder $K_2 60$ (60 Minuten) nach DIN EN 13501-2 [2] auf der Basis einer Prüfung nach DIN EN 14135 [4]. Neben der flächigen Schutzwirkung wird dabei auch der Einfluss von Verbindungsmitteln bewertet, die zu einer vorzeitigen lokalen Verkohlung (Temperaturerhöhung) am zu schützenden Bauteil führen können. Versuchsergebnisse zeigen jedoch, dass bei Einsetzen einer Verkohlung an den Verbindungsmitteln die Temperaturen in der Fläche i. d. R. um mehr als 100 K unterhalb der zulässigen Grenztemperaturerhöhung (250 K/270 K) liegen, vgl. Abb. 2. Für die meistverwendeten Bekleidungen aus Gipskartonfeuerschutz- und Gipsfaserplatten

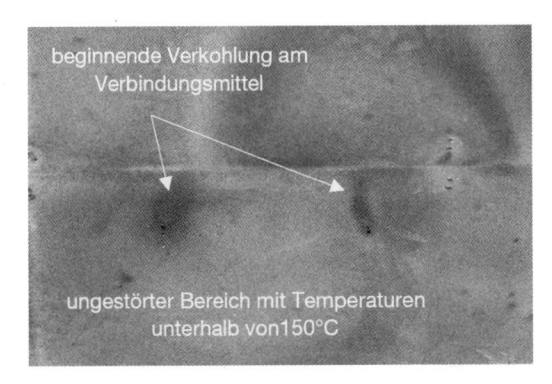

Abb. 2: Verfärbungsbild/ Verkohlung im normativen Brandversuch auf der Trägerplatte. (Bildquelle: Norman Werther)

[Bildbeschriftungen: beginnende Verkohlung am Verbindungsmittel; ungestörter Bereich mit Temperaturen unterhalb von 150°C]

resultieren im Hinblick auf die Klasse $K_2 30$ typischerweise Bekleidungsdicken von 18 mm und für $K_2 60$ typischerweise Bekleidungsdicken von 2 × 18 mm, vgl. MHolzBauRL [5]. Wesentlich dafür ist zudem, dass eine adäquate Befestigung vorliegt.

Schutzbekleidungen im Sinne der DIN EN 1995-1-2

Mittels dieser Bekleidungen wird das globale Ziel verfolgt, einen positiven Beitrag zum Feuerwiderstand des Holzbauteils zu leisten. Die Schutzwirkung der Bekleidung wird einerseits über den Wert t_{ch} (Zeit bis zum Beginn des Abbrands hinter der Bekleidung) und andererseits durch den Wert t_f (Versagenszeit/Abfallen der Schutzbekleidung) beschrieben.

Ein Nachweis der Schutzfunktion kann derzeit für ausgewählte generische Produkte der DIN EN 1995-1-2 [3] entnommen werden. Produktspezifisch lassen sich entsprechende Kennwerte auf der Basis einer Prüfung nach DIN EN 13381-7 [6] ableiten. Auf der Basis der nächsten Generation der prEN 1995-1-2 [7] werden neben den Schutzzeiten t_{ch} für Gipsplatten auch Kennwerte für Lehmbauplatten und auch für die Schutzzeit t_f bis zum Abfallen der Bekleidungen angegeben, sodass für den Zeitraum zwischen t_{ch} und t_f ein reduzierter Abbrand berücksichtigt werden kann, vgl. Abb. 3. In der praktischen Anwendung zeigt sich, dass mit einer Bekleidung aus 2 × 18 mm Gipskartonfeuerschutzplatten oder Gipsfaserplatten eine Schutzzeit t_{ch} von bis zu 90 Minuten erreicht werden kann.

Vergleichbar dazu ergibt sich für die nach MHolzBauRL [5] geforderte einlagige, 18 mm dicke Bekleidung auf Massivholzelementen eine rechnerische Schutzzeit [3] von mehr als 36 Minuten.

Eine Gegenüberstellung der Schutzfunktionen der beiden Bekleidungstypen kann nachstehender Tabelle 1 entnommen werden.

Auch wenn beide Arten von Bekleidungen unterschiedliche spezifische Schutzziele verfolgen, kann ihre Leistungsfähigkeit hinsichtlich der flächigen Schutzwirkung und damit bezüglich des Ausschlusses der Holzbauteile am Brandgeschehen (Temperaturkriterium) als vergleichbar angesehen werden. Ein Einfluss der vorzeitigen Verfärbung und pyrolytischen Zersetzung an den Verbindungsmitteln auf die Branddynamik im Raum ließ sich innerhalb der im Rahmen des Forschungsprojekts TIMpuls durchgeführten Versuche nicht

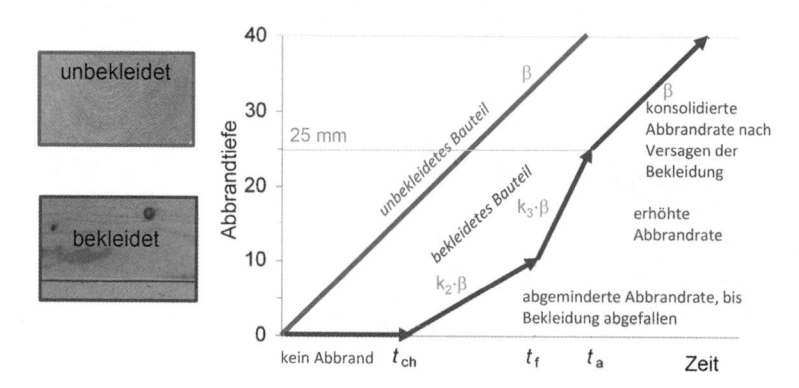

Abb. 3: Abbrandmodell [3] mit Abbrand ungeschütztes und geschütztes Bauteil, t_{ch} = Schutzzeit der Bekleidung, $k_2 \cdot \beta$ = verminderter Abbrand bis zum Zeitpunkt t_f' auf Grund der teilweise noch vorhandenen Teile der Bekleidung, $k_3 \cdot \beta$ = kurzzeitig erhöhter Abbrand, β = „normaler" Abbrand wie ungeschütztes Bauteil (Bildquelle: Norman Werther)

Abb. 4: Verbindungsmittel nach Entfernen der Brandschutzbekleidung, V0 [1] (Bildquelle: Thomas Engel)

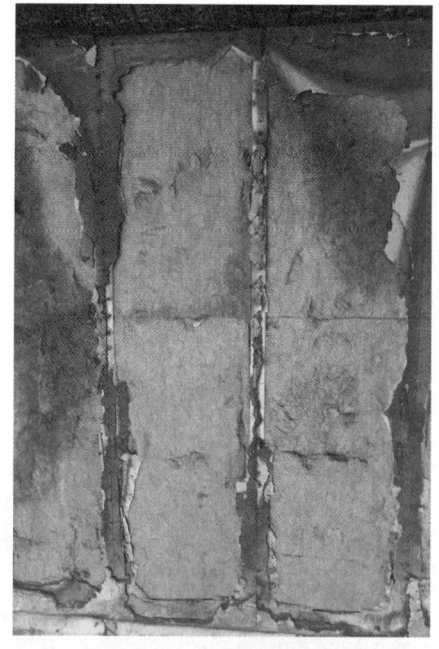

Abb. 5: Verfärbungen an den Befestigungspunkten am Ständer einer Holztafelbauwand, V4 [1] (Bildquelle: Thomas Engel)

A 2.1 Brandschutz im mehrgeschossigen Holzbau

Tabelle 1: Vergleich der Schutzwirkungen von Bekleidungen

Beurteilungskriterium	Brandschutztechnisch wirksame Bekleidung nach DIN EN 13501-2	Schutzbekleidung nach DIN EN 1995-1-2
Begrenzung der Temperatur (erhöhung) hinter der Bekleidung	Temperaturerhöhung über Ausgangstemperatur – im Mittel um nicht mehr als 250 K – im Maxima um nicht mehr als 270 K	als Grenztemperatur für t_{ch} (Beginn des Abbrandes) gelten 300 °C
Den Ausschluss von verbranntem oder verkohltem Material hinter der Bekleidung	Auch im Bereich von Befestigungsmitteln und Fugen (visuelle Wertung nach dem Versuchsende)	Nur in der Fläche (Fugen werden gesondert betrachtet, Befestigungsmittel bleiben unberücksichtigt)
Abfallen der Bekleidung	Ein Abfallen oder Zusammenbrechen (selbst von Teilen) ist unzulässig.	Zeitpunkt bis zum Abfallen der Bekleidung mit dahinter liegendem reduziertem Abbrand durch t_f charakterisiert

ableiten [1]. Verdeutlicht wird dies ebenso bereits durch den geringen Flächenanteil, den entsprechende Verbindungsstellen im Vergleich zur Gesamtfläche einnehmen, vgl. Abb. 4 und Abb. 5.

Ergänzend zu brandschutztechnisch wirksamen Bekleidungen „K" können somit auch Schutzbekleidungen aus dem Anwendungsbereich der DIN EN 1995-1-2 [3] für den mehrgeschossigen Holzbau hinreichende Eigenschaften liefern, um einen flächigen Mitbrand der Holzbauteile und eine Beteiligung am Brandgeschehen im Raum auszuschließen. Neben dem Ausschluss des Mitbrands der Holzbauteile kann über die entsprechende Charakterisierung der Schutzbekleidung auch der Beitrag der Bekleidung zum Feuerwiderstand der Gesamtkonstruktion und deren Abfallzeit benannt werden.

Auf der Basis der Differenzierung und Beschreibung des thermischen Versagenskriteriums zur Beurteilung der Schutzbekleidung für Holzbauteile (t_{ch}) wurde es im Rahmen des Forschungsprojekts TIMpuls möglich, die Leistungsfähigkeit von Schutzbekleidungen unter verschiedenen Brandszenarien miteinander zu vergleichen [1].

Aus der so geschaffenen Möglichkeit zum Vergleich der üblicherweise unter Einheits-Temperaturzeitkurve-Beanspruchung ermittelten Schutzwirkungen für Bekleidungen aus Gipsplatten mit der Schutzwirkung im Naturbrand (Naturbrand 1 TIMpuls [1]) lässt sich erstmals ein Bezug herstellen, von welcher Schutzwirkung für die Holzbauteile in einem realen Vollbrand ausgegangen werden kann, ohne dass eine Beteiligung der geschützten Holzbauteile am Brandgeschehen erfolgt, vgl. Abb. 6. Dabei wurde exemplarisch die im

Schutzwirkung von Brandschutzbekleidungen (GKF/GF) [min]

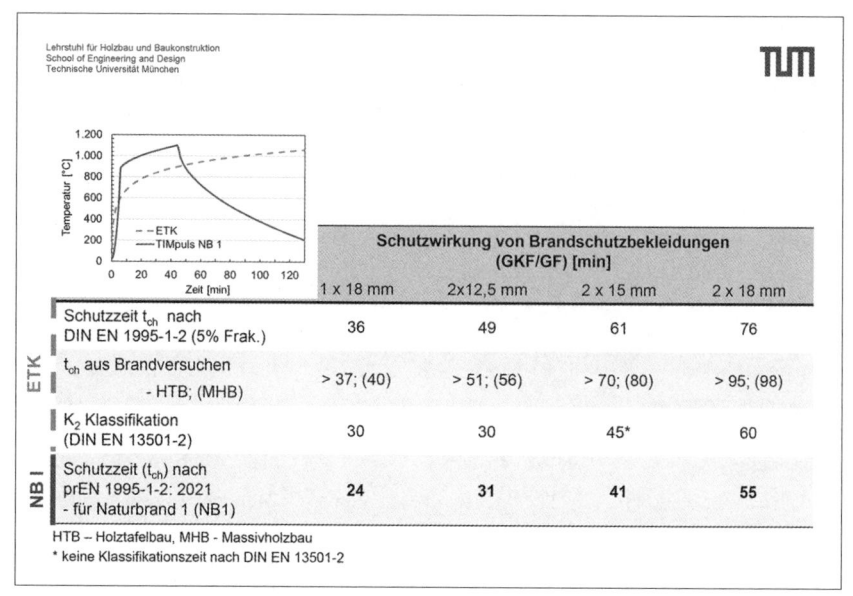

	1 x 18 mm	2x12,5 mm	2 x 15 mm	2 x 18 mm
ETK Schutzzeit t_{ch} nach DIN EN 1995-1-2 (5% Frak.)	36	49	61	76
ETK t_{ch} aus Brandversuchen - HTB; (MHB)	> 37; (40)	> 51; (56)	> 70; (80)	> 95; (98)
ETK K_2 Klassifikation (DIN EN 13501-2)	30	30	45*	60
NB 1 Schutzzeit (t_{ch}) nach prEN 1995-1-2: 2021 - für Naturbrand 1 (NB1)	24	31	41	55

HTB – Holztafelbau, MHB - Massivholzbau
* keine Klassifikationszeit nach DIN EN 13501-2

Abb. 6: Schutzwirkung von Gipsbekleidungen bei verschiedenen Brandszenarien.
(Bildquelle: Thomas Engel)

Forschungsprojekt genutzte Naturbrandkurve 1 als Grundlage gewählt. Diese Kennwerte lassen sich wiederum in Bezug zu den Eingriffszeiten der Feuerwehr setzen und erlauben so eine leistungsbezogene Bemessung der Bekleidung.

Grundsätzliche Anwendbarkeit von Decken und Wänden in Holztafelbauweise in der Gebäudeklasse 5 unterhalb der Hochhausgrenze

Die aktuelle Nichtberücksichtigung der Holztafel-/Holzrahmenbauweise für Bauteile abweichend zu feuerbeständig aus brennbaren Baustoffen ist mit Blick auf die Ergebnisse des Verbundforschungsvorhabens TIMpuls [1] aus brandschutztechnischer Sicht nicht weiter begründbar.

Es bestehen keine Bedenken, entsprechende Bauteile und Anschlüsse für einen Feuerwiderstand von 90 Minuten auszubilden, sofern die bewährten Ausführungsregeln der M-HFHHolzR [8] bzw. die der MHolzBauRL [5] adaptiv für die Gebäudeklasse 5 bis zur Hochhausgrenze in gleicher Weise übernommen werden.

Holztafelbauwände und -decken sind gemäß MHolzBauRL [5] mit mineralischer, nichtbrennbarer formstabiler Dämmung (Schmelzpunkt ≥ 1000 °C) mit Übermaß voll auszudämmen herzustellen, vgl. Abb. 7. Die raumseitig aufgebrachte brandschutztechnisch wirksame Bekleidung mit der Klassifizierung $K_2 60$ verhindert eine Brandbeanspruchung der Holzkonstruktion für mindestens 60 Minuten. Bezüglich der flächigen Schutzwirkung werden bei entsprechender Ausführung der Brandschutzbekleidungen aus 2 × 18 mm Gipskartonfeuerschutz- oder Gipsfaserplatten jedoch sogar Überkapazitäten der Schutzzeiten (t_{ch})

Abb. 7: Holztafelbauwand Steinwolldämmstoff im Gefach – vor dem Aufbringen der Bekleidung. (Bildquelle: Thomas Engel)

bei ETK-Normbrandbeanspruchung mit bis zu 90 Minuten erreicht, vgl. Abb. 6. Eine Beteiligung der Holzrippen (Schwelle, Ständer, Rähm) am Brandgeschehen und Hohlraumbrände werden so ausgeschlossen. Nach dem Versagen der Brandschutzbekleidung werden die Holzrippen im Holztafel-/Holzrahmenbau innerhalb der Gefache durch den Gefachdämmstoff (nicht brennbare Dämmung mit einem Schmelzpunkt ≥ 1000 °C) geschützt, sodass nur ein einseitiger Abbrand an der Schmalseite stattfinden kann und ein seitlicher Einbrand bzw. Hohlraumbrände verhindert werden, vgl. Abb. 8 [1].

Der mögliche Beitrag der Tragkonstruktion von Holztafelbauteilen nach Versagen der Brandschutzbekleidung zur Branddynamik im Raum ist gegenüber Massivholzbauteilen als gering anzusehen, was durch die Versuchsbeobachtungen in [1] verdeutlicht wird. Dies lässt sich bereits auch aus dem Vergleich der Flächenanteile ableiten, da die typischerweise 60 mm breiten Holzrippen nur in einem Abstand von 625 mm vorliegen. Infolge der nichtbrennbaren formstabilen Dämmung ist nur von einem Abbrand der Schmalseiten der Konstruktionshölzer auszugehen. Bei Verwendung von Holzwerkstoffen zur Aussteifung hinter der Brandschutzbekleidung kann sich der Einfluss auf die Brandraumdynamik zwar erhöhen, bleibt aber im direkten Vergleich zur Massivholzbauweise nach wie vor gering, da die geringe Dicke der Holzwerkstoffplatten nur einen zeitlich sehr begrenzten Beitrag zur Wärmefreisetzung liefert [1].

Abb. 8: Schutzwirkung der Steinwolldämmung für die Gefache, V2 [1] (Bildquelle: Thomas Engel)

Die entwickelten Ausführungsprinzipien des Forschungsprojekts HolzbauRLBW [9] (siehe Artikel Rauchdurchtritt bei Holzanschlüssen), die Grundlage der durchgeführten Brandversuche [1] waren, zeigen, dass Anschlüsse im Holztafelbau und Massivholzanschlüsse prinzipiell als gleichwertig angesehen werden können. Entsprechend brandschutztechnisch sichere Anschlüsse können somit auch für den Holztafelbau erreicht werden.

Fazit

Aus den Untersuchungen im Verbundforschungsvorhaben TIMpuls [1] wird ersichtlich, dass ein brandschutztechnisch sicheres Bauen mit Holz bis zur Hochhausgrenze möglich ist und die bisherigen Regelungen der MHolzBauRL [5] in Teilbereichen unter Berücksichtigung des Sicherheitsniveaus weiterentwickelt werden können.

Dies umfasst vor allem konstruktive Lösungen. Eine der maßgebendsten Empfehlungen ist, dass auch die Holztafelbauweise die Eignung für das mehrgeschossige Bauen mit Holz bis zur Hochhausgrenze besitzt. Ebenso kann bestätigt werden, dass brandschutztechnisch sichere Anschlüsse, die bisher unter ETK-Normbrand hinsichtlich der Brandausbreitung (Feuer und Rauch) bewertet wurden, auch unter Realbrandbedingungen voll funktionsfähig sind.

Quellen

[1] Engel, T.; Brunkhorst, S.; Steeger, F.; Butscher, D.; Kurzer, C.; Werther, N.; Winter, S.; Zehfuß, J.; Kampmeier, B.; Neske, M. (2022) Schlussbericht zum Verbundvorhaben TIMpuls – Brandschutztechnische Grundlagenuntersuchung zur Fortschreibung bauaufsichtlicher Regelungen im Hinblick auf eine erweiterte Anwendung des Holzbaus. Fachagentur Nachwachsende Rohstoffe; Gülzow-Prüzen https://doi.org/10.14459/2022md1661419

[2] DIN EN 13501-2: Klassifizierung von Bauprodukten und Bauarten zu ihrem Brandverhalten – Teil 2: Klassifizierung mit den Ergebnissen aus den Feuerwiderstandsprüfungen, mit Ausnahme von Lüftungsanlagen; Deutsche Fassung EN 13501-2:2003; 2003-12 – aktuelle Fassung 2016-12

[3] DIN EN 1995-1-2:2010-12 (2010) Eurocode 5: Bemessung und Konstruktion von Holzbauten – Teil 1-2: Allgemeine Regeln – Tragwerksbemessung für den Brandfall. Berlin: Beuth. Ausgabe Dez. 2010

[4] DIN EN 14135: Brandschutzbekleidungen – Bestimmung der Brandschutzwirkung; Deutsche Fassung EN 14135:2004-11

[5] Muster-Richtlinie über brandschutztechnische Anforderungen an Bauteile und Außenwandbekleidungen in Holzbauweise (MHolzBauRL); Fassung Oktober 2020

[6] DIN EN 13381-7: Prüfverfahren zur Bestimmung des Beitrages zum Feuerwiderstand von tragenden Bauteilen – Teil 7: Brandschutzmaßnahmen für Holzbauteile; Deutsche Fassung EN 13381-7:2019-09

[7] prEN 1995-1-2:2020 (E) (2021) Eurocode 5 – Design of timber structures Part 1–2: Structural fire design. Final draft Sep. 5, 2021 for informal Enquiry

[8] Muster-Richtlinie über brandschutztechnische Anforderungen an hochfeuerhemmende Bauteile in Holzbauweise (M-HFHHolzR); Fassung Juli 2004

[9] Dederich, L.; Sudhoff, P.; Kampmeier, B.; Rüther, N.; Winter, S.; Suttner, E.; Werther, N. (2020) HolzbauRLBW – Abschlussbericht zum Forschungsprojekt. Rottenburg

ZZ ZAPP-ZIMMERMANN

Innovative Brandschutzsysteme

Referenzen:

Medizin   Verwaltung   Transport   Industrie

www.z-z.de

Univ.-Prof. Dr.-Ing. Jochen Zehfuß, Sven Brunkhorst

2.2 Der Beitrag sichtbarer Holzoberflächen zur Brandentwicklung in Holzbauten

1 Einführung

Beim Auftreten eines Brandes in Gebäuden in Holzbauweise beteiligen sich neben der mobilen Brandlast (Möblierung / Einrichtungsgegenstände) auch die ungeschützten und mitunter auch die anfänglich geschützten Holzbauteile, welche als strukturelle Brandlasten bezeichnet werden, am Brandgeschehen. Aus Sicht des Brandschutzes stellt sich die Frage der Beeinflussung der Brandentwicklung infolge der zusätzlichen strukturellen Brandlasten. Aufgrund von erhöhten Brandlasten und den brennbaren Oberflächen der Bauteile kann sich der Brand schneller ausbreiten als in vergleichbaren Brandräumen mit geschützten oder mineralischen Bauteiloberflächen. Über analysierte Brandversuche an Räumen in Holzbauweise mit teilweise ungeschützten Massivholzbauteilen soll ein prinzipielles Aufzeigen der Auswirkungen von strukturellen Brandlasten auf den Brandverlauf erfolgen, welche bei der Anwendung von Naturbrandmodellen zu berücksichtigen sind. Dabei werden Ansätze für die Abbildung struktureller Brandlasten in vereinfachten und allgemeinen Naturbrandmodellen bei der brandschutztechnischen Bemessung vorgestellt [1].

2 Die strukturelle Brandlast von Holzbauteilen

2.1 Brandverhalten von Holz

Holz und Holzwerkstoffe sind aufgrund der zentralen Bestandteile wie Cellulose und Lignin, welche aus Kohlenstoff, Wasserstoff und Sauerstoff aufgebaut sind, brennbare Baustoffe [2]. Das Brandverhalten ist abhängig von baustoffspezifischen Eigenschaften sowie äußeren Einflussparametern. Die Entzündungstemperatur von Holz bzw. Holzwerkstoffen hängt von einer Vielzahl von Parameter wie Erwärmungsdauer, Dichte und Feuchte ab. Der wesentliche Einflussparameter von Bauholz in Innenräumen ist dabei die Erwärmungsdauer wie Bild 1 verdeutlicht. Aus Bild 1 ist ebenfalls ersichtlich, dass die Entzündungstemperatur keine Materialkonstante darstellt. In der Regel kann die Entzündungstemperatur vereinfacht für nicht vorgewärmtes Holz und bei einem Feuchtegehalt von Bauholz in Innenräumen zwischen 9 – 15 M-% mit 300 °C angesetzt werden.

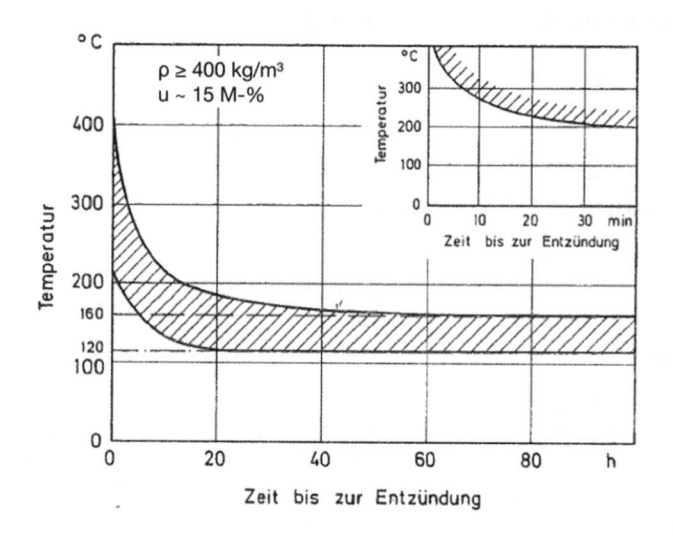

Bild 1: Entzündungstemperatur von Holz in Abhängigkeit der Erwärmungsdauer [2]

2.2 Mobile und strukturelle Brandlasten in Gebäuden in Holzbauweise

Die Gesamt-Brandlast bzw. Gesamt-Brandlastdichte und die Wärmefreisetzungsrate von Gebäuden in Holzbauweise sind unter Berücksichtigung der *mobilen* Brandlasten aus Einrichtung und Nutzung sowie der *strukturellen* Brandlasten der Holzbauteile zu berechnen. Nach FprEN 1991-1-2 [3] ergibt sich die Gesamt-Brandlastdichte wie folgt:

$$q_{k,tot} = q_{k,fi} + q_{k,st} \quad (1)$$

wobei:

$q_{k,tot}$ Charakteristischer Wert der Gesamt-Brandlastdichte in [MJ/m²],

$q_{k,fi}$ Charakteristischer Wert der mobilen Brandlastdichte nach DIN EN 1991-1-2 Anhang E.4 [MJ/m²],

$q_{k,st}$ Charakteristischer Wert der strukturellen Brandlastdichte [MJ/m²].

Die strukturelle Brandlastdichte berechnet sich nach FprEN 1991-1-2 Annex H [3] wie folgt:

$$q_{k,st} = \frac{A_{st}}{A_f} \int_{t_{ign}}^{t_{end,i}} RHR_{st} \cdot dt \quad (2)$$

A 2.2 Der Beitrag sichtbarer Holzoberflächen zur Brandentwicklung in Holzbauten

wobei:

A_{st} Brennbare Oberfläche der Holzbauteile [m²],

A_f Grundfläche des Brandraums [m²],

RHR_{st} Wärmefreisetzungsrate pro Flächeneinheit der ungeschützten oder geschützten Oberfläche von Holzbauteilen [MW/m²],

t_{ign} Entzündungszeitpunkt des Holzbauteils [s],

$t_{end,i}$ Zeitpunkt der Selbstverlöschung [s].

Die Wärmefreisetzungsrate pro Flächeneinheit der ungeschützten oder geschützten Oberfläche von Holzbauteilen kann nach [4] vereinfacht berechnet werden zu:

$$RHR_{st} = 0{,}12 \cdot \beta_{st} \text{ [MW]} \qquad (3)$$

wobei:

β_{st} zeitabhängige Abbrandrate von ungeschützten oder geschützten Holzbauteilen [mm/min].

Der Wert 0,12 ergibt sich als Wärmefreisetzungsrate pro m² Holzoberfläche und mm/min Abbrandrate für Holz mit einer Dichte von 450 kg/m³ und einer effektiven Verbrennungswärme von 15,6 MJ/kg.

Die strukturelle Brandlast lässt sich nach [1], [5] wie folgt ermitteln:

$$q_{k,st} = A_{st} \cdot d_{char,t} \cdot \chi \cdot H_{c,st} \cdot \rho_{st} / A_f \qquad (4)$$

wobei:

χ Verbrennungseffektivität [-]

$d_{char,t}$ Abbrandtiefe der brennbaren Holzbauteile [m],

$H_{c,st}$ Netto-Verbrennungswärme der strukturellen Brandlast [MJ/kg],

ρ_{st} Dichte von Holz [kg/m³].

Die maximale Wärmefreisetzungsrate im brandlastgesteuerten Fall lässt sich wie folgt berechnen [5]:

$$Q_{max,f,k} = RHR_f \cdot A_f + RHR_{st} \cdot A_{st} \quad \text{mit} \quad RHR_{st} = \overset{\text{g'}}{r}_{st} \cdot \chi \cdot H_{c,st} \qquad (5)$$

wobei:

$Q_{max,f,k}$ Charakteristischer Wert der Gesamt-Wärmefreisetzungsrate [MW],

RHR_f Charakteristischer Wert der Wärmefreisetzungsrate pro Flächeninhalt der mobilen Brandlasten nach EN 1991-1-2 [MW/m²],

$\overset{g'}{r}_s$ Flächenbezogene Massenverlustrate der strukturellen Brandlast [kg/(s m²)].

Die flächenbezogene Massenverlustrate von ungeschützten Holzoberflächen wurde aus Messdaten von Kegelkalorimeterversuchen nach ISO 5660-1 zu $\dot{q}''_{r,s} = 0{,}0136$ kg/(m²s) ermittelt [1]. Nach Multiplikation mit der effektiven Verbrennungswäre von Holz ergibt sich $RHR_{st} = 0{,}19$ MW/m².

2.3 Auswirkungen einer erhöhten strukturellen Brandlast in Gebäuden in Holzbauweise

Bei Gebäuden in Holzbauweise liegt strukturell bedingt eine erhöhte Brandlast vor als im Vergleich zu Gebäuden mit nichtbrennbarer Konstruktion bei gleicher Geometrie und Nutzung, also auch gleichen mobilen Brandlasten. Es stellt sich daher die Frage: was bewirkt die zusätzliche Brandlast in Bezug auf die Branddynamik und den Brandverlauf? Dabei stehen zum einen die Auswirkungen im Brandraum (Brandraumtemperaturen, Wärmefreisetzungsraten) als auch im Fassadenbereich (Höhe der aus den Öffnungen herausschlagenden Flammen, Temperaturen im Fassadenbereich) im Fokus. Die Auswirkungen einer erhöhten strukturellen Brandlast in Gebäuden in Holzbauweise werden hinsichtlich der vorgenannten Punkte anhand von durchgeführten Brandversuchen untersucht und im folgenden Abschnitt dargestellt.

3 Ergebnisse von Brandversuchen

3.1 Einfluss unterschiedlicher Öffnungsfaktoren

In [6] werden die Versuche der „Epernon Fire Tests" vorgestellt, in denen die Decke aus Brettsperrholzelementen bestand, die Wände waren nichtbrennbar ausgeführt. Es wurden 3 Versuche mit unterschiedlichen Ventilationsöffnungen bei gleichen Brandlasten durchgeführt (Tabelle 1).

Tabelle 1 Geometrie und Ventilationsöffnungen der Epernon Fire Tests [6].

Szenario #	Anzahl Öffnungen	Höhe der Öffnungen [mm]	Breite der Öffnungen [mm]	Öffnungsfaktor [m$^{1/2}$]
1	2	2000	2500	0.144
2	3	1200	1250	0.050
3	1	2000	1100	0.032

Bild 2 zeigt die im Brandraum gemessenen Temperaturen. Die maximalen Brandraumtemperaturen liegen bei ca. 1200°C und sind nahezu unabhängig vom Öffnungsfaktor. Je kleiner der Öffnungsfaktor (ventilationsgesteuerter Brand), desto länger dauert die Vollbrandphase an, da ein Teil der Brandlasten erst in einer späteren Brandphase umgesetzt werden kann.

Die Ergebnisse der 1,20 m oberhalb der Öffnungen im Fassadenbereich gemessenen Wärmestromdichten zeigen, dass bei Szenario 3 (kleinster Öffnungsfaktor) mit in der Spitze

60 kW/m² nahezu doppelt so große Werte gemessen werden als bei Szenario 2 (35 kW/m²) [7].

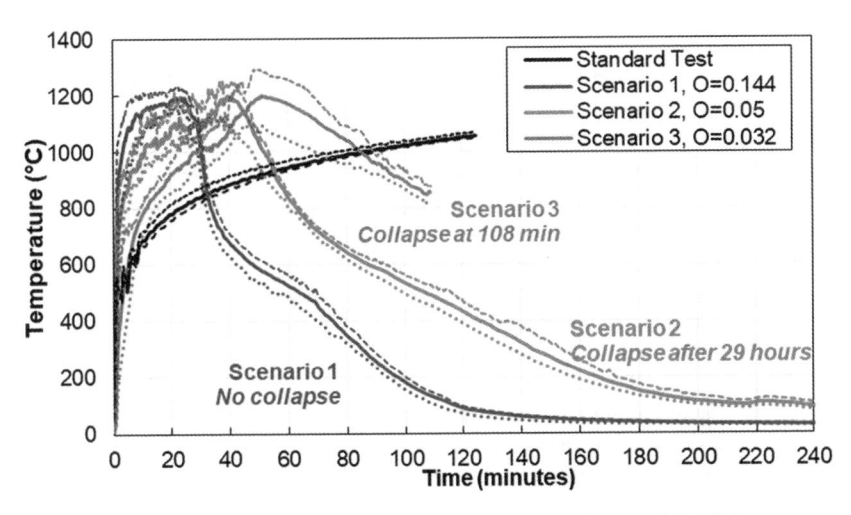

Bild 2: Verlauf der Brandraumtemperaturen der Epernon Fire Tests für unterschiedliche Öffnungsfaktoren [6]

3.2 Einfluss Anordnung der strukturellen Brandlast

Nach aktueller MHolzBauRL [8] ist es zulässig, dass bei Gebäuden in Holzmassivbauweise entweder die Decke oder max. 25% der Wandflächen als sichtbare brennbare Oberflächen ausgeführt werden, die restlichen Wandflächen sind mit einer Brandschutzbekleidung von mind. 18 mm Dicke zu schützen.

Bei einer einfachen Betrachtung der geometrischen Verhältnisse stellt sich heraus, dass für Räume, deren Seitenlänge größer ist als deren Höhe (im Standardhochbau i. d. R. zwischen 2,50 m bis 3,0 m), sich für die Decke eine eine größere Fläche ergibt als für eine Wand. Das bedeutet, dass die Deckenfläche immer erheblich größer ist als 25% oder auch 40% der Wandfläche. Da 100% Deckenfläche als sichtbare brennbare Oberfläche gemäß MHolzBauRL [8] zulässig sind, stellt sich die Frage, ob alternativ nicht die gleiche Fläche bei Wänden als sichtbare brennbare Oberfläche akzeptabel ist. Dies hätte den Vorteil, dass sich die Regelung vereinfachen ließe und die Fläche der zulässigen sichtbaren brennbaren Wandflächen nicht mehr abhängig von einem bestimmten Prozentsatz der Wandflächen, sondern eben gleich der Deckenfläche ist.

Bei Räumen mit lotrechten Wänden und (Deckenfläche = Grundfläche) kann dann vereinfacht als zulässige sichtbare brennbare Oberfläche der Wert der Grundfläche A_f entweder für die Decke als auch für die Wände festgelegt werden. Bei vorgenanntem Ansatz wäre aufgrund der Flächengleichheit eine Gleichheit der strukturellen Brandlast sichergestellt, die entweder im Deckenbereich oder im Wandbereich angeordnet ist.

Es stellt sich die Frage, ob die Anordnung der sichtbaren brennbaren Oberfläche (Decke oder Wand) einen Einfluss auf die Brandentwicklung sowie die thermischen Einwirkungen im Brandraum und im Fassadenbereich hat und ob wirksame Löscharbeiten dadurch beeinflusst werden.

Brandversuche zeigen, dass bei vergleichbarer sichtbarer brennbarer Oberfläche im Decken- bzw. Wandbereich sich die Raumtemperaturen kaum unterscheiden [9]. Im Fassadenbereich oberhalb der Öffnungen ergeben sich bei sichtbaren brennbaren Wandoberflächen im Vergleich zu den Deckenflächen gleicher Größe geringere Temperaturen bzw. Wärmestromdichten. In Bild 3 werden die im Fassadenbereich oberhalb der Öffnung gemessenen Temperaturen bei den Garchinger Versuchen V1 (sichtbare brennbare Decke, entspricht 35% Bauteiloberfläche ohne Fußboden und Öffnung) und V2 (sichtbare brennbare Wandoberflächen, entspricht 35% Bauteiloberfläche ohne Fußboden und Öffnung) des Forschungsvorhabens TIMpuls gezeigt. Der Brandraum hatte in beiden Versuchen Abmessungen von B/L/H = 4,5/4,5/2,4 m, der Öffnungsfaktor betrug 0,045 $m^{0,5}$, die mobile Brandlastdichte 1.085 MJ/m² [9]. In Versuch V1 („Decke") ergaben sich um ca. 100°C höhere Temperaturen im Fassadenbereich als bei Versuch V2 („Wand"). Die Flammenhöhe war in V1 tendenziell höher als in V2 [10]. Das bedeutet, dass bei gleicher sichtbarer brennbarer Oberfläche im Fall „Decke" höhere thermische Einwirkungen zu erwarten sind als im Fall „Wand".

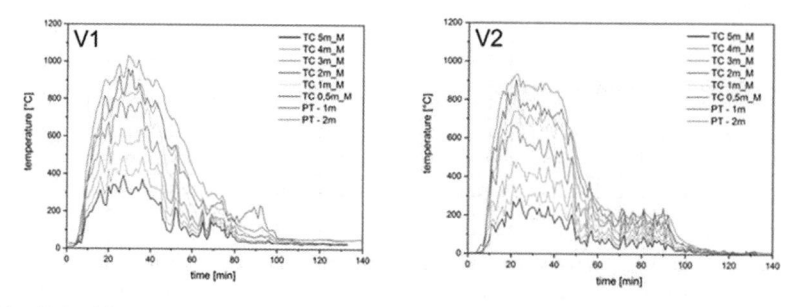

Bild 3: Verlauf der Temperaturen im Fassadenbereich oberhalb der Öffnung Versuch V1 mit sichtbarer brennbarer Decke (links) und Versuch V2 mit sichtbaren brennbaren Wandoberflächen (rechts) [10]

Ähnliche Ergebnisse zeigen sich bei den am NRC in Kanada durchgeführten Versuchen [11]. Der Brandraum hatte Abmessungen von B/L/H = 9,1/4,6/2,7 m, der Öffnungsfaktor betrug 0,032 $m^{0,5}$, die mobile Brandlastdichte 550 MJ/m². Der Vergleich der Versuche 1-4 (sichtbare brennbare Deckenoberfläche von 41,9 m²) und Versuch 1-5 (sichtbare brennbare Wandfläche von 24,6 m²) in Bild 4 zeigt, dass im Fall „Decke" = "Ceiling" in den ersten 90 min höhere Wärmestromdichten oberhalb der Öffnung gemessen wurden.

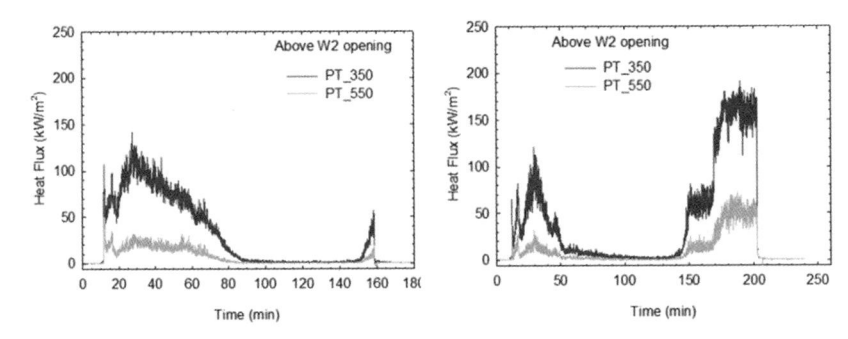

Bild 4: Verlauf der Wärmestromdichten im Fassadenbereich oberhalb der Öffnung Versuch 1-4 mit sichtbarer brennbarer Decke (links) und Versuch 1-5 mit sichtbaren brennbaren Wandoberflächen (rechts) [11]

Die vorgenannten Versuche zeigen, dass bei gleicher sichtbarer brennbarer Holzoberfläche die Anordnung im Deckenbereich hinsichtlich der Brandeinwirkungen im Fassadenbereich kritischer zu bewerten ist als die Anordnung im Wandbereich. Bei der Brandentwicklung im Brandraum zeigen sich bei beiden Fällen kaum Unterschiede [9]. Die MHolzBauRL gestattet bei Gebäuden in Holzmassivbauweise die ungeschützte Ausführung der Decke. Eine flächengleiche Anordnung sichtbarer brennbarer Wandoberflächen ist auf Grundlage der vorgenannten Erkenntnisse nicht kritischer zu betrachten. Bei gleicher sichtbarer brennbarer Fläche ergibt sich die gleiche strukturelle Brandlast. Brandversuche zeigen zudem, dass bei gleicher Fläche eine Anordnung der sichtbaren brennbaren Oberfläche im Deckenbereich sich im Fassadenbereich tendenziell etwas höhere thermische Einwirkungen ergeben, so dass die Anordnung im Wandbereich bezogen auf das vertikale und horizontale Brandüberschlagsrisiko geringer ist. Die zulässige sichtbare brennbare Wandoberfläche sollte somit auf die Deckenfläche bzw. die Grundfläche begrenzt werden. In der zulässigen sichtbaren brennbaren Oberfläche sind die Oberflächen linearer Bauteile wie Stützen und Unterzüge miteinzurechnen.

4 Zusammenfassung und Fazit

Bei der Brandschutzbemessung von Gebäuden in Holzbauweise ist die strukturelle Brandlast der ungeschützten bzw. anfänglich geschützten Holzbauteile zu berücksichtigen. Im Beitrag werden Ansätze zur Berücksichtigung der strukturellen Brandlast und der bei deren Abbrand resultierenden Wärmfreisetzungsrate vorgestellt. Die Auswirkungen einer erhöhten strukturellen Brandlast in Gebäuden in Holzbauweise werden anhand der Ergebnisse von Brandversuchen gezeigt. Bei kleinen Ventilationsöffnungen verlängert sich die Branddauer und es zeigen sich höhere Wärmestromdichten im Fassadenbereich. Bei gleicher brennbarer Fläche führt die Anordnung dieser im Deckenbereich im Vergleich zum Wandbereich zu höheren thermischen Einwirkungen im Fassadenbereich. Die zulässige sichtbare brennbare Wandoberfläche sollte somit auf die Deckenfläche bzw. die Grundfläche begrenzt werden. In der zulässigen sichtbaren brennbaren Oberfläche sind die Oberflächen linearer Bauteile wie Stützen und Unterzüge miteinzurechnen.

5 Literatur

[1] Zehfuß, J.; Brunkhorst, S.: Brandbeanspruchung durch Naturbrandmodelle nach Eurocode anstatt ETK – Erleichterung für den Holz-Wohnungsbau? In: 6. Internationale Tagung Bauphysik & Gebäudetechnik (BGT), Rosenheim, 28./29.04.2022.

[2] Kordina, K.; Meyer-Ottens, C.; Scheer, C. (1994): Holzbau Brandschutz Handbuch. Deutsche Gesellschaft für Holzforschung, München.

[3] FprEN 1991-1-2: Eurocode 1 – Actions on Structures. Part 1-2: General Actions – Actions on structures exposed to fire. Draft version January 2023.

[4] prEN 1995-1-2: 202 5(E): Eurocode 5 - Design of timber structures Part 1-2: Structural fire design. Final Draft. August 2022.

[5] Zehfuß, J.; Brunkhorst, S.: Fire development in timber buildings considering the structural fire load. In: SFPE 2023. European Conference & Expo on Fire Safety Engineering, Berlin, 29./30.03.2023.

[6] Robert, F.; Zehfuß, J. et al. (2020): Épernon Fire Tests Programme - Synthesis Report n° EFTP-2020/01. http://www.epernon-fire-tests.eu.

[7] Bartlett, A. et al.: Heat Fluxes to a Facade Resulting from Compartment Fires with Combustible and Non-Combustible Ceilings. In: FSF 2019 – 3nd International Symposium on Fire Safety of Facades, Paris, 26.-27.09.2019.

[8] Muster-Richtlinie über brandschutztechnische Anforderungen an bauteile und Außenwandbekleidungen in Holzbauweise (MHolzBauRL). Fassung Oktober 2020.

[9] Engel, T.; Brunkhorst, S.; Steeger, F.; Butscher, D.; Kurzer, C.; Werther, N.; Winter, S.; Zehfuß, J.; Kampmeier, B.; Neske, M. (2022): Schlussbericht zum Verbundvorhaben TIMpuls - Brandschutztechnische Grundlagenuntersuchung zur Fortschreibung bauaufsichtlicher Regelungen im Hinblick auf eine erweiterte Anwendung des Holzbaus. Fachagentur Nachwachsende Rohstoffe; Gülzow-Prüzen https://doi.org/10.14459/2022md1661419.

[10] Engel, T.; Werther, N.: Impact of Mass Timber Compartment Fires on Facade Fire Exposure. In: Fire Technology. https://doi.org/10.1007/s10694-022-01346-8.

[11] Su, J. et al.: Fire Safety Challenges of Tall Wood Buildings - Phase 2: Task 2 & 3 - Cross Laminated Timber Compartment Fire Tests. Fire Protection Research Foundation Report FPRF-2018-01. Feb. 2018. url: https://tsapps.nist.gov/publication/get_pdf.cfm?pub_id=925297.

Dr. Michael Merk

2.3 Ein Blick in die Zukunft – was tut sich in der bauordnungsrechtlichen Weiterentwicklung der MHolzBauRL?

Nach rund 16 Jahren Anwendung der M-HFHHolz-Richtlinie und Änderung der Landesbauordnungen zur Erweiterung der Zulässigkeit des Einsatzes von brennbaren Baustoffen bis zur Hochhausgrenze wurde im Oktober 2020 die „Nachfolge-Richtlinie" MHolzBauRL veröffentlicht. Schnell wurde klar, dass diese Richtlinie einen bedeutenden Fortschritt darstellt, jedoch bereits mit Erscheinen wieder Überarbeitungsbedarf besteht. Seit Anfang 2021 arbeitet eine dafür bestellte Projektgruppe an der Fortschreibung.

Mit der Fortschreibung der aktuellen „Muster-Holzbaurichtlinie" [1] geht der Holzbau aus bauordnungsrechtlicher Sicht einen weiteren wesentlichen Schritt in Richtung zu einem praxisnahen und realisierbaren Bauen mit Holz. Zu benennen sind dabei die weitergehende Öffnung bewährter Bauweisen (Holztafelbau) für den Einsatz bis hin zur Hochhausgrenze, die mögliche Anwendung der Richtlinie auch auf Sonderbauten sowie die konsequente Weiterführung der bereits in der derzeitigen Fassung vorhandenen, vereinfachten Nachweismöglichkeiten für Holzbauelemente und deren brandschutztechnische Bekleidungslagen. Zudem ist geplant, mit der Fortschreibung die Regelungen zum Nachweis von Fügungen und Anschlüssen zu erweitern. Diese Erweiterung soll abgestimmt zur parallel erscheinenden, überarbeiteten Technischen Baubestimmung DIN 4102-4 erfolgen. Die Fortschreibung stellt damit einen positiven und notwendigen Schritt dar, auch wenn erfahrungsgemäß vermutlich nicht alle Vorstellungen und Wünsche der Industrie und Praxis erfüllt werden können. Zudem besteht auch nach wie vor großer Bedarf an einer Überarbeitung der vor- und nachgeschalteten technischen Regeln bzw. deren darauf bezogenen Teile. Abbildung 1 zeigt den zeitlichen Verlauf der Historie zu den Regelwerken für den mehrgeschossigen Holzbau.

Die Fortschreibung der Muster-Holzbaurichtlinie (MHolzBauRL) wird von einer dafür zusammengestellten Projektgruppe „Musterholzbaurichtlinie" bearbeitet. Die Gründung dieser Projektgruppe erfolgte durch Auftrag der Bauministerkonferenz vom 18.11.2020 an die Fachkommission Bauaufsicht. Als Arbeitsauftrag wurde die *„Fortschreibung der Musterholzbaurichtlinie, insbes. Pflege und Weiterentwicklung der Musterholzbaurichtlinie auf der Grundlage der Ergebnisse von Forschung und Wissenschaft"* benannt. Die Projektgruppe hat ihre Arbeit dann zum ersten Quartal 2021 aufgenommen.

2002 — MBO 2002 – Einführung Gebäudeklasse 4

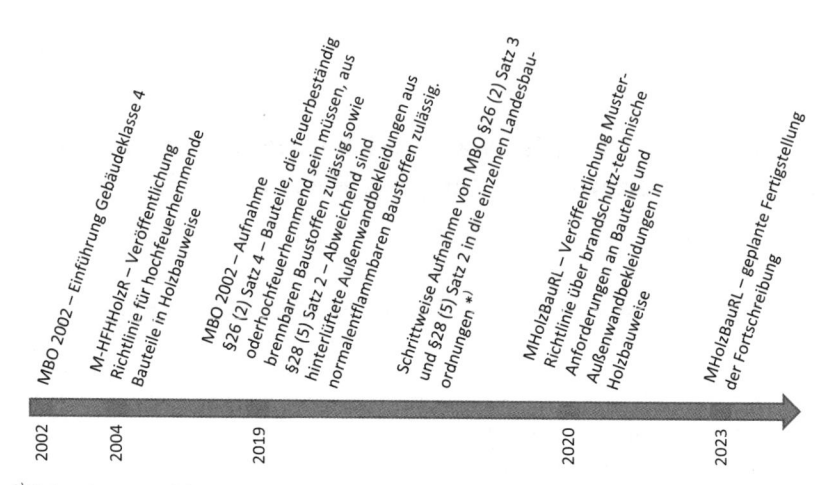

2004 — M-HFHHolzR – Veröffentlichung Richtlinie für hochfeuerhemmende Bauteile in Holzbauweise

2019 — MBO 2002 – Aufnahme §26 (2) Satz 4 – Bauteile, die feuerbeständig oderhochfeuerhemmend sein müssen, aus brennbaren Baustoffen zulässig sowie §28 (5) Satz 2 – Abweichend sind hinterlüftete Außenwandbekleidungen aus normalentflammbaren Baustoffen zulässig.

Schrittweise Aufnahme von MBO §26 (2) Satz 3 und §28 (5) Satz 2 in die einzelnen Landesbauordnungen *)

2020 — MHolzBauRL – Veröffentlichung Muster-Richtlinie über brandschutz-technische Anforderungen an Bauteile und Außenwandbekleidungen in Holzbauweise

2023 — MHolzBauRL – geplante Fertigstellung der Fortschreibung

*) Während MBO §26 (2) Satz 3 bereits in allen Bundesländern in die Landesbauordnung aufgenommen wurde, ist MBO §28 (5) Satz 2 nach aktuellem Stand nur in zwölf Landesbauordnungen implementiert.

Abbildung 1: historische Entwicklung zur MHolzBauRL (Stand 01-2023)

Komplexe Zusammenhänge

Die Implementierung des Holzbaus bzw. der Holzbauweisen in die bestehenden bauordnungsrechtlichen Regelungen für die Gebäudeklassen 4 und 5 stellt eine große Herausforderung in Verbindung mit einem komplexen Veränderungsprozess dar. Diese Erkenntnis lag bereits zum Zeitpunkt der speziell dafür eingeführten Gebäudeklasse 4 durch die MBO im Jahr 2002 und der darauf basierenden Erarbeitung der M-HFHHolzR vor. Auch mit der Überarbeitung der M-HFHHolzR [2] zur ersten Fassung der MHolzBauRL und für die Fortschreibung hat sich an dieser Situation nichts verändert. Dies betrifft zum Beispiel den Umgang mit bauordnungsrechtlich festgesetzten Begrifflichkeiten, die sich nicht einfach auf den Holzbau anwenden lassen. Hierfür müssen konsequent neue alternative Begriffe eingeführt werden.

Als anschaulichstes Beispiel können die bauordnungsrechtlichen Begriffe „hochfeuerhemmend" und „feuerbeständig" benannt werden, welche per Definition der MBO [3] bzw. auch M-VVTB [4] in ihren Bauweisen klar festgelegt sind. Neben den zu erreichenden Feuerwiderständen sind auch Festsetzungen zur Zusammensetzung der Schichten und deren Baustoffanforderungen zu erfüllen. „Hochfeuerhemmende" Bauteile müssen diesbezüglich „allseitig eine brandschutztechnisch wirksame Bekleidung aus nichtbrennbaren Baustoffen (Brandschutzbekleidung) und Dämmstoffe aus nichtbrennbaren Baustoffen" haben, während „feuerbeständige" Bauteile *„aus nichtbrennbaren Baustoffen"* bestehen bzw. als Bauweise verstanden wird *„deren tragende und aussteifende Teile aus nichtbrennbaren Baustoffen bestehen und die bei raumabschließenden Bauteilen zusätzlich eine in Bauteilebene*

A 2.3 Bauordnungsrechtliche Weiterentwicklung der MHolzBauRL

durchgehende Schicht aus nichtbrennbaren Baustoffen haben" (vgl. MBO §26 (2) Satz 2 und 3). Entsprechend lassen sich Bauteile wie Massivholz mit sichtbaren, ungeschützten Oberflächen sowie die künftige Holztafelbauweise für die Gebäudeklasse 5 nicht mit den beiden Begriffen „hochfeuerhemmend" und „feuerbeständig" formalrichtig vereinen.

In dem darauffolgenden Satz 4 des §26 (2) werden die zuletzt genannten Holzbauweisen als Bauteile *„die hochfeuerhemmend oder feuerbeständig sein müssen"* legitimiert, allerdings sind hierfür keine neuen Begriffe definiert. Die Begrifflichkeit „feuerbeständig" bleibt entsprechend unberührt und ist für Bauteile nach der Richtlinie mit einer Feuerwiderstandsdauer von 90 Minuten und aus brennbaren Konstruktionsbaustoffen nicht verwendbar. Diese müssen dann als „abweichend hochfeuerhemmend" bzw. „abweichend feuerbeständig" bezeichnet werden. Eine klare Unterscheidung dieser vier bauordnungsrechtlichen Begriffe ist Grundvoraussetzung für die eindeutige Forderung der notwendigen Leistungen in künftigen (Brandschutz-)Nachweisen. Abbildung 2 zeigt grafisch die formalrichtige Zuordnung der gängigen Holzbauweisen zu den bauordnungsrechtlich verwendeten Begriffen.

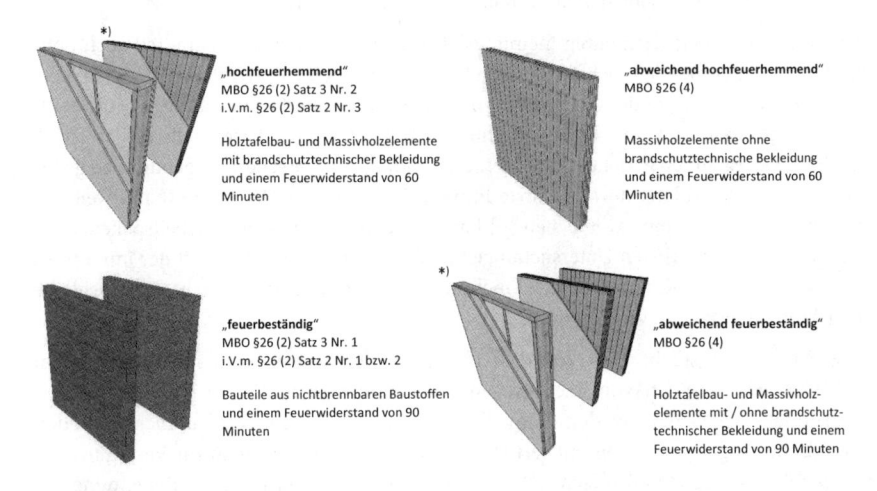

*)

„hochfeuerhemmend"
MBO §26 (2) Satz 3 Nr. 2
i.V.m. §26 (2) Satz 2 Nr. 3

Holztafelbau- und Massivholzelemente mit brandschutztechnischer Bekleidung und einem Feuerwiderstand von 60 Minuten

„abweichend hochfeuerhemmend"
MBO §26 (4)

Massivholzelemente ohne brandschutztechnische Bekleidung und einem Feuerwiderstand von 60 Minuten

*)

„feuerbeständig"
MBO §26 (2) Satz 3 Nr. 1
i.V.m. §26 (2) Satz 2 Nr. 1 bzw. 2

Bauteile aus nichtbrennbaren Baustoffen und einem Feuerwiderstand von 90 Minuten

„abweichend feuerbeständig"
MBO §26 (4)

Holztafelbau- und Massivholzelemente mit / ohne brandschutztechnischer Bekleidung und einem Feuerwiderstand von 90 Minuten

Anmerkung: Die mit *) gekennzeichneten Bauteile stellen die zukünftige Sichtweise der MHolzBauRL dar. Nach aktuell veröffentlichtem Stand ist das bekleidete Massivholzelement noch der Anforderung „abweichend zu hochfeuerhemmend" zuzuweisen, das mineralisch bekleidete Holztafelbauelement ist als Bauteil „abweichend zu feuerbeständig" in der derzeitigen Fassung noch nicht enthalten.

Abbildung 2: formal richtige Anwendung der Begriffe „hochfeuerhemmend" und „feuerbeständig" sowie „abweichend hochfeuerhemmend" und „abweichend feuerbeständig"

Erkenntnisse aus Wissenschaft und Praxis erhalten Einzug

Originäres Ziel der Fortschreibung ist vor allem die größtmögliche Einbindung aller zum heutigen Zeitpunkt vorhandenen Erkenntnisse und Erfahrungen aus Wissenschaft und Praxis, jedoch nur unter Beibehaltung des vorhandenen Sicherheitsniveaus. Gerade dies führte und führt bei der Wahl der im Rahmen der Richtlinie zuzulassenden Baustoffe und Bauweisen, insbesondere aber bei den Dämmstoffen zu kontroversen Ansichten und Diskussionen. Um hier das Schutzniveau nicht abzusenken, werden nach derzeitigem Stand die biogenen Dämmstoffe bis auf Weiteres auch in der fortgeschriebenen Fassung kein Bestandteil der darin geregelten Bauweisen sein. Insbesondere die Fragestellungen um die Glimmneigung der Dämmstoffe in Hohlräumen und der damit einhergehenden hohen Gefährdung von Personen in angrenzenden Nutzungseinheiten in Folge der Diffusion von Kohlenmonoxid durch Bauteile und Bekleidungen können bislang nicht abschließend positiv geklärt werden. Zusätzlich bleibt die Gefahr der Schwer- bzw. Nichtlöschbarkeit der Konstruktionen unter Verwendung dieser Baustoffe bestehen. Dies gilt grundsätzlich auch für den Einsatz der Dämmstoffe in der Fassade.

In ähnlicher Weise betrifft dies auch den Umgang mit brennbaren Bauteiloberflächen in Räumen und Nutzungseinheiten. Auch hier konnten im Rahmen der Arbeiten zur Fortschreibung noch keine neuen, die ursprüngliche Festlegung widerlegenden Erkenntnisse aus Forschungsvorhaben gesammelt werden, weshalb die bereits bestehende Begrenzung mit entweder der Decke oder 25% der Wände (vgl. MHolzBauRL, Abschnitt 5.2 zweiter Absatz) absehbar weiterhin unberührt bleiben wird.

Die in jüngster Zeit regelmäßig meinungsbildend auftretenden und zum Teil auch politisch einflussnehmenden, selbsternannten Expertengruppen zur MHolzBauRL sehen diese Einschränkungen leider durchgehend für nicht erforderlich und deuten diese als wirtschaftliche Hemmnisse, ohne ihre Haltung fachlich zu begründen. An dieser Stelle sei der Appell an diese Kolleg*innen gerichtet, ihre Meinungsbildung auf Forschungsergebnisse zu gründen. Gerade das zuletzt durchgeführte Projekt TIMpuls [5] in Verbindung mit weiteren internationalen Realbrandversuchen [6] hat in seinen verschiedenen Arbeitspaketen mit den darin durchgeführten Untersuchungen eindrücklich gezeigt, dass mit der immobilen Brandlast aus der Konstruktion in mehrgeschossigen Gebäuden nicht ohne jegliche Regelung umgegangen werden kann.

Das Bauordnungsrecht sieht vor, dass in Einzelfällen sowohl vom materiellen Recht (MBO § 67) als auch von Technischen Baubestimmungen (MBO §85a (1) Satz 3) begründet abgewichen werden kann. Dieses Mittel steht selbstverständlich auch den Brandschutzingenieur*innen mit vertieften Kenntnissen zum Holzbau zur Verfügung. Im Einzelfall ausgeführte Lösungen stellen jedoch keine Grundlage für die Benennung allgemein anwendbarer Regelungen dar.

Was wurde/wird diskutiert?

Verständlicherweise kann in diesem Artikel nicht umfassend aus der laufenden Arbeit der Projektgruppe berichtet werden. Zudem sind diverse Themen auch noch nicht vollständig abgearbeitet, weshalb sich noch Änderungen ergeben können.

Als Ausblick können jedoch nach derzeitigem Arbeitsstand der Projektgruppe folgende wesentlichen Neuerungen für die Fortschreibung der Richtlinie aufgeführt werden:

- Erweiterung der Holztafelbauweise auf Bauteile abweichend feuerbeständig, also für die Anwendung in der Gebäudeklasse 5. Die umfangreichen Forschungsergebnisse [5] haben gezeigt, dass die bereits in der MHFHHolzR bewährte Bauweise mit nicht brennbaren Gefachdämmstoffen und brandschutztechnischer Bekleidung ohne eine Senkung des Schutzniveaus auch für die höhere Gebäudeklasse geeignet ist.
- Kein grundsätzlicher Ausschluss mehr für die Anwendung der Richtlinie bei Sonderbauten. Auch wenn eine uneingeschränkte Öffnung nicht formuliert werden kann, ist vorgesehen, die Fortschreibung für konkret beurteilte Fälle anwendbar zu machen. Der generelle Ausschluss soll entfallen.
- Unter definierten Rahmenbedingungen sollen reduzierte Bekleidungslagen für hochfeuerhemmende Holztafelbauteile ermöglicht werden. Wegfall der ausschließlichen Kapselbekleidung K_260. Die Reduzierung soll auf Basis der Einschränkung der Größen von Nutzungseinheiten, wie sie auch bereits in der aktuell veröffentlichten Richtlinie MHolzBauRL für den unbekleideten bzw. reduziert bekleideten Massivholzbau verwendet wird, erfolgen.
- Konkretisierung der Vorgaben für Rohr- und Elektroinstallationen in Holzbauteilen, insbesondere Aufnahme von Regelungen für die Massivholzbauweise.

Randerscheinungen der MHolzBauRL

Mit Veröffentlichung der MHolzBauRL im Oktober 2020 und den daraufhin überarbeiteten Versionen der M-VVTB wurde teilweise der Eindruck vermittelt, dass das Bauen mit Holz in der heutigen Zeit nur noch ausschließlich auf der Anwendung von Bauarten basiert. Insbesondere mit der Streichung des Punktes C 3.21 (hochfeuerhemmende Bauprodukte) und der Ausnahme des Punktes C 4.1 und C 4.2 (allgemeine bauaufsichtliche Prüfzeugnisse nach § 16a Absatz 3 MBO) für Bauteile nach der Richtlinie wurde für die Nachweisführung von Holzbauteilen insgesamt eine deutliche Einschränkung erzeugt. Die Folge sind nicht unerhebliche Unsicherheiten in der Praxis. Zunehmend wird unklar, ob, wie und nach welchen Grundlagen vorgefertigte Holzbauprodukte für den Einsatz in den Gebäudeklassen 4 und 5 baurechtskonform gekennzeichnet werden sollen. Klarzustellen ist jedoch, dass nach wie vor beim Holzbau, insbesondere dem mehrgeschossigen Holzbau die Herstellung von Bauprodukten als vorgefertigte Wand-, Decken- und Dachelemente im Vordergrund steht. Dies ist auch weiterhin so wünschenswert, da durch die Vorfertigung von großflächigen Holzelementen die Erreichung der notwendigen Ausführungsqualität deutlich einfacher sichergestellt werden kann als bei bauseitig aus einzelnen kleinteiligen Produkten errichteten Bauteilen.

Mit der reinen Einschränkung auf Bauartgenehmigungen wird auch der nach Musterbauordnung vorgegebene und über lange Zeit gelebte Weg verlassen, dass durch Prüfstellen Prüfzeugnisse ausgestellt werden dürfen, sofern für die Ermittlung der notwendigen Leistung allgemein anerkannte Prüfvorschriften existieren (vgl. MBO § 19). Es ist allgemein nicht ganz verständlich, wieso dieses Mittel der Nachweisführung flächiger Bauelemente auf einmal nicht mehr zulässig ist, wo sich doch am Prinzip des Bauens mit Holz, insbesondere aber auch an der Systematik und dem Aufbau der zu Grunde liegenden Richtlinie mit dem Übergang von der M-HFHHolzR zur MHolzBauRL keinerlei Änderungen ergeben haben.

Einhergehend mit der aktuellen Fortschreibung der MHolzBauRL sollten also dringend auch weitere Regelwerke, insbesondere die M-VVTB eine Überarbeitung erfahren, um am Ende einen systematischen Ausgleich für die vorgenommenen Streichungen und Eingrenzungen zu schaffen.

Fazit

Mit der Fortschreibung der Richtlinie werden weitere „Lücken" für das praxisgerechte Bauen mit Holz bis zur Hochhausgrenze geschlossen. Bereits die Überarbeitung der M-HFHHolzR zur ersten Fassung der MHolzBauRL stellte einen großen Schritt zu diesem Ziel dar. Die in jüngster Vergangenheit umfangreich durchgeführten Forschungsvorhaben bildeten eine hervorragende Grundlage für die Fortschreibung. Zusammen mit der parallel überarbeiteten Fassung von DIN 4102 Teil 4 und einer nochmaligen Anpassung der Technischen Baubestimmungen kann nun ein abgestimmtes Regelwerk für den künftigen Holzbau in Aussicht gestellt werden.

Literatur

[1] Muster-Richtlinie über brandschutztechnische Anforderungen an Bauteile und Außenwandbekleidungen in Holzbauweise (MHolzBauRL), Fassung Oktober 2020, Fachkommission Bauaufsicht der Bauministerkonferenz

[2] Muster-Richtlinie über brandschutztechnische Anforderungen an hochfeuerhemmende Bauteile in Holzbauweise (M-HFHHolzR), Fassung Juli 2004, Fachkommission Bauaufsicht der Bauministerkonferenz

[3] Musterbauordnung – MBO – Fassung November 2002, zuletzt geändert durch Beschluss der Bauministerkonferenz vom 25. September 2020

[4] Muster-Verwaltungsvorschrift Technische Baubestimmungen (MVV TB), Ausgabe 2021/1; Deutsches Institut für Bautechnik - Amtliche Mitteilungen 2022/1

[5] Engel, T.; Brunkhorst, S.; Steeger, F.; Butscher, D.; Kurzer, C.; Werther, N.; Winter, S.; Zehfuß, J.; Kampmeier, B.; Neske, M. (2022) Schlussbericht zum Verbundvorhaben TIMpuls - Brandschutztechnische Grundlagenuntersuchung zur Fortschreibung bauaufsichtlicher Regelungen im Hinblick auf eine erweiterte Anwendung des Holzbaus. Fachagentur Nachwachsende Rohstoffe; Gülzow-Prüzen https://doi.org/10.14459/2022md1661419

[6] Engel, T., Werther, N. Impact of Mass Timber Compartment Fires on Façade Fire Exposure. Fire Technology (2022). https://doi.org/10.1007/s10694-022-01346-8

Norman Werther

2.4 Technische Regeln zur Brandschutzbemessung im Holzbau – was bringen DIN 4102-4 und Eurocode 5 in Zukunft

1 Einleitung

Das gesellschaftliche und politisch gestützte Bestreben zum ressourceneffizienten und CO_2 minimiertem Bauen führte weltweit in den letzten Jahren für den Baustoff Holz zu einer immer weiter steigenden Nachfrage. In diesem Zuge wurden in den vergangenen Jahren in Deutschland die bauordnungsrechtlichen Weichen für eine gesteigerte Anwendung von Holz im mehrgeschossigen Bauen bis hin zur Hochhausgrenze gestellt [1]. Seitdem wurde in allen Bundesländern ermöglicht, Bauteile aus brennbaren Baustoffen abweichend zu hochfeuerhemmenden und feuerbeständigen Bauteilen einzusetzen, sofern sie den technischen Baubestimmungen entsprechen. Mit der kontinuierlichen Übernahme der MHolzBauRL [2] als zugehörige technische Regel in jeweiliges Landesrecht wurden so konkretisierende Anforderungen und Regelungen gegeben, die das brandschutztechnisch sichere Bauen mit Holz in der Gebäudeklasse 4 und 5 ermöglichen. Erweiternd dazu zeigen aktuelle Forschungsergebnisse, wie aus dem Projekt TIMpuls [4], dass hier hinsichtlich der Anwendungsgrenzen weiterhin Möglichkeiten zur Optimierung vorhanden sind. Erste Anpassungen hierzu wurden so z.B. bereits hinsichtlich der erweiterten Anwendbarkeit des Holztafelbaus für die Gebäudeklasse 5 in der VwVtB BW [5] berücksichtigt.

Als wesentliche Grundlage zum Nachweis der bauordnungsrechtlichen Anforderungen, so z.B. hinsichtlich des Brandverhaltens von Baustoffen oder der Feuerwiderstandsfähigkeit der Konstruktion, stehen neben herstellerspezifischen An- und Verwendbarkeitsnachweisen technische Regeln, die als technische Baubestimmungen eingeführt sind, zur Verfügung. Im Bereich der brandschutztechnischen Nachweisführung und Bemessung des Holzbaus werden dazu aktuell in der MVVTB [3], repräsentativ für die VVTBs der Bundeländer, folgende Normen als technische Regeln aufgeführt:

- **DIN EN 1995-1-2:2010-12 & DIN EN 1995-1-2/NA:2010-12**
  Eurocode 5: Bemessung und Konstruktion von Holzbauten - Teil 1-2: Allgemeine Regeln - Tragwerksbemessung für den Brandfall;
  Nationaler Anhang - National festgelegte Parameter
- **DIN 4102-4:2016-05**
  Brandverhalten von Baustoffen und Bauteilen - Teil 4: Zusammenstellung und Anwendung klassifizierter Baustoffe, Bauteile und Sonderbauteile

Seit der Veröffentlichung dieser Normen, deren technischer Inhalte bereits teilweise vor über 20 Jahren entwickelt wurde, hat sich kaum ein Bereich hinsichtlich der Produkte und Konstruktionsweisen so stark verändert wie der Holzbau.

So sind u.a. Produkte, wie Brettsperrholz (CLT), Furnierschichtholz (LVL), Stegträger oder Dämmstoffe aus nachwachsenden Rohstoffen sowie neue Verbindungstechniken, wie Vollgewindeschrauben, Verstärkungsmaßnahmen oder Formteile entwickelt worden, die den heutigen modernen Holzbau in seiner Ausführung und Erscheinung charakterisieren. Ebenso entstanden aus der Möglichkeit der Anwendung des Holzbaus im mehrgeschossigen Bauen, mit Feuerwiderstandsanforderungen bis 90 Minuten, neue Systemlösungen unter Betrachtung von Detailausbildungen und Lösungen zur Integration haustechnischer Installationen.

Auf entsprechende Produkte, Lösungen und Anforderungsniveaus können die bekannten Standardlösungen von DIN 4102-4 und DIN EN 1995-1-2 daher zum aktuellen Zeitpunkt nicht eingehen und weisen deswegen stark limitierende Anwendungsgrenzen auf.

Mit der Erarbeitung von DIN 4102-4 A1 und der zweiten Generation von EN 1995-1-2 sollen diese Lücken im Bereich der Brandschutzbemessung im Holzbau geschlossen werden.

Nachfolgender Beitrag gibt einen ersten Überblick über die Inhalte und Möglichkeiten der beiden zukünftigen Standards.

2 Bemessung nach Eurocode 5

2.1 Grundlagen und Zusammenhänge

2004 wurde in der EU und einigen EFTA-Staaten mit der Eurocode Reihe ein einheitliches Regelwerk zur Bemessung von Baukonstruktionen eingeführt. Um die Anwendbarkeit über den Lauf der Zeit zu gewährleisten und damit die stetigen technischen Entwicklungen und Erkenntnisgewinne abzubilden, erteilte die Europäische Kommission bereits 2012 das Mandat zur Überarbeitung und damit zur Erarbeitung einer zweiten Generation dieser Normenreihe.

Neben der Aktualisierung der technischen Inhalte sollte im Prozess der Überarbeitung vor allem die Praxistauglichkeit und die Anwenderfreundlichkeit als eines der wesentlichen Kernziele für die zweite Generation der Normenreihe verfolgt werden. Die Erarbeitung der Normenentwürfe erfolgt durch Expertenteams, sogenannte „Project Teams" (PT), deren Arbeitsentwürfe (drafts) kontinuierlich durch die nationalen Normungsgremien kommentiert werden. Nach einer umfassenden Überarbeitung der gesamten EC5-Reihe werden ab dem Jahr 2025 neue Versionen erhältlich sein, die dann inklusive ihrer Nationalen Anhänge (NA) als technische Baubestimmungen eingeführt werden.

Die neue, zweite Generation der Eurocode 5 Reihe wird dabei wie folgt unterteilt sein:

Eurocode 5 - EN 1995 Bemessung und Konstruktion von Holzbauten	
Teil 1-1	Allgemeine Regeln und Regeln für den Hochbau
Teil 1-2	Tragwerksbemessung im Brandfall
Teil 1-3*	Berechnung von Holz-Beton-Verbundbauteilen
Teil 2	Brücken
Teil 3	Ausführung

Art der Veröffentlichung noch in Diskussion, Grundlage ist CEN/TS 19103

2.2 Struktur der neuen EN 1995-1-2:2025

Gemeinsam mit den Bemessungsregeln zum Nachweis der Standsicherheit von Holzbaukonstruktionen unter Normaltemperatur entstehen mit der neuen EN 1995-1-2 neue begleitende Regeln zum Nachweis von Holzbaukonstruktionen für den Brandfall.

Hierbei wurde das bereits in anderen Eurocodes bekannte Prinzip einer dreistufigen Möglichkeit von Nachweisebenen mit unterschiedlicher Komplexität und Genauigkeit auch für den Holzbau vollständig etabliert. Somit werden zukünftig

- tabellierte Nachweise,
- vereinfachte (Hand)-Bemessungsmodelle und
- erweiterte numerische Simulationsmodelle

parallel und gleichwertig zur Verfügung gestellt.

Neben den vereinfachten (Hand)-Bemessungsmodellen und erweiterten numerischen Simulationsmodellen (z.B. Finite-Elemente-Simulationen), deren Prinzipien bereits Gegenstand der aktuellen Bemessungsregeln im Holzbau sind, wird erstmals durch die Auflistung nachgewiesener Aufbauten und vordefinierter Kennwerte, wie zur Schutzwirkung (t_{ch}, t_f) von Schutzbekleidungen oder zum effektiven Restquerschnitt (h_{ef}) von Brettsperrholzelementen dem Anwender eine effiziente Möglichkeit zum herstellerneutralen Nachweis des Feuerwiderstandes gegeben. In Deutschland sind solche Ansätze bisher aus den Nachweistabellen von DIN 4102-4 bekannt. Trotz des gestiegenen Umfangs an Regelungen und der Erweiterung des Anwendungsbereiches soll durch die so angepasste Struktur weiterhin eine einfache Anwendung ermöglicht werden.

Die Tabelle (Tab. 1) gibt einen Überblick zum Aufbau des Normenentwurfs und einen Vergleich zur aktuell gültigen DIN EN 1995-1-2:2010-12. Im Vergleich der Dokumentstrukturen wird deutlich, dass im neuen Dokument der Fokus darauf liegt, die brandschutztechnische Bemessung von Holzbaukonstruktionen durch die Regelungen des Hauptteils zu erfassen, ohne dabei, wie bisher in DIN EN 1995-1-2 üblich, der Anhänge zu bedürfen. Die Regelungen der neuen Anhänge umfassen dabei Spezialthemen, wie beispielsweise die Bereitstellung der Grundlagen zur Naturbrandbemessung von Holzbauteilen oder eine Methode zur Ermittlung der Temperaturverteilung in unbekleideten Holzbauteilen auf Basis einfacher Bemessungsgleichungen. Wesentlicher Gegenstand der neuen Anhänge sind

Tab. 1: Gegenüberstellung der Inhalte und Aufbau der aktuellen DIN EN 1995-1-2:2010-12 und der nächsten Generation der EN 1995-1-2:2025

	DIN EN 1995-1-2:2010-12 [6]		EN 1995-1-2:2025 Entwurf [8]
1	Allgemeines	1	Allgemeines
-	-	2	Normative Verweise
-	-	3	Begriffe, Definitionen, Symbole
2	Grundlagen der Bemessung	4	Grundlagen der Bemessung
3	Materialeigenschaften	5	Materialeigenschaften
4	Bemessungsverfahren für mechanische Beanspruchbarkeit	6	Tabellierte Nachweise
5	Bemessungsverfahren für Wand- und Deckenkonstruktionen	7	Vereinfachte Bemessungsverfahren
	-	8	Numerische Bemessungsverfahren
6	Verbindungen	9	Verbindungen
7	Konstruktive Ausführung	10	Konstruktive Ausführung und Detaillierung
	Anhang A Parametrische Brandbeanspruchung		Anhang A Naturbrandbemessung von Holzkonstruktionen
	Anhang B Allgemeine Berechnungsverfahren		Anhang B Beurteilung des Verhaltens der Klebefuge bei Brandeinwirkung
	Anhang C Tragende Deckenbalken und Wandstiele in vollgedämmten Konstruktionen		Anhang C Bestimmung der Abbrandrate von Holz und Holzwerkstoffen
	Anhang D Abbrand von Bauteilen in Wand- und Deckenkonstruktionen mit ungedämmten Hohlräumen		Anhang D Bestimmung der Protection Level für Gefachdämmstoffe
	Anhang E Berechnung der raumabschließenden Funktion von Wand- und Deckenkonstruktionen		Anhang E Externe Brandeinwirkung durch Brände in Holzbauten
	Anhang F Anleitung für Benutzer dieses Teils des Eurocodes		Anhang F Bestimmung der Abfallzeiten von Bandschutzmaterialien
	-		Anhang G Bestimmung der Brandschutzwirkung von Schichten für die SFM
	-		Anhang I Bemessungsmodell für Holz-Stegträger
	-		Anhang M Kennzeichnung von Materialkennwerten
	-		Anhang T Bestimmung der Temperaturverteilung in Holzbauteilen

zudem Verfahren zur Bestimmung von Parametern, wie der thermischen Beständigkeit von Verklebungen, der Abbrandrate oder der Schutzwirkung von Bekleidungen, die im Rahmen der neuen Normengeneration der EN 1995-1-2:2025 genutzt werden. Durch die variable Gestaltung der Bemessungsansätze können so zukünftig auch neue Materialien integriert werden. Diese Anhänge sollen zudem als Grundlage für zukünftige Prüfnormen dienen.

Primärer Fokus wird weiterhin auf Nachweisen für eine Beanspruchung nach der Einheits-Temperaturzeitkurve (ETK) liegen. Die Grundlagen und weiterführenden Prinzipien für Naturbrandnachweise bleiben der Norm jedoch enthalten und werden primär über den Anhang A erweitert.

Grundlage der getätigten Erweiterungen und Anpassungen sind zahlreiche Forschungsarbeiten der letzten Dekade, u. a. [9] und [10], die nach eingehender Prüfung in normative Regeln überführt wurden.

Ergänzend zur zukünftigen EN 1995-1-2:2025 ist ebenso ein sogenanntes „Background Document" vorgesehen, dass die Hintergründe und Grundlagen zu den einzelnen Abschnitten erläutern soll, um Anwendern ein ganzheitliches Verständnis zur Normanwendung zu geben.

2.3 Technischer Inhalt der neuen EN 1995-1-2:2025

Mit der Überarbeitung der EN 1995-1-2 werden vor allem den weitreichenden produkttechnologischen Entwicklungen im Holzbau Rechnung getragen. Weiterführend werden Lösungen für die aktuellen nationalstaatlichen Brandschutzanforderungen in Europa im Hinblick auf das mehrgeschossige Bauen mit Holz bis und über die Hochhausgrenze hinaus angeboten.

So werden die Bemessungsverfahren für raumabschließende Bauteile und für Verbindungen, die bisher eine Anwendungsgrenze von 60 Minuten aufweisen, zukünftig auf eine Anwendung für bis zu 120 Minuten Feuerwiderstand angepasst und erweitert. Gleichzeitig werden Bemessungsregeln für Produkte, wie Brettsperrholz, Holz-Beton-Verbundelemente und Holz-Stegträger integriert. Ebenso werden Abbrandraten für weitere praxisrelevante Holzarten (wie z.B. Esche), neue Dämmstoffe (wie z.B. Zellulose oder Holzfaser) und Bekleidungen (wie z.B. Gipsfaser, Lehmbauplatten oder Estriche) mit in die Bemessungskonzepte aufgenommen.

Die folgende Zusammenstellung enthält einige wichtige Neuerungen und Anpassungen der neuen EN 1995-1-2:2025 als Überblick.

Eine wesentliche Konkretisierung und Differenzierung erfolgt mit der zweiten Generation von EN 1995-1-2:2025 bezüglich des Modells zur Beschreibung des Abbrandverhaltens (Kapitel 5). Der Grund hierfür ist einerseits die Notwendigkeit, auch den Einfluss von Verklebungen auf das Abbrandverhalten erfassen zu können, und andererseits anwendungsbezogen den Einfluss innerer und äußerer Parameter auf das Abbrandverhalten (Einfluss von Fugen, Faserorientierung, mehrseitige Brandeinwirkung, Schutzwirkung von Bekleidungen) situationsspezifisch abzubilden. Innerhalb des sogenannten „European Charring Model" werden so fünf verschiedene Phasen des Abbrandes (Phase 0 – Phase 4) unterschieden, über die sich das Abbrandverhalten von Holzbauteilen allgemeingültig und anwendungsspezifisch beschreiben lässt, vgl. Abb. 1.

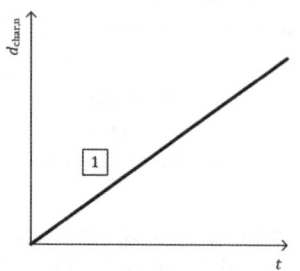

Phasen des Abbrandes für anfänglich ungeschützte Seiten von Holzbauteilen, wenn die Verklebung keinen Einfluss auf das Abbrandverhalten aufweist.

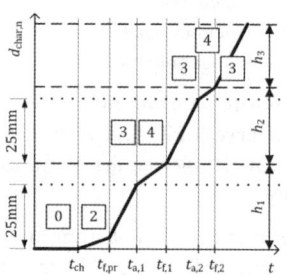

Phasen des Abbrandes für anfänglich geschützte Seiten von Holzbauteilen, wenn die Verklebung einen Einfluss auf das Abbrandverhalten aufweist.

Mit:
[0] als Phase ohne Abbrand [1] als Phase des normalen Abbrandes; [2] als Phase mit reduziertem Abbrand; [3] als Phase mit einem erhöhten Abbrand; [4] als Phase mit wieder konsolidiertem Abbrand nachdem die Holzkohleschicht eine Dicke von 25 mm erreicht hat

t_{ch} Zeit bis zum Einsetzen des Abbrandes hinter der Schutzbekleidung

$t_{f,pr}$ Zeit bis zum Abfall der Schutzbekleidung

t_a Zeit bis zum Erreichen eines konsolidierten Abbrandes

$t_{f,i}$ Zeit bis zum Erreichen der Klebefuge einer Lamelle i, Versagenszeit

h_i Lamellendicke

Abb. 1: Phasen des Abbrandes im European CHarring Model (Auszug aus [8])

Eine wesentliche zugehörige Änderung in der Nachweisstruktur von tragenden Holzbauteilen unter Brandeinwirkung liegt in der Streichung des Verfahrens der „Methode mit reduzierten Eigenschaften" und die damit verbundene Erweiterung der Bemessungsregeln für die Methode mit reduziertem Querschnitt" (künftig umbenannt in „Methode mit effektivem Querschnitt"). Hierdurch wird für alle Holzbauteile (Stützen, Träger, Platten, Holztafelbau etc.) ein einheitliches Bemessungskonzept für den Tragfähigkeitsnachweis im Brandfall ermöglicht, dessen Prinzip bereits aus der aktuellen Ausgabe von DIN EN 1995-1-2:2010-12 bekannt ist. Grundlage hierfür bildet jeweils die Ermittlung der Abbrandtiefe nach dem „European Charring Model", wodurch auch der Einfluss des Abfallens von Brettlagen, der aktuell z.B. für Brettsperrholz in Deutschland über entsprechende Bauartgenehmigungen innerhalb des sogenannten „Stufenmodells" erfasst wird, zukünftig normativ abgebildet wird.

Hinsichtlich der Bestimmung des ideellen (effektiven) Restquerschnitts erfährt der Parameter d_0 (Dicke der Kompensationsschicht, bei der die Festigkeit und Steifigkeit zu Null angenommen wird) eine produkt- und beanspruchungsabhängige Anpassung. Hierdurch wird der unterschiedlichen, beanspruchungsspezifischen thermischen Entfestigung unter Druck und Zug, der Dauer der Brandbeanspruchung und der Art des Bauteils Rechnung getragen. So werden zukünftig auch für die Ermittlung des ideellen (effektiven) Restquerschnitts von Wandstielen oder Deckenbalken zugehörige d_0 Werte, abhängig von der Schutzwirkung des Gefachdämmstoffes (Protection Level) und der Art der mechanischen Beanspruchung gegeben.

Durch die Einführung der „Separation Function Method" wird der bisherige Anhang E der Norm hinsichtlich der Bemessung von raumabschließenden Bauteilen vollständig überarbeitet. Hierüber lassen sich aus einzelnen Schichten zusammengesetzte Holztafel- oder Massivholzelemente hinsichtlich ihrer raumabschließenden Funktion (EI Kriterium) beurteilen bzw. die Schutzfunktion einzelner Bauteilschichten und damit deren Beitrag zum Feuerwiderstand bestimmen.

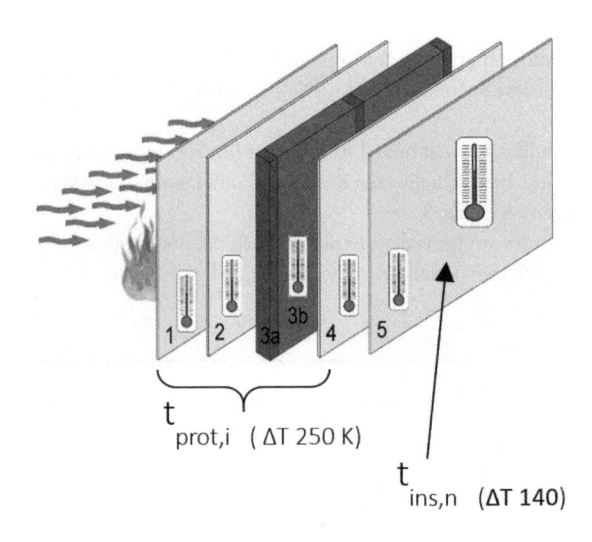

Abb. 2: Systematik zur Ermittlung der Schutzwirkung einzelner Schichten und der Gesamtschutzzeit nach der „Separating Function Method"

Dem Grundprinzip des bisherigen Ansatzes folgend, wird der schützende Beitrag der jeweiligen Schichten einer Konstruktion ermittelt und zur Gesamtschutzzeit (t_{ins}) des Bauteils aufsummiert, was dem I-Kriterium entspricht. Rechnerisch wird von einem Versagen der Einzelschicht bei einer Temperaturerhöhung von 250 K ($t_{prot,i}$) sowie von 140 K für die letzte Schicht auf der feuerabgewandten Seite ($t_{ins,n}$) ausgegangen, vgl. Abb. 2. Das Raumabschlusskriterium E wird hierbei als erfüllt angenommen, wenn das Kriterium I und die konstruktiven Regeln zur Detailausbildung aus dem Kapitel 10 der neuen Norm eingehalten sind.

Für durch Gipskartonplatten Typ A, F und Gipsfaserplatten geschützte Bauteile erlaubt die zukünftige EN 1995-1-2:2025 durch die Listung von Kennwerten zu Abfallzeiten von Bekleidungen ($t_{f,pr}$) eine deutliche Optimierung der Bemessung. Hintergrund ist, dass bei diesen Bekleidungen nach dem Beginn des Abbrandes am Holzbauteil weiterhin eine begrenzte Schutzwirkung mit reduziertem Abbrand (Phase 2 in Abb. 1) vorliegt.

Um Lösungsansätze zur Bemessung außerhalb der Anwendungsgrenzen vereinfachter Nachweisverfahren zu geben, werden durch die Integration von temperaturabhängigen effektiven thermischen Materialkennwerten für Nadelholz, Holzwerkstoffplatten, Gips- und Gipsfaserplatten sowie für Gefachdämmstoffe mittels dem Kapitel 8 die Grundlage für eine weiterführende numerische Betrachtung bei Holzbauelementen gelegt.

Auf der Grundlage umfangreicher experimenteller und numerischer Analysen der letzten Jahre konnten weiterhin die Nachweismöglichkeiten für auf Abscheren oder Herausziehen beanspruchte Verbindungen deutlich erweitert werden. Analog zum Grundgedanken der Norm werden so verschiedene Ebenen der Nachweisführung ermöglicht und drei unterschiedliche Ansätze bereitgestellt.

- Nachweis des Feuerwiderstandes (maximal 20 Minuten im ungeschützten Zustand) auf Basis von Mindestanforderungen nach EN 1995-1-1, Auslastungsgrad und Mindestseitenholzdicke
- Nachweis des Feuerwiderstandes bis maximal 120 Minuten für Verbindungen mit maximal sechs Scherfugen auf Basis tabellierter Kennwerte unter Einhaltung geometrischer Randbedingungen, vgl. Abb. 3
- Nachweis des Feuerwiderstandes auf Basis der „Exponential Reduction Method" bis maximal 120 Minuten, wodurch individuelle Verbindungsmitteldesigns nachweisbar bleiben.

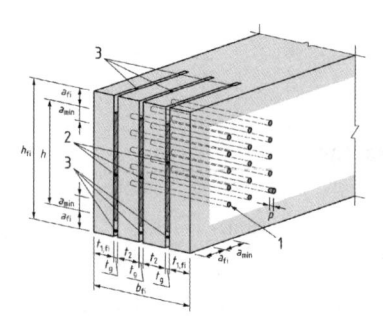

Fire resistance time, t_{fi}	$t_{1,fi}$ [mm]			a_{fi} [mm]
	$\eta_{fi} \leq 0.1$	$\eta_{fi} \leq 0.2$	$\eta_{fi} \leq 0.3$	
30 min	≥ 25	≥ 35	≥ 40	≥ 15
60 min	≥ 50	≥ 60	≥ 65	≥ 50
90 min	≥ 75	≥ 85	≥ 90	≥ 90
120 min	≥ 100	≥ 110	≥ 115	≥ 130

where
t_{fi} is the fire resistance time, in min;
$t_{1,fi}$ is the thickness of the timber side member required for the fire situation, in mm;
a_{fi} is the increase of end or edge distance required for the fire situation, in mm;
η_{fi} is the ratio between the design effect of actions for the fire situation and the characteristic loadbearing capacity of the connection at normal temperature.

* The table may be used even if 2 dowels are replaced by 2 bolts (or screws)

Abb. 3: Tabellierte Nachweise mit geometrischen Anforderungen für eine Stahl-Holz-Verbindung mit Stabdübeln und drei Schlitzblechen [8]

Ergänzend dazu wurden Regelungen für typische zimmermannsmäßige Verbindungen aufgenommen, die auf Basis der Regelungen der Methode mit effektivem Querschnitt nachgewiesen werden können.

Mit der Erweiterung der konstruktiven Regelungen zur Detailausführung im Kapitel 10 der Norm wird dem Aspekt einer ganzheitlichen brandschutztechnischen Planung Rechnung getragen. Hierbei wird sowohl auf die Ausführung von geeigneten Befestigungen, Fugen und Anschlüssen als auch auf die Integration haustechnischer Installationen eingegangen.

3 DIN 4102-4/A1

3.1 Grundlagen und Zusammenhänge

Mit der seit vielen Jahrzehnten in Deutschland etablierten und in dieser Zeit weiterentwickelten DIN 4102-4 steht Planern ein Regelwerk zur Verfügung, dass inzwischen ergänzend zu den Eurocodes baustoffübergreifend wichtige Nachweismöglichkeiten im Brandschutz liefert.

Bereits mit der Veröffentlichung von DIN 4102-4:2016-05 [11] war dem Normungsgremium bewusst, dass baustoffübergreifend weiterführende Anpassungen nötig sind, um die Aktualität der Normenreihe für die praktische Anwendung in Deutschland zu gewährleisten.

Mit der Erarbeitung einer Änderung A1 zu DIN 4102-4 wird diesem Ziel nachgegangen. Das im Jahr 2018 erstmals veröffentlichte Entwurfsdokument mit ca. 670 Einsprüchen zeigte jedoch, dass dieser Weg damals noch nicht abgeschlossen war und führte zu einer weiteren intensiven Bearbeitung mit erneuter Veröffentlichung eines Entwurfsdokumentes im Frühjahr 2023. Die im Vergleich zu DIN 4102-4:2016-05 [11] inzwischen weitreichenden Anpassungen und Änderungen von E DIN 4102-4/A1 [12] werden nach der Einspruchsphase abschließend zu einer Konsolidierung beider Fassungen führen, um so eine anwenderfreundliche Nutzung für die Baupraxis zu ermöglichen.

Trotz der umfangreichen Überarbeitung der Norm wird weiterhin dem Grundsatz Rechnung getragen, dass die Bemessung der Feuerwiderstandsfähigkeit tragender Bauteile grundsätzlich nach den Eurocodes erfolgt. Ergänzend hierzu enthält die zukünftige DIN 4102-4/A1 weiterführende Anwendungs- und Ausführungsregelungen von nationaler Bedeutung. Die Klassifikation des Feuerwiderstandes basiert dabei weiterhin auf den F-Klassen. Doppelregelungen zu den Eurocodes werden ausgeschlossen.

Nachfolgender Überblick zeigt die wesentlichen Anpassungen und Änderungen, die den Abschnitt 10 „Wand-, Dach- und Deckenkonstruktionen im Holzbau und Ausbau" der DIN 4102-4 betreffen, wobei auch hier der Fokus auf den Bereichen des Holzbaus liegt.

3.2 Technischer Inhalt aus E DIN 4102-4/A1 im Holzbau

Mit der Überarbeitung von DIN 4102-4 wurde vergleichend zu den Arbeiten im Eurocode 5 vor allem den weitreichenden produkttechnologischen Entwicklungen des letzten Jahrzehnts im Holzbau Rechnung getragen, aber auch anwendungsbezogen auf das bauordnungsrechtliche Anforderungsniveau im mehrgeschossigen Holzbau eingegangen und dazu Lösungen bereitgestellt.

Dies umfasst unter anderem:

- die Berücksichtigung neuer, zeitgemäßer Konstruktionsaufbauten, mit Nachweisen zum Feuerwiderstand für 30, 60 und 90 Minuten;
- die normative Erfassung von Massivholzbauteilen, Gipsfaserplatten oder bestimmten biogenen Dämmstoffen;
- die Bereitstellung von Ausführungsprinzipien für Anschlüsse, Element- und Bauteilfügungen;

- die Konkretisierung von Lösungen zum Einbau haustechnischer Installationen in raumabschließende Bauteile und
- die Aufnahme von Erläuterungen zur Abgrenzung und Anwendung von Holzbaukonstruktionen aus DIN 4102-4/A1 im Kontext der MHolzBauRL [2].

Infolge der Tatsache, dass die in Tabellenform aufgeführten Konstruktionsaufbauten zu feuerwiderstandsfähigen Wänden, Decken und Dächern aus DIN 4102-4 seit der Ausgabe 1994 unverändert enthalten waren, waren diese Tabellen Gegenstand weitreichender Anpassungen. Dabei wurde dem historischen Grundgedanken gefolgt, dass unter Nennung von Mindestanforderungen zur Materialität (Art, Dicke, Rohdichte) von Bekleidungen, Dämmstoffen und Holzrippen sowie deren statischer Auslastung eine Zuordnung zu einer Feuerwiderstandsklasse gegeben ist. Zusätzliche Angaben zur konstruktiven Umsetzung, wie der Befestigung und Fugenausführung von Bekleidungen oder der Ausführung von Gefachen im Holztafelbau, inklusive des Einbaus von Dämmstoffen, werden ergänzend in Textform in den jeweiligen Abschnitten erläutert.

Der technische Inhalt der Norm wuchs vor allem durch:

- die gleichwertige Behandlung von Feuerschutzplatten (GKF) und Gipsfaserplatten (GF) mit einer Rohdichte ≥ 1000 kg/m^3,
- die Berücksichtigung von Aufbauten zum Erreichen von Feuerwiderstandsdauern bis zu 90 Minuten,
- die Aufnahme von biogenen Dämmstoffen, wie Holzfaser und Zellulosedämmung,
- die Erfassung von Massivholzprodukten,
- die Berücksichtigung von in Außenwänden angeordneten äußeren Dämmschichten mit Brandschutzfunktion der technische Inhalt und damit der Umfang der Tabellen deutlich an.

Hinsichtlich der klassifizierten Wände wurde so der Umfang der Tabellen von 6 auf 16 erhöht, was mehr als 150 Konstruktionsvarianten entspricht.

Die Abbildungen Abb. 4 (zu Wänden) und Abb. 5 (zu Decken) geben hinsichtlich der neuen Konstruktionen einen ersten Einblick.

Es bleibt anzumerken, dass zur Wahrung des Sicherheitsniveaus die Aufnahme entsprechender Konstruktionsaufbauten nur möglich war, wenn mindestens zwei vergleichbare normative Brandprüfungen pro Konstruktionsaufbau deren Anwendbarkeit bestätigten. Diese Grundlagen wurden einzeln für jede Konstruktion durch ein Expertengremium im Normenausschuss und Vertreter:innen der Bauaufsicht geprüft.

A 2.4 Technische Regeln zur Brandschutzbemessung im Holzbau 79

Zeile	Konstruktionsmerkmale	Holzrippen Mindestmaße nach 10.3.2.2 $b_1 \times d_1$ mm × mm	Ausnutzungsgrad nach Gleichung (10.1) α_7	Bekleidung(en) Mindestdicke von Holzwerkstoffplatten Rohdichte $\rho \geq 600$ kg/m³ nach 10.3.1.3 d_2 mm	Feuerschutzplatten (GKF) oder Gipsfaserplatten (GF) d_3 mm	Dämmschicht Mindestdicke von Mineralwolle-Platten oder -Matten (MW)^j nach 10.3.1.4 D mm	rohdichte ρ kg/m³	dicke von Holzwolleplatten (WW)^j D mm	Feuerwiderstandsklasse-Benennung
17			1	12	12,5^h	40	30	—	F 30-B
18			0,5	12	12,5^f	60	50	—	
19		40 × 80^a	0,2	8	12,5^f	80	100	—	
20			0,5	13	12,5^f	—	—	50	
21			0,5	12	15^g	—	—	50	F 60-B
22			0,2	8	12,5^f	—	—	50	
23		60 × 100	0,8	12	12,5	80	30	—	
24		60 × 140	1	15	18	140	15	—	
25		40 × 80^a	0,2	2 × 16^e	15^g	60	50	—	
26		40 × 100^a	0,2	18	15^g	100	100	—	
27		40 × 80^a	0,2	19	15^g	—	—	75	F 90-B
28		60 × 100	0,7	15	2 × 12,5	60	30	—	
29		60 × 120	0,85	12	18	120	30	—	

Abb. 4: Auszug aus Tabelle 10.16 - Tragende raumabschließende Wände in Holztafelbauart mit einer Dämmschicht aus Mineralwolle oder Holzwolleplatten [12]

Zeile	Bekleidung der Unterseite Mindestdicke von Feuerschutzplatten (GKF) oder Gipsfaserplatten (GF) 1. Bekleidungslage Dicke in mm	2. Bekleidungslage Dicke in mm	Mindestdicke Brettsperrholz in mm	Mindestdicke^b Brettstapel- und Brettschicht- holzelemente in mm	Feuerwiderstandsklasse-Benennung
1	—	—	80	80	F 30-B
2	—	—	170	120	F 60-B
3			60	60	F 30-B
4	12,5	—	140	110	F 60-B
5			220	150	F 90-B
6			50	50	F 30-B
7	15	—	120	110	F 60-B
8			200	150	F 90-B
9			40	40	F 30-B
10	18	—	110	100	F 60-B
11			190	140	F 90-B
12	12,5	12,5	80	80	F 60-B
13			160	120	F 90-B
14	15	15	60	60	F 60-B
15			140	110	F 90-B

Abb. 5: Auszug aus Tabelle 10.39 - Raumabschließende Decken aus Massivholzelementen, Nachweis von der Unterseite [12]

Wesentlich bei der Anwendung der aufgenommenen Massivholzkonstruktionen ist, dass deren Klassifikation nur den Raumabschluss erfasst. Vergleichbar zum bisherigen Ansatz bei z.B. Decken mit 3-seitig dem Feuer ausgesetzten Holzbalken, wird eine Bemessung der Tragfähigkeit separat gefordert. Hierbei sind dann unter Einbezug von DIN EN 1995-1-2 und DIN EN 1995-1-2/NA, produktspezifisch das jeweilige Abbrandverhalten und ggf. benannte Zusatzregelungen zu berücksichtigen.

Zum Nachweis des Feuerwiderstandes von Decken unter Brandbeanspruchung von der Oberseite für bis zu 90 Minuten wurden die aktuellen Regelungen um die bereits aus der früheren Bauregelliste [13] bekannten Lösungen zu schwimmenden Estrichen erweitert. So wird bereits mit einer Dicke eines Zementestrichs von mindestens 40 mm bzw. eines Zementestrichs von mindestens 30 mm auf einem mindestens 15 mm dicken nicht brennbaren Trittschalldämmstoff eine entsprechende Nachweisführung für die Deckenaufbauten der neuen Norm ermöglicht.

Zur ausreichenden Behinderung der Ausbreitung von Feuer und Rauch bei Holzbaukonstruktionen sind neben den raumabschließenden Wand- und Deckenbauteilen selbst auch deren baupraktisch vorhandene Einbauten aus haustechnischen Einbauteilen und zugehörige Fügungsdetails ganzheitlich zu berücksichtigen.

Hierzu wurden die enthaltenen Grundsätze und deren Detaillierungsgrad deutlich konkretisiert und systematisiert. Die so in den Abschnitten zum Ausbau (Trockenbau) und Holzbau (Holztafelbau) aufgenommenen Ausführungen zum Einbau von Elektrodosen enthalten aufeinander abgestimmt gleiche Prinzipien und Formulierungen und schließen auf Basis aktueller Forschungsergebnisse [14] bisherige Lücken. Somit werden konstruktive Lösungen zur Kompensation der aus Einbauten resultierenden Öffnungen/Fehlstellen mittels Gipsbett, Gipskasten und Hinterlegung mit brandschutztechnisch notwendiger Dämmung (Schmelzpunkt ≥ 1000°C) definiert, vgl. Abb. 6.

Die bisherige Lösung mit einer verbleibenden Restdicke der brandschutztechnisch notwendigen Dämmschicht (Schmelzpunkt ≥ 1000°C) im Bereich der Dosen von 30 mm wurde dahingehend ersetzt, dass die zugehörige Dämmschicht um max. 25 % auf den Wert d_m gestaucht werden darf. Ergänzend dazu wird die maximale Größe einzelner Einbauten, deren Mindestabstand und die Zulässigkeit eines gegenüberliegenden Einbaus festgelegt.

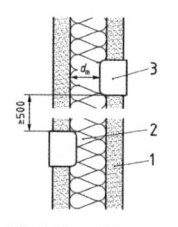

1 Bekleidung; 2 Dämmschicht; 3 Einbauteil; d_m Mindestdicke Dämmschicht nach [12]

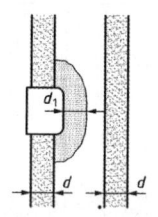

d_1 Mindestdicke Gipsbett: $d_1 \geq 30$ mm für F 30; $d_1 \geq 40$ mm für F 60 und F 90

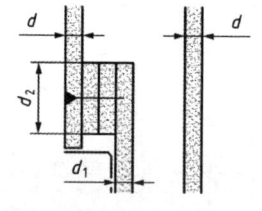

d_1 Mindestdicke Einhausung: $d_1 \geq d$ für F 30, F 60 und F 90 mindestens 12,5 mm, d_2 Aufdopplung ≥ 50 mm

Abb. 6: Einbauten und Installationen in raumabschließenden Wänden [12]

Für den in jüngster Vergangenheit stark diskutierten Aspekt der brandschutztechnischen Ausführungen von Element- und Bauteilfügungen im Holzbau wurden basierend auf den Ergebnissen zahlreicher Forschungen ([4], [15]), konstruktive Lösungen

A 2.4 Technische Regeln zur Brandschutzbemessung im Holzbau

aufgenommen, die die Erfüllung des brandschutztechnische Sicherheitsniveaus ermöglichen. Wesentlich hierbei ist, dass im Fügungsbereich immer konstruktive Holzbauteile (Vollholzquerschnitte, Massivholz) aufeinanderstoßen, wodurch die gegebenen Prinzipien gleichermaßen für Fügungen bei Massivholz- und bei Holztafelelementen gelten. Abhängig vom Spaltmaß und der Ausführung der Fuge werden konstruktive Maßnahmen im Bereich der äußeren Abdichtungen und in der Kontaktfläche notwendig, vgl. Abb. 7.

Zeile	Variante	Maßnahme/Ausführung in der Kontaktfläche	Ort und Maßnahme äußere Abdichtung Anordnung beidseitig[b]
		Ausführung mit Fuge der Breite s in der Kontaktfläche, (Bild 10.42) $0 < s \leq 30$ mm	
1	dicht gestoßen $s \leq 0,5$ mm	keine Maßnahme notwendig	keine Maßnahme notwendig
2	$s \leq 2$ mm	keine Maßnahme notwendig	a), b), c), d) oder e)
3	$s \leq 5$ mm	Dichtungsstreifen aus mindestens normalentflammbarem Dämmstoff, $\rho \geq 50$ kg/m³ im unkomprimierten Zustand [a]	a), b) oder c)
4	$s \leq 15$ mm	Dichtungsstreifen/Schalldämmlager mindestens normalentflammbar, $\rho \geq 200$ kg/m³ oder Brandschutz Fugendichtmasse	a), b) oder c)
5	$s \leq 30$ mm	Dichtungsstreifen aus nichtbrennbarem Mineralwolle-Dämmstoffen, Schmelzpunkt $\geq 1\,000$ °C, $\rho \geq 30$ kg/m³ im unkomprimierten Zustand [a]	keine zusätzliche Maßnahme erforderlich
Maßnahmen zur außenseitigen Abdichtung im Bereich von Fugen und Kehlen:			
a) Verspachtelung;			
b) Brandschutzdichtmasse;			
c) vollständige Abdeckung mit der Bekleidung der flächigen Bauteile bzw. durch Fußbodenaufbau;			
d) dauerelastische Verfugung oder			
e) luftdichte Abklebung.			

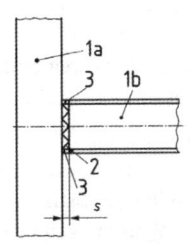

1a, 1b raumabschließendes Bauteil
2 Maßnahme Kontaktfläche
3 Maßnahme äußere Abdichtung

Abb. 7: Auszug aus Tabelle 10.14 - Ausführungsprinzipien für Bauteilanschlüsse und Elementfugen [12]

Mit den landesspezifischen Bauordnungen und den zugehörigen eingeführten technischen Baubestimmungen werden die Voraussetzungen zur Anwendungsmöglichkeit des Holzbaus bis zur Hochhausgrenze gelegt. Neben der Forderung zur Feuerwiderstandsfähigkeit ergeben sich so aus der HolzBauRL weitere Anforderungen z. B. an Dämmstoffe und Brandschutzbekleidungen.

Der neu erarbeitete informative Anhang A zu E DIN 4102-4/A1 zeigt nun erstmals auf, welche Konstruktionen die Anforderungen der MHolzBauRL (2020) an die erforderliche Feuerwiderstandsfähigkeit, die brandschutztechnisch wirksame Bekleidung sowie an die Dämmstoffe erfüllen. Hierdurch wird es nach entsprechender Anpassung von Anhang 4 MVV TB möglich die gelisteten Bauteile der Feuerwiderstandsklasse F 60-B und F 90-B hinsichtlich des erforderlichen Nachweises der Feuerwiderstandsfähigkeit in Verbindung mit der MHolzBauRL anwendbar zu machen. Ebenso werden Regelungen gegeben, mittels welcher konstruktiven Ertüchtigungsmaßnahmen normativer Bauteile, die hinsichtlich des Feuerwiderstandes klassifiziert sind, auch die Anforderungen der MHolzBauRL (2020) erfüllen können. Hierbei ist anzumerken, dass in diesem Prozess die im Nachweis der Feuerwiderstandsfähigkeit enthaltenen Mindestdicken für Bekleidungen aus Gips- oder Gipsfaserplatten auf die Mindestdicken gemäß Abschnitt 4.2 bzw. 5.2 der

MHolzBauRL erhöht werden müssen. Ebenso ist eine vollständige Füllung der Gefache mit Mineralwolldämmstoff mit einem Schmelzpunkt von mindestens 1000°C nötig. Dass ein zusätzliches Aufbringen der brandschutztechnisch wirksamen Bekleidung auf Konstruktionen mit bereits aus dem Feuerwiderstandsnachweis resultierenden Gipsbekleidungen nicht nochmals notwendig ist wird über diese Regelungen klargestellt.

4 Fazit und Ausblick

Auch wenn die abschließende Bereitstellung der DIN 4102-4/A1 erst mit deren Veröffentlichung erfolgt und vor allem die zukünftige europäische Holzbaunorm mit den Jahren 2025 noch weit entfernt scheint, so sind die meisten wesentlichen Änderungen bereits bekannt.

Ersichtlich ist, dass durch die Berücksichtigung neuer Produkte, wie Brettsperrholz, Holz-Stegträger, Gipsfaserplatten, Lehmbauplatten, Holzwerkstoffen, Putze, biogenen Dämmstoffe oder Estriche sowie durch die Erweiterung bekannter Bemessungsansätze auf mindestens 90 Minuten Feuerwiderstand der Umfang beider Normen im Vergleich zu den heutigen Ausgaben anwächst. Gleichwohl liegt ein zentraler Fokus darauf, durch Neustrukturierung und Homogenisierungen aber auch durch vereinfachte Regelungen die Anwenderfreundlichkeit beizubehalten.

Sowohl die zukünftigen neuen Möglichkeiten von DIN 4102-4/A1 als auch die signifikanten Erweiterungen aus der zweiten Generation der EN 1995-1-2 erlauben es nach deren Einführung standardisiert vielseitige und brandschutztechnisch sichere Gebäude in Holzbauweise zu errichten. Viele Bereiche, in denen aktuell noch Bauartgenehmigungen notwendig werden, werden zukünftig durch die neuen Bemessungsregeln oder nachgewiesenen Konstruktionsaufbauten erfasst. In DIN 4102-4/A1 wird neben den technischen Weiterentwicklungen vor allem der informative Anhang A für eine geregelte Anwendung des Holzbaus in Verbindung mit der MHolzBauRL beitragen.

Ähnlich wie bei der Umstellung von nationalen Bemessungsnormen auf die erste Generation des Eurocode 5 wird vor allem für die europäische Normung ein zusätzlicher Lern-, Aus- und Weiterbildungsprozess notwendig sein, um das volle Potential der Norm für die Baupraxis nutzbar zu machen.

Literatur

[1] MBO –Fassung November 2002, zuletzt geändert durch Beschluss der Bauministerkonferenz seit der Änderung vom 25.09.2020

[2] Fachkommission Bauaufsicht der Bauministerkonferenz (2021) Muster-Richtlinie über brandschutztechnische Anforderungen an Bauteile und Außenwandbekleidungen in Holzbauweise (MHolzBauRL). Fassung Oktober 2020. Ausgabe 4, 21.06.2021.

[3] Verwaltungsvorschrift Technische Baubestimmungen (VVTB) des Ministeriums der Finanzen Rheinland-Pfalz vom 17. August 2021

[4] Engel, T. et al. (2022) Schlussbericht zum Verbundvorhaben TIMpuls - Brandschutztechnische Grundlagenuntersuchung zur Fortschreibung bauaufsichtlicher Regelungen im Hinblick auf eine erweiterte Anwendung des Holzbaus, doi:10.14459/2022md1661419

[5] Verwaltungsvorschrift des Ministeriums für Landesentwicklung und Wohnen Baden-Württemberg über Technische Baubestimmungen - Verwaltungsvorschrift Technische Baubestimmungen VwV TB, 12.10.2022

[6] DIN EN 1995-1-2: Eurocode 5, Bemessung und Konstruktion von Holzbauten – Teil 1-2: Allgemeine Regeln – Tragwerksbemessung für den Brandfall, Deutsche Fassung EN 1995-1-2:2004 + AC:2009, Beuth Verlag, (2010-12)

[7] DIN EN 1995-1-2/NA: Nationaler Anhang – national festgelegte Parameter - Eurocode 5, Bemessung und Konstruktion von Holzbauten – Teil 1-2: Allgemeine Regeln – Tragwerksbemessung für den Brandfall, Beuth Verlag, (2010-12)

[8] EN 1995-1-2:2025 Eurocode 5 – Design of timber structures Part 1-2: Structural fire design, draft for Formal Enquiry, 5.8.2022.

[9] https://fsuw.com/guidance-documents/#guidance4

[10] Östman B. et al.: Fire safety in timber buildings Technical Guideline for Europe. SP Technical research Institute of Sweden, Wood Technology. SP Report 2010:19. Stockholm, Sweden.

[11] DIN 4102-4: Brandverhalten von Baustoffen und Bauteilen - Teil 4: Zusammenstellung und Anwendung klassifizierter Baustoffe, Bauteile und Sonderbauteile, Beuth Verlag, (2016-05)

[12] E DIN 4102-4/A1: Brandverhalten von Baustoffen und Bauteilen — Teil 4: Zusammenstellung und Anwendung klassifizierter Baustoffe, Bauteile und Sonderbauteile; Änderung A1, Beuth Verlag, (2023-04)

[13] Deutsches Institut für Bautechnik, Bauregelliste A, Bauregelliste B und Liste C, Ausgabe 2015/2

[14] Rauch, M.; Werther, N.; Suttner, E.: F-REI 90: Ein analytisches Berechnungsverfahren für Holzrahmen- und Holzmassivbauteile bis zu einer Feuerwiderstandsdauer von 90 Minuten. BBSR-Online-Publikation Bonn, Juni, 2022

[15] Entwicklung einer Richtlinie für Konstruktionen in Holzbauweise in den GK 4 und 5 gemäß der LBO BW – HolzbauRLBW, Abschlussbericht abrufbar unter https://www.holzbauoffensivebw.de/de/frontend/product/detail?productId=17

IHR DIGITALES BRANDSCHUTZBUCH

VOLLE KONTROLLE, WENIG AUFWAND

INTEGRIERTE SICHERHEITSKATALOGE
NACH OFFIZIELLEN RICHTLINIEN

AUTOMATISCHE AUFGABEN UND
MANGELMANAGEMENT

LÜCKENLOSE DOKUMENTATION VON
VORFÄLLEN ALLER ART

Überzeugen Sie sich selbst und besuchen Sie uns von **21. - 22. Juni 2023** auf der Messe **FeuerTrutz** in Halle **4 am Stand 424**

smart, sicher, sorglos

PROVENTOR FIRE PREVENTION

PROVENTOR Deutschland GmbH
member of eee group

info@proventor-solutions.de | www.proventor-solutions.de

Paul Benz

3.1
Brandschutz aus Sicht des Brandschutzsachverständigen bei einer Projektbearbeitung/-abwicklung

Zum Zeitpunkt der Drucklegung lag kein Beitrag für diesen Tagungsband vor.

Ggfs. wird der Textbeitrag im Nachgang zum Download auf https://www.feuertrutz.de/brandschutzkongress-2023-download-vortraege zur Verfügung gestellt.

FeuerTrutz Composer

Erstellen Sie Brandschutzkonzepte effizient, rechtssicher und standardisiert!

Mit dem FeuerTrutz Composer **optimieren** Sie die anspruchsvolle Erstellung eines **prüffähigen** Brandschutzkonzeptes und arbeiten **schneller** und **effizienter** als je zuvor!

Sparen Sie sich die zeitintensive Recherche und bleiben rechtlich auf den neuesten Stand!

Die Software führt Sie Schritt für Schritt bis zum vollständigen Konzept. Dabei filtert der Composer anhand Ihrer Angaben die für das jeweilige Bauwerk geltenden baurechtliche Brandschutzanforderungen automatisiert heraus.

Die Anwendung entlastet Sie gezielt und minimiert Ihren Recherche- und Prozessaufwand. So sparen Sie Zeit und können diese für weitere Projekte nutzen.

Überzeugen Sie sich selbst von den Vorteilen des FeuerTrutz Composers!

▶ Jetzt kostenlosen Demo-Termin buchen: www.feuertrutz-composer.de

» *Mit dem Composer sparen wir bestimmt 50% der Zeit bei der Erstellung der Brandschutzkonzepte.* «

Corvin Quos, Geschäftsführer
Cologne Design Partner,
Sachverständiger für Brandschutz

FeuerTrutz

RM Rudolf Müller

Stefan Deschermeier

3.2 Erweiterungen zu Anforderungen an die Löschwasserrückhaltung

Im Jahr 2017 wurde erstmal die „Verordnung über Anlagen zum Umgang mit wassergefährdenden Stoffen" (AwSV) in einer Bundesverordnung zusammengefasst. Dabei wurde auch die Überführung der baurechtlichen Regelungen der Länder zur Löschwasserrückhaltung in das Wasserrecht des Bundes umgesetzt.

„§ 20 Rückhaltung bei Brandereignissen

Anlagen müssen so geplant, errichtet und betrieben werden, dass die bei Brandereignissen austretenden wassergefährdenden Stoffe, Lösch-, Berieselungs- und Kühlwasser sowie die entstehenden Verbrennungsprodukte mit wassergefährdenden Eigenschaften nach den allgemein anerkannten Regeln der Technik zurückgehalten werden.

Satz 1 gilt nicht für Anlagen, bei denen eine Brandentstehung nicht zu erwarten ist, und für Heizölverbraucheranlagen."

Damit ist in § 20 AwSV nunmehr festgelegt, dass alle Anlagen so geplant, errichtet und betrieben werden müssen. Ebenso müssen die bei Brandereignissen austretenden wassergefährdenden Stoffe, Lösch-, Berieselungs- und Kühlwasser sowie die entstehenden Verbrennungsprodukte mit wassergefährdenden Eigenschaften nach den allgemein anerkannten Regeln der Technik zurückgehalten werden. In den Folgejahren wurden vor allem diese beide Anforderungen umfangreich diskutiert. Das Bundesministerium für Umwelt, Naturschutz, nukleare Sicherheit und Verbraucherschutz (BMU) arbeitet rund 3 Jahre an einer Änderung der Anlagenverordnung (Juni 2020), welche auch den §20 AwSV und die Einführung einer neuen Anhang 2a zum Thema Löschwasserrückhaltung beinhaltet.

Nochmal zur Erinnerung. Die Löschwasser-Rückhalte-Richtlinie (LöRüRl) wurde seit 1992 in allen Bundesländer als eingeführte technische Bauvorschrift im Baurecht veröffentlicht. Die LöRüRl regelt die Bemessung von Löschwasser-Rückhalteanlagen beim Lagern von wassergefährdenden Stoffen. Eine Löschwasserrückhaltung ist nur erforderlich bei baulichen Anlagen, in oder auf denen wassergefährdende Stoffe

- der WGK 1 mit mehr als 100 t je Lagerabschnitt oder
- der WGK 2 mit mehr als 10 t je Lagerabschnitt oder
- der WGK 3 mit mehr als 1 t je Lagerabschnitt

gelagert werden.

Eine Löschwasserrückhaltung ist dagegen nicht erforderlich
- für Behälter, die vollständig im Erdreich eingebettet sind,
- für doppelwandige Behälter aus Stahl mit einem Rauminhalt bis 100 m3, die mit einem zugelassenen Leckanzeigegerät ausgerüstet sind.

Der Nachweis ausreichend bemessener Löschwasser-Rückhalteanlagen ist durch den Betreiber im baurechtlichen Genehmigungsverfahren zu erbringen.

Mit der Einführung der neuen AwSV 2017 sollte der gesamte Bereich der Löschwasserrückhaltung vom Baurecht ins Wasserrecht überführt werden. Deshalb auch die Aufnahme des neuen §20 AwSV wie oben beschrieben. In der Folge war die Umsetzung der neuen Anforderungen im Wasserrecht schwierig und es kamen neue Fragestellungen im Zusammenhang mit dem Umgang mit den Löschwasserrückhaltung-Richtlinien auf. Dies hat auch das Bundesministerium für Umwelt, Naturschutz, nukleare Sicherheit und Verbraucherschutz (BMU) erkannt und in einem Zeitraum vom Okt. 2016 bis Ende 2019 wurde der „Referentenentwurf zur ersten Verordnung zur Änderung der Verordnung über Anlagen zum Umgang mit wassergefährdenden Stoffen" erarbeitet. Für den §20 AwSV ergaben sich folgende Änderungen:

„Anlagen müssen so geplant, errichtet und betrieben werden, dass die bei Brandereignissen austretenden wassergefährdenden Stoffe, Lösch-, Berieselungs- und Kühlwasser sowie die entstehenden Verbrennungsprodukte mit wassergefährdenden Eigenschaften nach den allgemein anerkannten Regeln der Technik zurückgehalten werden.

Satz 1 gilt nicht für Anlagen, bei denen eine Brandentstehung nicht zu erwarten ist, und für Heizölverbraucheranlagen."

Dazu die Erläuterung von §20 AwSV Rückhaltung bei Brandereignissen:

„Unbeschadet der Anforderungen nach § 18 müssen Anlagen so geplant, errichtet und betrieben werden, dass das bei Brandereignissen anfallende Löschwasser sowie das mit wassergefährdenden Stoffen belastete Berieselungs- und Kühlwasser nach Maßgabe von Anlage 2a zurückgehalten wird. Regelungen anderer Rechtsbereiche zum vorbeugenden Brandschutz bleiben unberührt. Satz 1 gilt nicht für

1. *Anlagen, in denen sich ausschließlich nicht brennbare Stoffe oder Gemische in nicht brennbaren Behältern oder Verpackungen befinden und die Bauteile der Anlage im Wesentlichen aus nicht brennbaren Materialien bestehen,*
2. *Anlagen, in denen sich ein so geringer Anteil an brennbaren Stoffen oder Gemischen befindet und die aus einem so geringen Anteil an brennbaren Materialien bestehen, dass sich kein Vollbrand entwickeln kann,*
3. *Anlagen, die im Brandfall nur mit Sonderlöschmitteln ohne Wasserzusatz gelöscht werden,*
4. *Anlagen zum Umgang mit wassergefährdenden Stoffen, die eine Erddeckung von mindestens 0,5 Metern aufweisen,*

A 3.2 Erweiterungen zu Anforderungen an die Löschwasserrückhaltung

5. *Anlagen bis zu einer Masse der wassergefährdenden Stoffe von 5 Tonnen,*
6. *Anlagen mit doppelwandigen Behältern aus Stahl,*
7. *Rohrleitungsabschnitte, die bei einem Brandereignis vom Betreiber voneinander getrennt werden können und entweder aus Stahl bestehen oder nach § 21 über keine Rückhaltung verfügen müssen, oder*
8. *Heizölverbraucheranlagen.*

Der Betreiber von Anlagen nach Satz 1 und 3 hat dafür Sorge zu tragen, dass durch die Brandbekämpfung Gewässer nicht geschädigt werden."

Der Referentenentwurf sollte auch einen umfangreiche Anhang 2 bekommen. Darin waren die Fortführung der Vorgaben der Löschwasser-Rückhaltung-Richtlinie beschrieben. Leider war die Fortführung auch mit umfangreichen Verschärfungen verbunden:

Erkenntnisse der geplanten Änderungen:

- Rückhaltungen in jeder Art von Gebäuden; auch Handwerker, Bauhof, Feuerwehrhaus, kleine und mittelständische Unternehmen, Baumärkte usw.
- Lagermengengrenze nun 5 Tonnen je wasserrechtlicher Anlage, unabhängig von der Wassergefährdungsklasse
- 20fach-verschärft - bisher ab 100 Tonnen
- Rückhaltevolumens durch pauschalisierten Ansatz >> Einstiegsansatz mit möglichem Löschwasser ist falsch!
- Rückhaltevolumens für kleine Anlagen >> mindestens bei 5to bis 25m² = 6m³
- Rückhaltevolumens Szenarien-basierte Ansatz >> nur große Industrien
- Ohne baurechtlicher bzw. wasserrechtlicher Bestandschutzregelung

Vor allem zeigen sich neben den inhaltlichen / fachlichen Fragestellungen in der Formulierung des Anhang 2 a auch generelle Folgen durch den Wechsel der Rechtsgebiete. So sind u.a. im Genehmigungsverfahren für Neu- und Umbauten bisher folgende Punkte ungeklärt:

- Löschwasser-Rückhaltung als Bauvorlage wechselt in das Wasserrecht und damit der Entfall der Bauvorlage.
- Prüfsachverständige für Brandschutz haben nach Wasserrecht keine Prüfgrundlage.
- Bei Gebäuden der Gebäudeklasse 1-4 findet eine baurechtliche Prüfung des Brandschutzes und damit keine Prüfung der Löschwasser-Rückhaltung statt.
- Bei wenigen Gebäude findet eine wasserrechtliche Prüfung im Rahmen des Bauantrage (außer Sonderbau) statt.
- Erstabnahme und wiederkehrende Prüfung der Löschwasser-Rückhaltung – wohl nicht durch Sachverständige für Brandschutz, sondern Sachverständige nach AwSV.
- Abweichungsantrag - vgl. dem Baurecht gibt es im Wasserrecht nicht.
- Änderungen im Wasserrecht bedeuten ggf. Anpassungen und Nachprüfung erforderlich (3-Jahre Übergangsfrist) – BESTANDSCHUTZ entfällt.

Nachdem diese Erkenntnisse und Verschärfungen weder von den Feuerwehren gefordert wurden und auch nicht von der Industrie, dem Gewerbe und den öffentlichen Kommunen wirtschaftlich umgesetzt werden konnte, wurden der Referentenentwurf im Bereich §20 Löschwasserrückhaltung und Anhang 2 a umfangreich abgelehnt.

In zahlreichen Gesprächen, Veranstaltungen, Emails etc. wurde damals versucht auf die geplanten Veränderungen hinzuweisen und dem Bundesministerium für Umwelt, Naturschutz, nukleare Sicherheit und Verbraucherschutz erläutert, welche Auswirkungen diese für Deutschland, die Öffentliche Hand und die freie Wirtschaft haben wird.

Auf keinen Fall wollen die Unternehmen und die (betrieblichen) Feuerwehren das die Umwelt geschädigt wird. Umweltschutz ist für eine Werk- und Betriebsfeuerwehr, und auch für die öffentlichen Feuerwehren, ein Grundverständnis und eine Pflichtaufgabe! Jedoch kann es keinen 100%-igen Schutz geben und die bisherigen Lösungen waren sehr praktikabel. Die Feuerwehrverbände (AGBF, DFV, WFV-D und deren Ländervertretungen) sehen zusammen mit den Wirtschaftsverbänden keinen konkreten Anhaltspunkt, die geplanten umfangreichen, insbesondere baulichen, Änderungen zur Löschwasser-Rückhaltung zu fordern.

Nachdem die Einführung des Referentenentwurfes zur Änderung der Verordnung über Anlagen zum Umgang mit wassergefährdenden Stoffen" im Jahr 2020 u.a. durch das ungeklärte Thema der Löschwasserrückhaltung verhindert wurde, mussten die Weiterführung der Löschwasser-Rückhalte-Richtlinie in den Ländern gesichert werden. Erschwert wurde dies durch die zwischenzeitliche Einführung der MVV-TB in der MBO und der generelle Entfall der LöRüRl in der MVV-TB. Als Begründung gilt der beschlossene „Umzug" der Löschwasser-Rückhalte-Richtlinie vom Baurecht ins Wasserrecht. Glücklicherweise konnten aber alle Länder erfolgreich überzeugt werden, dass die LöRüRl in den Ländern-TB weiterhin aufgeführt werden muss. Damit gelten die LöRüRl in all Bundesländern weiterhin als eingeführte technischen Baubestimmung und über §20 AwSV (2017) als allgemein anerkannte Regel der Technik. Bei Anlagen zum Umgang mit wassergefährdenden Stoffen, die nicht als Lageranlagen dienen, kann die Länder-LöRüRl als Erkenntnisquelle herangezogen werden.

Für das Jahr 2023 ist die Fortsetzung der Novellierung der AwSV vom Bundesministerium für Umwelt, Naturschutz, nukleare Sicherheit und Verbraucherschutz vorgesehen. Dabei soll auch die Löschwasserrückhaltung weiterhin betroffen sein. Gerne bringe ich mich bei der Ausarbeitung wieder ein.

A 3.2 Erweiterungen zu Anforderungen an die Löschwasserrückhaltung

Chronologie – LöRü in AwSV-Bund AKTUELL

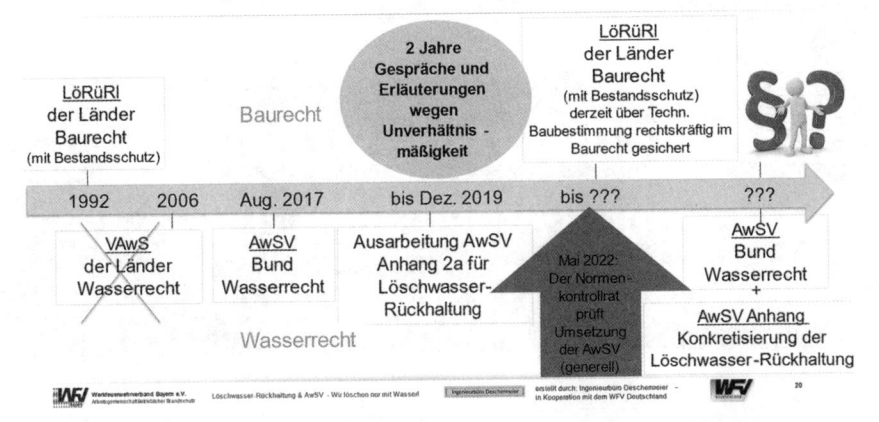

1992	2006	Aug. 2017	bis Dez. 2019	bis ???	???

LöRüRl der Länder Baurecht (mit Bestandsschutz)

Baurecht

2 Jahre Gespräche und Erläuterungen wegen Unverhältnismäßigkeit

LöRüRl der Länder Baurecht (mit Bestandsschutz) derzeit über Techn. Baubestimmung rechtskräftig im Baurecht gesichert

VAwS der Länder Wasserrecht

AwSV Bund Wasserrecht

Ausarbeitung AwSV Anhang 2a für Löschwasser-Rückhaltung

Mai 2022: Der Normenkontrollrat prüft Umsetzung der AwSV (generell)

AwSV Bund Wasserrecht +

AwSV Anhang Konkretisierung der Löschwasser-Rückhaltung

Wasserrecht

Brandschutzatlas Digital
Die bewährte Arbeitshilfe zum vorbeugenden Brandschutz!

Jetzt sichern:
Brandschutzatlas Digital (Download/DVD), mit ergänzender App!

Die Funktionen des digitalen Brandschutzatlas auf einen Blick:

- Alle Seiten liegen kapitelweise im **benutzerfreundlichen PDF-Format** vor. Sie können **ausgedruckt, kopiert** und in Ihre Dokumentationen **übernommen** werden.

- Der **intuitive Navigationsbereich** bietet Ihnen eine gute Übersicht über die verschiedenen Inhalte und Kapitel.

- Durch das Responsive Design passt sich das Programm optimal an Ihre **Bildschirmgröße** an.

- Mit der **intelligenten Suchfunktion** arbeiten Sie wesentlich effektiver: alle gesuchten Inhalte sind schnell und bequem zu finden.

Jetzt hier bestellen:
www.baufachmedien.de/brandschutzatlas

FeuerTrutz

RM Rudolf Müller

Lars Oliver Laschinsky

3.3
Neues aus der ASR A 2.3: Haupt- und Nebenfluchtwege, Türen und Notausgänge, Sammelstellen

1. Einleitung

Beschäftigten muss es möglich sein, sich bei unmittelbarer erheblicher Gefahr durch sofortiges Verlassen der Arbeitsplätze in Sicherheit zu bringen. Hierzu zählt insbesondere die Einrichtung von Flucht- und Rettungswegen. Fluchtwege und Notausgänge ermöglichen den Personen im Gebäude, dieses im Notfall schnell zu verlassen.

1.1 Schutzziel: Selbständige Flucht

Der Arbeitgeber hat nach § 9 Abs.3 ArbSchG Maßnahmen zu treffen, die es den Beschäftigten bei unmittelbarer erheblicher Gefahr ermöglichen, sich durch sofortiges Verlassen der Arbeitsplätze in Sicherheit zu bringen. Dabei hat er der Anwesenheit anderer Personen Rechnung zu tragen.

In der Praxis wird allgemein der Begriff Flucht- und Rettungsweg verwendet. Während der Begriff Rettungsweg aus dem Bauordnungsrecht stammt und sich auf den Einsatz der Rettungskräfte bezieht, hat der Begriff Fluchtweg seinen Ursprung im Arbeitsstättenrecht für das gefahrlose Verlassen der Beschäftigten aus der Arbeitsstätte.

- **Rettungswege**
  Der Rettungsweg dient gemäß §14 MBO (Musterbauordnung) als Angriffsweg für die Rettungskräfte zur Rettung von Menschen und für die Bekämpfung eines Brandes innerhalb eines Gebäudes. Die Rettungswege verlaufen über notwendige Flure und Treppen. Diese sind mit speziellen baulichen Anforderungen zu errichten.

- **Fluchtweg**
  Der Fluchtweg dient hingegen gemäß § 4 (4) ArbStättV zur Flucht von Personen vom Arbeitsplatz. Die Fluchtwege müssen selbständig begehbare Verkehrswege sein und sind in dem so genannten Flucht- und Rettungsplan, wenn dieser erforderlich ist, zu kennzeichnen. Fluchtwege führen ins Freie oder in einen gesicherten Bereich. Zusätzlich werden noch besondere Anforderungen an Treppenläufe, Türen, Notausgänge, Kennzeichnungen und Sicherheitsbeleuchtung für und auf Fluchtwegen in der ArbStättV genannt.

Beide Wege können allerdings über weite Strecken identisch sein. Der Rettungsweg darf jedoch nicht mit dem Fluchtweg, der ausschließlich als Evakuierungsweg für die Betroffenen einer Gefahr dient, verwechselt werden. Daher können sich aus der ArbStättV erhöhte Anforderungen für Fluchtwege und Notausgänge in Arbeitsstätten ergeben.

1.2 Anforderungen an Fluchtwege nach ArbStättV

Die Arbeitsstättenverordnung soll durch Mindestvorschriften für Sicherheit und Gesundheitsschutz ein sicheres Einrichten und Betreiben von Arbeitsstätten gewährleisten und beschreibt auch die Vorgaben für Fluchtwege.

Die Ausführung von Fluchtwegen muss sich grundsätzlich nach

- Nutzung,
- Einrichtung,
- Abmessungen der Arbeitsstätte,
- der höchstmöglichen Anzahl der anwesenden Personen

richten.

Sie führen auf möglichst kurzem Weg ins Freie oder in einen gesicherten Bereich. Fluchtwegtüren müssen sich von innen ohne besondere Hilfsmittel jederzeit leicht öffnen lassen, solange sich Beschäftigte in der Arbeitsstätte befinden. Türen von Notausgängen müssen sich nach außen öffnen lassen.

1.3 Technische Regeln für Arbeitsstätten (ASR)

Die Technischen Regeln für Arbeitsstätten (ASR) konkretisieren im Rahmen des Anwendungsbereiches die Anforderungen der Verordnung über Arbeitsstätten und geben den Stand der Technik, Arbeitsmedizin und Arbeitshygiene sowie sonstige gesicherte arbeitswissenschaftliche Erkenntnisse für das Einrichten und Betreiben von Arbeitsstätten wieder. Sie werden vom Ausschuss für Arbeitsstätten ermittelt bzw. angepasst und vom Bundesministerium für Arbeit und Soziales im Gemeinsamen Ministerialblatt bekannt gegeben. Bei Einhaltung der Technischen Regeln kann der Arbeitgeber insoweit davon ausgehen, dass die entsprechenden Anforderungen der Verordnungen erfüllt sind. Wählt der Arbeitgeber eine andere Lösung, muss er damit mindestens die gleiche Sicherheit und den gleichen Gesundheitsschutz für die Beschäftigten erreichen.

Neufassung, Änderung und Aufhebung von ASR zum Themenkomplex Flucht- und Verkehrswege (März 2022):

Der Ausschuss für Arbeitsstätten (ASTA) hat die Technischen Regeln für Arbeitsstätten ASR A2.3 „Fluchtwege und Notausgänge" überarbeitet und an den Stand der Technik angepasst. Die Neufassung der ASR A2.3 vom März 2022 ersetzt die ASR A2.3 vom August 2007 (GMBl 2007, S. 902). In der überarbeiteten ASR A 2.3 wurden u.a. die Anforderungen an Fluchtwege und Notausgänge angepasst.

1.4 Fluchtwege und Notausgänge nach ASR A 2.3

Die ASR A2.3 konkretisiert die Anforderungen der Arbeitsstättenverordnung, damit sich die Beschäftigten im Gefahrenfall unverzüglich in Sicherheit bringen und schnell gerettet werden können. Konkretisiert werden die Anforderungen an das Einrichten und Betreiben von Fluchtwegen und Notausgängen, von Sicherheitsbeleuchtung und optischen Sicherheitsleitsystemen sowie an den Flucht- und Rettungsplan nach § 3a Absatz 1 und § 4 Absätze 3 und 4 sowie Nummer 2.3 des Anhangs der Arbeitsstättenverordnung.

> **Arbeitsstätten**
>
> Arbeitsstätten sind Orte in Gebäuden oder im Freien, die sich auf dem Gelände eines Betriebes oder einer Baustelle befinden und die zur Nutzung für Arbeitsplätze vorgesehen sind sowie andere Orte in Gebäuden oder im Freien, die sich auf dem Gelände eines Betriebes oder einer Baustelle befinden und zu denen Beschäftigte im Rahmen ihrer Arbeit Zugang haben.

Zur Arbeitsstätte gehören auch

- Verkehrswege einschließlich der Fluchtwege und Notausgänge,
- Lager-, Maschinen- und Nebenräume,
- Sanitärräume (Umkleide-, Wasch- und Toilettenräume),
- Pausen- und Bereitschaftsräume,
- Erste-Hilfe-Räume,
- Unterkünfte.

Zur Arbeitsstätte gehören darüber hinaus auch Einrichtungen, soweit für diese in der ArbStättV besondere Anforderungen gestellt werden und sie dem Betrieb der Arbeitsstätte dienen.

Diese Arbeitsstättenregel gilt nicht

- für das Einrichten und Betreiben von Bereichen in Gebäuden und vergleichbaren Einrichtungen, in denen sich Beschäftigte nur im Falle von Instandsetzungs- und Wartungsarbeiten aufhalten müssen,
- für das Verlassen von Arbeitsmitteln i.S.d. Betriebssicherheitsverordnung im Gefahrenfall.

Für alle nicht vom Anwendungsbereich dieser ASR erfassten Bereiche sind besondere Maßnahmen auf Grundlage der Gefährdungsbeurteilung notwendig, um die erforderliche Sicherheit für die Beschäftigten im Gefahrenfall zu gewährleisten. Sofern vergleichbare Verhältnisse vorliegen, wird empfohlen, die Inhalte dieser ASR zu berücksichtigen.

1.5 Abweichungen von der ASR A 2.3

Die in den Technischen Regeln genannten konkreten Anforderungen, Maße oder Werte bilden somit konkrete und objektive Bewertungsfaktoren. Sie beschreiben den nach §4 ArbSchG bzw. §3a ArbStättV geforderten Stand der Technik bei der Umsetzung von Brandschutzmaßnahmen.

> **Stand der Technik**
>
> Der Stand der Technik ist der Entwicklungsstand fortschrittlicher Verfahren, Einrichtungen oder Betriebsweisen, der die praktische Eignung einer Maßnahme zum Schutz der Gesundheit und zur Sicherheit der Beschäftigten gesichert erscheinen lässt. Bei der Bestimmung des Standes der Technik sind vergleichbare Verfahren, Einrichtungen oder Betriebsweisen und insbesondere die vom Bundesministerium für Arbeit und Soziales nach § 7 Absatz 4 ArbStättV bekannt gemachten Regeln und Erkenntnisse zu berücksichtigen.

Bei Einhaltung der Technischen Regeln kann daher davon ausgegangen werden, dass die entsprechenden Anforderungen der ArbStättV erfüllt sind (Vermutungswirkung). Daher ist die Anwendung der in der ASR A 2.3 angegebenen Maßnahmen eine zweckmäßige Lösung für die Beschaffenheit von Fluchtwegen und Notausgängen in einer Arbeitsstätte.

1.6 Auswahl anderer Schutzmaßnahmen

Aufgrund der Vielfalt baulicher Anlagen, unterschiedlicher Arbeitsabläufe und -prozesse sowie Fähigkeiten und Belastbarkeit der Beschäftigten und fremder Personen hat jede Arbeitsstätte einen individuellen Charakter. Eine Anpassung des Brandschutzes an diese spezifischen Bedingungen kann im Einzelfall aus Gründen der Sicherheit und/oder der Kosten durchaus angebracht sein. Ergreift der Arbeitgeber jedoch andere als die im technischen Regelwerk genannten Maßnahmen, muss er damit nachweislich mindestens die gleiche Sicherheit und den gleichen Gesundheitsschutz für die Beschäftigten erreichen. Da Abweichungen unter der Voraussetzung möglich sind, dass die Gleichwertigkeit mit den Lösungen nach ASR A2.3 gewährleistet wird, müssen die Abweichungen von der ASR A2.3 ermittelt und bewertet werden. Den Nachweis über die Gleichwertigkeit hat der Arbeitgeber im Einzelfall auf Basis der Gefährdungsbeurteilung zu erbringen.

1.7 Übergangsregelung

Da die bauliche Gestaltung von Arbeitsstätten nicht unmittelbar an geänderte Anforderungen angepasst werden kann, ist explizit eine Übergangsregelung getroffen worden.

> **NEU in der ASR A2.3 „Fluchtwege und Notausgänge" vom März 2022:**
> **Übergangsregelung zur Umsetzung des Standes der Technik.**

> Für Gebäude, die bis zum 30.9.2022 errichtet worden sind oder deren Bauantragstellung bis zu diesem Termin erfolgt ist, können abweichende Regelungen der bisherigen Fassung der ASR A 2.3 zur Anwendung kommen. Sie dürfen solange betrieben werden, bis die jeweiligen Bereiche dieser Arbeitsstätten wesentlich erweitert oder umgebaut werden oder nach § 3a Absatz 2 der Arbeitsstättenverordnung eine Vergrößerung erforderlich wird.

2. Beginn der Fluchtwege

Der Fluchtweg dient gemäß § 4 (4) ArbStättV zur Flucht von Personen vom Arbeitsplatz. Den Beschäftigten muss es möglich sein, bei unmittelbarer erheblicher Gefahr sich durch sofortiges Verlassen der Arbeitsplätze in Sicherheit zu bringen.

> **NEU in der ASR A2.3 „Fluchtwege und Notausgänge" vom März 2022:**
> Klarstellung zum Beginn der Fluchtwege.

> **Fluchtweg**
>
> Der Fluchtweg beginnt an allen Orten in der Arbeitsstätte, zu denen Beschäftigte im Rahmen ihrer Arbeit Zugang haben oder sich bei der Nutzung von Neben-, Sanitär-, Kantinen-, Pausen- und Bereitschaftsräumen, Erste-Hilfe-Räumen und Unterkünften aufhalten. Außentreppen, begehbare Dachflächen oder offene Gänge können Teil eines Fluchtweges sein.

Fluchtwege sind Verkehrswege, an die besondere Anforderungen zu stellen sind und die der selbständigen Flucht aus einem möglichen Gefahrenbereich und in der Regel zugleich der Rettung von Personen dienen. Beim Einrichten und Betreiben von Fluchtwegen und Notausgängen sind grundsätzlich die beim Errichten von Rettungswegen zu beachtenden Anforderungen des Bauordnungsrechts der Länder zu berücksichtigen. Über das Bauordnungsrecht hinaus, können sich weitergehende Anforderungen an Fluchtwege und Notausgänge aus den Arbeitsstättenregeln ergeben. Dies gilt z. B. für das Erfordernis zur Einrichtung eines Nebenfluchtweges oder von Sammelstellen.

3. Verlauf der Fluchtwege

Fluchtwege führen auf möglichst kurzem Weg ins Freie oder, falls dies nicht möglich ist, in einen gesicherten Bereich. Dabei werden Fluchtwege durch die ASR A 2.3 in den baulichen Anforderungen zwischen Haupt- und Nebenfluchtwege unterschieden.

> **NEU in der ASR A2.3 „Fluchtwege und Notausgänge" vom März 2022:**
> Unterscheidung in Haupt- und Nebenfluchtwege mit verschiedenen baulichen Anforderungen.

- **Hauptfluchtwege**
  Hauptfluchtwege (bisher erste Fluchtwege) sind insbesondere die zur Flucht erforderlichen Verkehrswege, die nach dem Bauordnungsrecht notwendigen Flure und Treppenräume für notwendige Treppen sowie die Notausgänge.

- **Nebenfluchtwege**
  Nebenfluchtwege (bisher zweite Fluchtwege) sind zusätzliche Fluchtwege, die ebenfalls ins Freie oder in einen gesicherten Bereich führen.

Haupt- und Nebenfluchtwege dürfen über denselben Flur zu verschiedenen Ausgängen führen, sofern der Flur die Anforderungen an einen Hauptfluchtweg erfüllt. Aufgrund der Begrenzung der zulässigen Hauptfluchtweglängen kann für größere Bereiche von Arbeitsstätten jedoch auch mehr als ein Hauptfluchtweg erforderlich sein. Sind in Bereichen einer Arbeitsstätte mehrere Hauptfluchtwege vorhanden, können diese auch als Nebenfluchtwege genutzt werden.

3.1 Hauptfluchtwege

Hauptfluchtwege führen über die zur Flucht erforderlichen Verkehrswege und nutzen in ihrem Verlauf die nach dem Bauordnungsrecht notwendigen Flure und Treppenräume für notwendige Treppen. Diese Hauptfluchtwege müssen in Anzahl, Anordnung und Abmessung nach der Nutzung, der Einrichtung und den Abmessungen der Arbeitsstätte sowie nach der höchstmöglichen Anzahl der anwesenden Personen eingerichtet werden. Hauptfluchtwege sollen übersichtlich verlaufen.

> **Hauptfluchtwege**
>
> Hauptfluchtwege (bisher erste Fluchtwege) sind insbesondere die zur Flucht erforderlichen Verkehrswege, die nach dem Bauordnungsrecht notwendigen Flure und Treppenräume für notwendige Treppen sowie die Notausgänge.

Aufgrund der Begrenzung der zulässigen Hauptfluchtweglängen kann für größere Bereiche von Arbeitsstätten mehr als ein Hauptfluchtweg erforderlich sein.

3.2 Abmessungen der Hauptfluchtwege

Fluchtwege sind in Abhängigkeit von vorhandenen Gefährdungen und den damit verbundenen maximal zulässigen Fluchtweglängen, sowie in Abhängigkeit von Lage und Größe des Raumes anzuordnen.

a) Fluchtweglänge

Die Hauptfluchtweglänge muss möglichst kurz sein. Dabei unterscheidet die ASR A 2.3 zwischen Räumen ohne bzw. mit normaler Brandgefährdung, Räumen mit erhöhter Brandgefährdung ohne bzw. mit selbsttätigen Feuerlöscheinrichtungen sowie Räumen, in denen eine Gefährdung durch explosionsgefährliche Stoffe nach Begriffsbestimmung des Gesetzes über explosionsgefährliche Stoffe (Sprengstoffgesetz – SprengG) besteht.

> **Länge des Hauptfluchtweges**
>
> Die Länge des Hauptfluchtweges ist die kürzeste Wegstrecke (ohne Berücksichtigung der Raumausstattung, jedoch nicht durch Wände gemessen) vom Beginn des Fluchtweges bis zu einem Notausgang. Die tatsächliche Laufweglänge darf nicht mehr als das 1,5-fache der maximal zulässigen Hauptfluchtweglänge betragen.

Die maximale Länge eines Hauptfluchtweges darf

- bis zu 35 m für Räume ohne oder mit normaler Brandgefährdung*
- bis zu 35 m für Räume mit erhöhter Brandgefährdung* mit selbsttätigen Feuerlöscheinrichtungen
- bis zu 25 m für Räume mit erhöhter Brandgefährdung* ohne selbsttätige Feuerlöscheinrichtungen
- bis zu 10 m für Räume, in denen eine Gefährdung durch explosionsgefährliche Stoffe (Begriffsbestimmung nach dem Gesetz über explosionsgefährliche Stoffe (Sprengstoffgesetz - SprengG) besteht

betragen.

*Die erhöhte Brandgefährdung im Sinne dieser ASR schließt die erhöhte und hohe Brandgefährdung nach der Technischen Regel für Gefahrstoffe TRGS 800 „Brandschutzmaßnahmen" ein.

NEU in der ASR A2.3 „Fluchtwege und Notausgänge" vom März 2022: Fluchtweglängen für Räume mit sonstigen Gefährdungen nach Gefährdungsbeurteilung.

Für Räume, in denen auch andere Gefährdung z.B. durch ätzende oder giftige Gefahrstoffe besteht, muss im Rahmen der Gefährdungsbeurteilung ermittelt werden, ob ggf. eine geringere Länge des Fluchtweges erforderlich ist, z. B. gemäß TRGS 510 „Lagerung von Gefahrstoffen in ortsbeweglichen Behältern".

- **Abweichende Fluchtweglänge nach Baurecht**
  Sofern es sich bei einem Fluchtweg aus Räumen ohne besondere Brandgefährdungen bzw. aus brandgefährdeten Räumen mit oder ohne selbsttätige Feuerlöscheinrichtungen auch um einen Rettungsweg handelt und das Bauordnungsrecht der Länder für diesen Weg eine von der ASR abweichende längere Weglänge zulässt, können beim Einrichten und Betreiben des Fluchtweges die Maßgaben des Bauordnungsrechts, z. B. in der Industriebaurichtlinie genannten längeren Weglängen, herangezogen werden.

b) Breite der Fluchtwege

Die lichte Mindestbreite der Hauptfluchtwege bemisst sich nach der höchstmöglichen Anzahl der Personen, die im Gefahrenfall den Hauptfluchtweg benutzen müssen. Daher sind zusätzlich zur Zahl der Beschäftigten auch die Anwesenheit und Anzahl von anderen

Personen, insbesondere nicht mit den örtlichen Gegebenheiten vertraute Personen, zu berücksichtigen.

> **NEU in der ASR A2.3 „Fluchtwege und Notausgänge" vom März 2022:**
> **Kurze Einschränkungen der lichten Breite möglich.**

> **Lichte Breite**
>
> Die lichte Mindestbreite ist die freie, unverstellte, unverbaute und nicht durch Hindernisse eingeschränkte Breite/Höhe, die mindestens zur Verfügung stehen muss. Die lichte Mindestbreite des Hauptfluchtweges darf dabei durch kurze Einbauten oder Einrichtungen, z. B. Feuerlöscher, Wandvorsprünge, Türflügel, Türzargen, Türdrücker und Notausgangsbeschläge, eingeengt werden. Dabei dürfen die Maße nach Spalte B nicht unterschritten werden.

Die lichte Breite beträgt in Abhängigkeit von der Gesamtzahl der Personen im Einzugsgebiet nach Tabelle 1, Spalte C, Nummern 1 bis 7 der ASR A 2.3

- 0,87 m lichte Breite für bis zu 5 Personen,
- 1,00 m lichte Breite für bis zu 20 Personen,
- 1,20 m lichte Breite für bis zu 200 Personen,
- 1,80 m lichte Breite für bis zu 300 Personen,
- 2,40 m lichte Breite für bis zu 400 Personen.

> **NEU in der ASR A2.3 „Fluchtwege und Notausgänge" vom März 2022:**
> **Interpolation der Fluchtwegbreite bei mehr als 200 Personen.**

Bei Einzugsgebieten von mehr als 200 Personen sind Zwischenwerte der Mindestbreiten (ermittelt durch lineare Interpolation) zulässig.

> **Einzugsgebiet**
>
> Das Einzugsgebiet beschreibt einen Bereich, aus dem alle dort anwesenden Personen denselben Hauptfluchtweg nutzen müssen. Dies entspricht z. B. bei mehrgeschossigen Gebäuden der Gesamtanzahl der Personen, die über alle Ebenen (auch als Etagen, Geschosse, Stockwerke bezeichnet) demselben Hauptfluchtweg zugeordnet sind, unabhängig davon, ob diese Personen Abschnitte des Hauptfluchtweges im Fluchtfall zeitgleich oder zeitlich versetzt nutzen.

3.3 Nebenfluchtweg

Nebenfluchtwege (bisher zweite Fluchtwege) sind zusätzliche Fluchtwege, die ebenfalls ins Freie oder in einen gesicherten Bereich führen. Sind in Bereichen einer Arbeitsstätte mehrere Hauptfluchtwege vorhanden, können diese auch als Nebenfluchtwege genutzt werden. Auf den Nebenfluchtweg kann verzichtet werden, wenn durch zusätzliche Maßnahmen eine sichere Begehbarkeit des Hauptfluchtweges gewährleistet ist. Dieses können z. B. in Bereichen mit erhöhter Brandgefährdung Maßnahmen sein, die eine schnelle Brandausbreitung und Verrauchung vermindern.

NEU in der ASR A2.3 „Fluchtwege und Notausgänge" vom März 2022: Kriterien zur Notwendigkeit eines Nebenfluchtweges

Nebenfluchtwege sind so einzurichten, dass deren sichere Benutzung für die darauf angewiesenen Personen gewährleistet ist. Ein Nebenfluchtweg ist erforderlich zur Flucht aus Bereichen, in denen die Gefahr besteht, dass der Hauptfluchtweg nicht mehr sicher begehbar ist, wenn z. B.:

- der Hauptfluchtweg durch Bereiche mit erhöhter Brandgefährdung führt,
- Gefährdungen durch Lagerung oder Verwendung von Gefahrstoffen in der Nähe der Hauptfluchtwege vorhanden sind,
- Einwirkungen durch gefährliche Arbeiten vorhanden sind, z. B. in Aufstellräumen für Dampfkesselanlagen,
- bei einer hohen Anzahl von Personen im Hauptfluchtweg eine geordnete Flucht nicht mehr möglich ist,
- bei Produktions-, Lagerräumen oder Werkstätten, deren Grundfläche mehr als 200 m^2 beträgt,
- bei sonstigen Arbeitsräumen, deren Grundflächen mehr als 400 m^2 beträgt, z. B. Großraumbüros bzw. Kombibüros (z. B. Open-Space-Büros, Coworking Spaces),
- andere Rechtsvorschriften entsprechende Anforderungen stellen, z. B. in Versammlungsstätten, Schulen, Kindertageseinrichtungen,
- andere betriebsspezifische Bedingungen vorliegen.

3.4 Gefangene Räume

Obwohl vielfach versucht wird den Begriff „gefangener Raum" für bauliche Situationen mit nur einem baulichen Rettungsweg auf das Baurecht zu übertragen, wird er nicht im Baurecht, z.B. den Landesbauordnungen bzw. den Sonderbauverordnungen genannt. In der ASR A 2.3 werden an die Nutzung eines gefangenen Raumes jedoch explizit weitergehende Randbedingungen gestellt.

> **Gefangene Räume**
>
> Ein gefangener Raum ist ein Raum, der keinen direkten Zugang zu einem Flur hat und ausschließlich durch einen anderen Raum zugänglich ist.

Gefangene Räume sind nur im Ausnahmefall zulässig. Arbeits-, Bereitschafts-, Liege-, Erste-Hilfe- und Pausenräume dürfen als gefangene Räume nur genutzt werden, wenn

- die Nutzung nur durch eine geringe Anzahl von Personen erfolgt und
- im vorgelagerten Raum, durch den der Fluchtweg zu einem Flur führt, nur eine geringe Brandgefährdung vorhanden ist.

Zusätzlich muss dafür gesorgt werden, dass in gefangenen Räumen eine Gefahrensituation in den vorgelagerten Bereichen durch

- Sicherstellung der Alarmierung im Gefahrenfall, z. B. durch eine automatische Brandmeldeanlage mit Alarmierung oder
- Gewährleistung einer Sichtverbindung zum Nachbarraum, sofern der gefangene Raum nicht zum Schlafen genutzt wird,

sicher wahrnehmbar ist.

4. Türen im Verlauf von Fluchtwegen

Türen im Verlauf von Fluchtwegen sind alle Türen, die vom Beginn des Fluchtweges bis ins Freie oder in einen gesicherten Bereich zu benutzen sind. Dazu gehören auch Türen von Notausgängen.

Türen im Verlauf von Fluchtwegen und Notausstiege müssen sich leicht und ohne besondere Hilfsmittel öffnen lassen.

Leicht zu öffnen

Leicht zu öffnen bedeutet, dass die Öffnungselemente ergonomisch gestaltet, gut erkennbar und an zugänglicher Stelle angebracht sind(insbesondere Entriegelungshebel bzw. -knöpfe zur Handbetätigung von automatischen Türen und Toren) sowie dass die Betätigungsart leicht verständlich ist und das Öffnen ohne größeren Kraftaufwand möglich ist.

Selbstverständlich müssen Fluchtwege, Notausgänge und Notausstiege ständig freigehalten werden, damit sie jederzeit benutzt werden können. Hierzu zählt auch, dass Notausgänge und Notausstiege, die von außen verstellt werden können, auch von außen zu kennzeichnen und durch weitere Maßnahmen z. B. durch die Anbringung von Abstandsbügeln für Kraftfahrzeuge zu sichern sind.

Ohne besondere Hilfsmittel

Ohne besondere Hilfsmittel bedeutet, dass die Tür oder das Tor im Gefahrenfall unmittelbar von jeder Person und ohne z. B. Schlüssel, Transponderkarte oder Codeeingabe geöffnet werden kann.

Dies ist gewährleistet, wenn sie mit besonderen mechanischen Entriegelungseinrichtungen, die mittels Betätigungselementen, z. B. Türdrücker, Panikstange, Paniktreibriegel oder Stoßplatte, ein leichtes Öffnen in Fluchtrichtung jederzeit ermöglichen.

Bei elektrischen Verriegelungssystemen übernimmt die Not-Auf-Taste die Funktion der o. g. mechanischen Entriegelungseinrichtung. Bei Stromausfall müssen diese Verriegelungseinrichtungen selbsttätig freigegeben werden. Die Verriegelungseinrichtungen müssen den „Technischen Baubestimmungen für Elektrische Verriegelungssysteme für Türen in Rettungswegen" entsprechen.

4.1 Manuell betätigte Türen und Tore

Manuell betätigte Türen in Notausgängen, die als Ausgang im Verlauf eines Fluchtweges direkt ins Freie oder in einen gesicherten Bereich führen, müssen in Fluchtrichtung aufschlagen.

> **NEU in der ASR A2.3 „Fluchtwege und Notausgänge" vom März 2022:**
> **Kriterien für eine Aufschlagrichtung von Türen im Verlauf von Fluchtwegen.**

Sonstige manuell betätigte Türen und Tore müssen in Fluchtrichtung aufschlagen, wenn eine erhöhte Gefährdung vorliegt. Eine erhöhte Gefährdung kann sich ergeben aus dem Arbeitsverfahren, der Art der Tätigkeit, den verwendeten Stoffen oder aus der Arbeitsumgebung z. B. bei

- Arbeiten in gasgefährdeten Bereichen,
- Umgang mit besonders gefährlichen Stoffen, z. B. in chemischen, physikalischen oder medizinischen Laboratorien,
- Bereiche von Einrichtungen, in denen gewalttätige Übergriffe nicht auszuschließen sind,
- Arbeiten in beengten Räumen
- Anwesenheit einer hohen Anzahl von Personen

Karussell- oder Schiebetüren im Verlauf von Hauptfluchtwegen, die ausschließlich manuell betätigt werden, sind nicht zulässig. Ausgenommen davon sind Schiebetüren, wenn aus betriebstechnischen Gründen keine Drehflügeltüren verwendet werden können, z. B. in Ausgängen von OP-Räumen, Kühlräumen, sofern sich in diesen Räumen nur unterwiesene Personen und nur in geringer Anzahl aufhalten.

4.2 Kraftbetätigte Türen und Tore

Kraftbetätigte Tore sind für den Einsatz im Verlauf von Fluchtwegen geeignet, wenn sie die technischen Anforderungen an das schnelle und sichere Öffnen im Notfall erfüllen. Das schnelle und sichere Öffnen muss jederzeit gewährleistet sein und erhalten bleiben (Einfehlersicherheit). Bei Ausfall der Energiezufuhr müssen sich kraftbetätigte Tore automatisch öffnen und offenbleiben.

> **Kraftbetätigte Türen und Tore**
>
> Türen und Tore sind kraftbetätigt, wenn die für das Öffnen oder Schließen der Flügel erforderliche Energie vollständig oder teilweise von Kraftmaschinen zugeführt wird.

Kann die Öffnung des Tores im Fluchtfall nicht automatisch erfolgen, darf sie in begründeten Einzelfällen durch Drücken einer Öffnungstaste, die als Nottaste ausgeführt ist, ausgelöst werden.

> **Schnelles Öffnen im Notfall**
>
> Das schnelle Öffnen im Notfall ist z. B. gewährleistet, wenn bei horizontal bewegten Toren die erforderliche Fluchtwegbreite innerhalb von 3 s oder bei vertikal bewegten Toren eine lichte Durchgangshöhe von 2 m innerhalb von 3 s freigegeben wird.

> **Sicheres Öffnen im Notfall**
>
> Das sichere Öffnen im Notfall ist z. B. gewährleistet, wenn Tore sich bei Annäherung automatisch öffnen oder manuell aufgedrückt werden können (Break-Out-Funktion).

4.3 Automatische Türen und Tore

Automatische Türen und Tore sind nur in Fluren und für Räume ohne oder mit normaler Brandgefährdung bzw. für Räume mit erhöhter Brandgefährdung mit selbsttätigen Feuerlöscheinrichtungen zulässig.

> **Automatische Türen und Tore**
>
> Automatische Türen und Tore sind kraftbetätigt und öffnen bei Annäherung von Personen selbsttätig.

Sie dürfen nicht in Notausgängen oder in Ausgängen von Nebenfluchtwegen eingerichtet und betrieben werden, die nur für den Notfall konzipiert und ausschließlich im Notfall benutzt werden. Ausgenommen davon sind automatische Drehflügeltüren zulässig, wenn sie auch im Fehlerfall (z. B. Ausfall der Energiezufuhr, Ausfall der Steuerung) sicher öffnen oder sie einfach manuell in Fluchtrichtung geöffnet werden können.

a) Automatische Drehflügeltüren

Automatische Drehflügeltüren von Notausgängen sollen in Fluchtrichtung aufschlagen. Ist dies nicht möglich, z. B. aufgrund des Denkmalschutzes, dürfen automatische Drehflügeltüren von Notausgängen entgegen der Fluchtrichtung aufschlagen, wenn sie bei Annäherung so frühzeitig sicher öffnen, dass der öffnende Flügel keine Gefahr darstellt. Bei Ausfall der Energiezufuhr müssen sich diese Türen automatisch öffnen und offenbleiben.

b) Automatische Schiebetüren

Automatische Schiebetüren dürfen nur verwendet werden, wenn sie bei Ausfall der Energiezufuhr selbsttätig öffnen oder über eine manuelle Öffnungsmöglichkeit (Break-out) verfügen und sie den „Technischen Baubestimmungen an Automatische Schiebetüren in Rettungswegen" entsprechen.

c) Automatische Karusselltüren

Automatische Karusselltüren sollen im Verlauf von Fluchtwegen vermieden werden. Sie dürfen nur verwendet werden, wenn der Einbau einer manuell betätigten Drehflügeltür in unmittelbarer Nähe nicht möglich ist. Werden automatische Karusselltüren verwendet, müssen sich Teile der Innenflügel ohne größeren Kraftaufwand von Hand und ohne Hilfsmittel sowie in jeder Stellung der Tür auf die erforderliche Fluchtwegbreite öffnen lassen (Break-Out).

5. Treppen im Verlauf von Fluchtwegen

Fluchtwege führen über baulich ausgeführte Treppen und Treppenräume ins Freie.

- **Nutzung von Aufzügen zur Flucht**
  Fluchtwege führen über baulich ausgeführte Treppen und Treppenräume ins Freie. Aufzüge sind als Teil des Fluchtweges grundsätzlich unzulässig. Ausnahmen bilden geeignete Aufzüge zum Zweck der Flucht und Rettung insbesondere für Menschen mit Behinderungen im Gefahrenfall. Deren Eignung ist z. B. im Rahmen eines bauordnungsrechtlichen Verfahrens zu erbringen und zu dokumentieren.

Dabei dürfen Fluchtwege keine Ausgleichsstufen enthalten. Geringe Höhenunterschiede sind durch Schrägrampen mit einer maximalen Neigung von 6 % auszugleichen.

5.1 Treppen im Hauptfluchtweg

Treppen im Verlauf von Hauptfluchtwegen müssen über gerade Läufe verfügen.

> **NEU in der ASR A2.3 „Fluchtwege und Notausgänge" vom März 2022:**
> **Anforderungen an gebogene Treppenläufe in Hauptfluchtwegen**

Davon abweichend sind gebogene Treppenläufe zulässig, wenn sie

- eine lichte Breite von maximal 1,40 m,
- einen Innendurchmesser von mehr als 2,00 m und
- gleiche Stufenabmessungen

aufweisen.

5.2 Treppen im Nebenfluchtweg

Treppen im Verlauf von zweiten Fluchtwegen sollen über gerade Läufe verfügen.

Fahrsteige, Fahrtreppen, Wendel- und Spindeltreppen sowie Steigleitern

Im Verlauf eines zweiten Fluchtweges sind Fahrsteige, Fahrtreppen, Wendel- und Spindeltreppen sowie Steigleitern und Steigeisengänge dann zulässig, wenn die Ergebnisse der Gefährdungsbeurteilung deren sichere Benutzung im Gefahrenfall erwarten lassen. Dabei sollten

- Fahrsteige gegenüber Fahrtreppen,

- Wendeltreppen gegenüber Spindeltreppen,
- Spindeltreppen gegenüber Steigleitern,
- Steigleitern gegenüber Steigeisengängen

bevorzugt werden.

6. Barrierefreiheit zur Selbstrettung

Beschäftigt der Arbeitgeber Menschen mit Behinderungen, hat er Arbeitsstätten so einzurichten und zu betreiben, dass die besonderen Belange dieser Beschäftigten im Hinblick auf Sicherheit und Gesundheitsschutz berücksichtigt werden.

> **Barrierefreie Arbeitsstätten nach ASR V3a.2**
>
> Die ASR V3a.2 konkretisiert die Anforderungen gemäß § 3a Abs. 2 der Arbeitsstättenverordnung, sodass die besonderen Belange der dort beschäftigten Menschen mit Behinderungen im Hinblick auf die Sicherheit und den Gesundheitsschutz berücksichtigt werden.

Bei Neubauten und wesentlichen baulichen Erweiterungen oder Umbauten wird empfohlen, eine lichte Mindestbreite von Durchgängen und Türen im Verlauf von Hauptfluchtwegen von 0,90 m einzuhalten, um auch in diesen Bereichen eine barrierefreie Zugänglichkeit zu ermöglichen. Damit lassen sich bauliche Maßnahmen im Sinne der ASR V3a.2 und spätere Umbaukosten vermeiden.

7. Ende des Fluchtweges

Fluchtwege müssen selbständig begangen werden können und führen die Beschäftigten auf möglichst kurzem Weg ins Freie oder, falls dies nicht möglich ist, in einen gesicherten Bereich.

> **NEU in der ASR A2.3 „Fluchtwege und Notausgänge" vom März 2022: Anforderungen an freie und gesicherte Bereiche.**

> **Ins Freie**
>
> Das Freie im Sinne dieser ASR ist ein sicherer Bereich außerhalb des Gebäudes, in dem Personen durch den Gefahrenfall nicht beeinträchtigt werden. Dies ist gegeben, wenn auf dem Betriebsgelände oder auf öffentlichen Verkehrsflächen ein sicherer Abstand erreicht werden kann.

Als das Freie gelten z. B. nicht

- Innenhöfe, die keinen ausreichenden Schutz im Gefahrenfall bieten,
- Dachflächen,
- Balkone,
- gesicherte Bereiche.

> **Gesicherter Bereich**
>
> Ein gesicherter Bereich ist ein Bereich, in dem Personen vorübergehend vor einer unmittelbaren Gefahr für Leben und Gesundheit geschützt sind.

Als gesicherte Bereiche innerhalb von Gebäuden gelten insbesondere benachbarte Brandabschnitte und notwendige Treppenräume nach dem Bauordnungsrecht. Als gesicherter Bereich außerhalb von Gebäuden können z. B. Außentreppen, begehbare Dachflächen oder offene Gänge gelten, wenn diese im Gefahrenfall ausreichend lang sicher benutzbar sind und ins Freie führen.

7.1 Notausgänge

Hauptfluchtwege führen über die zur Flucht erforderlichen Verkehrswege zu Notausgängen.

> **Notausgang**
>
> Notausgänge sind alle Ausgänge im Verlauf von Hauptfluchtwegen, die direkt ins Freie oder in einen gesicherten Bereich führen.

Manuell betätigte Türen in Notausgängen, die als Ausgang im Verlauf eines Fluchtweges direkt ins Freie oder in einen gesicherten Bereich führen, müssen in Fluchtrichtung aufschlagen.

7.2 Notausstiege

> **NEU in der ASR A2.3 „Fluchtwege und Notausgänge" vom März 2022: Fenstertür (z. B. Terrassentür) oder Schlupftür in Toren als Ausgang eines Nebenfluchtweges.**

Nebenfluchtwege führen durch einen Ausgang, der als Tür, Fenstertür (z. B. Terrassentür) oder als Schlupftür in Toren ausgebildet ist, oder durch einen Notausstieg.

> **Notausstieg**
>
> Ein Notausstieg ist ein geeigneter Ausstieg im Verlauf eines Nebenfluchtweges zur selbständigen Flucht aus einem Raum oder einem Gebäude. Ein Notausstieg kann z. B. in Wandöffnungen als Fenster oder in Boden- oder Deckenöffnungen als Luke bzw. Klappe ausgebildet sein.

Notausstiege sind so einzurichten, dass diese für die darauf angewiesenen Personen möglichst schnell und ungehindert nutzbar sind. Türen und Notausstiege in Wandöffnungen sollen in Fluchtrichtung aufschlagen. Schiebevarianten (z. B. Schiebetüren oder Schiebeluken) sind zulässig.

- Notausstiege müssen im Lichten mindestens 0,90 m in der Breite und mindestens 1,20 m in der Höhe aufweisen.
- Notausstiege in Boden- oder Deckenöffnungen sollen im Lichten mindestens 0,70 m x 0,70 m oder einen lichten Durchmesser von 0,70 m aufweisen.
- Für Notausstiege sind erforderlichenfalls fest angebrachte Aufstiegshilfen zur leichten und raschen Benutzung vorzusehen (z. B. Podest, Treppe, Steigeisen oder Haltestangen zum Überwinden von Brüstungen).
- **Rettungsgeräte der Feuerwehr sind niemals Nebenfluchtwege!**
  Zweite Rettungswege können unter bestimmten Voraussetzungen über Rettungsgeräte der Feuerwehr (z.B. tragbare Leitern oder Hubrettungsfahrzeuge bzw. Drehleitern) führen. Fluchtwege dienen jedoch gemäß § 4 (4) ArbStättV zur Flucht von Personen vom Arbeitsplatz. Ein Notausstieg ist daher keine Anleiterstelle oder ein Rettungsfenster, sondern ein geeigneter Ausstieg im Verlauf eines Nebenfluchtweges zur selbständigen Flucht aus einem Raum oder einem Gebäude!

Notausgänge und Notausstiege sind, sofern diese von der Außenseite zugänglich sind, auf der Außenseite mit dem Verbotszeichen „Abstellen oder Lagern verboten" zu kennzeichnen. Können Notausgänge und Notausstiege von außen verstellt werden, müssen sie durch weitere Maßnahmen zur dauerhaften ständigen Freihaltung gesichert werden, z. B. durch Anbringung von Abstandsbügeln für Fahrzeuge oder mittels dauerhafter Markierung der freizuhaltenden Bodenflächen.

7.3 Sammelstellen

Am Ende eines Fluchtweges muss der Bereich im Freien bzw. der gesicherte Bereich so gestaltet und bemessen sein, dass sich kein Rückstau bilden kann und alle über den Fluchtweg flüchtenden Personen ohne Gefahren, z. B. durch Verkehrswege oder öffentliche Straßen, aufgenommen werden können. Sofern der Weg zu den Sammelstellen mit anderen Gefährdungen verbunden ist, z. B. aufgrund von öffentlichem Straßenverkehr, sind im Rahmen der Gefährdungsbeurteilung die erforderlichen Maßnahmen festzulegen.

NEU in der ASR A2.3 „Fluchtwege und Notausgänge" vom März 2022: Anforderungen an Sammelstellen.

> **Sammelstelle**
>
> Eine Sammelstelle ist ein sicherer Bereich, an dem sich die im Fall einer Evakuierung flüchtenden Personen einfinden müssen. Eine Sammelstelle ist nicht erforderlich, wenn aufgrund der geringen Anzahl der Beschäftigten und übersichtlicher örtlicher Gegebenheiten ein Überblick über die vollständige Evakuierung möglich ist.

Anzahl, Größe und Lage von Sammelstellen sind in Abhängigkeit von der Anzahl der Beschäftigten sowie der sonstigen anwesenden Personen festzulegen.

> **Größe der Sammelstelle(n)**
> Für die Bemessung der erforderlichen Größe der Sammelstelle kann eine Belegung von 2 Personen pro m² angenommen werden.

Sammelstellen müssen

- über eine sicher begehbare Bodenoberfläche verfügen,
- außerhalb des Wirkbereichs der fluchtauslösenden Gefahr, z. B. aufgrund von Verrauchung oder aufgrund umherfliegender oder herabfallender Gebäudeteile, liegen und dürfen die Wege von Feuerwehr und Rettungsdiensten nicht einschränken,
- verfügbar sein, solange Personen im Gefahrenfall auf die Nutzung der entsprechenden Sammelstelle angewiesen sind

Bei der Auswahl der Lage der Sammelstelle ist zu berücksichtigen, ob die betroffenen Personen den kompletten Fluchtweg bis zur Sammelstelle kennen oder ganz oder teilweise ortsunkundig sind.

Eine Sammelstelle ist nicht erforderlich, wenn aufgrund der geringen Anzahl der Beschäftigten und übersichtlicher örtlicher Gegebenheiten ein Überblick über die vollständige Evakuierung möglich ist.

Literatur- und Quellenhinweise

(1) Gesetz über die Durchführung von Maßnahmen des Arbeitsschutzes zur Verbesserung der Sicherheit und des Gesundheitsschutzes der Beschäftigten bei der Arbeit (Arbeitsschutzgesetz)

(2) Verordnung über Arbeitsstätten (Arbeitsstättenverordnung)

(3) Technische Regel für Arbeitsstätten ASR A2.3: Fluchtwege und Notausgänge, Ausgabe: März 2022

Prof. Dr.-Ing. Marion Meinert

3.4 Unterstützung der Feuerwehr durch den Brandschutzbeauftragten

Einsatz der Feuerwehr zur Erfüllung der baurechtlichen Schutzziele

In Deutschland werden Gebäude nach der landesspezifischen Bauordnung errichtet, geändert und instandgehalten. Mit 16 unterschiedlichen Landesbauordnungen kann es hier zwar lokale Abweichungen geben, die Grundschutzziele des Brandschutzes lauten dennoch überall gleich:

- Der Entstehung eines Brandes muss vorgebeugt werden
- Der Ausbreitung von Feuer aber auch von Rauch muss vorgebeugt werden
- Bei einem Brand muss die Rettung von Menschen und Tieren möglich sein
- Wirksame Löscharbeiten müssen möglich sein

In Gebäuden mit einer hohen Anzahl von Nutzern, wie Versammlungsstätten und Schulen ist die brandschutztechnische Infrastruktur im Allgemeinen so sicher ausgebaut, dass sich hier die Menschen mit einer hohen Wahrscheinlichkeit selbst retten können und das Gebäude vor Eintreffen der Feuerwehr verlassen haben. Hierzu stehen in der Regel zwei bauliche Rettungswege zur Verfügung und die Rettungsweglänge ist im Standardgebäude bis auf 35 m begrenzt.

Die ausgewiesenen Rettungswege sind allerdings auch gleichzeitig Angriffswege für die Feuerwehr. In Industriebetrieben können diese in Abhängigkeit des anlagentechnischen Brandschutzes bis zu 70 m bzw. 105 m in der tatsächlichen Lauflänge lang sein [1, 2].

Brandschutzphilosophie von Gebäuden und Feuerwehreinsatz

Die erwartete Ankunftszeit der Feuerwehr nach Abgabe der Notrufmeldung bzw. Ansprechen der Brandmeldeanlage ist lokal unterschiedlich. Die Bundesländer geben für diese sogenannte Hilfsfrist zwar vorgaben, diese beträgt beispielsweise zwischen 8 und 15 Minuten [3]. Gemeinden oder Städte können diese Zeit, anhand der auch die Feuerwehrstandorte und Kapazitäten geplant werden, individuell festlegen. Gleiches gilt auch für die Werkfeuerwehren: Hier ist die Empfehlung, dass die Zeitspanne zwischen der Alarmierung und dem Eintreffen der Einsatzkräfte am Einsatzort 5 Minuten nicht überschreitet [6].

Der Zeitvorteil von bis zu 10 Minuten durch die Werkfeuerwehr ist damit hoch, wenn bedacht wird, dass man bis 2015 davon ausgegangen ist, dass in einem Brandraum nach

13 Minuten für anwesende Personen die Erträglichkeitsgrenze und nach 17 Minuten die Reanimationsgrenze einritt [7]. Diese Zeitkriterien sind wissenschaftlich allerdings nicht belegt. Derzeit gibt es keine detaillierten Erkenntnisse, wie schnell sich in der Realität ein Brand entwickeln kann. Statistische Untersuchungen der Feuerwehr London zeigen exemplarisch, dass die Zeit zwischen Brandbeginn und Brandentdeckung bis zu 7 Stunden betragen kann [9].

Im Realfall ist die Zeit, wie lange sich ein Mensch in einem Brandraum aufhalten kann von vielen Faktoren, wie der Brandlast, Brandart, der Raumgröße und insbesondere der Raumhöhe sowie der Ventilation und Entrauchung abhängig.

Brandverläufe in Räumen und in Hallen

Insbesondere große, hohe Industriehallen unterscheiden sich im Brandverlauf stark von kleineren Räumen. In diesen ist die Gefahr eines Flash-Overs, d. h. einer Raumdurchzündung größer. Dabei bildet sich durch einen lokalen Brand unter der Decke eine Rauchschicht mit Temperaturen von bis zu 550-650°C. Diese erwärmt durch Wärmestrahlung die darunterliegenden Möbel und Gegenstände im Raum so stark, dass sie schlagartig durchzünden und der Raum innerhalb von Sekunden im Vollbrand steht [10]. Ab dem Zeitpunkt der Raumdurchzündung beginnt erst die Zeit, ab dem der Feuerwiderstand von mindestens 30 Minuten für die Begrenzung des Brandes auf einen Raum oder einen Brandabschnitt angesetzt werden kann. Die Brandentwicklungsdauer gehört nicht dazu.

„Der Brandschutzbeauftragte kann hier unterstützend tätig werden, indem er sichergestellt, dass nach Möglichkeit die Tür des Brandraumes zu sind oder schnellstmöglich geschlossen werden und Feststellanlagen nicht versperrt sind und wirksam werden können. Dadurch kann neben der Brandausbreitung auch die Rauchverschleppung behindert werden und für den Feuerwehrangriff werden bessere Orientierungsmöglichkeiten geschaffen."

Entrauchung zur Schaffung guter Einsatzbedingungen

Für Hallen ab 200 m² sieht die Industriebaurichtlinie vor, dass Öffnungen zur Rauchableitung, d.h. zur Entrauchung geschaffen werden. Diese dienen der Unterstützung der Feuerwehr bei Ihrer Arbeit, da sich im Idealfall eine raucharme Schicht einstellt und die Orientierung unter Atemschutz deutlich leichter ist.

Damit die Entrauchung wie vorgesehen funktioniert, sind Zuluftöffnungen notwendig. Dies wurde in der Vergangenheit nicht immer berücksichtigt. Erst seit 2014 sind diese bei Neu- oder Umbauten baurechtlich vorgeschrieben.

„Der Brandschutzbeauftragte kann hier unterstützend tätig werden, indem er das Entrauchungskonzept für ältere Hallen prüft. Ist im Brandschutzkonzept keine Zuluftöffnung berücksichtigt, kann als Faustformel angenommen werden, dass die Fläche aller Zuluftöffnungen wie Türen oder Tore über eine Gesamtgröße von mindestens 12 m² für Rauchabzugsanlagen nach DIN EN 12101, oder von mindestens dem Querschnitt der vorhandenen Öffnungen zur Rauchableitung beträgt. Bei letzterem gilt als Maximalforderung ebenfalls die 12 m² Gesamtgröße, d.h. bei einer Größe von 20 m² Rauchableitungsfläche sind nur 12 m²

Zuluftfläche erforderlich. Die Zuluftöffnungen müssen im unteren Raumdrittel angebracht werden, um wirksam zu sein.

Es sollte darauf geachtet werden, dass die Öffnungen zur Rauchableitung im Dach, wie auch die Zuluftöffnungen in den Außenwenden mit Vorrichtungen zum Öffnen versehen werden. Auch Rauchabzugsanlagen die automatisch auslösen, müssen von Hand von einer jederzeit zugänglichen Stelle bedient werden. Türen und insbesondere Tore sind ebenfalls mit Öffnungsvorrichtungen wie z.b. Kettenzügen oder einer Notstromversorgung zu versehen. Werden Zuluftflächen automatisch über die aufgeschaltete Brandmeldeanlage angesteuert, ist dies in der Brandfallsteuermatrix und den Feuerwehrplänen zu vermerken."

Rettung

Trifft die ersteintreffende Einheit der Feuerwehr mit dem ersten Löschfahrzeug an der Einsatzstelle ein, sind für die Durchführung der Menschenrettung mindestens 9 Funktionen, d.h. 9 Einsatzkräfte erforderlich. Neben den vier Atemschutzgeräteträgern (Angriffstrupp und Wassertrupp) sind dies der Einheitsführer, der Maschinist, der Schlauchtrupp und der Melder [12].

„Der Brandschutzbeauftragte kann hier nicht nur bei der Einweisung der Rettungskräfte in die örtlichen Gegebenheiten unterstützend tätig werden. Präventiv kann er bei mehrgeschossigen Gebäuden sicherstellt, dass die Aufstellfläche für das Hubrettungsfahrzeug, bzw. die Drehleiter vorhanden und befahrbar ist. Es hat sich gezeigt, dass sich die Einsatzbedingungen über die Zeit z.B. durch Baumbewuchs ändern. Die lokal gültigen Anforderungen für Flächen für die Feuerwehr [11] bieten hier zwar eine gute Orientierung, im Zweifelsfall empfiehlt sich ein Vor-Ort-Termin oder eine Aufstellprobe mit der örtlichen Feuerwehr."

Löschwasserversorgung

Die eigentliche Brandbekämpfung wird bei Menschenleben in Gefahr mit den bis zu 9 Einsatzkräften des zweiten eintreffenden Löschfahrzeugs durchgeführt.

Es kann zwar davon ausgegangen werden, dass für den Erstangriff mindestens 800 l auf einem Löschfahrzeug mitgeführt werden. Bei einsatzüblicher Vornahme eines einzelnen Hohlstrahlrohres mit einer C-Kupplung ist bei einem Referenzdruck von 6 bar von 150 l/min gerechnet werden. Ein einzelner Trupp verbraucht damit das Löschwasser des Fahrzeugs in unter 6 Minuten.

Nach den Landesfeuerwehrgesetzen ist die Gemeinde bzw. Stadt in der Pflicht, eine ausreichende Löschwasserversorgung bereitzustellen. Diese wird als Grundschutz bezeichnet. Es ist allerdings nicht rechtlich standardisiert, wie eine ausreichende Löschwasserversorgung auszusehen hat. Der Deutsche Verein des Gas- und Wasserfaches e.V. legt dies in seinem Arbeitsblatt W 405: Bereitstellung von Löschwasser durch die öffentliche Trinkwasserversorgung fest. Demnach muss in Industriegebieten im Brandfall über einen Zeitraum von 2 Stunden ein Löschwasservolumenstrom von mindestens 1.600 l/min vorhanden sein, bei großer Gefahr der Brandausbreitung sind sogar 3.200 l / min erforderlich. In ausgewiesenen Industriegebieten kann in der Regel davon ausgegangen werden, dass dieser Grundschutz auch von der Gemeinde oder der Stadt zur Verfügung gestellt wird. Es ist jedoch zu beachten, dass mit der Privatisierung der Wasserwirtschaft bis ca. Mitte der 1990er-Jahre in einigen Kommunen versäumt wurde, auch die Pflicht der ausreichenden Löschwasserversorgung rechtlich auf die privaten Betreiber zu übertragen.

Weitere Probleme für die Löschwasserversorgung ergeben sich aus dem Einbau von wassersparenden Armaturen. Seit 1999 ging der Wasserverbrauch der Haushalte von 144 Liter je Einwohner und Tag um 10 % zurück auf ca. 130 Liter in 2019 [13]. Aufgrund des geringeren Wasserverbrauchs der Haushalte werden heute geringere Leitungsquerschnitte der Wasserversorgungsleitungen verbaut, um durch die schnellere Strömung sicherzustellen, dass unnötige Standzeiten mit unerwünschtem Keimwachstum vermieden werden. Dies resultiert auch in einer reduzierten Verfügbarkeit des Löschwassers.

Der Objektschutz dagegen ist die über den Grundschutz hinausgehende objektbezogene Löschwasserversorgung für Gebäude mit besonderem Brandrisiko. Hierfür ist vom Betreiber eine eigene, zusätzliche Löschwasserversorgung neben der öffentlichen Löschwasserversorgung sicherzustellen.

„Der Brandschutzbeauftragte kann hier Vorsorge treffen, dass die im Brandschutzkonzept festgelegte erforderliche Löschwasserversorgung auch in der Realität vorhanden ist. So kann er einen Löschwassernachweis bei dem lokalen Wasserversorger anfordern. Sollten die notwendigen Mengen nicht durch die öffentliche Wasserversorgung abgedeckt sein, sind zusätzliche Löschwasserbehälter vorzusehen."

Letztendlich bleibt festzuhalten, dass rechtlich gesehen Löschmaßnahmen auch dann wirksam sind, wenn die Brandausbreitung erst an den klassischen „Barrieren" des bauordnungsrechtlichen Brandschutzes, wie z. B. der Brandwand, gestoppt werden kann.

Zusammenfassung

Der Brandschutzbeauftragte als zentrale Ansprechperson für die Brandschutzfragen des Betriebs kann die Feuerwehr im Einsatz in vielfältiger Weise unterstützen. Viele seiner Aufgaben zielen vorbereitend auf die Einsatzunterstützung der Feuerwehr. Dabei handelt es sich nicht allein um die Erstellung und Fortschreibung von Feuerwehr- und Alarmplänen, die Sicherstellung der Benutzbarkeit von Flucht- und Rettungswegen oder die regelmäßige Überprüfung von Brandschutzeinrichtungen und -systemen.

Dieser Beitrag zeigt beispielhaft die Grundsätze der Brandverläufe in Räumen und Hallen unter Berücksichtigung der Einsatzbedingungen der Feuerwehr mit Unterstützung des Brandschutzbeauftragen.

Literatur

[1] Geschäftsstelle der Bauministerkonferenz: Muster-Industriebaurichtlinie 2019. URL: www.is-argebau.de/Dokumente/42322566.pdf, letzter Zugriff: 10.03.2023

[2] Geschäftsstelle der Bauministerkonferenz: Muster-Bauordnung Fassung November 2022 vom 22.02.2019 URL: https://www.bauministerkonferenz.de/Dokumente/42323066.pdf, letzter Zugriff: 10.03.2023

[3] Kisslinger, A. Bedarfsgerechte Ausstattung von Erstangriffsfahrzeugen der Feuerwehr, Dissertation, Bergische Universität Wuppertal, Veröffentlichung in Vorbereitung

[4] Brandschutz / Deutsche Feuerwehr-Zeitung, Das Feuerwehr-Lehrbuch, 5. Auflage, W.Kohlhammer GmbH, Stuttgart, 2017

[5] Ridder, A. et al. Brandbekämpfung im Innenangriff, Ecomed-Sicherheit, 2013

[6] Vfdb e.V, Merkblatt 09/01 - Empfehlungen für die Definition der Hilfsfrist für Werkfeuerwehren, Münster, 2021

[7] U. Bez et al., O.R.B.I.T. Entwicklung eines Systems zur Optimierten Rettung und Brandbekämpfung mit Integrierter Technischer Hilfeleistung, Weissach: Dr.-Ing. h.c. F. Porsche Aktiengesellschaft, Entwicklungszentrum Weissach, 1978

[8] Barth (Hrsg.), Anforderungsprofil an Methoden zur Feuerwehrbedarfsplanung, Wuppertal, 2015

[9] P.G Holborn, P.F Nolan, J Golt, An analysis of fire sizes, fire growth rates and times between events using data from fire investigations, Fire Safety Journal, Volume 39, Issue 6, 2004

[10] Babrauskas, V., Estimating Room Flashover Potential, Fire Science and Technology 17(1):94-103, 1981

[11] Geschäftsstelle der Bauministerkonferenz: Muster-Richtlinien über Flächen für die Feuerwehr – Fassung Februar 2007. URL: https://is-argebau.de/Dokumente/4231196.pdf, letzter Zugriff: 10.03.2023

[12] Landesfeuerwehrschule Baden-Württemberg, Einsatzlehre und -taktik im Brandeinsatz, 2016

[13] https://www.umweltbundesamt.de/daten/private-haushalte-konsum/wohnen/wassernutzung-privater-haushalte#direkte-und-indirekte-wassernutzung; zuletzt abgerufen am 10.03.2023

Dr. Michael Neupert

1.1 Vorlageberechtigung für Brandschutzkonzepte

Die Landesbauordnungen regeln Anforderungen an die Personen, die Bauanträge und die dazugehörigen Unterlagen einreichen dürfen auf verschiedene Weise. Alle kennen allerdings eine formelle Schranke, die so genannte Bauvorlageberechtigung, und fordern eine materielle Eignung der Entwurfsverfasser. Das gilt auch für den baulichen Brandschutz.

Bauvorlageberechtigung

Die Bauvorlageberechtigung besagt, wer die Bauvorlagen, also die für die Beurteilung des Bauvorhabens und die Bearbeitung des Bauantrags erforderlichen Unterlagen (siehe z.B. § 70 Abs. 2 Satz 1 BauO NRW 2018) verantwortlich einreichen darf. Sie setzt eine bestimmte berufliche Qualifikation voraus, typischerweise als Architekt oder Bauingenieur mit Berufserfahrung, in einem Teil der Bundesländer für kleinere Bauvorhaben auch als Meister bestimmter Handwerke oder aufgrund anderer Werdegänge. Diese formelle Schranke stellen die Landesbauordnungen nicht für alle Bauvorhaben auf, sondern für gewichtige, wobei die Schwelle teils durch die Genehmigungsbedürftigkeit, teils durch vergleichbare Abgrenzungen markiert wird (z.B. § 67 Abs. 2 BauO NRW 2018).

Darüber hinaus formulieren die meisten Landesbauordnungen zusätzliche Anforderungen für bautechnische Nachweise im Brandschutz. Dabei bietet sich ein differenziertes Bild: Teils ist die Bescheinigung eines Sachverständigen erforderlich, aber nicht für kleinere Vorhaben (§ 68 Abs. 2 Satz 1 Nr. 3, Abs. 4 BauO NRW 2018, § 66 Abs. 3 Satz 2 BauO Bln, § 68 Abs. 4 HessBO); manche Bundesländer ordnen die Prüfung durch die Baubehörde an (§ 65 Abs. 2 Satz 1 Nr. 2, Abs. 3 Satz 2 NBauO), wobei es Rückausnahmen geben kann, wenn der Brandschutznachweis durch besonders qualifizierte Personen erstellt wurde (§ 66 Abs. 4 Satz 2 BremBauO). Teils wird der Kreis der nachweisberechtigten Personen über die allgemeine Bauvorlageberechtigung hinaus auf landesrechtlich geregelte Brandschutzplaner erweitert (§ 67 Abs. 3 LBO Saarland), teils schränken die Landesbauordnungen die Berechtigung, bautechnische Nachweise zu erstellen, für den baulichen Brandschutz gegenüber der allgemeinen Nachweisberechtigung ein (§ 66 Abs. 2 Satz 3 BbgBO, § 65 Abs. 3 Satz 2 ThürBO für Gebäudeklasse 4, beide Bundesländer kombinieren dies für Gebäudeklasse 5, Sonderbauten und Mittel- bzw. Großgaragen mit einer baubehördlichen Überprüfung des Brandschutznachweises, ähnlich Art. 62b BayBO).

Erforderliche Kenntnisse im Brandschutz

Einige Personen, die eine brandschutznahe akademische oder berufliche Qualifikation absolviert haben, aber nicht als Sachverständige bestellt sind, müssen in einem Teil der Bundesländer „die erforderlichen Kenntnisse des Brandschutzes" nachweisen (z.B. Art. 62b Abs. 1 Nr. Nr. 3 BayBO, § 66 Abs. 2 Satz 3 BbgBO, § 65 Abs. 3 Satz 2 ThürBO, ähnlich § 66 Abs. 4 Satz 2 BremBauO). Dann stellt sich die Frage: welche Kenntnisse sind erforderlich? Da die betreffenden Landesbauordnungen diese Voraussetzung zusätzlich zur beruflichen Grundqualifikation nennen, muss damit mehr gemeint sein als das, was man dort lernt. Was dieses Mehr umfassen soll, lassen allerdings sowohl die Landes- als auch die Begründung zur Musterbauordnung im Dunkeln.

Die Behörden verlangen regelmäßig Fortbildungen mit Leistungsnachweis. Aus brandschutzfachlicher Sicht klingt diese Forderung sinnvoll. Allerdings klärt sie nicht, was „erforderlich" bedeutet, und sie verlagert die Entscheidung über den Zugang zur Tätigkeit als qualifizierter Brandschutzplaner insoweit auf die Träger der betreffenden Fortbildungen. Juristisch gesehen ist das möglich, setzt aber eine hinreichende Steuerung durch den Gesetzgeber voraus, denn Regelungen über den Zugang zu beruflichen Tätigkeiten bewegen sich in einem grundrechtssensiblen Bereich. Die Berufsfreiheit gehört zu den Grundrechten und wird durch Art. 12 GG umfassend geschützt. Anforderungen an berufliche Qualifikationen bedürfen im Rechtsstaat einer hinreichend gewichtigen Begründung, weil Aus- und Fortbildung Geld, Zeit und Lebensenergie kosten. Deshalb müssen so genannte subjektive Berufszulassungsschranken – also Anforderungen an die Person – dem Schutz überragend wichtiger Gemeinschaftsgüter dienen und dürfen dazu nicht außer Verhältnis stehen.[1] Daraus ergeben sich unter anderem rechtliche Anforderungen an Prüfungsstoff und -verfahren.

Zulassungsverfahren sichern nicht nur die Qualität von Brandschutznachweisen ab, sondern schützen auch die Berufsfreiheit der Personen, die sich als Brandschutzplaner betätigen möchten.[2] Daraus folgt unter anderem, dass Zulassungsverfahren transparent sein und Entscheidungen – auch in Bezug auf mündliche Prüfungen – nachvollziehbar begründet werden müssen, so dass Kandidaten Einwände vorbringen und gerichtlichen Rechtsschutz suchen können. Inhaltlich müssen berufsbezogene Prüfungen sich auf den in Prüfungsordnungen[3] oder vergleichbaren Bestimmungen niedergelegten Stoff beschränken, der wiederum im Einklang mit gesetzlichen[4] Grundlagen stehen muss.

Was die inhaltliche Seite betrifft, meint der Begriff erforderlich im juristischen Kontext so viel wie das, was zwingend notwendig ist, um ein definiertes Ziel zu erreichen, und nicht mehr als das. Es geht also nicht um die bestmögliche oder besonders ästhetische Strategie,

---

1 BeckOK GG/Ruffert, 54. Ed. 15.2.2023, GG Art. 12 Rn. 97 mit weiteren Nachweisen.
2 Instruktiv z.B. BVerfG, Beschluss vom 14.03.1989 - 1 BvR 1033/82, 1 BvR 174/84 – Unzulässigkeit starrer Bestehensgrenzen bei Multiple-Choice-Prüfungen, BVerfGE 80, 1 (26 ff.).
3 Siehe z. B. https://www.aknw.de/berufspraxis/sachverstaendige/sachverstaendige/r-werden, abgerufen am 20.03.2023.
4 Eine Zertifizierung durch Privatanbieter reicht nicht automatisch, siehe VG Minden Urt. v. 22.7.2022 – 1 K 1689/20, BeckRS 2022, 20243 Rn. 89 ff.

sondern um die effizienteste. Aber was ist das konkrete Ziel, an dem die erforderlichen Kenntnisse im Brandschutz zu messen sind? Dem kann man sich zum einen durch die Frage nähern, welche Qualität an Brandschutz rechtlich gefordert ist, und zum anderen kann man überlegen, welche Funktion brandschutztechnische Nachweise im Gefüge des vorbeugenden Brandschutzes haben.

Der erste Ansatzpunkt führt zu den Anforderungen der Landesbauordnungen an den Brandschutz von Gebäuden. Diese umschreibt zum Beispiel § 14 Satz 1 BauO NRW 2018 so, „dass der Entstehung eines Brandes und der Ausbreitung von Feuer und Rauch (Brandausbreitung) vorgebeugt wird und bei einem Brand die Rettung von Menschen und Tieren sowie wirksame Löscharbeiten möglich" sein müssen. Bekanntlich leisten technische Baubestimmungen und technisches Regelwerk Konkretisierung. In Bezug auf den zweiten Ansatzpunkt liegt die Funktion bautechnischer Nachweise, mit ein wenig Rechtshistorie betrachtet, darin, den Wegfall der früher vorgeschriebenen Prüfungen durch die Bauaufsichtsbehörde zu kompensieren.[5] Daraus lässt sich ableiten, dass erforderlich diejenigen Kenntnisse sind, die ermöglichen, eine solche Kompensation zu leisten. Dies legt nahe, dass es nicht nur darum gehen kann, die einschlägigen technischen Bestimmungen zu kennen, sondern sie vielmehr sicher anzuwenden. Das wird hinreichend tiefes Verständnis nicht nur dieser Bestimmungen voraussetzen, sondern auch das Grundwissen über die Brandentstehung in Gebäuden und über technische Eigenschaften von Gebäudeausstattung, welches notwendig ist, um die Hintergründe der Regelwerke bzw. technischen Bauvorschriften zu verstehen. Inwieweit dagegen beispielsweise organisatorischer Brandschutz oder Feuerwehreinsatzlehre oder Grundwissen über Verwaltungsverfahren zum erforderlichen Wissen gehören, könnte diskutabel sein.

Die Kernfrage der Gesetzesinterpretation ist letztlich originär politisch: Welche Kenntnisse erforderlich sind, hängt davon ab, wie man das gewünschte Sicherheitsniveau definiert, also das akzeptable Risiko. Die Behörde darf jedenfalls die Anerkennung als Sachverständiger nur aus Gründen ablehnen, die sich aus dem Gesetz ergeben,[6] und sie darf eine Fortbildung nur aus sachlichen Gründen als unzureichend zurückweisen. Sie könnte also beispielsweise ohne gesetzliche Regelung nicht darauf bestehen, dass eine entsprechende Fortbildung zwingend bei der Architektenkammer durchgeführt worden sein muss.[7] Ausgeschlossen werden können Fortbildungen als nicht anerkennungsfähig nur dann, wenn sie den inhaltlichen Anforderungen nicht genügen, welche es nachvollziehbar zu konkretisieren gilt – keine leichte Aufgabe, nachdem es an gesetzlichen Vorgaben mangelt.

---

5   Siehe zum Beispiel BeckOK BauordnungsR Bayern/Weinmann, 24. Ed. 1.12.2022, BayBO Art. 62 Rn. 5 ff., 12.
6   Instruktiv VG Düsseldorf, Urteil vom 15.12.2005 – 4 K 8080/04, BeckRS 2012, 46703.
7   So früher in § 68 Abs. 7 Satz 3 Nr. 1b BayBO 1998 gefordert, allerdings vom Gesetzgeber, heute weist die Oberste Baubehörde im Bayerischen Staatsministerium des Innern ausdrücklich darauf hin, dass auch vergleichbare Schulungen in Frage kommen, siehe Nr. 62.2 der Vollzugshinweise zur BayBO 2008, Rundschreiben vom 13.12.2007, zu finden unter https://www.stmb.bayern.de/buw/baurechtundtechnik/bauordnungsrecht/bauordnungundvollzug/index.php, abgerufen am 20.03.2023.

Eignung als Entwurfsverfasser

Neben die formelle Bauvorlage- bzw. Nachweisberechtigung tritt die zweite Forderung nach der materiellen, also realen inhaltlichen Qualifikation von Entwurfsverfassern. Entwurfsverfasser müssen nach Sachkunde und Erfahrung zur Vorbereitung des jeweiligen Bauvorhabens geeignet sein (so z.B. § 54 Abs. 1 Satz 1 BauO NRW 2018). Fehlen ihnen auf einzelnen Fachgebieten die erforderliche Sachkunde und Erfahrung, sind Fachplaner heranzuziehen (siehe z.B. § 55 Abs. 3 Satz 1 der Hamburgischen Bauordnung).

Sachkunde ist fachliches Wissen aufgrund von beruflicher Aus- und Weiterbildung. Dem kann man sich ähnlich wie bei den „erforderlichen Kenntnissen" im Zusammenhang mit der Bauvorlageberechtigung über absolvierte Fortbildungen annähern, und genau wie dort muss auch hier die Frage beantwortet werden, welche Fortbildungsinhalte die Behörde verlangen darf bzw. muss. Im Regelfall haben die Angehörigen der bauvorlageberechtigten Berufsgruppen aufgrund ihrer Ausbildung eine grundsätzlich hinreichende Sachkunde.[8] Die Unterscheidung zwischen Bauvorlageberechtigung und Eignung zeigt jedoch, dass die formelle Schranke der Bauvorlageberechtigung lediglich eine Art rechtlicher Untergrenze für den Personenkreis zieht, der bei den betreffenden Vorhaben auftreten darf: Auch bauvorlageberechtigten Personen kann für anspruchsvollere Vorhaben die materielle Qualifikation fehlen, so dass sie als verantwortliche Entwurfsverfasser ausscheiden[9] – ein typisches Beispiel sind Berufsanfänger.

Erfahrung meint Erkenntnisse aufgrund der praktischen Berufstätigkeit. Das eine kann man vom anderen nicht scharf trennen:[10]

„experience ... is a matter of sensibility and intuition, of seeing and hearing the significant things, of paying attention at the right moments, of understanding and co-ordinating. Experience is not what happens to an man; it is what a man does with what happens to him. It is a gift for dealing with the accidents of existence, not the accidents themselves."[11]

Erfahrung kann man nicht schematisch bewerten – man kann Dinge auch jahrzehntelang falsch machen. Und Erfahrung beruht auf Übertragung von Einsichten, sie setzt nicht voraus, genau das Gleiche immer schon getan zu haben: Dann wäre die Forderung unerfüllbar. Dieses Tatbestandsmerkmal erfordert also ggf. sorgfältige Überlegungen.[12]

Der nordrhein-westfälische Gesetzgeber formuliert mit § 54 Abs. 3 BauO NRW 2018 zusätzlich zur Bauvorlageberechtigung (die in § 67 BauO NRW 2018 geregelt ist) materielle Vorgaben für Ersteller von Brandschutzkonzepten. Demnach werden Brandschutzkonzepte für bauliche Anlagen von drei Personenkreisen aufgestellt: staatlich anerkannten Sachverständigen für die Prüfung des Brandschutzes, öffentlich bestellten und vereidigten Sachverständigen für vorbeugenden Brandschutz oder Personen, die im Einzelfall für die

---

8 Busse/Kraus/Shirvani, 148. EL November 2022, BayBO Art. 51 Rn. 47.
9 Wie hier BeckOK BauordnungsR NRW/Gohde, 13. Ed. 1.12.2022, BauO NRW 2018 § 54 Rn. 13.1.
10 Wenzel, in: Gädtke u.a., BauO NRW, 13. Aufl. 2019, § 54 Rn. 10.
11 Aldous Huxley, Texts & Pretexts, 1933, S. 5, https://archive.org/details/text00huxl/page/4/mode/2up, abgerufen am 20.03.2023.
12 Instruktiv VG Minden, Urteil von 22.07.2022 – 1 K 1689/20, BeckRS 2022, 20243 Rn. 54 ff.

Aufgabe nach Sachkunde und Erfahrung vergleichbar geeignet sind. Die letztere Gruppe zielt auf Personen, die unterhalb der Schwelle zum Sachverständigen ihre Eignung in Bezug auf die konkrete bauliche Anlage[13] darlegen können. Es gibt keine Hinweise darauf, dass der Gesetzgeber beabsichtigt haben könnte, das materielle Qualifikationsniveau abzusenken. Deshalb lässt sich das Erfordernis von Sachkunde und Erfahrung im Einzelfall anhand von § 13 der nordrhein-westfälischen Verordnung über staatlich anerkannte Sachverständige nach der Landesbauordnung 2018 (SV-VO) konkretisieren,[14] wobei der Konzepterseller die dort genannten Anforderungen bezogen auf das spezifische Vorhaben[15] nachweisen muss. Weitere Orientierung bietet der vorgeschriebene Inhalt von Brandschutzkonzepten, also insbesondere die in § 9 Abs. 2 BauPrüfVO NRW genannten Gesichtspunkte.[16]

Es geht vielmehr (wohl) darum, den Kreis der Konzepteresteller um Personen zu vergrößern, die über sachverständigenmäßige Befähigung verfügen, aber nicht in der vollen Breite aller denkbaren Vorhaben. Das ist ein in der Praxis immer wieder auftretendes Problem, wenn Absolventen spezialisierter Studiengänge eine Sachverständigentätigkeit im Bauwesen anstreben.[17] Die Vorschrift hilft also Bauherren und ermöglicht Konzepterstellern eine eigenverantwortliche Tätigkeit schon vor Überschreiten der Schwelle zum „vollständigen" Sachverständigen oder dann, wenn sie die Anerkennung mangels Mitgliedschaft in einer Baukammer nicht erreichen können (das ist allgemeine Voraussetzung gemäß § 3 Abs. 2 SV-VO NRW). Die Kosten dafür sind erhöhter Vollzugsaufwand und eine gewisse Unsicherheit, ob die Behörde das Brandschutzkonzept im Einzelfall akzeptiert.

Bewertung

Wer über die Grenzen eines Bundeslandes hinaus als Brandschutzplaner tätig sein möchte, muss sich mit differenzierten Regelungen befassen, deren inhaltliche Maßstäbe sich allerdings ähneln. Zudem erkennen die Bundesländer Qualifikationen untereinander an, und die baurechtliche Vielfalt unter den Ländern hat sich letztendlich, auf das große Ganze gesehen, bewährt. Im Einzelfall kann es natürlich zu Diskussionen über die Nachweisberechtigung bzw. die materielle Eignung kommen. Geht man nach der veröffentlichten Praxis an Gerichtsentscheidungen, dann scheinen die Regelungen indes nicht zu besonderen Problemen zu führen. Das muss kein vollständiges Bild sein, weil die Erfahrung lehrt, dass nicht jeder gegen Entscheidungen der Verwaltungsbehörden klagt,

---

13 So die Gesetzesbegründung, Landtag Nordrhein-Westfalen, Drucksache 17/2166, S. 154, https://www.landtag.nrw.de/portal/WWW/dokumentenarchiv/Dokument/MMD17-2166.pdf, abgerufen am 20.03.2023.
14 Wenzel, in: Gädtke u.a., BauO NRW, 13. Aufl. 2019, § 54 Rn. 38.
15 So ausdrücklich VG Minden, Beschluss vom 28.01.2022 – 9 K 6856/21, BeckRS 2022, 890, Rn. 6.
16 Dieser Ansatz bei VG Minden, Urteil vom 22.07.2022 – 1 K 1689/20, BeckRS 2022, 20243 Rn. 54 ff. Die Ausführungen zeigen plastisch, dass der gesetzliche Maßstab nicht leicht zu erfüllen ist.
17 Siehe z. B. VerfG Bbg, Beschluss vom 19.02.2021 – VfGBbg 1/21 EA, BeckRS 2021, 4639; VGH München, Urteil vom 06.12.2001 – 22 B 01.2362, BeckRS 2001, 23514; VG Augsburg, Urteil vom 03.12.2003 – Au 4 K 02.911, BeckRS 2003, 19666. Allgemein zu mit der Aufnahme in die Ingenieurkammer potentiell verbundenen Problemen bei der Bewertung von Studiengängen OVG Münster, Urteil vom 05.03.2018 – 4 A 542/15, BeckRS 2018, 3772.

die er für unrichtig hält. Im Baugenehmigungsverfahren kann eine inzidente Prüfung, ob der Entwurfsverfasser hinreichend ist, das Vorhaben empfindlich verlangsamen, so dass Bauherren versucht sind, den Weg des geringsten Widerstandes zu gehen. Einfacher ist es in den Bundesländern, die eine Eintragung in eine Liste zur Voraussetzung für das Erstellen von Brandschutznachweisen machen, denn dadurch wird die Frage der Planerqualifikation von konkreten Baugenehmigungsverfahren entkoppelt.

Auf der anderen Seite bieten die Entscheidungen, die zugänglich sind, nicht das Bild schwierigster Rechtsanwendung. Der Eindruck ist vielmehr, dass in nachvollziehbaren Einzelfällen Behörden Entwurfsverfasser bzw. Nachweise zurückgewiesen haben. Es bleibt das allgemeine Missgefühl, dass die Gesetzgeber der Bundesländer einerseits nach Lösungen suchen, um baubehördliche Prüfungen zu vereinfachen und Verfahren dadurch zu entschlacken, andererseits aber davor zurückschrecken, die inhaltlichen Vorgaben zu präzisieren. Das kann Baubehörden im Einzelfall mit komplexen Fragen belasten, für die sie nur eingeschränkt gerüstet sind. Alles in allem bietet das kleine Rechtsgebiet der Qualifikation von Konzept- und Entwurfsverfassern also aus einer strikten juristischen Sicht Optimierungspotential. Rechtsstaatliche Dramen haben sich darin aber bislang nicht abgespielt.

Wer mit einer Einschätzung seiner Qualifikation durch die Behörde oder der Zurückweisung einer Brandschutzplanung nicht einverstanden ist, kann den Rechtsweg beschreiten. Dieser Weg ist allerdings kein schneller. Die Vorlaufzeiten der Verwaltungsgerichte liegen selbst in günstigen Fällen bei mehreren Monaten, oft sind sie deutlich länger. Oft hilft das sachliche, offene Gespräch mit der Behörde, die gegenseitigen Sichtweisen besser zu verstehen und Lösungen zu finden. Gerade bei den „weichen" Maßstäben, wie sie zum Beispiel § 54 Abs. 3 BauO NRW 2018 enthält, stehen Behörde und Konzeptersteller vor dem gleichen Problem und streben nach dem gleichen sicheren Gebäude, und damit gibt es jedenfalls eine gemeinsame Grundlage. Trost spendet eine antike Einsicht: Ohne Gegner erschlafft die Tugend.

Dipl.Verw. (FH), Rechtsanwalt Stefan Koch

1.2 Aktuelle Rechtsprechung zum Brandschutz

Der Vortrag stellt eine Auswahl bedeutsamer Entscheidungen zum öffentlichen Brandschutzrecht ab dem Jahr 2022 vor. Durch die Darstellungen der Entscheidungen in ihrem rechtlichen Kontext sollen die Teilnehmer in die Lage versetzt werden, die Folgen für ihre tägliche Berufspraxis abzuleiten und neue Entwicklungen in der Rechtsprechung sicher einschätzen zu können. Nicht alle nachfolgend wiedergegebenen Entscheidung werden im Vortrag behandelt. Mit Blick auf das Datum der Drucklegung für den Tagungsband behält sich der Verfasser eine Reaktion auf aktuelle Veröffentlichungen vor.

1 Nachträgliche Anordnung der Schließung von Fenstern in den zu Nachbarhäusern gewandten Giebelwänden bei nachträglicher Grundstücksteilung

OVG Münster, Beschluss vom 04.03.2022 – 2 A 469/21, juris

Orientierungssätze:

1) Eine Grundstücksteilung muss nicht zum Entfallen des Bestandsschutzes führen.

2) So kann nicht davon ausgegangen werden, dass Baugenehmigungen und der mit ihnen einhergehende Bestandschutz im Falle seinerzeit bereits vorgesehener und danach erfolgter Grundstücksteilung entfallen oder die Baugenehmigung ihre Wirksamkeit verlieren sollte.

<u>Entscheidungsinhalt:</u>

Die beklagte Behörde erließ im April 2019 eine Ordnungsverfügung gegen den Kläger, mit der dem Kläger aufgegeben wurde, innerhalb von drei Monaten nach Bestandskraft die Fenster in den Giebelwänden seines Hauses zu den Nachbargrundstücken so zu schließen, dass die beiden Wände die Qualität gemäß § 30 Abs. 3 Nr. 2 BauO NRW 2018 aufweisen. Das in einer Giebelwand gelegene Fenster hatte der Kläger bereits in Erledigung einer älteren Ordnungsverfügung geschlossen. Die Beklagte hatte daraufhin nach Vorlage einer entsprechenden Unternehmerbescheinigung über die erfolgte fachgerechte Schließung mit Schreiben vom Februar 2015 das ordnungsbehördliche Verfahren förmlich beendet. In Bezug auf drei weitere in Richtung auf ein anderes Nachabgrundstück gelegene Fenster war es erst nachträglich zu einer Grundstücksteilung gekommen.

Der Kläger erhob gegen die Ordnungsverfügung vom April 2019 Klage vor dem Verwaltungsgericht (VG). Das VG hat die angefochtene Ordnungsverfügung aufgehoben.

Der Antrag der Beklagten auf Zulassung der Berufung hatte keinen Erfolg. In Bezug auf die 2014 verschlossenen Fenster könne sich der Kläger auf die Legalisierung durch die Erledigung der seinerzeitigen Ordnungsverfügung berufen. Das erneute Aufgreifen dieses Verfahrens durch die Beklagte unter Hinweis darauf, dass seinerzeit keine Fachunternehmerbescheinigung vorgelegt worden sei, verstoße evident gegen Treu und Glauben.

Die drei übrigen Fenster seien von der Baugenehmigung für das Gebäude aus 1958 gedeckt. Ihr Einbau vor Grundstücksteilung im Jahre 1960 habe der damaligen Rechtslage entsprochen, da es sich noch um ein ungeteiltes Grundstück handelte, auf dem die jeweiligen Giebelwände noch nicht die Qualität einer Gebäudeabschlusswand haben mussten was.

Der Kläger könne sich auf die Legalisierungswirkung weiterhin berufen. Die Baugenehmigung sei weder nichtig noch sonst unwirksam. Dass entgegen der Regelung im Dispensbeschluss zur Baugenehmigung kein Fensterrecht zugunsten der Beklagten grundbuchlich gesichert worden sei, führe nicht zur Unwirksamkeit der Genehmigung. Mit der Eintragung eines Fensterrechts hätten die gesetzlichen Voraussetzungen des Brandschutzes nicht sichergestellt werden können. Die Jahresfrist des § 48 Abs. 4 VwVfG NRW stehe einer Rücknahme der Baugenehmigung aus dem Jahr 1958 entgegen.

Ein Einschreiten zur Beseitigung einer Gefahrensituation sei nicht zwingend erforderlich. Zwar sei die ordnungsbehördliche Eingriffsschwelle bei Brandgefahren tendenziell niedrig und dem Verstoß gegen normative Standards könne eine indizielle Bedeutung für das Vorliegen einer konkreten Gefahr zukommen. Hier hätte unter Berücksichtigung der Errichtung vor über 60 Jahren und seither ununterbrochenen Nutzung des Wohnhauses ohne entsprechendes Brandereignis fachkundig festgestellt werden müssen, dass nach den spezifischen örtlichen Gegebenheiten der Eintritt eines erheblichen Schadens nicht ganz unwahrscheinlich sei. Eine fachkundige Überprüfung vor Ort habe jedoch nicht stattgefunden. Die Begründung der Ordnungsverfügung erschöpfe sich im Aufzeigen eines objektiven Verstoßes gegen § 30 Abs. 8 NRW.

Die angefochtene Ordnungsverfügung sei zudem ermessensfehlerhaft, insbesondere unverhältnismäßig. Es sei nicht ausreichend berücksichtigt worden, ob das Haus bei Verschließen der Öffnungen weiterhin zu Wohnzwecken genutzt werden könne. Der pauschale Hinweis auf bestehende technische bzw. bauliche Lösungsmöglichkeiten greife zu kurz. Der Vortrag der Beklagten lasse jegliche Auseinandersetzung damit vermissen, dass etwa beim Verschließen des einzigen Fensters der Küche ein Verstoß gegen § 46 Abs. 2 BauO NRW 2018 vorliege. Die Möglichkeit der künstlichen Belüftung sei in diesem die Belichtung betreffenden Zusammenhang unerheblich.

Der Bestandsschutz sei aufgrund der Grundstücksteilung nicht entfallen. Bereits bei Fassung des Dispensbeschlusses zur Baugenehmigung sei eine Veräußerung der einzelnen Grundstücke und damit notwendigerweise eine Teilung ins Auge gefasst wurde. Es könne daher sicher nicht davon ausgegangen werden, dass die Baugenehmigungen ihre und der mit ihnen einhergehende Bestandsschutz bei Grundstücksteilung entfallen sollte.

Aus einer der Zulassungsbegründung beigefügten Stellungnahme der Feuerwehr ergebe sich nichts anderes. Die Stellungnahme gelange hinsichtlich der Einschätzung zur Brandausbreitung zum dem Fazit, dass die vorhandenen Fensteröffnungen „rein rechtlich" gemäß § 30 Abs. 6 und Abs. 8 BauO NRW unzulässig sowie unter dem Gesichtspunkt praktischer Erfahrungen im Brandeinsatz „nicht mit den unter § 14 BauO NRW formulierten Schutzzielen im Einklang zu bringen" seien. Es möge offenbleiben, ob sich aus diesen Erwägungen die von § 59 Abs. 1 BauO NRW geforderte konkrete Gefahr „im Einzelfall" ableiten lasse. Die örtlichen Gegebenheiten seien erkennbar nicht in den Blick genommen worden. Im ordnungsbehördlichen Verfahren 2014 habe die Beklagte hinsichtlich der seinerzeitigen Öffnungen festgestellt, dass eine Gefahrenlage im Moment nicht bestehe und ein Einschreiten nicht notwendig sei.

2 Grenzständiger Anbau an eine Nachbarwand, die keine Brandwand ist

OVG Lüneburg, Beschluss vom 26.09.2022, 1 LA 77/21, juris

Orientierungssätze:

Die Genehmigung für einen grenzständigen Anbau an eine ebenfalls grenzständige Mauer auf dem Nachbargrundstück ist nicht allein deshalb rechtswidrig, weil diese Mauer mit Genehmigung der Bauaufsichtsbehörde nicht als Brandwand errichtet wurde. Ein solcher Anbau muss seinerseits auch nur den für ihn geltenden Brandschutzvorschriften genügen.

<u>Entscheidungsinhalt:</u>

Die klagende Nachbarin wendet sich gegen eine dem beigeladenen Bauherrn erteilte Baugenehmigung zur Errichtung eines Carports und eines Geräteraumes. Die Klägerin ist Eigentümerin eines mit einem Schlachtereibetrieb bebauten Grundstücks. Der Schlachtereibetrieb grenzt rückwärtig an die seit Jahrzehnten bestehenden Verkaufsräume der Klägerin. Der Bauherr ist Eigentümer des angrenzenden Grundstücks. Die beklagte Bauaufsicht erteilte dem Kläger im Jahr 1964 eine Baugenehmigung zur Errichtung des Schlachtbetriebs, wobei eine grenzständige Bebauung und der Einbau von Glasbausteinen entlang der Grenze zum Grundstück des Bauherrn zugelassen und auf die Errichtung einer vorschriftsmäßigen Brandmauer verzichtet wurden.

Der Bauherr errichtete etwa im Jahr 2015 grenzständig einen etwa 8 m langen, 4 m breiten und 3,50 m hohen Carport mit einem daran anschließenden 4,66 m langen und 2,76 m breiten Geräteraum (Grundfläche 12,86 m²). Eine auf bauaufsichtliches Einschreiten der Bauaufsicht gegen diese Bebauung gerichtete Klage wies das Verwaltungsgericht ab. Im Anschluss erteilte die Bauaufsicht dem Beigeladenen zur Legalisierung seines Carports mit Geräteraum eine Baugenehmigung verbunden mit der Auflage, die tragende und aussteifende Konstruktion des Carports gemäß einer vom Bauherrn selbst eingereichten brandschutztechnischen Beschreibung feuerhemmend zu verkleiden. Zugleich ließ sie mit der baulichen Genehmigung eine Abweichung von § 5 Abs. 8 Satz 2 Nr. 1 Niedersächsische Bauordnung (NBauO) und von § 5 Abs. 8 Satz 3 NBauO, jeweils in der bis zum 31. Dezember 2021 geltenden Fassung, zu. Den gegen diese Baugenehmigung erhobenen Widerspruch wies die Bauaufsicht unter anderem mit der Begründung zurück, dem Brandschutz durch die erteilten Auflagen ausreichend Rechnung getragen zu haben.

Die gegen diese Baugenehmigung gerichtete Klage hat das Verwaltungsgericht mit dem angefochtenen Urteil abgewiesen. Zur Begründung hat es ausgeführt, die Baugenehmigung verstoße nicht gegen nachbarschützende Vorschriften. Der erforderliche Brandschutz für das Gebäude der Klägerin sei durch die Auflage zur Umsetzung des Brandschutzkonzepts ausreichend sichergestellt. Die Klägerin habe auch keinen Anspruch darauf, dass der beigeladene Bauherr allein den Brandschutz an der gemeinsamen Grundstücksgrenze gewährleiste. Denn der Inhaber einer Baugenehmigung, mit der der Einbau von Glasbausteinen in eine Brandwand genehmigt worden sei, könne sich nicht mit Erfolg gegen eine Baugenehmigung für ein Nachbarvorhaben wenden, das an die Grenzwand angebaut werden solle.

Der Antrag des klagenden Nachbarn auf Zulassung der Berufung hatte keinen Erfolg. Ernstliche Zweifel an der Richtigkeit des Urteils wurden nicht aufgezeigt. Ohne Erfolg berufe sich die Klägerin darauf, dass die Grenzbebauung schon deshalb unzulässig sei, weil die von ihr selbst errichtete Grenzwand keine Brandwand sei und das Bauvorhaben seinerseits nicht den Brandschutzvorschriften entspreche.

Gemäß § 70 Abs. 1 Satz 1 NBauO sei die Baugenehmigung zu erteilen, wenn die Baumaßnahme, soweit sie genehmigungsbedürftig und eine Prüfung erforderlich sei, dem öffentlichen Baurecht entspricht. Hat die Baugenehmigungsbehörde die Vereinbarkeit eines Vorhabens mit bestimmten Anforderungen des öffentlichen Baurechts nicht zu prüfen, enthält die Baugenehmigung auch keine Aussage zur Vereinbarkeit des Vorhabens mit diesen Anforderungen. Dementsprechend enthalte die Baugenehmigung insoweit auch keine verbindliche Regelung, die den Nachbarn belasten könnte, so dass eine Anfechtung einer Baugenehmigung durch den Nachbarn insoweit entfalle. Gemäß § 63 Abs. 1 Satz 2 NBauO prüfe die Bauaufsichtsbehörde die Bauvorlagen im hier durchgeführten vereinfachten Genehmigungsverfahren grundsätzlich nur auf ihre Vereinbarkeit mit den dort genannten Vorschriften. Zu diesen zählten die Vorschriften zum Brandschutz nicht.

Die Bauaufsicht habe aber überobligatorisch die Vereinbarkeit des Bauvorhabens mit Belangen des Brandschutzes geprüft und durch die erteilten Auflagen als gesichert angesehen. Ob sich dadurch die Legalisierungswirkung der Baugenehmigung auch auf die grundsätzlich drittschützenden Anforderungen an den Brandschutz erstrecke, könne hier offenbleiben, weil drittschützende nachbarrechtliche Brandschutzvorschriften nicht verletzt seien.

Die Tatsache, dass die Klägerin bei Bau ihres Gebäudes von den Verpflichtungen zur Errichtung einer Brandwand befreit war, führe nicht zur Rechtswidrigkeit der dem Beigeladenen erteilten Baugenehmigung. Aus den Vorschriften zu den Grenzabständen gemäß § 5 ff. NBauO ergebe sich dies nicht. Diese dienten grundsätzlich nicht dem Brandschutz, insbesondere nicht der Begrenzung einer Brandausbreitung, was sich bereits in § 5 NBauO, der zahlreiche Ausnahmen gestattet, in aller Deutlichkeit zeige. Der Brandschutz werde im Bauordnungsrecht vielmehr in speziellen Vorschriften (u.a. § 14 NBauO, §§ 26 ff. NBauO, § 8 DVO-NBauO) geregelt.

Aus der Tatsache, dass die Klägerin bei Bau ihres Schlachtbetriebs von der Verpflichtung, eine gebäudeabschließende Wand als Brandmauer zu errichten, befreit worden sei, lasse sich dies ebenfalls nicht folgern. Der Wert dieser Befreiung erschöpfe sich zum einen darin, dass sie seinerzeit bei Errichtung ihres grenzständigen Gebäudes keine Aufwendungen zur Errichtung einer Brandwand tätigen musste. Zum anderen resultiere aus einer solchen Befreiung, dass ein anbauender Nachbar aufgrund der Legitimationswirkung der erteilten Genehmigung keine Ansprüche auf bauaufsichtliches Einschreiten wegen des Fehlens einer Brandwand geltend machen könne. Darüber hinaus könne die Klägerin keine weiteren Vorteile gegenüber dem Beigeladenen für sich herleiten. Insbesondere resultierten aus der für sie günstigen Befreiung keine Einschränkungen der Bebaubarkeit des Nachbargrundstücks.

Soweit die Klägerin mit dem pauschal erhobenen Einwand zudem geltend machen will, dass das Nachbargebäude des Beigeladenen dadurch gefährdet sei, dass von ihrem Gebäude wegen der fehlenden Brandwand eine Brandgefahr ausgehe, macht sie keinen sie begünstigenden, drittschützenden Belang geltend.

Die Klägerin könne die Rechtmäßigkeit der Baugenehmigung auch nicht mit dem Vortrag infrage stellen, dass der Carport und der Geräteraum seinerseits nicht den grundsätzlich drittschützenden Brandschutzvorschriften entsprächen. Das Bauvorhaben des Beigeladenen musste nicht mit einer Brandschutzwand versehen werden.

Soweit es den Geräteraum betreffe, sei dieser zwar grundsätzlich ein Gebäude, für das gemäß § 8 Abs. 1 Satz 1 Nr. 1 der DVO-NBauO eine Brandwand vorgesehen sei, weil der Abstand der Abschlusswand zu den Grenzen des Baugrundstücks weniger als 2,50 m betrage und die Abschlusswand diesen Grenzen in einem Winkel von weniger als 45° zugekehrt sei. Gemäß Satz 2 gelte diese Anforderung aber nicht für Gebäudeabschlusswände von eingeschossigen Gebäuden mit nicht mehr als 30 m² Grundfläche, die weder Aufenthaltsräume noch Feuerstätten haben. Diese Voraussetzungen erfülle der nur etwa 13 m² große Geräteraum.

Auch der Carport müsse nicht mit einer mindestens feuerhemmenden Trennwand in Richtung der Schlachterei versehen werden. Eine derartige Pflicht ergebe sich nicht aus § 8 Abs. 1 der Verordnung über den Bau und Betrieb von Garagen und Stellplätzen (GaStplVO). Danach müssten zwischen Garagen und nicht zu den Garagen gehörenden Räumen Trennwände als raumabschließende Bauteile vorhanden sein. Nach Satz 2 müssten diese Trennwände die dort genannten Voraussetzungen an die Feuerwiderstandsfähigkeit erfüllen, mindestens jedoch feuerhemmend sein. Gemäß Abs. 4 Nr. 2 der Norm gelte dies jedoch nicht für offene Kleingaragen. Um eine solche handele es sich bei dem Carport jedoch, der mit einer Grundfläche von unter 100 m² eine Kleingarage im Sinne des § 1 Abs. 1 Nr. 1 GaStplVO sei. Dadurch, dass er unmittelbar ins Freie führende und unverschließbare Öffnungen in einer Größe von mindestens einem Drittel der Gesamtfläche der umfassenden Wände habe, sei er auch eine offene Kleingarage im Sinne des § 1 Abs. 3 GaStplVO. Aus dem gleichen Grund bedürfe es gemäß § 9 Abs. 1 Satz 2 GaStplVO keiner Brandwand im Sinne des § 8 Abs. 1 Satz 1 Nr. 1 DVO-NBauO.

3 Herstellung eines zweiten Rettungswegs

OVG Münster, Beschluss vom 29.11.2022 – 7 B 1078/22 –, juris

Orientierungssätze:

1) Stellen, an denen die Feuerwehr mit Rettungsgeräten tätig werden soll, können nur dann als Rettungswege anerkannt werden, wenn der Rettungseinsatz in einem Brandfall nach Eintreffen der Feuerwehr ohne nennenswerten zusätzlichen Aufwand und ohne wesentliche Hindernisse innerhalb kurzer Zeit möglich ist.

2) Dem öffentlichen Interesse an der Minimierung von Brandrisiken und der damit bezweckten Vermeidung von Schäden an Leben und Gesundheit der Bewohner von Wohngebäuden kommt grundsätzlich ein höheres Gewicht zu als finanziellen Interessen des betroffenen Eigentümers.

4 Aufschaltung einer Brandmeldeanlage an die zuständige alarmauslösende Stelle

VGH Bayern, Beschluss vom 17.08.2022 – 10 ZB 21.1365 –, juris

Orientierungssatz:

Eine Direktaufschaltung aller Brandmeldeanlagen im Einzugsgebiet auf die zuständige Integrierte Leitstelle dient der schnellstmöglichen und zuverlässigen Brandmeldung im Interesse einer effektiven Gefahrenabwehr. Die Zwischenschaltung eines privaten Sicherheitsdienstes hätte demgegenüber Zeitverluste und zusätzliche Übertragungsrisiken zur Folge und ist deshalb auch angesichts des klaren Gesetzeswortlauts nicht zulässig.

5 Voraussetzungen einer Beschränkung des ruhenden Verkehrs durch ein eingeschränktes Halteverbot aus Brandschutzgründen

VG Magdeburg, Urteil vom 12.09.2022 – 1 A 229/20 MD –, juris

Leitsätze:

1) Die Anordnung eines (einseitigen) eingeschränkten Halteverbots kommt in Betracht, wenn dieses zur Erhaltung der öffentlichen Sicherheit – hier des effektiven Brandschutzes – zwingend erforderlich ist.

2) Zur Mindestbreite von Gemeindestraßen, um einen effektiven Brandschutz zu gewährleisten.

6 Öffentliches Baurecht: Antrag auf Erteilung einer Baugenehmigung für ein Einfamilienhaus; fehlende Sicherung der Erschließung im Hinblick auf Trink- und Löschwasserversorgung

OVG Berlin-Brandenburg, Urteil vom 09.11.2022 – OVG 10 B 3/30 –, juris

Orientierungssätze:

1) Der Begriff der gesicherten Erschließung ist ein bundesrechtlicher Begriff, der nicht durch Landesrecht modifiziert, sondern allenfalls ergänzt wird.

2) Im Anwendungsbereich von § 34 BauGB ergeben sich die Anforderungen an die Erschließungsanlagen aus der jeweiligen Innenbereichssituation und den konkreten Anforderungen des jeweiligen Vorhabens und Baugrundstücks.

3) Zu den Mindestanforderungen an eine gesicherte Erschließung gehört regelmäßig die hinreichende Anbindung eines Baugrundstücks an das öffentliche Straßennetz, die (nicht zwangsläufig externe) Versorgung mit Elektrizität und Wasser sowie die Abwasserbeseitigung gezählt.

4) Eine ordnungsgemäße Trinkwasserversorgung wird regelmäßig durch eine öffentliche Wasserversorgungsleitung gewährleistet.

5) Die Trinkwasserversorgung muss rechtlich hinreichend gesichert sein. Dafür ist grundsätzlich eine Sicherung durch Baulast oder eine andere dingliche Sicherung, etwa eine Grunddienstbarkeit zu verlangen. Eine rein schuldrechtliche Sicherung, etwa durch Vereinbarung mit einem Nachbarn, genügt demgegenüber nicht.

6) Die Verfügbarkeit einer ausreichenden Löschwassermenge gehört zur Erschließung i.S.d. § 34 Abs. 1 BauGB, weil sie der Versorgung des Vorhabengrundstücks mit einer im Falle eines Brandes erforderlichen Ressource dient.

7) Die Sicherung der Löschwasserversorgung kann bis zu einem maximalen Abstand von 100 m zwischen dem nächsten öffentlichen Hydranten und dem Bauvorhaben angenommen werden.

7 Baugenehmigungspflichtige bauliche Veränderungen und Nutzungsänderungen in einem Keller

OVG Münster, Beschluss vom 14.04.2022 – 7 B 1977/21 –, juris

Orientierungssätze:

1) Die Nutzung eines Kellers ist in Art und Maß nicht durch eine Baugenehmigung gedeckt, wenn dort nachträglich bauliche Änderungen (wie die Entfernung einer Trennwand, der Einbau einer Toilettenanlage und die Änderung einer außen liegenden Kellertreppe) vorgenommen werden.

2) Akute Brandschutzmängel bestehen, wenn ein erforderlicher zweiter Rettungsweg fehlt.

3) Mit der Entstehung eines Brandes muss jederzeit gerechnet werden. Der Umstand, dass in vielen Gebäuden jahrzehntelang kein Brand ausgebrochen ist, belegt nicht, dass insofern keine Gefahr besteht.

Dipl.-Ing. Knut Czepuck

1.3 Rechtscharakter von Normen mit aktuellen Beispielen

1 Einführung

Normen haben unterschiedliche Bedeutung. In diesem Vortrag wird unter dem Oberbegriff „Rechtscharakter" auf verschiedene Fragestellungen eingegangen. Denn es ist für die Anwender in der Fachwelt schon wichtig zu wissen, gehe ich richtig mit den Regelwerken um und welche möglichen Fehler sollte ich besser vermeiden.

Fragen die zu klären sind, wenn man eine Norm betrachtet, können dabei sein:

Handelt es sich um Rechtsnormen, Regeln der Technik, White-Papers, Beiblätter? Wer ist der Verfasser oder der Herausgeber? Sind es gesetzliche Normen aufgrund der Beschlüsse von Parlamenten oder aufgrund der Ermächtigungen der Regierungen? Sind es Normen, die in gesetzlichen Vorschriften in Bezug genommen werden? Sind die technischen Regeln besonders eingeführt oder nur von der Allgemeinheit als nützlich und richtig anerkannt? Handelt es sich also um Normen, die allgemein anerkannte Regeln der Technik – a.a.R.d.T. – darstellen? Welche Auswirkungen haben Normen auf das Bauen?

Ein weiteres Diskussionsfeld ist, ob in den zivilrechtlichen Normenwerken Vorgaben für die Ausführung und Planung von Anlagen oder auch an die persönliche Qualifikation gestellt werden können und wie sich dieses auf die am Bau Beteiligten auswirkt, insbesondere unter dem Aspekt, dass eine wirkliche Berücksichtigung anderer Auffassungen und eine Beteiligung aller Betroffenen von den an der Normung aktiven Interessenvertretern nicht immer angemessen erfolgt. Dürfen in Normen kostentreibende Ausführungsqualitäten geregelt werden? Kann der Eindruck entkräftet werden, alles was in Normen steht, müsse auch so erfüllt werden?

Am Ende bleibt zu sagen, Normung verlangt viel: Nur zuschauen ist zu wenig!

2 Die Rechtspyramide

Als Rechtspyramide wird häufig die Rangfolge von Normen dargestellt. Dabei geht es von der Pyramidenspitze mit der höchstrangigen Norm von Stufe zu Stufe über eine größere Anzahl von Normen bis zur Basislage an Normen.

Im Rechtssystem haben wir dabei das Recht aus den multinationalen Rechtsbeziehungen, welches mit der Verfassung der Bundesrepublik – dem Grundgesetz – am oberen Teil der Pyramide steht.

Das maßgebliche europäische Recht und dessen Auswirkungen ergeben sich aus den europäischen Verträgen der Mitgliedstaaten. Darauf gründen auch die europäischen Verordnungen, insbesondere die Bauproduktenverordnung, Gasgeräteverordnung und weitere z.T. noch im Entstehen befindliche Verordnungen, wie die Maschinenverordnung.

Mit den europäischen Verordnungen verknüpft sind a.a.R.d.T., die aufgrund von Regelungen der Verordnungen erarbeitet wurden bzw. werden müssen. Diese technischen Regeln dienen der Umsetzung der Verordnungen und müssen mit ihnen im Einklang stehen. Da sie jedoch von regelsetzenden Gremien erarbeitet werden, z.B. den Normenausschüssen im CEN oder im CENELEC erlangen die technischen Regeln keinen gesetzlichen Status. Europäisch harmonisierte Normen (die im Einklang zur maßgeblichen europäischen Vorschrift stehen) wurden früher regelmäßig im EU-Amtsblatt C („official journal" der Kommission) bekanntgegeben. Derzeit finden sich auf den Webseiten der Kommission pdf-Zusammenstellungen der von der Kommission angenommenen Normen.

Das nationale Recht mit dem Grundgesetz, den Bundesgesetzen und Bundesverordnungen, sowie die Landesverfassungen, Landesgesetzen und Landesverordnungen folgen in der Hierarchie dem europäische Recht. Ergänzend zu diesen gesetzlichen Vorschriften sind die Verwaltungsvorschriften, die Technischen Anleitungen TA Lärm und TA Luft, sowie die Technischen Baubestimmungen als Teil des öffentlichen Rechts zu beachten.

Der Detaillierungsgrad der Regelungen und Konkretisierungen des gesetzlich Gewollten nimmt dabei mit jeder weiteren folgenden Stufe zu. So regeln die aufgrund eines Gesetzes erlassenen Verordnungen deutlich mehr an unterschiedlichen Sachverhalten, als es im Gesetz erfolgt. Alles was an Normen dann aufgrund der Vorschriften in den gesetzlichen Vorschriften als Verwaltungsvorschrift oder Technische Baubestimmung entsteht, wird ausschließlich durch die Exekutive – also die jeweilige Landesverwaltung – als zu beachtende Regeln veröffentlicht.

Im öffentlichen „Normungsbereich" gibt es nicht nur die Normen aus dem Pfad des Bauordnungsrechts, gleichermaßen sind die Normen aus dem Immissionsschutzrecht und Arbeitsschutzrecht mit den ergänzenden technischen Regeln in den immer breiter werdenden Fuß der Normenpyramide einzuordnen. Zu nennen sind z.B. die TRBS'en, TRGS'en und weitere Richtlinien, die aufgrund der gesetzlichen Bestimmung eingeführt werden dürfen.

Unterhalb dieser auf gesetzlichen Regelungen entstehenden Normen sind dann die Normen der privaten Regelsetzer und Kreise einzuordnen.

Hier ist auch ein wesentlicher Unterschied für die rechtliche Einordnung der Normen zu nennen: Die gesetzlichen Vorschriften bedürfen der Befassung der Parlamente – also gewählter Vertreterinnen und Vertretern – oder sind nur aufgrund der besonders übertragenen Aufgaben von den Regierungen zum Vollzug der Gesetze einzuführen.

Für die Normen der privaten Regelsetzer ist zu unterscheiden zwischen den Normen, die in einem Verfahren von Ausschüssen erarbeitet werden, an denen man sich auch als ggf. Delegierter Interessenvertreter beteiligen kann, und dann einer öffentlichen Anhörung – einem Einspruchsverfahren – unterworfen werden. Im Einspruchsverfahren sollen Bedenken und Fragen von denjenigen, die nicht an der Erarbeitung beteiligt waren geklärt und ausgeräumt werden. Des Weiteren ist im Einspruchsverfahren auch zu klären, falls Behinderungen des freien Wettbewerbs durch die Regelsetzung erfolgen würden.

Zum anderen gibt es (zunehmend) auch Normen, die nur als technische Spezifikation, Expertenexemplar oder White Paper veröffentlich werden. An der Erarbeitung dieser Regeln ist nicht unbedingt im Vorfeld ein Aufruf zur Mitarbeit erfolgt und die Regeln werden nicht in einem Einspruchsverfahren von der Fachöffentlichkeit diskutiert. Es fehlt hier also ein wirklicher Konsensbeschluss und auch der „härtere" Weg eines Einspruchsverfahren mit möglichem folgendem Schlichtungsverfahren.

3   Normen, die bedenklich erscheinen

Die Normungen aufgrund der Gesetzgebung und der Verordnungsermächtigungen bzw. der Möglichkeiten der Einführung von Verwaltungsvorschriften finden in der Fachöffentlichkeit auch häufig keinen Zuspruch. Manchmal werden die Bestimmungen in diesen Regeln als zu starr empfunden. Oder es wird unnötige Einengung der Baufreiheit benannt. Aber da der Gesetzgeber und seine ausführende Verwaltung eine gewisse Garantenstellung haben, geben die öffentlich-rechtlichen Regeln das vertretbare Mindestmaß wieder, bei dessen Beachtung man zumindest aus Sicht des Gesetzgebers alles Erforderliche getan hat um die Sicherheit zu gewährleisten.

Daher werden im Folgenden diese Regeln nicht weiter thematisiert.

Bedenklich hingegen ist die vielfältige Regelungswut (anders kann man es nicht mehr bezeichnen), wo für jedes denkbare Risiko direkt eine möglichst allumfassende Regel verfasst werden muss. Aus verschiedenen Bereichen gibt es sicherlich Todesfälle oder Schadensfälle, die bei entsprechend sorgfältigerem Vorgehen und allgemein anerkanntem Regelwerk hätten vermieden werden können. Aber es muss auch dabei maßvoll vorgegangen werden. Überregulierung führt nicht zu mehr an Sicherheit, sondern zu einem mehr an Fragen, ob die handelnden Personen wirklich jedes Detail einer Regel auch eingehalten haben.

Gerade im Vergleich der europäischen Länder und der ausführenden Unternehmen – oftmals sogar Einzelpersonen – kann sehr gute Arbeit auch ohne Kenntnis jeder Spezialregelung abgeliefert werden: Einfach aus dem Grund, so haben wir schon immer gebaut und es hat funktioniert.

Dabei möchte der Verfasser dieses Beitrages den Freischaffenden Künstler, der sich seine eigenen Regeln ausdenkt und alles andere beiseiteschiebt, nicht als das Maß der Dinge benennen. Allerdings sind viele Regeln auch ungeschriebene Regeln, die durch Überlieferung ihre Anerkennung erlangt haben.

Was ist noch ein Ärgernis bei neuen Regeln? Häufig sind die beteiligten Verfasser der Regelwerke daran interessiert, besonderes den Zugang zur Herstellung, Errichtung und Ausführung für Wettbewerber zu beschränken. Dazu werden trotz der umfangreichen Ausbildungsvorschriften für das Handwerk und die Studiengänge an den Hochschulen ergänzend Qualifikationsnachweise normativ (in den rein zivilrechtlich erarbeiteten Normen) verlangt um die Tätigkeiten ausführen zu dürfen. Unerheblich ist dabei, ob aufgrund langjähriger gut geübter Berufspraxis und ohne Beanstandung errichteter Anlagen wirklich die bisher in den Gewerken Tätigen neue Nachweise bedürfen.

4 Einzelbeispiele

Ein in der Fachwelt umfassend diskutiertes Thema waren die Regelungen in der Norm DIN 14675:2003-11. Im Jahr 2002 gab es nur ein Blatt dieser Norm und in diesem Blatt waren die Regelungen derart beschrieben, dass nur noch Personen, die bestimmte Fortbildungen besucht hatten und darüber Zertifikate vorlegen konnten, Brandmeldeanlagen planen oder errichten durften.

Erst durch konsequente Feststellungen der obersten Bauaufsichtsbehörden wurden den am Bau Beteiligten deutlich gemacht, dass diese Qualifikationsanforderungen öffentlich-rechtlich nicht erfüllt werden müssen. Es kommt darauf an, dass die ausgeführten technischen Anlagen betriebssicher und wirksam sind. Und in den Gebäuden, wo es aufgrund der öffentlichen-Sicherheit und Ordnung als notwendig erachtet wird, sind die Brandmeldeanlagen aufgrund von Rechtsvorschriften durch Prüfsachverständige zu prüfen. Erst bei der Fortschreibung der Norm DIN 14675 erfolgt aufgrund der Einsprüche und der Intervention der öffentlichen Hand die Trennung in mehrere Blätter.

Ein weiteres Beispiel ist die Einführung der „Brandschutzschalter" in elektrischen Leitungsanlagen. Gerade der Normungsbereich im CENELEC – national dann in den DIN VDE Normen hat das Problem der multinationalen Einigungen mit Abweichungen in vielen Staaten. Im deutschen Regelwerk soll dann möglichst der Regelungsgehalt des ISO Standards übernommen werden. Aber es müssen nationale Besonderheiten beachtet werden. So sind die Spannungsebenen – - in den Staaten der Welt verschieden und damit auch die Ströme – I - - bei gleicher Leistung – P - der angeschlossenen Geräte verschieden: $P = U * I$ beschreibt den technischen Zusammenhang. Aus dieser Gegebenheit wirken sich auch Fehler in den Netzen und den angeschlossenen Geräten anders aus. In Deutschland hat man aus dem Dreiklang von der richtigen Leitungsbemessung, der Auswahl des richtigen Leitungsschutzschalters und eines geeigneten Fehlerstromschutzschalters ein sehr gutes Sicherheitsniveau aufgebaut. Sicherlich kann man die Sicherheit noch weiter erhöhen, fraglich ist und bleibt jedoch, ob diese Erhöhung generell erforderlich ist und angesichts der tatsächlichen Häufigkeit von Fehlern bei der Errichtung von Anlagen kostenmäßig angemessen ist.

Es wurde ein zusätzlicher Schutz durch einen Brandschutzschutzschalteer im zivilrechtlichen Normenwerk aufgenommen. Der Sinn dieses Schalters ist es, bei Beschädigungen der einzelnen Leiter und daraus zwischen diesen Leitern entstehenden Lichtbögen (was auch bei schlechten Leitungsverbindungen, losen Schrauben in Lüsterklemmen möglich wäre) ein Abschalten der jeweiligen Stromkreise zu erreichen. Denn diese Lichtbögen würden dazu führen, dass es zu einer örtlichen thermischen Überhitzung und somit Verursachung eines Brandes kommen kann.

Ein langwieriges Einspruchs- und Schlichtungsverfahren hat zu Änderungen der deutschen Fassung geführt, so dass es aus bauordnungsrechtlicher Sicht keine Einwände mehr gab. Allerdings muss deutlich darauf hingewiesen werden, auch diese normative Regelung ist nicht von den Bestimmungen des Energiewirtschaftsgesetzes gedeckt, da sie nicht der Sicherheit der öffentlichen Leitungsanlagen dient, sondern der Verhinderung von Bränden. Brände, ausgehend von unter Putz verlegten Leitungsanlagen, sind nach Kenntnis des Verfassers dieses Beitrages in den letzten Jahren nicht in der Fachpresse thematisiert worden.

Als letztes Beispiel sei auf ein White Paper des ZVEI eingegangen. Aufgrund der Bauproduktenverordnung gibt es eine harmonisierte europäische Norm, die es ermöglich das Brandverhalten von Kabeln und Leitungen zu klassifizieren. Dadurch können auch neben den bisherigen nationalen Einstufungen schwerentflammbar bzw. normalentflammbar vergleichbaren europäischen Klassifizierung auch höherwertige Klassifizierungen erreicht werden. Möglich sind auch nichtbrennbare Leitungen. Das benannten White Paper wird nunmehr auch in einer DIN VDE V aufgegriffen, wo es – auch wenn es nur um eine nicht normative Regelung geht – die Verwendung der höherwertigen Kabel und Leitungen für bestimmte Sonderbauten „empfohlen" wird. Das zuständige Gremium der ARGEBAU – die Fachkommission Bauaufsicht hat zu diesem Sachverhalt beraten und den relevanten Kreisen mitgeteilt, das bauordnungsrechtlich die im Anhang 4 MVV TB genannten Klassifizierungen bzgl. des Brandverhaltens von Kabeln und Leitungen – also entsprechend dem bisherigen nationalen Niveau schwerentflammbar bzw. normalentflammbar sind – ausreichend sind. Höherwertig klassifizierte Kabel und Leitungen werden zur Aufrechterhaltung der öffentlichen Sicherheit und Ordnung aus bauaufsichtlicher Sicht nicht erforderlich

Zusammenfassung

Mit diesem Beitrag wird das Dilemma der privatrechtlichen Regelsetzung verdeutlicht. Den am Bau Beteiligten muss daher nachdringlich empfohlen werden, sich genau darüber Klarheit zu verschaffen, welche Leistung erforderlich ist und vom Vertragspartner erwartet wird bzw. zu erbringen ist.

Wer später keine langwierigen Verhandlungen führen möchte, darüber ob vertraglich geschuldete Leistungen – ob als Haupt- oder Nebenpflichten – erbracht bzw. beachtet sind, sollte seine Verträge mit entsprechenden Ausschlussklauseln versehen.

Alle am Bau Beteilgten sind auch aufgerufen sich deutlich intensiver in die Normungsprozesse der privaten Regelsetzer einzubringen. DIN und DIN VDE Normen sind in den Entwürfen auf den Webseiten der jeweiligen Normenersteller während der Einspruchsphase les- und kommentierbar.

Die privaten Normungsgremien bedürfen auch einer personellen Erneuerung, althergebrachte Regelungen dürfen und müssen auf ihre Sinnhaftigkeit und Notwendigkeit regelmäßig hinterfragt werden.

Bitte beteiligen Sie sich!

Dipl.-Ing. (FH) Torsten Pfeiffer

1.4 Anschließbarkeit von Komponenten an eine BMZ „Können" vs. „Dürfen"

Problembeschreibung

Es ergeben sich im Zusammenhang mit Brandmeldeanlagen und Bauprodukten zwei grundlegende Probleme:

1. Eine Komponente ist kein Bauprodukt im Sinne der EU-BauPVO.
2. Das Zusammenwirken von Komponenten mit der BMZ ist nicht nach DIN EN 54-13 nachgewiesen.

In diesem Vortrag möchte ich diese beiden Punkte näher beleuchten und evtl. vorhanden Lösungen aufzeigen.

Können

Die Aussage „Das wird doch nur über einen potentialfreien Kontakt angeschlossen, was soll daran nicht funktionieren" wird immer wieder in Feld geführt, wenn die Sprache auf die Kompatibilität bzw. die Anschließbarkeit nach DIN EN 54-13 kommt. Das folgende Beispiel soll die Komplexität und unterschwelligen Gefahren darstellen. Es soll in einem Brandmeldesystem des Herstellers „A" ein Sondermelder des Herstellers „B" betrieben werden, der von „A" nicht im System vorgesehen und dessen Zusammenwirken nicht geprüft worden ist. Der Sondermelder besteht aus einer zweikanaligen Auswerteeinrichtung, an der zwei Sensoren betrieben werden. Die Anbindung erfolgt über ein im System von „A" vorhandenes Ein-/Ausgangsbaugruppe (E/A-Baugruppe) nach DIN EN 54-18 mit zwei Gruppeneingängen für die Brandmeldung und zwei Gruppeneingängen für die Störmeldung. Weiterhin werden zwei Relais einer weiteren E/A-Baugruppe (ebenfalls im System von „A") für die Reset-Funktion genutzt. Die beiden für die Reset-Funktion zu nutzenden Relais müssen gem. Hersteller mit den jeweiligen Eingängen für Brandalarm verknüpft werden, damit der Reset-Befehl der BMZ auf den Melder wirken kann. Für einen Reset muss laut Hersteller „B" der für beide Kanäle gemeinsame Reset-Eingang für > 1 Sekunde an die (positive) Versorgungsspannung gelegt werden. Der Errichter der Anlage hat zu diesem Zweck den Reset-Eingang des Sondermelders mit der Parallelschaltung der beiden NC[1]-Relaiskontakte belegt (siehe Abbildung 1).

---

1 Normaly closed – Im Spannungslosen Zustand geschlossen. In Abbildung 1 sind die NC-Kontakte im spannungslosen Zustand dargestellt. Für die Betriebsstellung wurde eine gestrichelte Darstellung gewählt.

Die Inbetriebsetzung des Melders lief komplikationslos. Beide Kanäle zeigten die gewünschte Reaktion und auch der Reset beider Kanäle funktionierte. Das Problem trat im Betrieb der Anlage auf. Zum Zweck von Reinigungsarbeiten mit Wasserdampf sollten die Meldergruppen separat abgeschaltet werden. Bei jeder Abschaltung einer der beiden Meldergruppen (also der Einzelkanäle), zeigte die jeweils andere Gruppe eine Störung. Der Relaiskontakt, der der abgeschalteten Meldergruppe für die Reset-Funktion zugeordnet ist, fällt hierbei ab und löst somit einen dauerhaften Reset aus. Hierbei fallen im Melder bei beiden Kanälen die Fault-Relais ab. Für Channel 1 ist dies unkritisch, da dieser Channel innerhalb der BMA sich als Gruppe im Abschaltzustand befindet. Anders hingegen bei Channel 2, dessen Gruppe in der BMZ nicht abgeschaltet ist und somit eine Störung anzeigt.

Dies führt mich zurück zur eingangs erwähnten These, die in diesen Diskussionen immer wieder erwähnt wird.

„Das wird doch nur über einen potentialfreien Kontakt angeschlossen, was soll daran nicht funktionieren"

Wie kann man das Problem der nicht im System vorhandenen Melder bzw. Komponenten regelkonform lösen?

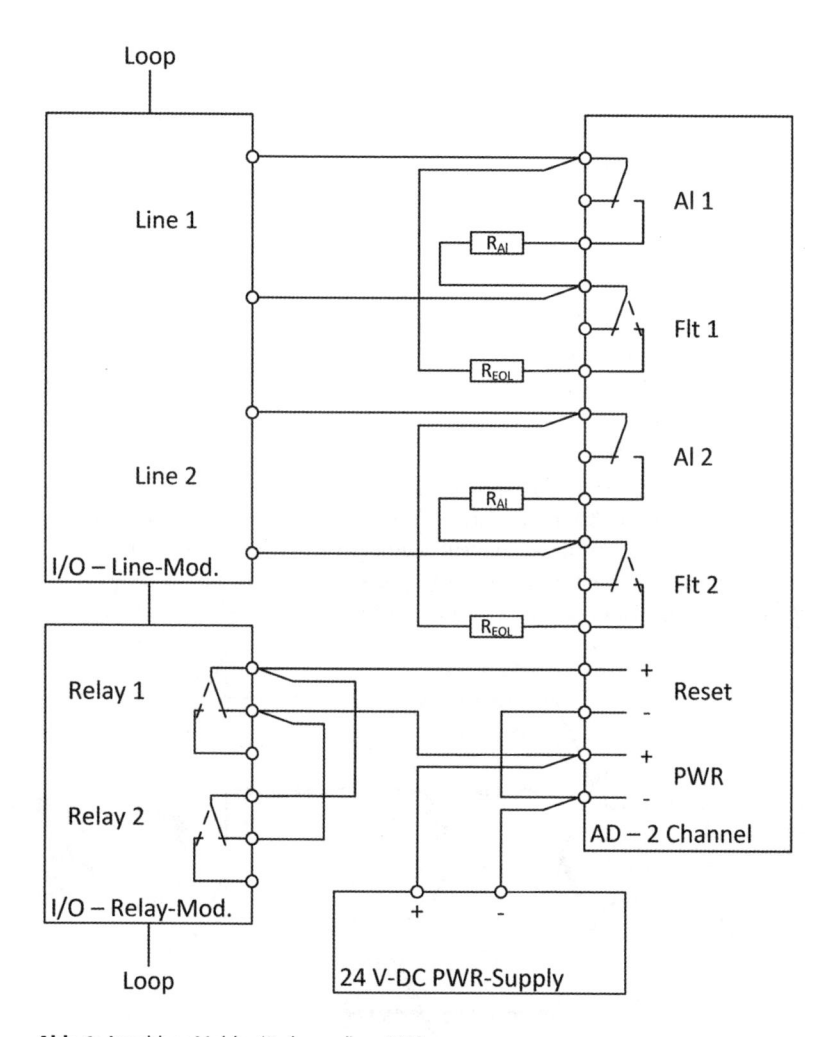

B 1.4 Anschließbarkeit von Komponenten an eine BMZ   139

Abb. 1: Anschluss Melder (2-channel) an BMA

Dürfen

Baurechtliche Grundlagen

Im Jahr 2016 wurde in die Musterbauordnung[2] ein genereller Passus eingearbeitet. In den Allgemeinen Anforderungen im § 3 der Bauordnung findet sich seit dem der Hinweis: „... *dabei sind die Grundanforderungen an Bauwerke gemäß Anhang I der Verordnung (EU) Nr. 305/2011 zu berücksichtigen. ...*" (MBO)

Hinter der EU-Verordnung Nr. 305/2011 verbirgt dich die europäische Bauprodukteverordnung, kurz EU-BauPVO. In dieser Verordnung wird im Artikel 2 der Begriff des „Bauprodukt" mit Bezug auf die Grundanforderungen an Bauwerke bestimmt und im Anhang I werden die Grundanforderungen an Bauwerke definiert. Unter dem Strich betrachtet gilt der Brandschutz als Grundanforderung an Bauwerke und daraus abgeleitet, resultiert die Forderung, dass für diese Grundanforderung nur Bauprodukte nach dieser EU-Verordnung zu verwenden sind.

Der Weg zum CE-gekennzeichnete Bauprodukt ist in Abbildung 2 dargestellt. Zum Einem ergibt sich die Bewertung nach harmonisierten Normen zum anderen durch die Bewertung durch ein europäisches Bewertungsdokument (European Assessment Document – EAD) mit dem Ziel einer ETA (European technical assessment) jeweils mit anschließender Leistungserklärung (Declaration of Performance – DoP) und der CE-Kennzeichnung.

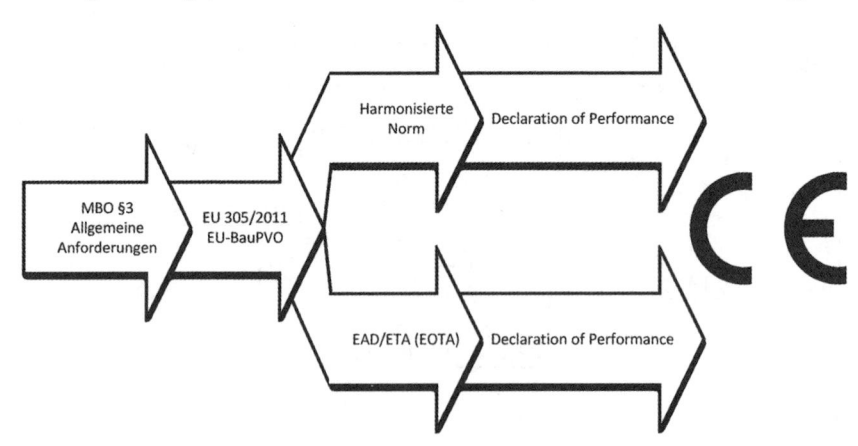

Abb. 2: Der Europäische Weg

Welche Leistungsmerkmale in welcher Qualität zu erfüllen sind, liegt dann in der Baugesetzgebung der Mitgliedstaaten der EU. In unserem Fall finden wir diese Anforderungen in der Musterverwaltungsvorschrift MVV TB wieder. Speziell ist das für

---

2 Für die bessere Lesbarkeit wird in diesem Dokument nur der Bezug zu den Musterdokumenten der IS-ARGEBAU hergestellt. Im übertragenen Sinne gilt dies aber für alle Bauordnungen. Details hierzu sind in den jeweiligen Bauordnungen der einzelnen Bundesländer nachzulesen.

Brandmeldeanlagen der Anhang 14, Technische Regel der Technischen Gebäudeausstattung, TR TGA und hier der Abschnitt 2.

> *„2.2 Bauprodukte von Brandmeldeanlagen*
>
> *Zur Erfüllung der bauaufsichtlichen Anforderungen müssen Brandmeldeanlagen dauerhaft betriebszuverlässig sein und unter Verwendung von Bauprodukten der Normenreihe DIN EN 54 errichtet sein. ..."* (MVV TB, S. 286)

> *„... Stehen für Komponenten einer Brandmeldeanlage keine harmonisierten Normen zur Verfügung, dürfen auch Bauprodukte verwendet werden, die in DIN 14675-1:2018-04 oder DIN VDE 0833-2:2017-10 beschrieben sind."* (MVV TB, S. 292)

Der zweite Satz beschreibt die Einsatzmöglichkeit von Produkten der DIN EN 54-Reihe, die nicht harmonisiert sind. Das wären z.B. die linearen Wärmemelder nach DIN EN 54-22. Auch die Geräte der Feuerwehrperipherie erhalten so Einzug in die BMA. Hier werden innerhalb der DIN VDE 0833-2 bzw. der DIN 14675-1 die Geräte sowie die entsprechenden Produkt-Normen und -Richtlinien benannt. Hier wären insbesondere für das Feuerwehrbedienfeld (FBF) die DIN 14661 oder für das Feuerwehr-Schlüsseldepot (FSD) die VdS 2350 zu erwähnen. Alle darüber hinaus gehenden Komponenten, wie z.B. Branderkennungselemente oder Branderkennungssysteme anderer Regelwerke, stellen eine Abweichung dar, die nach § 85a MBO der Bauaufsichtsbehörde gegenüber erklärt werden muss. (Erläuterung dazu siehe unten).

Die DIN EN 54-13 zählt allerdings nicht dazu, da der Inhalt dieser Norm keine Geräteanforderungen stellt, sondern sich nur mit dem Zusammenwirken der Bauprodukte befasst. Wie kommt nun der Teil 13 ins Spiel? Wenn er nach EU-BauPVO und MVV TB keine Rolle spielt, wo liegt dann das Problem?

In der MVV TB werden neben den Anforderungen an die zu verwendenden Bauprodukte noch die technischen Regeln für technische Anlagen definiert.

> *„2.2 Bauprodukte von Brandmeldeanlagen*
>
> *... Darüber hinaus sind die Anforderungen an das Brandverhalten und an den Funktionserhalt unter Brandeinwirkung entsprechend der in der MVV TB, lfd. Nr. A 2.2.1.8 genannten technischen Regel ... zu erfüllen."* (MVV TB, S. 294)

Da wären als verpflichtende Regel z.B. die MLAR zu nennen. Die im obigen Zitat erwähnte Ordnungsziffer A 2.2.1.8 verweist auf die Muster-Richtlinie über brandschutztechnische Anforderungen an Leitungsanlagen (Muster-Leitungsanlagenrichtlinie – MLAR): 2015-02, Redaktionsstand 03.09.2020.

Weiterhin wird unter MVV TB; A 2.2.1.16 die Technische Regel Technische Gebäudeausrüstung – TR TGA als technische Regel eingeführt. Veröffentlicht ist diese als Anhang 14 innerhalb der MVV TB.

Die „eigentlichen" Anwendungsnormen DIN VDE 0833 2 oder DIN 14675-1 werden innerhalb der TR TGA in einer Formulierung der Vermutungswirkung angegeben:

„2.3 Planung, Bemessung und Ausführung von Brandmeldeanlagen

Brandmeldeanlagen, deren technische Planung, Bemessung und Ausführung unter Anwendung von DIN 14675-1:2018-04 in Verbindung mit DIN VDE 0833-1:2014-10 und -2:2017-10 erfolgt, erfüllen die bauaufsichtlichen Anforderungen, sofern im bauaufsichtlichen Verfahren nicht weitergehende Anforderungen gestellt sind." (MVV TB, S. 294)

Normative Grundlagen

In der DIN 14675-1 und der DIN VDE 0833-2 finden wir dann die Verweise auf die Anwendung der DIN EN 54-13.

„6.1.2 Brandmeldesystem

Das Zusammenwirken der verwendeten Komponenten ist durch den Hersteller des Brandmeldesystem nach DIN EN 54-13 sicherzustellen. ..." (DIN 14675-1)

„4.1 Allgemeines

Die Bestandteile einer Brandmeldeanlage

... Ihr funktionsmäßiges Zusammenwirken muss nach DIN EN 54-13 sichergestellt sein." (DIN VDE 0833-2)

Das baurechtliche Problem resultiert also nicht direkt aus der Bauordnung, sondern aus den von ihr referenzierten Technischen Regeln.

Abweichungen im Baurecht

Tabelle 1: Baurechtliche Nachweise

	Anwendungsregel vorhanden	Anwendungsregel nicht vorhanden
National	abZ – allgemeine bauaufsichtliche Zulassung ZiE – Zustimmung im Einzelfall	aBg – allgemeine Bauartgenehmigung vBg – vorhabenbezogenen Bauartgenehmigung
Europäisch	ETA – European technical assessment (EOTA-Verfahren[3])	ETA – European technical assessment (EOTA-Verfahren)

---

3 EOTA – Organisation mit Sitz in Brüssel, die für die Koordinierung des Verfahrens der Europäischen Technischen Bewertung (ETA) zuständig ist. Ziel ist die CE-Kennzeichnung für nicht genormte Bauprodukte.

Sucht man in der MBO nach dem Begriff der Abweichung, so findet man schnell die nachfolgenden Paragrafen:

MBO, § 67 – Abweichung

Die Bauaufsichtsbehörde kann Abweichungen gegenüber der MBO bzw. daraus erlassener Gesetze zulassen. Jedoch für unsere Betrachtung nur wenn es mit den Anforderungen der EU-BauPVO vereinbar ist.

MBO, § 85 a – Technische Baubestimmungen

Hier werden mögliche Abweichungen von den in den *„Technischen Baubestimmungen enthaltenen Planungs-, Bemessungs- und Ausführungsregelungen"* beschrieben. Diese Art von Abweichung ist gegenüber der Bauaufsicht anzukündigen und es ist eine gleichwertige Lösung zu benennen.

Da sich die oben beschriebenen Abweichungen nur auf die TR TGA beziehen und diese im Abs. A 2.2[4] der MVV TB nicht mit einer ausschließenden Fußnote[5] versehen sind, ist hier § 85a anwendbar.

Die bedeutet dann, dass z.b. für Detektoren, die nicht in den harmonisierten Teilen der EN 54 definiert werden und für die keine Beschreibungen in der DIN VDE 0833-2 oder DIN 14675-1 existieren, Verwendbarkeitsnachweise bzw. Nachweise der Anwendbarkeit zu erbringen sind. Dieses kann national oder auch europäisch erfolgen (siehe Tabelle 1: Baurechtliche Nachweise).

Damit wäre der Einsatz als Bauprodukt geregelt. Die Abweichung gegenüber der TR TGA muss jetzt nur noch erklärt werden.

Eine Abweichung gegenüber der DIN 14675-1 oder der DIN VDE 0833-2 bezüglich der EN 54-13 (Kompatibilität bzw. Anschließbarkeit) liegt auch nicht im Regelungsbereich des § 67, da hier keine Abweichung gegenüber der MBO oder der in Verbindung erlassener Gesetze vorliegt. Eine mögliche Lösung: Das DIN EN 54-13 Problem kann, bei vorhandenem gültigen Verwendbarkeitsnachweis, mit Bezug auf § 85a der MBO gelöst werden. Da dies keine Abweichung zu technischen Regeln für Bauprodukten darstellt, ist auch keine Zustimmung im Einzelfall, wie in § 17 i.V.m. § 20 MBO angegeben, notwendig.

---

4   MVV TB, Abs. 2.2 – Technische Anforderungen hinsichtlich Planung, Bemessung und Ausführung und Technische

5   Fußnote (2) – Für bauordnungsrechtliche Anforderungen in dieser Technischen Baubestimmung ist eine Abweichung nach § 85a Abs. 1 Satz 3 MBO ausgeschlossen; eine Abweichung von bauordnungsrechtlichen Anforderungen kommt nur nach § 67 MBO in Betracht. § 16a Abs. 2 und § 17 Abs. 1 MBO bleiben unberührt.

Die Lösung

Es muss also nur das Zusammenwirken der geplanten Bauprodukte, für die ein gültiger Verwendbarkeitsnachweis vorliegt, jedoch der Nachweis der Systemprüfung fehlt, auf andere Art nachgewiesen wird. Nichts leichter als das! Der Hersteller könnte das ja bescheinigen.

Aber welcher Hersteller soll (darf) das denn bescheinigen? Der Hersteller der BMZ oder vielleicht der Hersteller des Melders, der hier zum Einsatz kommen soll?

Die mir in meiner Praxis als Prüfsachverständiger in dieser Situation vielfach vorgelegten Bescheinigungen von Vertriebsspezialisten (unabhängig der Stellung im Unternehmen) eines der daran beteiligten Hersteller sind hier nicht immer als gleichwertig anzusehenden Nachweise. Im Übrigen lag auch für das Eingangsbeispiel eine ebensolche Bescheinigung vor.

Die gleichwertige Lösung für den Nachweis der Kompatibilität oder Anschließbarkeit nach DIN EN 54-13 kann nur ebendieser Nachweis selbst sein.

Wenn man sich die DIN EN 54-13 anschaut, so fällt hier auf, das dort nicht von Herstellern sondern von Antragstellern geschrieben wird. Dieser Antragsteller bemüht für diese Aussage eine dritte Stelle. Typischerweise sind dies akkreditierte Prüfstellen oder Labore in Europa, die diese Aussagen nach einer entsprechenden Prüfung vornehmen.

Die einfache Lösung besteht darin, die Brandmeldesysteme auf derartige Einsatzgebiete vorzubereiten und entsprechende Sondermelder mit zu integrieren.

Für die Fälle, in denen das zu verwendende Brandmeldesystem für den speziellen Einsatzfall keine technisch geeigneten Melder bzw. Komponenten aufweist, bleibt nur der Weg über eine Einzelprüfung mit entsprechendem Nachweis. In der VdS-Welt wäre dies die Ausnahmegenehmigung. Diese Ausnahmegenehmigung dient dann im baurechtlichen Verfahren als Nachweis nach DIN EN 54-13 und kann auch als Begründung der Abweichung gegenüber der Bauaufsicht dienen.

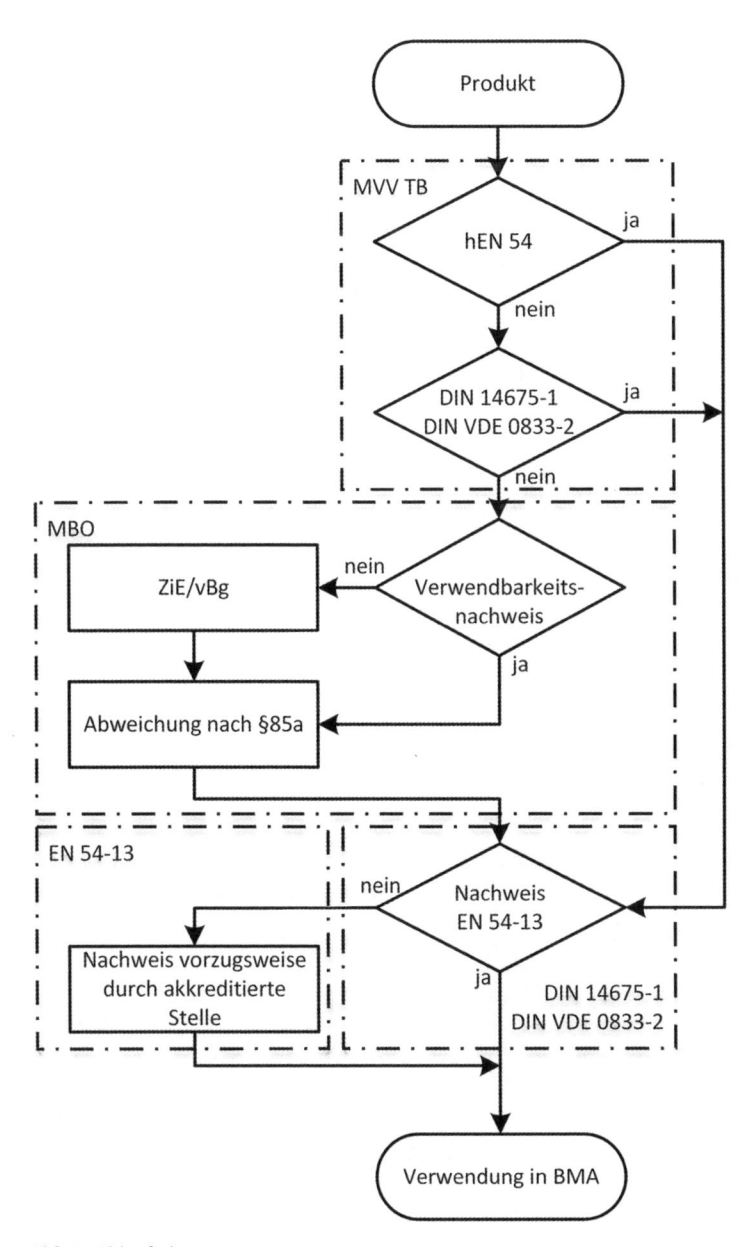

B 1.4 Anschließbarkeit von Komponenten an eine BMZ   145

Abb. 3: Ablaufschema

Literaturverzeichnis

DIBt (17. 01 2022): MVV TB. Muster-Verwaltungsvorschrift Technische Baubestimmungen 2021/1. (DIBt, Hrsg.) Berlin.

DIN-Normenausschuss Feuerwehrwesen (FNFW) (01-2020): DIN 14675-1. Brandmeldeanlagen – Teil 1: Aufbau und Betrieb. Beuth Verlag GmbH, Berlin.

DKE Deutsche Kommission Elektrotechnik Elektronik Informationstechnik in DIN und VDE, DIN-Normenausschuss Feuerwehrwesen (FNFW) (06-2022): DIN VDE 0833-2. Gefahrenmeldeanlagen für Brand, Einbruch und Überfall – Teil 2: Festlegungen für Brandmeldeanlagen. VDE VERLAG GMBH, Berlin.

Fachkommission Bauaufsicht (2002, zuletzt geändert durch Beschluss der Bauministerkonferenz vom 27.09.2019): MBO. Musterbauordnung.

Lutz Battran

2.1
Brandschutz bei Umbau und Sanierung

Einleitung

Schon seit Jahrhunderten haben die Menschen mit Schadenfeuern zu kämpfen. Dabei werden oft auch wertvolle Gebäude und Kulturgüter zerstört. Gleichzeitig stehen vorbeugende Brandschutzmaßnahmen, gerade bei bestehenden Gebäuden, oft in der Diskussion. So wird befürchtet, dass durch bauliche Maßnahmen, die zur Ertüchtigung des vorbeugenden Brandschutzes getroffen werden, zu stark in den Bestand eingegriffen wird.

Gerade beim Brandschutz, führen viele Wege zum Ziel. Ein Brandschutzkonzept im Bestand muss anders entwickelt werden, als ein Brandschutzkonzept für einen Neubau. Hierbei ist auch zu klären, inwieweit rechtlich ein Bestandsschutz geltend gemacht werden kann, wo nachgerüstet werden muss oder, wo das gesamte Gebäude gemäß den aktuellen Brandschutzvorschriften neu zu beurteilen ist.

Bestandsschutz

Bestandsschutz ist die Sicherung rechtmäßig bestehender Gebäude und eine rechtmäßig ausgeübte Nutzung vor behördlichen Eingriffen.

Der Begriff Bestandsschutz ist in den meisten Landesbauordnungen nicht eigens definiert. Er wird meist im Zusammenhang mit den bauaufsichtlichen Befugnisnormen genannt (hier der Berechtigung der Bauaufsichtsbehörden, unter bestimmten Voraussetzungen auch für bestehende bauliche Anlagen Anforderungen zu stellen).

Neben der Ableitung des Bestandsschutzes vom Grundrecht auf Eigentum, sieht die gängige Rechtsprechung die Fragestellung zum, im Einzelfall konkret vorliegenden Bestandsschutz baulicher Anlagen, im Regelungsbereich einfacher Gesetze; also vor allem der Landesbauordnungen und der damit zusammenhängenden Vorschriften.

Oft unterliegen die am Bau Beteiligten dem Irrglauben, dass allein aufgrund eines langen Bestehens eines Bauwerks, ein Bestandsschutz bestünde. Daraus wird dann fälschlicherweise gefolgert, eine Untersuchung des Bestandes auf Einhaltung der materiell-rechtlichen Anforderungen sei nicht erforderlich.

Ein Bestandsschutz liegt jedoch nur dann vor, wenn geltendes Bauordnungsrecht eingehalten war.

Der Bestandsschutz **beginnt** mit der ordnungsgemäßen Errichtung einer baulichen Anlage. Das Bauwerk muss fertiggestellt und seiner Nutzung zugeführt sein.

Ein bestehender Bestandsschutz für ein Gebäude kann durch verschiedene Maßnahmen **enden** bzw. „ausgehebelt" werden.

Gründe, die einen bestehenden Bestandsschutz beenden können:

- Nutzungsänderung
- Die Maßnahme führt zu einem Neubau
- Abriss, Zerstörung, Baufälligkeit, längere Zeit ohne Nutzung

Erlischt der Bestandsschutz, ist das Bauvorhaben vollständig den aktuellen öffentlich-rechtlichen Vorschriften anzupassen.

Gefahren für Leben oder Gesundheit.

Ein „**Aussetzen**" des Bestandsschutzes aufgrund des Vorliegens einer konkreten bzw. erheblichen *Gefahr für Leben oder Gesundheit*, ist in den Bundesländern nicht einheitlich geregelt. Meist löst die vorhandene Gefahr eine Handlungsermächtigung für die Bauaufsichtsbehörden aus, Forderungen zu stellen. Vgl hierzu beispielsweise in Bayern Art. 54 Abs. 4 BayBO: *„Bei bestandsgeschützten baulichen Anlagen können Anforderungen gestellt werden, wenn das zur Abwehr von erheblichen Gefahren für Leben und Gesundheit notwendig ist".*

Der Begriff *konkrete oder erhebliche Gefahr* ist in den Bauordnungen der Länder nicht definiert. Durch ein Schreiben der Bayerischen Obersten Bauaufsichtsbehörde an die Bezirksregierungen wurden diese Aussagen, als offizielle behördliche Auslegung (für Bayern) konkretisiert.

> „Beispielhaft ist von einer erheblichen Gefahr in Bezug auf den Brandschutz unter anderem dann auszugehen, wenn die nach Art. 31 Abs. 1 BayBO für Nutzungseinheiten mit Aufenthaltsräumen regelmäßig geforderten zwei unabhängigen Rettungswege überhaupt nicht vorhanden sind oder wenn nur ein Rettungsweg vorhanden und mit Mängeln behaftet ist, die im Brandfall mit hinreichend großer Wahrscheinlichkeit zur vorzeitigen Unbenutzbarkeit führen." (...)
> IMS der Bayerischen Oberste Bauaufsichtsbehörde vom 25.07.2011

Mittlerweile wurden die Ausführungen durch einen Beschluss des Bayerischen Verwaltungsgerichtshofes in die Rechtsprechung übernommen (vgl. VGH München, Beschluss v. 11.10.2017 – 15 CS 17.1055).

Letztlich wird die Frage, ob eine konkrete/erhebliche Gefahr vorliegt immer einzelfallbezogen zu beurteilen sein.

Insbesondere führt allein die Änderung öffentlich –rechtlicher Vorschriften im Laufe der Jahre nicht zum Entstehen einer erheblichen Gefahr und damit zum Ende des

Bestandsschutzes. Dies wurde durch ein Urteil des Hessischen Verwaltungsgerichtshofes deutlich untermauert:

> **Hessischer Verwaltungsgerichtshof:**
> Ist eine bauliche Anlage bestandsgeschützt, so ist daher eine fortwährende Nachrüstung immer auf den Stand der aktuell geltenden Vorschriften bauordnungsrechtlich nicht veranlasst. (HessVGH, Beschl. v. 18.10.1999 – 4 TG 3007/97)

Vorgehensweise bei Planungen oder Baumaßnahmen im Bestand

Grundsätzlich muss bei der Erstellung von Brandschutzkonzepten im Bestandsbereich darauf geachtet werden, dass durch intelligente und sensible Maßnahmen mit Maß und Ziel vorgegangen wird.

Vor allem im Bereich des Denkmalschutzes ist es darüber hinaus erforderlich, das Erscheinungsbild eines Gebäudes nicht zu beeinträchtigen.

Gerade beim Brandschutz führen viele Wege zum Ziel. Zudem ist zu berücksichtigen, dass der Brandschutz nicht erst in den letzten Jahren „erfunden" wurde. Oft sind – auch bei sehr alten Gebäuden – ursprüngliche Brandschutzmaßnahmen vorhanden, die ertüchtigt, oder Basis eines modernen Brandschutzkonzeptes werden können.

Die unprofessionellste Vorgehensweise im Bestand ist ein bloßer Abgleich des zu beurteilenden Bauwerks mit dem aktuellen Bauordnungsrecht – ohne Berücksichtigung des Bestandsschutzes. In der Praxis werden dadurch oft bestehende Gebäudestrukturen zerstört und/oder unnötig teure Maßnahmen veranlasst.

Instandhaltungsarbeiten versus Baumaßnahme

Zunächst ist zu klären, ob es sich bei den durchzuführenden Maßnahmen um Instandsetzungsmaßnahmen an einem bestehenden Gebäude handelt (die, in der Regel kein bauaufsichtliches Verfahren auslösen – vgl. § 3 Satz 1 bzw. § 61 Abs. 4 MBO), oder ob es sich bei der Maßnahmen um eine Baumaßnahme (bzw. Änderung des bestehenden Gebäudes) im Rahmen der jeweiligen Landesbauordnung handelt.

Die Bedeutung des unbestimmten Rechtsbegriffs „Instandhaltungsabeiten" ist in der Kommentarliteratur und vor allem auch der Rechtsprechung beschrieben.

Diese Unterscheidung ist von großer Bedeutung, da Instandsetzungsmaßnahmen in der Regel auch nicht den Bestandsschutz tangieren.

Im Einzelfall kann sich beispielsweise die Frage stellen, ob der Defekt einiger Balken ein Baugenehmigungsverfahren plus komplette statische Bemessung (mit der logischen Folge dass der gesamte betroffene Dachstuhl ausgetauscht werden muss) oder ein formloser gleichdimensionierter Ersatz einzelner Bauteile nach sich zieht. Das Beispiel lässt sich auch auf andere Bauteile übertragen.

Gemäß DIN 31051 bedeutet Instandhaltung die „Kombination aller technischen und administrativen Maßnahmen sowie Maßnahmen des Managements während des Lebenszyklus einer Einheit, die dem Erhalt oder der Wiederherstellung ihres funktionsfähigen Zustands dient, sodass sie die geforderte Funktion erfüllen kann".

> Eine Anfrage des Autors beim Bayerischen Staatsministerium für Wohnen, Bau und Verkehr im Jahre 2019 ergab folgende Aussage:
>
> *„Entscheidend ist hier die Frage der Abgrenzung der Instandhaltung (Art. 3 Abs. 1 BayBO) vom Begriff der Änderung (Art. 55 BayBO). Zu den Instandhaltungsarbeiten – der Begriff ist im Übrigen gleichbedeutend mit dem früheren Begriff der Instandsetzungs- und Unterhaltungsarbeiten – zählen (auch vorbeugende) Maßnahmen, die der Werterhaltung und der Erhaltung der Gebrauchsfähigkeit eines Gebäudes dienen. Erfasst sind von der Instandsetzung im weiteren Sinn auch die Erneuerung von Bauteilen unter Beibehaltung der ursprünglichen Konstruktion und der äußeren Gestaltung."*

Achtung! Unabhängig der Einstufung ist zu beachten, dass bauordnungsrechtliche Vorgaben bei jeder Baumaßnahme zu beachten sind, bzw. bestehende Brandschutzmaßnahmen nicht wirkungslos gemacht werden dürfen.

Konzept-/ Basisanalyse

Erster Schritt sollte stets eine möglichst genaue Bauaufnahme des Gebäudes sein.

Zunächst musst dann geklärt werden, inwieweit das Gebäude den bauordnungsrechtlichen Vorschriften entspricht. Wie bereits erwähnt, besteht ein weit verbreiteter Fehler darin, das Gebäude mit den aktuellen Vorschriften abzugleichen. Dass ein bestehendes, älteres Gebäude nicht den aktuellen Bauvorschriften entsprechen kann, dürfte selbsterklärend sein und bedarf keiner individuellen ingenieurmäßigen Feststellung – zumindest in den Fällen, wo sich das Bauordnungsrecht zwischenzeitlich geändert hat.

Maßgebliche Vorschriften sind die gültige Bauordnung und ggf. die damit zusammenhängenden Vorschriften zum Entstehungszeitraum des Gebäudes.

Als nächster Schritt ist zu klären, ob in einer, das Bauvorhaben betreffenden Baugenehmigung, ergänzende Auflagen oder Nebenbestimmungen enthalten sind.

Sind die bauordnungsrechtlichen Vorgaben eingehalten, ist vom Vorliegen eines **„formellen Bestandsschutzes"** auszugehen.

Alle späteren Maßnahmen am Gebäude sind gleichermaßen abzuklären. Das gilt auch für solche, die kein bauordnungsrechtliches Verfahren ausgelöst haben.

Schwerpunkt in diesem Schritt sollte hauptsächlich sein, ob das Grobkonzept des Gebäudes überhaupt noch der ursprünglich genehmigten Form entspricht.

Gesamt - Bayern	
Bayern ohne München	**München**
	Brief 1342
Allgemeine Feuerordnung 1791	
Allgemeine Bauordnung 1864	
Allgemeine Bauordnung 1877	
Allgemeine Bauordnung 1881	
Bauordnung 1890	Münchner Bauordnung 1863
	Münchner Bauordnung 1879
Bauordnung für das Königreich Bayern 1901	Münchner Bauordnung 1895
Reichsverordnung zur Hebung der baulichen Sicherheit*)	1943
Schreiben des Staatsministeriums wegen der Gültigkeit der Reichsverordnung	1953
Bayerische Bauordnung (BayBO)	1962
Bayerische Bauordnung (BayBO)	1969
Durchführungsverordnung zur BayBO (DVBayBO)	1972
Bayerische Bauordnung (BayBO) (mit DVBayBO 1972)	1974
Bayerische Bauordnung (BayBO)	1982
Durchführungsverordnung zur BayBO (DVBayBO)	1982
Bayerische Bauordnung (BayBO)	1994
Bayerische Bauordnung (BayBO)	1998
Bayerische Bauordnung (BayBO)	2008
Bayerische Bauordnung (BayBO)	2013

*) Die Reichsverordnung galt parallel zur Bayerischen Bauordnung von 1901 und zur Münchner Bauordnung von 1895 und erhob für bestimmte Bauteile höhere Anforderungen.

Abbildung 1: Die Folge von Bauordnungen am Beispiel Bayern; aus: Brandschutz im Bestand – Bestandsschutz auf Basis historischer Bauordnungen - Bayern

Eine weitere Problematik besteht darin, oftmals alte Genehmigungsunterlagen nicht mehr vorhanden sind. Sollten diese, auch über Behörden oder z.b. das entsprechende Staatsarchiv nicht auffindbar sein, kann dennoch ein „**materieller Bestandsschutz**" zum Tragen kommen.

Die Rechtsprechung geht heute davon aus, dass ein Gebäude auch dann eine materielle Legalität aufweist, wenn der einstige Bauherr ein Rechtsanspruch für seine Errichtung gehabt hätte. Hiervon kann dann ausgegangen werden, wenn das Gebäude zu irgendeinem Zeitpunkt (also Errichtung oder später) den öffentlich-rechtlichen Vorschriften entsprochen hat.

Die Recherche hinsichtlich formeller oder materieller Legalität erfolgt hauptsächlich auch durch die Recherche in alten Bauordnungen (Abbildung 1).

Detail- / Bauteilanalyse

Vor allem bei Nicht-Vorhandensein von Bestandschutz, oder im Rahmen der Detailplanung, kann es erforderlich werden, historische Bauteile hinsichtlich ihres Brandverhaltens oder des Feuerwiderstands zu beurteilen. Auch hier ist es nicht zielführend eine aktuelle Bemessung, z.b. im Rahmen von Eurocodes durchzuführen. Hilfreich sind hier alte Normen (z.B. Abbildung 2), eine vorhandene umfangreiche Literatur, oder erfahrene Sachverständige (z.B. aus Kreisen der Materialprüfanstalten.

Zum Abschluss ist zu klären, ob der Bestandsschutz entfallen ist. Letztendlich ist zu klären, ob vom Gebäude eine „Gefahr für Leben oder Gesundheit" ausgeht.

```
IV. Als feuerhemmend gelten ohne besonderen Nachweis
   a) Bekleidungen aus 1½ cm dickem, sachgemäß ausgeführ-
      tem Putz und 2½ cm dicken Estrichen aus Zement oder Gips.
   b) Wände
      1. aus vollfugig gemauerten Steinen, auch mit Hohlräumen
         (Mauerziegel, Kalksandsteine, Schwemmsteine, kohlefreie
         Schlackensteine) von mindestens 6 cm Dicke,
      2. aus mindestens 5 cm dickem Kiessand- oder Schlackenbeton
         oder aus gleich dicken Gipsdielen,
      3. aus Holz, beiderseits feuerhemmend bekleidet.
   c) Decken
      1. Decken aus gleichen Baustoffen und in denselben Mindest-
         abmessungen wie bei b) 1 und 2,
      2. Holzbalkendecken in normaler Ausführung mit unterer feuer-
         hemmender Bekleidung und Zwischendecke mit nicht brenn-
         barer Ausfüllung.
```

Abbildung 2: Auszug aus DIN 4102-2:1934-08

Zweiter Rettungsweg und Bestand

Die zwingende Forderung nach zwei voneinander unabhängigen Rettungswegen existierte nicht immer. Während bis in die 1960er Jahren der zweite Rettungsweg in den Bauordnungen, zumindest für Standardbauten, überhaupt nicht thematisiert wurde, war er in den 1970er bis in die 1990er Jahren als „Kann-Bestimmung" bzw. als Ermächtigung für die Bauaufsichtsbehörden enthalten, diesen im Einzelfall zu fordern.

Erst ab der MBO 2002 ist die genannte Forderung in der strikten Formulierung enthalten.

Schaffen eines zweiten Rettungswegs im Bestand

Die BayBO, sowie all anderen auf der MBO basierenden LBOs kennen als zweiten Rettungsweg nur die Möglichkeiten des baulichen Rettungswegs und der Anleiterung (soweit diese möglich ist).

Notleitern bzw. Notleiteranlagen, sowie andere Leitern, sind in dieser Aufzählung nicht enthalten.

Dies bedeutet, dass die Sicherstellung des zweiten Rettungsweges über Notleitern oder anderen Hilfsmitteln formaljuristisch eine Abweichung von den Vorgaben der BayBO darstellt und meist nur im Bestand akzeptiert wird.

Beispiele technischer Möglichkeiten

Zusätzliche Außentreppen

Bei Außentreppen (als notwendige Treppen) regeln die Landesbauordnungen zunächst, dass sie nur dann ohne notwendigem Treppenraum zulässig sind, wenn vom Gebäude keine Gefahren ausgehen können. Dies ist z.B. dann erfüllt, wenn die Treppe vor einer geschlossenen, feuerwiderstandsfähigen Außenwand angeordnet wird.

Dies wird im Bestand jedoch nicht immer realisierbar sein.

Deshalb ist es im Rahmen der „Beseitigung einer konkreten Gefahr", im Einzelfall denkbar, Außentreppen (als „Nottreppen") auch vor Fenster zu positionieren. Dies muss jeweils jedoch mit der zuständigen Bauaufsichtsbehörde abgestimmt werden.

Notleiteranlagen

Notleiteranlagen sind in der DIN 14094 beschrieben. Dabei wird unterschieden zwischen Notleiteranlagen als vertikalem Rettungsweg und Notleiteranlagen auf flachen und geneigten Dächern.

Grundsätzlich ist festzuhalten, dass die DIN 14094 nicht bauaufsichtlich eingeführt ist.

Kommt aber der Einsatz von Notleiteranlagen zum Tragen, kann davon aus-gegangen werden, dass die technische Beschreibung solcher Anlagen nach DIN 14094 den allgemein anerkannten Regeln der Technik entsprechen.

Abbildung 3: Beispiel einer Notleiteranlage

Wie eine Notleiter im Einzelfall gestaltet wird, ergibt sich nicht nur aus der Norm, sondern muss unter Berücksichtigung der im Folgenden aufgeführten Randbedingungen im Brandschutzkonzept beschrieben werden. In diesem Zusammenhang gibt die Norm vor, dass in die Konzeption der Notleiteranlage die zuständige Brandschutzdienststelle einzubinden ist.

Im Rahmen der Verkehrssicherungspflicht ist zu verhindern, dass unbefugte Personen auf die Notleiteranlage gelangen. Früher wurde dies so gelöst, dass die Leitern nicht bis zum Gelände herunter geführt wurden. Dies ist in der aktuellen Norm nicht mehr vorgesehen.

Alternative Maßnahmen gegen unbefugtes Betreten einer bis zum Erdboden führenden Leiter werden in der Norm nur begrenzt akzeptiert: „Enden oder beginnen Steigleitern an für jedermann zugänglichen Stellen, dürfen Maßnahmen gegen unbefugtes Besteigen nur in Absprache mit der Brandschutzdienststelle ergriffen werden."

> Ortsfeste Notleitern ersetzen grundsätzlich nicht des Rettungsgerät der Feuerwehr, können aber im Einzelfall, z.B. bei einer Nutzungsänderung im Bestand und unter Berücksichtigung des darauf angewiesenen Personenkreises, an Stellen, die mit Rettungsgeräten nicht direkt erreichbar sind, in einer Abweichungsentscheidung als zweiter Rettungsweg akzeptiert werden. Dabei ist allerdings darauf zu achten, dass sie entsprechend den Bestimmungen der DIN 14094 sicher benutzbar sind.
>
> IIB7-4112.60-001/06 Bayer. Staatsministerium des Inneren

B 2.1 Brandschutz bei Umbau und Sanierung 155

Ein wichtiger Punkt, den die DIN 14094 thematisiert, ist die Standsicherheit der Notleiteranlage. Aufgrund mehrerer Unfälle wurden im Oktober 2001 von der Arbeitsgemeinschaft der Leiter der Berufsfeuerwehren der Bundesrepublik Deutschland (AGBF) und vom Deutschen Feuerwehrverband (DFV) fast identische Fachempfehlungen zur Sicherheit von Notleitern veröffentlicht.

Ausstiegshilfen, Notstufenleitern auf dem Dach

Zur Sicherstellung des zweiten Rettungsweges aus Gauben und Dachflächenfenstern ist u.a. geregelt, dass die Unterkante oder ein davorliegender Austritt von Fenstern in Dachschrägen, von der Traufkante horizontal gemessen, nicht mehr als 1 m entfernt sein darf (siehe Abb. 3). Ist der horizontal gemessene Abstand zwischen Traufkante und der Fensterunterkante also größer als 1 m, sind entsprechende Tritte vorzusehen.

Hierbei kann zwischen unterschiedlichen Ausführungen gewählt werden. Die LBOs legen hierzu keinen Standard fest. Die einfachste Ausbildung von Dachtritten sind Trittstufen nach DIN EN 516. Besser und sicherer als Trittstufen sind Rettungspodeste, ggf. in Verbindung mit Notstufenleitern nach DIN 14094-2. Diese sind zu empfehlen, wenn zum Erreichen der bauaufsichtlichen Anforderungen mehr als ein Dachtritt erforderlich ist. Bei der Planung von Dachtritten ist auch ein verstärktes Augenmerk auf die Verkehrssicherungspflicht zu legen. So ist es z.B. problematisch, Dachtritte, vor allem einfache Trittstufen, vor Kinderzimmer oder Spielzimmer zu platzieren. Steigen Kinder auf diese Tritte und fallen herunter, könnte dies als Folge eines Planungsfehlers interpretiert werden.

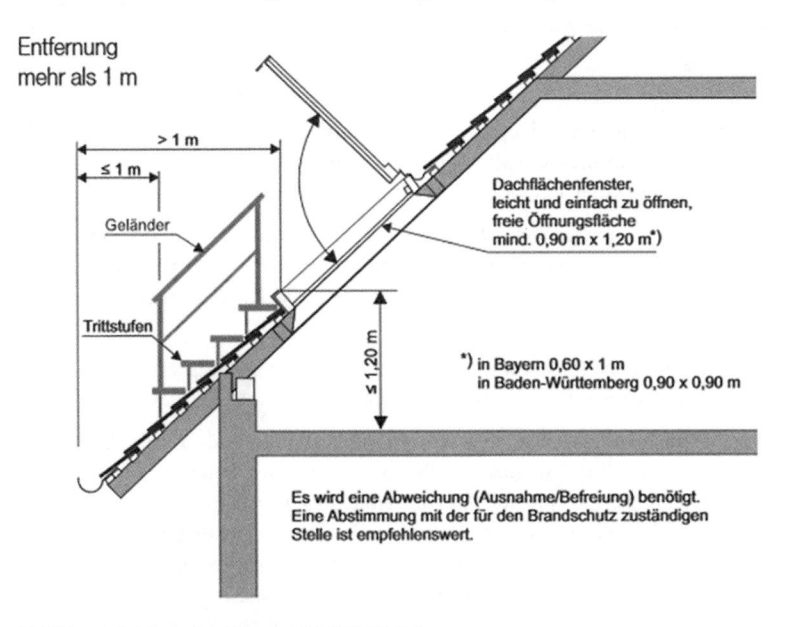

Abbildung 4: Notstufenleiter nach DIN 14094-2

Im Dach integrierter Balkon

Gute Planungen des zweiten Rettungsweges über Fenster im Dach zeichnen sich dadurch aus, dass Dachtritte nicht erforderlich sind. Eine Lösung stellt z.b. ein Dachfenster mit vorgelagerten, ins Dach integrierten Balkon dar. Auf der Basis des Anstellwinkels der Leiter muss das Balkongeländer erreichbar sein.

Abweichungen „wegen des Bestands"

Gerade bei Baumaßnahmen im Bestand sind Abweichungen meist unabdingbar. Dabei ist zu beachten, ob es sich um Abweichungen von materiell-rechtlichen Anforderungen oder um Abweichungen von Vorgaben der Verwendbarkeits-/Anwendbarkeitsnachweise handelt.

Beispiel: Abweichung von materiell-rechtlichen Anforderungen

Ein Gebäude ohne Bestandsschutz weist eine Holzbalkendecke auf. Diese wird oben durch eine Eichendielenlage, unten durch eine Weißdecke begrenzt. Baurechtlich wurde das Gebäude in die Gebäudeklasse 5 eingestuft.

Daraus ergibt sich gemäß Bayerischer Bauordnung für die Decke die Anforderung: feuerbeständig bzw. F 90-AB (oder REI 90, wesentliche Teile A2,s1,d0).

Zu beachten ist, dass diese Anforderung nicht durch eine Beplankung erfüllt werden kann, da wesentliche Teile der Decke aus brennbaren Materialien bestehen. Eine Feuerwiderstandsklasse von 90 Minuten, ohne Anforderungen an die Baustoffe erfüllt nicht die bauaufsichtliche Anforderung feuerbeständig bzw. die Anforderungen der Holzbaurichtlinie.

Diese könnte lediglich durch eine zusätzliche feuerbeständige Decke, entweder als eingeschobene Konstruktion oder bei Verwendung der bestehenden Decke als „verlorene Schalung" verwirklicht werden. Dieser Lösungsansatz ist jedoch in den meisten Bestandsgebäuden und vor allem im Denkmalschutz nicht unproblematisch.

Ein weiterer Lösungsansatz wäre eine formale Abweichung von den materiell-rechtlichen Vorschriften. In diesem Zusammenhang muss festgestellt werden, inwieweit technisch bzw. statisch Feuerwiderstandsklassen erreicht werden können, die der vorgeschriebenen Klasse möglichst nahe kommen.

Differenzen zur bauaufsichtlich vorgeschriebenen Feuerwiderstandsklasse müssen ggf. unter Einbeziehung von Ersatzmaßnahmen begründet werden.

Abweichungen von materiell-rechtlichen Anforderungen sind in der Regel schriftlich zu beantragen. In manchen Bundesländern ist dies formlos möglich, andere wiederum halten hierfür entsprechende Formblätter vor. Auch die eindeutige Darstellung einer Abweichung in den Eingabeplänen stellt theoretisch einen schriftlichen Abweichungsantrag dar. Diese Form, eine Abweichung zu beantragen, hat sich in der Praxis nicht bewährt und kann auch nur dort funktionieren, wo technische Planprüfungen im Verfahren vorgesehen sind. Auch sehen mittlerweile die Verfahrensprozedere mancher Bundesländer vor, Abweichungen nur bei einem ausdrücklichen (separaten) schriftlichen Antrag zu bearbeiten. Eine schlüssige

Begründung der Abweichung ist für den Prüfenden bei einer ausschließlich zeichnerischen Darstellung oft nicht erschließbar.

Deshalb ist für den schriftlichen Antrag einer Abweichung auf jeden Fall
- eine Beschreibung der Abweichung (Art und Ausmaß),
- die Benennung der betroffenen Rechtsquelle sowie
- die Benennung der Ersatzmaßnahmen (Kompensation) oder die Begründung der Unbedenklichkeit

erforderlich

Schutzzielorientierte Konzepte, die von Feuerwiderstandszeiten abweichen, können im Einzelfall z.b. durch Brandmeldeanlagen, Alarmierungsanlagen, optimierte Rettungswege usw. begründet/kompensiert werden.

Abweichungen im Bereich von Einschränkungen der Verwendung brennbarer Baustoffe können z.B. durch die Schaffung nichtbrennbarer Hohlraumfüllungen oder durch Unterteilung dieser Hohlräume (Vermeidung einer Brandausbreitung in der Konstruktion) formuliert werden.

Beispiel: Abweichung von Vorgaben der Verwendbarkeits-/ Anwendbarkeitsnachweise

Einbau einer Türe: Wird z.b. in der BayBO die Anforderung einer feuerhemmenden, dichten und selbstschließenden Tür in einer feuerbeständigen Trennwand vorgeschrieben, ergibt sich hieraus nach BayTB, Anhang 4, Nr. 5, die Notwendigkeit eines T 30-Feuerschutzabschlusses. Solche Feuerschutzabschlüsse sind nicht geregelte Bauprodukte. Deshalb muss ihre Verwendbarkeit durch eine allgemeine bauaufsichtliche Zulassung bzw. einer allgemeinen Bauartgenehmigung nachgewiesen werden. Ergänzend zu diesem Anwendbarkeitsnachweis gehören zu den Türen Einbauanleitungen, die genau beachtet werden müssen. Lediglich unwesentliche Abweichungen sind möglich. Für diese muss der/die Einbauende, im Rahmen der Übereinstimmungsbestätigung, aber bestätigen, dass durch den abweichenden Einbau, die Funktionsfähigkeit des Bauproduktes nicht beeinträchtigt wird.

Wesentliche Abweichungen von Vorgaben der allgemeinen bauaufsichtlichen Zulassung, bzw. der allgemeinen Bauartgenehmigung sind nur mit *Zustimmung im Einzelfall / mit einer vorhabenbezogenen Bauartgenehmigung*, durch die Oberste Bauaufsichtsbehörde des jeweiligen Bundeslandes möglich.

Bei diesem Verwaltungsakt wird dem Feuerschutzabschluss die entsprechende DIN-Bezeichnung, zugeordnet.

Moderne Bauteile im Altbau

Manche architektonischen Konzeptionen sehen vor, aktuelle Baumaßnahmen bewusst mit modernen Materialien zu dokumentieren. Dabei hat es sich bewährt, den Brandschutz nicht zu verstecken, sondern diesen bewusst zu zeigen.

Gerade für den Brandschutz sind mittlerweile etliche Bauprodukte erhältlich, die sich harmonisch in eine Altbausubstanz integrieren lassen. Beim Einbau von modernen Bauprodukten und Bauarten in den Bestand muss darauf geachtet werden, ob die Einbausituation durch die entsprechenden Verwendbarkeitsnachweise abgedeckt ist. So ist z.B. in vielen allgemeinen bauaufsichtlichen Zulassungen, Bauartgenehmigungen oder auch allgemeinen bauaufsichtlichen Prüfzeugnissen geregelt, dass Bauprodukte bzw. Bauarten, wie Brandschutzverglasungen an massive feuerbeständige Decken und Böden anzuschließen sind.

Holzdecken und Weißdecken erfüllen diese Anforderungen nicht. In diesem Zusammenhang ist entweder eine Abweichung von den materiell-rechtlichen Anforderungen oder von den Einbaubedingungen der Bauart anzustreben (siehe oben).

Resümee

- Im Bestand ist zunächst zu prüfen, ob Bestandsschutz besteht oder nicht.
- Ein bloßer Abgleich des angetroffenen Zustands mit dem aktuellen Bauordnungsrecht ist nicht zielführend.
- Liegt Bestandsschutz vor, wird aber gleichzeitig eine „Gefahr für Leben und Gesundheit" festgestellt muss die Gefahr beseitigt werden. Liegt kein Bestandsschutz vor, sind die aktuellen Vorschriften einzuhalten (Feuerwiderstand der Bauteile, notwendige Treppe oder Anleiterbarkeit).
- Ggf. sind Abweichungen erforderlich.

Literatur- und Quellenverzeichnis:

- Mayr, J., Battran, L. (Hrsg.) u.a.: Brandschutzatlas, FeuerTrutz Network GmbH
- Battran, L.: Einführung in den vorbeugenden Brandschutz, 2021, FeuerTrutz Network GmbH
- Battran, L., Kruszinski, T.: Brandschutz im Bestand - Bestandsschutzutz Network GmbH
- Kabat, S.: Brandschutz in historischen Bauten, 2017, FeuerTrutz Network GmbH
- Bayerische Bauordnung
- Musterbauordnung
- DIN 4102-2:1934-08 – Widerstandsfähigkeit von Baustoffen und Bauteilen gegen Feuer und Wärme
- DIN 14094-1:2017-04 - Feuerwehrwesen - Notleiteranlagen - Teil 1: Ortsfeste Notsteigleitern mit Rückenschutz, Haltevorrichtung, Podeste
- DIN 14094-2:2017-04 - Feuerwehrwesen - Notleiteranlagen - Teil 2: Rettungswege auf flachen und geneigten Dächern DIN 31051:2019-06 - Grundlagen der Instandhaltung
- DIN EN 516:2006-04 - Vorgefertigte Zubehörteile für Dacheindeckungen - Einrichtungen zum Betreten des Daches - Laufstege, Trittflächen und Einzeltritte; Deutsche Fassung EN 516:2006

Ralf Abraham

2.2
Auf dem Weg zu einer Umbauordnung – Aufzeigen von Ermessensspielräumen

Für die von der Bundesregierung vorgegebenen Klimaziele und Schaffung von 400.000 Wohnungen benötigen wir einen angemessenen Umgang mit unseren Bestandsbauten. Insbesondere die Nutzung schon vorhandener „grauen Energie" stellt einen wichtigen Baustein zur Erreichung der durch die Bunderegierung gesetzten Klimaziele dar.

Doch oft scheitern selbst die besten Lösungen daran, dass in Antragsverfahren Anpassungen für das gesamte Gebäude eingefordert werden. Diese Anpassungen führen regelmäßig dazu, dass sinnvolle Umbauten, Erweiterungen oder Nutzungsänderungen nicht weiterverfolgt werden.

Eine derartige Schlechterstellung gegenüber denjenigen, die nichts tun und sich nach Art 14 des Grundgesetzes (GG) auf Bestandsschutz berufen können, ist nicht zu rechtfertigen, behindert seit Jahren das Bauen im Bestand und ist innerhalb zeitkritischer Bauantragsverfahren nicht zu lösen. Daher gilt es nun auch noch die Verwaltung mit ins Boot zu holen.

Hierzu reicht oftmals schon ein Blick über den Tellerrand der einzelnen Bundesländer. Überall finden sich hervorragende ministeriale Erlasse, Dienstbesprechungen usw., exemplarisch sei hier die Thüringische Bekanntmachung erwähnt, von deren wir alle lernen können – brennt es doch hier nicht anders als anderswo [1]. Darüber hinaus wurde im Freistaat Bayern wurde mit der Änderung des Art. 46 Abs. 5 der Bayerischen Bauordnung eine vorbildliche Möglichkeit geschaffen, bei der Änderung zu Wohnraum auf unverhältnismäßige brandschutztechnische Ertüchtigungen zu verzichten. [2]

Statt dass sich vereinzelte Bauwillige weiterhin an unerfüllbaren Maximalforderungen aufreiben, ist es für einen lösungsorientierten und verhältnismäßigen Umgang mit dem Bestand erforderlich, auf schon vorhandene und umsetzbare Ermessensspielräume hinzuweisen. Zusammen mit der Klärung von Standardfragen und Klarstellung der tatsächlichen Zuständigkeiten kommt dieser Ansatz einem „Boostern" gleich, von dem wir alle profitieren.

Damit aus vermeintlich „vereinfachten Verfahren" nicht weiterhin „komplizierte Verfahren" werden, ist zumindest für den Bereich des vorbeugenden Brandschutzes nicht weniger erforderlich, als den Brandschutz wieder vom Kopf auf die Füße zu stellen.

Insbesondere für den Bestand sind hierzu folgende Differenzierungen erforderlich:

1. Unterscheidung zwischen Nutzungsänderungen und nicht genehmigungspflichtigen Modernisierungsmaßnahmen, z. B. bei einem Mieterwechsel [3].
2. Unterscheidung im verwaltungsrechtlichen Verfahren zwischen Antragsgegenstand und „nicht antragsgegenständlich". Letzteres betrifft das restliche Gebäude, für den der Bestandschutz nach Art. 14 GG auch bei einem Umbau (z. B. im Dachgeschoss) weiterhin uneingeschränkt gilt.
3. Unterscheidung zwischen dem Verwaltungsakt des „Erteilens einer Genehmigung" für den antragsgegenständlichen Bereich und dem Verwaltungsakt des „Anpassungsverlangens" für den nicht antragsgegenständlichen Bereich.
4. Würdigung nicht wesentlicher Änderungen – insbesondere, wenn sich das Risiko (z. B. Standardnutzungen in Standardgebäuden) nicht erhöht oder sogar verringert [3].
5. Verhältnismäßiger Umgang mit den Schnittstellen – den Übergängen zwischen Alt- und Neubau (Holzbalkendecken, Brandmauern). Gerade weil punktuelle Anpassungen für das Sicherheitsniveau des Gesamtgebäudes wenig bringen, bedarf es sowohl einer angemessenen Berücksichtigung des Zwecks der jeweiligen Anforderungen, als auch der Zulässigkeit von Abweichungsanträgen – ohne die Schutzziele zu unterlaufen. [1], [4].
6. Verankerung eines gesetzlichen Anspruches auf Erteilung von Abweichungen nach dem Vorbild etwa von § 69 Abs. 1 S. 2 BauO NRW („ist zu erteilen") insbesondere bei der Schaffung von Wohnraum durch Aufstockung, Dachgeschossausbau und baulicher Erweiterung sowie im Wege der Nutzungsänderung (vgl. hierzu bereits die Bayerische Regelung in Art. 46 Abs. 5 BayBO).

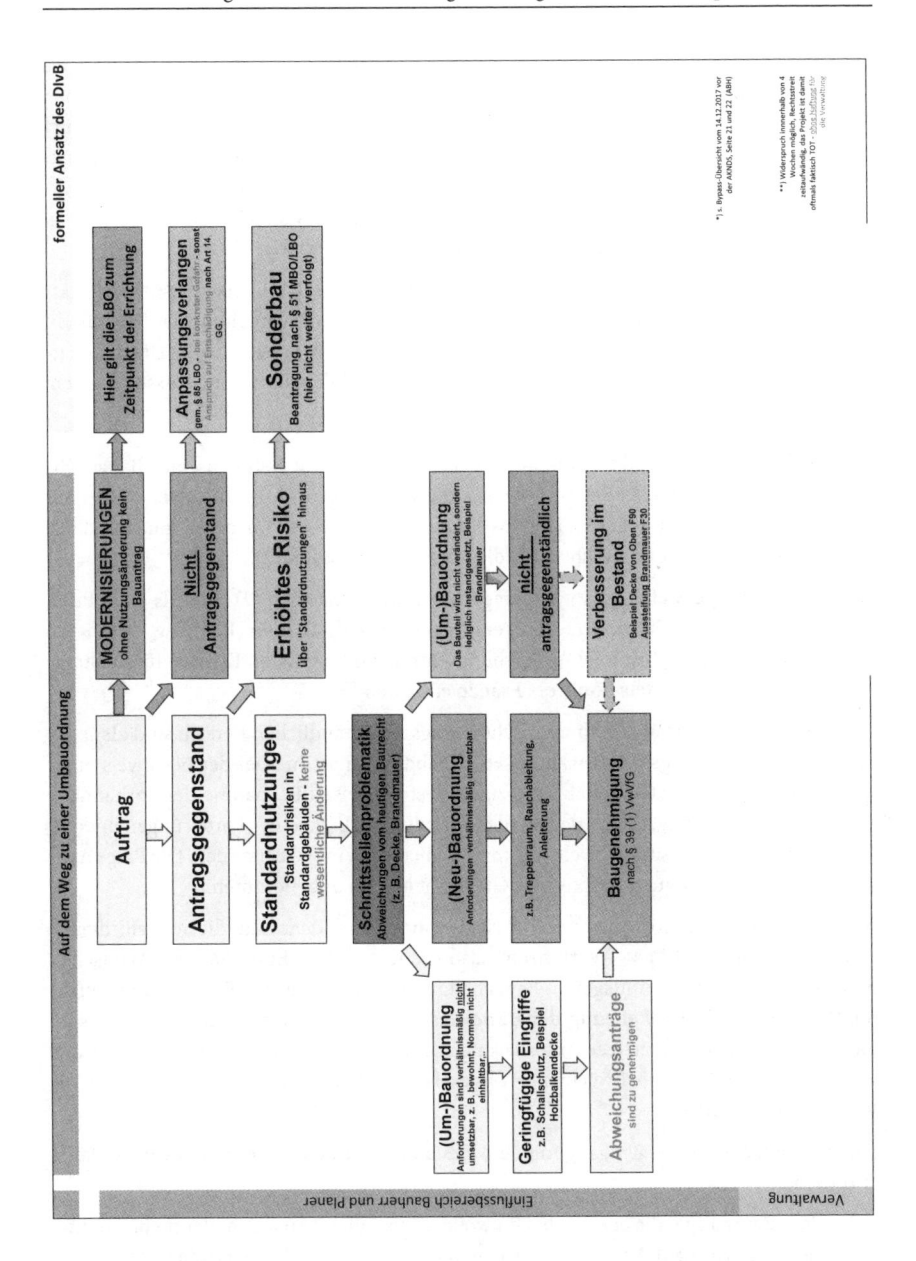

B 2.2 Auf dem Weg zu einer Umbauordnung – Aufzeigen von Ermessensspielräumen   161

Auf dem Weg zu einer Umbauordnung

formeller Ansatz des DIvB

Auftrag ⇨ **MODERNISIERUNGEN** ohne Nutzungsänderung kein Bauantrag ⇨ **Hier gilt die LBO zum Zeitpunkt der Errichtung**

Antragsgegenstand ⇨ **Nicht Antragsgegenstand** ⇨ **Anpassungsverlangen** gem. § 85 LBO – bei konkreter Gefahr – sonst Anspruch auf Entschädigung nach Art 14 GG.

Standardnutzungen Standardrisiken in Standardgebäuden – keine wesentliche Änderung ⇨ **Erhöhtes Risiko** über "Standardnutzungen" hinaus ⇨ **Sonderbau** Beantragung nach § 51 MBO/LBO (hier nicht weiter verfolgt)

Schnittstellenproblematik Abweichungen vom heutigen Baurecht (z. B. Decke, Brandmauer) ⇨ **(Neu-)Bauordnung** Anforderungen verhältnismäßig umsetzbar ⇨ **(Um-)Bauordnung** Das Bauteil wird nicht verändert, sondern lediglich instandgesetzt, Beispiel Brandmauer

z.B. Treppenraum, Rauchableitung, Anleiterung ⇨ **nicht antragsgegenständlich**

(Um-)Bauordnung Anforderungen sind verhältnismäßig nicht umsetzbar, z. B. bewohnt, Normen nicht einhaltbar...

Geringfügige Eingriffe z.B. Schallschutz, Beispiel Holzbalkendecke

Abweichungsanträge sind zu genehmigen ⇨ **Baugenehmigung** nach § 39 (1) VwVfG ⇨ **Verbesserung im Bestand** Beispiel Decken von Oben F90 Ausbildung Brandmauer F30

Einflussbereich Bauherr und Planer

Verwaltung

*) s. Bypass-Übersicht vom 14.12.2017 vor der AKNDS, Seite 21 und 22 (ABH)

**) Widerspruch innerhalb von 4 Wochen möglich, Rechtsstreit zeitaufwändig, das Projekt ist damit praktisch TOT – c/kus Auftrag für die Verwaltung

Die größte Schwachstelle in derzeitigen Verfahren liegt jedoch im Verweis auf nachrangige Stellen (z.B. Brandschutzdienststellen), um sich dort, außerhalb des hierfür vorgesehenen Verfahrens, zu „einigen". Kommt der Bauherr dieser „Einigung" nicht nach und überarbeitet die Bauanträge nicht selbst, wird der Bauantrag als nicht vollständig deklariert und zurückgewiesen – ein oftmals empfindliches Übel. Ziel dieser Handhabung ist eine „antragsgemäße" bzw. „auflagenfreie" Genehmigung gem. § 39 Abs. 2 VwVfG – ohne Begründung, ohne Haftung, ohne Rechtsmittelbelehrung und ohne angreifbaren Verwaltungsakt [5].

Um dieses **„Bypass-Verfahren"** zu unterbinden, ist es daher unabdingbar, dass sich die tatsächlich zuständige (somit unterzeichnende und haftende) Sachbearbeitung der Bauaufsicht an den vorgegebenen rechtlichen Rahmen hält – als Grundvoraussetzung des rechtsstaatlichen Prinzips – nach der sich alle Verwaltungsakte gerichtlich überprüfen lassen müssen.

Daher gilt:

1. Jeder **Verwaltungsakt**, somit auch jegliche Auflagen im Rahmen einer Baugenehmigung sind gem. § 39 Abs. 1 VwVfG mit einer **Begründung** zu versehen. Bei der Beteiligung nachrangiger Stellen ist immer zu prüfen, ob für deren gutachterliche Äußerungen eine rechtliche Grundlage vorhanden ist [6], [7].

2. **Nachrangige Stellen**, also alle Träger öffentlicher Belange (TÖBs), als auch Prüfingenieure für Statik etc. **sind erst nach abschließender Prüfung** durch die Sachbearbeitung (Beispiel Abweichungsantrag) **zu beteiligen**. Ersuche für Stellungnahmen müssen stets **konkrete Fragen** enthalten [8].

3. **Anpassungsverlangen** für den nicht antragsgegenständlichen Bereich sind **als separate Verwaltungsakte auszuweisen**. Unabdingbar ist hierbei der Nachweis einer dauerhaft konkreten Gefahr, die zumindest teilweise Rücknahme der vorhandene Baugenehmigung, die Darlegung der Verhältnismäßigkeit der Forderungen und vor allem eine Rechtsmittelbelehrung mit Möglichkeit zum Widerspruch. Die Frage nach einer Entschädigung nach Art 14 GG bleibt hierbei unbenommen.

Nach oben genannten Kriterien wären viele der oft vorgefundenen auf die Schnelle durchgeführten **„Copy and Paste-Verfahren"**, also das unkritische Einstellen von Wünschen nachrangiger Stellen als Auflagen in Baugenehmigungen – ohne jede Begründung – nichtig. Wenn jedoch in **Umkehrung der Beweislast** Bauwillige in oft jahrelangen Prozessen die Rechtswidrigkeit derartiger Anforderungen „beweisen" müssen, bedeutet das oft den vorgezeichneten Tod von Projekten – ohne Haftung und ohne Konsequenzen für die Verwaltungsbehörden.

Für einen angemessenen Umgang mit dem Bestand, einer neuen **Umbaukultur**, ist daher erforderlich:

1. dass **Bauwillige**, die etwas schaffen wollen, gegenüber jemanden, der nichts tut und sich weiterhin auf Art.14 GG berufen kann, nicht mehr deutlich schlechter gestellt werden – dieses ist mit dem GG nicht vereinbar.

2. dass sich alle **Verwaltungsakte** mit unseren rechtsstaatlichen Prinzipien vereinbaren lassen und Auflagen mit Begründungen gem. § 39 Ab. 1 VwVfG zu versehen sind – sich insbesondere auch Anpassungsverlangen gerichtlich klären lassen müssen.

3. dass **Planer** nicht genötigt werden, überzogene Forderungen selbst zu beantragen und im anderen Fall die Bearbeitung des Bauantrages, da nicht vollständig, komplett abgelehnt wird. Zur Problematik der damit einhergehenden Haftungsverschiebung – ohne angreifbaren Verwaltungsakt – verweise ich auf die beiliegende BGH-Entscheidung [9].

Im Ergebnis geht es um das Erreichen der Klimaziele, welche nur mit einem ressourcenschonenden Umgang im Bestand zu erreichen sind. Hierzu bedarf es zumindest in Teilen der Verwaltung eines progressiven Umdenkens und großer gemeinsamer Anstrengungen.

Wenn wir die Verwaltungsbehörden hierzu nicht mit ins Boot holen, werden wichtige Entscheidungsprozesse weiterhin massiv ausgebremst. Es geht also nur gemeinsam [10]. Hierzu bedarf es einer neuen **Kultur des Dialoges.**

Anlagen:

[1] Brandschutzanforderungen für bestehende Gebäude – Hinweise zur Rechtslage. Bekanntmachung des Thür. Ministeriums für Infrastruktur und Landwirtschaft, ThürStAnz vom 1. Abpril 2019 Nr. 17/2019 S 784–790 *)

[2] Bayerische Bauordnung (BayBO) in der Fassung der Bekanntmachung vom 14. August 2007 (GVBl. S. 588), zuletzt geändert durch die §§ 1 und 2 des Gesetzes vom 8. November 2022 (GVBl. S. 650) *)

[3] Mythen des Brandschutzes – Jede Nutzungsänderung erhöht das Risiko, FeuerTrutz-Magazin 04/2022 *)

[4] Mythen des Brandschutzes – Abweichungen sind nicht möglich, FeuerTrutz-Magazin 02/22*)

[5] Mythen des Brandschutzes – Brandschutzdienststellen entscheiden über Belange des vorbeugenden Brandschutzes, FeuerTrutz-Magazin 04/22 *)

[6] Beteiligung von Brandschutzprüfern im Baugenehmigungsverfahren, Bezirksreg. Braunschweig, v. 26.02.1993 *)

[7] Berücksichtigung des vorbeugenden und abwehrenden Brandschutzes im Genehmigungsverfahren, vom niedersächsischen MI vom 07.03.2014 **)

[8] Klarstellung des Nds. Ministeriums für Umwelt, Energie, Bauen und Klimasch. zur tats. Zuständigkeit, v. 24.02.2020 **)

[9] BGH setzt Maßstab: Unwirtschaftl. Brandschutzplanung führt zu Schadensersatz – Entsch. v. 15.11.2012–UZ *)

[10] Verwaltung mit ins Boot – Bild *)

Diese und weitere Quellen finden sich unter:

*) http://www.brandschutz-im-dialog.com/veroeffentlichungen/

**) http://www.brandschutz-im-dialog.com/anfragen-an-die-politik/

Prof. Dr.-Ing. habil. Gerd Geburtig

2.3 Angemessener Brandschutz bei Baudenkmalen – Praxisbeispiele

1. Denkmalschutz und notwendige Sicherheit

1.1 Brand- und Denkmalschutz: Konkurrierende Schutzziele?

Die aktuellen Anforderungen des Brandschutzes verträglich in Baudenkmalen durchzusetzen, ist eine Herausforderung, die den Planenden zwingt, die konkurrierenden Schutzinteressen gleichermaßen zu würdigen. Demzufolge muss ein Abwägungsprozess vorgenommen werden, der die in der gesellschaftlichen Akzeptanz zunächst gleichwertigen Interessen anhand der konkret sich daraus entwickelnden brandschutztechnischen Schutzziele auf Basis der denkmalpflegerischen Axiologie[1] vereinbart, sozusagen „auf Augenhöhe". Dies kann in der Regel nur geschehen, wenn von Standlösungen abgewichen wird und die Bereitschaft für individuelle, schutzzielorientierte Konzepte vorhanden ist. Ziel sollte es bei Baudenkmalen jedoch sein, nur möglichst wenige, aber notwendige Eingriffe konsequent zu verwirklichen und die überlieferte, historisch wertvolle Substanz weitgehend unverändert zu belassen.

1.2 Notwendigkeit und Grenzen des Substanzschutzes

Welche „Sicherheitsansprüche" sind zunächst bei einem in Funktion und Gefüge weitgehend unveränderten denkmalgeschützten Gebäude als planerische Grundlage anzusetzen? Bei jedem Brandfall kann eine Brand- bzw. Rauchausbreitung sowohl zur Gefährdung von Personen als auch zu erheblichen Schäden an der geschützten Bausubstanz führen. Daher verfolgt ein angemessener Brandschutz auch das grundlegende Ziel der Denkmalpflege, denn unter dem Begriff „Denkmalpflege" kann man sämtliche Bestrebungen verstehen, die auf die Erhaltung von Erzeugnissen vergangener Kulturepochen der Gegenwart und Zukunft gerichtet sind, d. h. „Kulturdenkmale als Quellen und Zeugnisse menschlicher Geschichte und erdgeschichtlicher Entwicklung zu schützen und zu erhalten"[2].

Um bei historischen Bauwerken sowohl Denkmal- als auch Brandschutz sinnvoll miteinander vereinbaren zu können, sind beide gleichrangig zu behandeln. Häufig treten dabei in der Praxis für den konkreten Einzelfall die folgenden grundlegenden Fragen auf:

- Welche Änderungen gefährden grundlegend den Denkmalschutz?
- Inwieweit sind denkmalpflegerische Beeinträchtigungen zulässig?
- Welche vorhandenen Mängel sind als wesentlich einzuschätzen?

- Wie löst man knifflige Details einer Nachrüstung oder Ertüchtigung?
- Wie geht man mit abweichenden Rahmenbedingungen gegenüber Normen, Verwendbarkeitsnachweisen oder Herstellerrichtlinien um?

Beim Baudenkmal ist zwischen Schutzmaßnahmen zu unterscheiden, die das Brandereignis an sich verhindern und solchen, die das Ausmaß der Schädigung behindern. Diese Unterscheidung ist geeignet, den Maßstab zwischen einer alltäglichen Sanierung und einer denkmalpflegerischen Behandlung zu differenzieren. Während bei einer Sanierung durchaus die Belange des Brandschutzes im Vordergrund zu stehen haben und das Beseitigen konkreter Gefahrenquellen im Vordergrund zu stehen hat, gesellt sich beim Baudenkmal immer die weitgehende Begrenzung baulicher – und damit ausmaßbegrenzender – Maßnahmen beim Umgang mit dem Brandschutz dazu, damit dessen Identität gewahrt bleibt.

Gültige Verordnungen zum Brandschutz sind sinnvoll, indem sie einen hohen Sicherheitsstandard festlegen. Wenn deren konsequente Durchsetzung jedoch zu erheblichen Beeinträchtigungen der schützenswerten Bausubstanz bis zur Zerstörung von Kulturdenkmalen führt, wurde das gleichwertige Schutzziel der Denkmalpflege verfehlt. Eine absolute Sicherheit vor Bränden ist ohnehin undenkbar; sie würde die Freiheit des Menschen einengen und wäre wirtschaftlich untragbar.[3] Diese Erkenntnis sollte die Basis aller Bestrebungen einer Brandschutzplanung beim Baudenkmal sein.

Baudenkmale genießen zunächst stets Bestandsschutz. Dennoch haben diese – insbesondere bei einer geplanten Umnutzung – einer aus brandschutztechnischer Sicht vorzunehmenden Analyse realer Gefahren standzuhalten. Zwischen einer Bausanierung und einer denkmalpflegerischen Behandlung gibt es entscheidende Unterschiede, die im Grundlagenband „Brandschutz im Baudenkmal" ausführlicher diskutiert werden.[4] Fest steht jedoch, dass auch bei Baudenkmalen hinsichtlich konkreter Gefahren für Menschen zu handeln ist. Somit gilt trotz des Bestandsschutzes für Baudenkmale stets auch aus denkmalpflegerischer Sicht: „Bestandsschutz hört spätestens dort auf, wo Gefahren für Leben und Gesundheit bestehen".[5]

B 2.3 Angemessener Brandschutz bei Baudenkmalen – Praxisbeispiele 167

Abbildung 1: Nicht jede Abweichung zieht eine konkrete Gefährdung nach sich.

Abbildung 2: Rettungswege müssen auch in Baudenkmalen hinreichend sicher sein.

2. Beurteilung des Bestandes und Nutzungsänderungen

2.1 Notwendige Untersuchungen

Bei der brandschutztechnischen Beurteilung von Baudenkmalen ist im Vorfeld einer denkmalpflegerischen Behandlung die denkmalpflegerische Analyse (historische, axiologische, Schadens- und Mangelanalyse) unerlässlich. Die vorhandene bauliche Situation entspricht nur selten den abstrakten Forderungen des Brandschutzes. Häufig kann zudem die bauliche Bestandssituation den zunächst erforderlichen Brandschutzmaßnahmen nicht angepasst werden, sondern vielmehr ist zu fordern, dass die Brandschutzmaßnahmen Rücksicht auf den Bestand nehmen müssen. Aus Angst vor Fehleinschätzungen wegen fehlender (nicht finanzierter) Analyseschritte oder aus Unkenntnis werden historische Konstruktionen unzutreffend eingeschätzt, was entweder zu unnötigen, unwirtschaftlichen und sogar komplizierten Maßnahmen oder zu einer mangelhaften Risikobeurteilung führt. Die Konsequenzen sind erschwerte Verwirklichungen und Qualitätsprobleme. Es entstehen Vorschläge, die bei denkmalgeschützten Konstruktionen im Widerspruch zur denkmalpflegerischen Zielstellung stehen und sich als nicht durchführbar erweisen.

Abbildung 3: Die brandschutztechnische Bestandsanalyse ist unerlässlich.

Um den notwendigen Handlungsbedarf in brandschutztechnischer Hinsicht konkret feststellen zu können, ist eine detaillierte Analyse der tatsächlich vorhandenen Brandsicherheit erforderlich. Als wichtige zu beurteilende Komponenten der Brandsicherheit bei denkmalgeschützten Gebäuden sind u. a. die folgenden zu benennen:

B 2.3 Angemessener Brandschutz bei Baudenkmalen – Praxisbeispiele 169

- Lage und Umfeld der baulichen Anlagen
- Gliederung der Gebäude
- Rettungswegesituation
- Branderkennung und Alarmierung
- Vorhandene besondere Brandlasten oder Brandgefahren
- Brandentstehungsrisiko, z. B. aufgrund nachträglicher Installationen
- Organisatorische Voraussetzungen
- Wirksamkeit der jeweiligen Feuerwehr, z. B. Möglichkeit der Anleiterung.

Nach dem Feststellen der jeweiligen im Einzelfall angetroffenen Mängel an einem historischen Gebäude ist die konkrete Risikoanalyse vorzunehmen. Die Mängel haben im Detail oft eine sehr unterschiedliche Wirkung, wobei häufig zu attestieren ist, dass ein scheinbar bedeutender Mangel, wie ein von der heutigen Vorschrift abweichender Feuerwiderstand, gar nicht derartig ins Gewicht fällt, während beinah vergessene, unsachgemäß nachträglich verlegte Elektro- oder Datenleitungen mit ihren Brandlasten bzw. wegen der Gefahr einer möglichen Brandweiterleitung die Rettungswege erheblich mehr beeinträchtigen.

Für eine angemessene Risikobeurteilung ist es zunächst wichtig zu überprüfen, welche sicherheitstechnischen Anforderungen zur Errichtungszeit des Gebäudes galten, denn einen Bestandsschutz kann ein Gebäude natürlich nur haben, wenn das zur Bauzeit geforderte Sicherheitsniveau auch erreicht wurde. Ein bauzeitlicher „Pfusch" ist nicht im Nachhinein zu legitimieren. Das gilt bei Baudenkmalen insbesondere für im Nachhinein vorgenommene technische Nachrüstungen oder bauliche Ausbesserungen. Parallel dazu gilt es zu ergründen, welchen Sinn die heutige Neubauvorschrift hat. So ist es möglich, das Abweichungspotenzial zu bestimmen und festzustellen, welche Gefährdungslage überhaupt konkret vorliegt. Erfahrungsgemäß bestimmen drei wesentliche Themen jegliche Risikobeurteilung:

a) Situation und Sicherheit der Rettungswege

b) Mögliche Rauchableitung aus Treppenräumen

c) Nachträglich vorgenommene Installationen.

Bei der Einschätzung des Feuerwiderstandes von bestehenden Bauteilen sind folgende Kriterien unabhängig von der materialtechnischen Beschaffenheit von grundlegender Bedeutung:

- Materialbestandteile und -qualitäten
- Einbausituationen (freiliegend, vollständig oder teilweise bekleidet)
- Tatsächliche statische Auslastung einer vorhandenen Tragkonstruktion
- Vorhandene Auflagerungen und Einspannungen
- Verbindungsmittel
- Überdeckungen und Beschichtungen, z. B. von Beton- oder Stahlkonstruktionen.

Für die genaue Diskussion des festgestellten Abweichungspotenzials ist es erforderlich, die konkrete Leistungsfähigkeit der vorhandenen Bauteile zu beurteilen. Dies kann anhand zur Errichtungszeit gültiger Vorschriften, Zulassungen oder Prüfzeugnisse, mittels vergleichender Untersuchungen, durch die Auswertung von Brandereignissen, bei denen ähnliche Konstruktionen belastet wurden, aber auch mit konkreten Materialuntersuchungen und nachträglichen ingenieurgemäßen Berechnungsmethoden erfolgen. Auf jeden Fall müssen brandschutztechnische Eigenschaften wie die Feuerwiderstandsdauer stets im Zusammenhang mit der Tragwerksplanung betrachtet werden. Leider ist die fehlende Korrespondenz der jeweiligen Fachplanungen untereinander immer wieder eine Quelle für mangelhafte Planungen.

Die Voraussetzung für vernünftige Abläufe ist das „Hineindenken" in die Erfordernisse der jeweils scheinbar einander gegenüberstehenden handelnden Seite. Es bedarf des gegenseitigen Verständnisses, dann wird die Suche nach dem einvernehmlichen Brandschutzkonzept erfolgreich sein, das sich nicht an starren Standardregelungen orientiert.

2.2 Probleme durch Nutzungsänderungen

Wenn sich die Nutzung eines Baudenkmals ändert, ist grundsätzlich damit zu rechnen, dass dadurch nunmehr einem höheren brandschutztechnischen Standard entsprochen werden muss, da prinzipiell eine Anpassung an die neue Nutzung geboten ist. Weil die bauordnungsrechtlichen Vorschriften für die neue Nutzung häufig restriktivere Vorgaben als zur Errichtungszeit des denkmalgeschützten Gebäudes enthalten, ist der Umfang der gewollten Änderung und die Widersprüchlichkeit gegenüber den neuen Anforderungen genau zu analysieren.

Abbildung 4: Zu einer Versammlungsstätte umgenutztes Speichergebäude

Zu einem eventuellen behördlichen Anpassungsverlangen wurde bereits im Jahre 1919 in dem vom preußischen Staatskommissar für das Wohnungswesen erlassenen Entwurf einer Bauordnung im § 35 zu vorhandenen baulichen Anlagen wie folgt ausgeführt:

(1) „Auf bauliche Anlagen, die zur Zeit ihrer Errichtung den damals gültigen baupolizeilichen Bestimmungen entsprachen, und auf Bauten, die auf Grund genehmigter Bauentwürfe bereits begonnen sind, findet die nachträgliche Durchführung nicht etwa beobachteter Bestimmung dieser Bauordnung nur dann statt, wenn polizeiliche Gründe, insbesondere solche der öffentlichen Sicherheit, es notwendig machen."

(2) „Für bauliche Arbeiten, welche einzeln oder zusammengenommen eine erhebliche Veränderung eines Gebäudes oder Gebäudeteils darstellen, kann die Baugenehmigung auch davon abhängig gemacht werden, daß gleichzeitig die durch den Entwurf an sich nicht berührten Gebäude und Gebäudeteile, soweit sie den Vorschriften dieser Bauordnung widersprechen, mit dieser in Übereinstimmung gebracht werden."[6]

Weiterführende Anmerkungen von F.W. Fischer zur detaillierten Auslegung dieses historischen Textes können dem Band Brandschutz im Baudenkmal – Wohn- und Bürobauten entnommen werden.[7]

Hinsichtlich der Rechtmäßigkeit eines bauordnungsrechtlichen Anpassungsverlangens ist vor allem die heutige Formulierung des § 81 (1) der Bauordnung für Berlin von Bedeutung, die lautet: *„Rechtmäßig bestehende bauliche Anlagen sind, soweit sie nicht den Vorschriften dieses Gesetzes oder den auf Grund dieses Gesetzes erlassenen Vorschriften genügen, mindestens in dem Zustand zu erhalten, der den bei ihrer Errichtung geltenden Vorschriften entspricht."*[8] Damit wurde – ganz im Sinn des historischen Vorbilds – prinzipiell klargestellt, dass zunächst für alle rechtmäßig bestehenden baulichen Anlagen – und davon ist bei einem Baudenkmal regelmäßig auszugehen – der Bestandsschutz gilt und es auf die bauzeitlichen Vorschriften ankommt. Daher ist es auch generell sinnvoll, sich mit den zur Errichtungszeit geltenden Regelungen zu beschäftigen und die brandschutztechnische Beurteilung auf diese zurückzuführen.

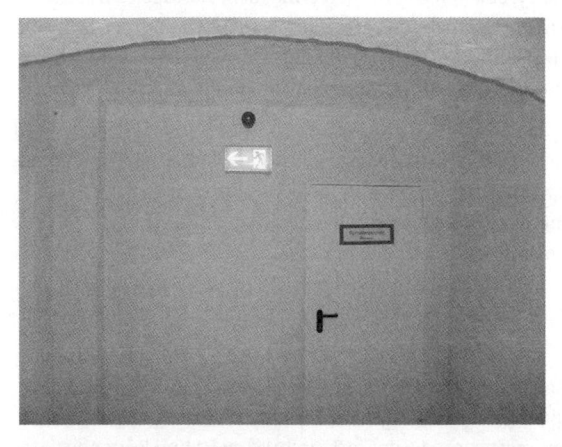

Abbildung 5: Notwendige Brandschutzmaßnahmen wegen einer Nutzungsänderung: Löschanlage, Brandmelde- und Alarmierungsanlage, Rettungswegkennzeichnung

3. Geeignete Brandschutznachweise für Baudenkmale

3.1 Grundlagen

Für Baudenkmale ist es selten möglich, im Abgleich zwischen den konkret formulierten Bauteilanforderungen in der jeweiligen Landesbauordnung bzw. den geltenden Sonderbauvorschriften eine erfolgreiche Brandschutzplanung zu betreiben. Es werden stattdessen Sicherheitsnachweise auf der Grundlage von für das betreffende Baudenkmal zugeschneiderten schutzzielorientierten Brandschutzkonzepten benötigt, die auch mit abweichenden Inhalten ein gegenüber den konkreten Bauteilanforderungen vergleichbares Sicherheitsniveau bieten. Es handelt sich dabei um Nachweise, die auf den individuellen Einzelfall eines Bauwerkes bezogen verschiedene Szenarien simulieren. Das kann von ingenieurgemäßen Nachweisen unterstützt werden. Damit können eine Vielzahl denkmalgeschützter Bauteile, anstelle vernichtet und unsinnigerweise durch neue ersetzt zu werden, erhalten bleiben und die denkmalpflegerische Anforderung nach der weitgehenden Nichtbeeinträchtigung wertvoller Substanz erfüllt werden.

Die konkreten brandschutztechnischen Schutzziele basieren auf den Eigenschaften der vorhandenen Bausubstanz und auf den geplanten Nutzungen. In dem darauf abgestimmten Brandschutzkonzept werden ohne Standardvorgaben die für den Einzelfall erforderlichen Brandschutzmaßnahmen festgelegt. Außerdem sind die Maßnahmen des vorbeugenden, abwehrenden und organisatorischen Brandschutzes im direkten Zusammenhang miteinander festzulegen – ein besonders wichtiger Aspekt bei der Einschätzung des wirklichen Gefahrenpotenzials.

3.2 Angemessene Brandschutzplanung für ein Baudenkmal

Stets ist im Vorfeld der Festlegung brandschutztechnischer Maßnahmen nach den tatsächlichen, angeblich nicht zu gewährleistenden Eigenschaften eines Bauwerkes zu fragen. Ein Vergleich derselben mit denen für Neubauten geforderten ermöglicht Aussagen zur tatsächlich erforderlichen Brandsicherheit. Geschieht das, dann kann analysiert werden, ob und warum Defizite des Brandschutzes ohne Ausgleich, d. h. auf dem Wege der Abweichung ohne weitere Maßnahmen, oder durch Einsatz von zusätzlichen Maßnahmen zu tolerieren sind.

In den Fällen, bei denen die tatsächlich notwendigen Anforderungen bei Baudenkmalen nicht befolgt werden können, sind zur gleichrangigen Erfüllung der betreffenden Forderungen „Ersatzmaßnahmen" zu konzipieren. Bei der Baudenkmalpflege ist bei dieser Tätigkeit der sensible Umgang mit brandschutztechnischen Maßnahmen von entscheidender Bedeutung. Die auszuwählenden Maßnahmen sollen die Authentizität der Überlieferung eines Baudenkmals nicht stören und die schützenswerte Substanz so wenig wie möglich beeinträchtigen.

Die Basis der Anwendung geeigneter Brandschutzmaßnahmen bei einer denkmalpflegerischen Behandlung von Bauwerken ist das gebäudeorientierte Brandschutzkonzept, das in den architektonischen Planungsphasen weiter fortzuschreiben ist und letztendlich in einem für die genehmigende Behörde vollständig nachvollziehbaren Brandschutznachweis

– in einigen Landesbauordnungen auch als „Brandschutzkonzept" tituliert – mündet. Es muss eine kritische Überprüfung von Annahmen durch eine systematische Untersuchung mit dem Ziel der Erarbeitung einer Brandgefährdungsanalyse erfolgen, da mit dem Brandschutznachweis die behördliche Zustimmung erlangt werden soll. Die Voraussetzung für die Abläufe der geeigneten Brandschutzplanung ist das jeweilige erforderliche „Hineinversetzen" in die Denkweise der scheinbar einander gegenüberstehenden, handelnden Seite. Es bedarf des gegenseitigen Verständnisses; dann wird die Suche nach dem einvernehmlichen Brandschutzkonzept erfolgreich sein, ohne notwendiges Vertrauen auf zweifelsohne für Standardbauten bewährte Regeln. *„Der Brandschutz bestimmt somit, was geschehen muss, und der Denkmalschutz, wie das geschehen darf."*[9]

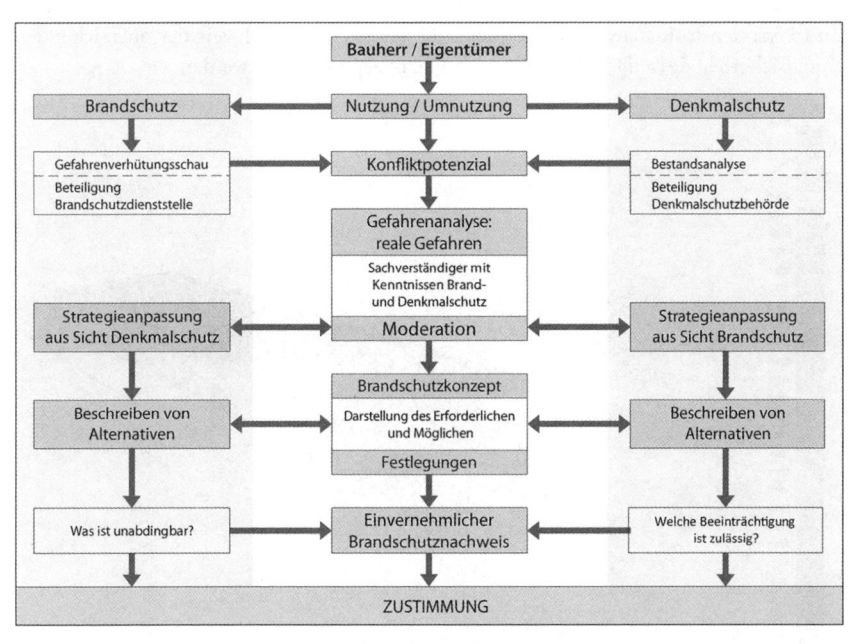

Abbildung 6: Korrekter Ablauf der Brandschutzplanung beim Baudenkmal.[10]

3.3 Anwendung von Brandschutzingenieurmethoden

Bereits seit längerer Zeit besteht zudem die Möglichkeit, die Dienlichkeit ausgleichender Maßnahmen mit Hilfe von Methoden des Brandschutzingenieurwesens nachzuweisen. So können mittels anerkannter Verfahren Nachweise erfolgen, dass für vorgegebene bzw. erforderliche Zeiträume die vorhandenen Rettungswege ausreichend benutzbar bzw. wirksame Löscharbeiten möglich sind oder die Standsicherheit ausgewählter Bauteile gewährleistet ist.

Die in den sicherheitstechnisch erforderlichen Zeiträumen einzuhaltenden Sicherheitskriterien, die entweder der Begründung einer Abweichung oder dem Nachweis der geeigneten Maßnahme dienen können, sind aufgrund anerkannter Kriterien des Brandschutzes objekt- und schutzzielbezogen festzulegen. Sie können insbesondere bei Baudenkmalen die folgenden Kriterien betreffen:

- Einhaltung einer im Brandschutzkonzept vorgegebenen raucharmen Schicht, z. B. für Bestandteile von Rettungswegen
- Einhaltung der Tragfähigkeit unter den ermittelten Temperaturbelastungen für einzelne Bauteile und die gesamte Tragkonstruktion
- Einhaltung erforderlicher Räumungszeiten.

Dazu kommen als Methoden des Brandschutzingenieurwesens Brandsimulationen als allgemeine Bemessungsbrände anstelle von normgerechten Prüfungen, Rauchversuche und Personenstromanalysen in Betracht, die jeweils zum Nachweis der ausreichenden Brandsicherheit des aufgestellten Brandschutzkonzeptes genutzt werden.

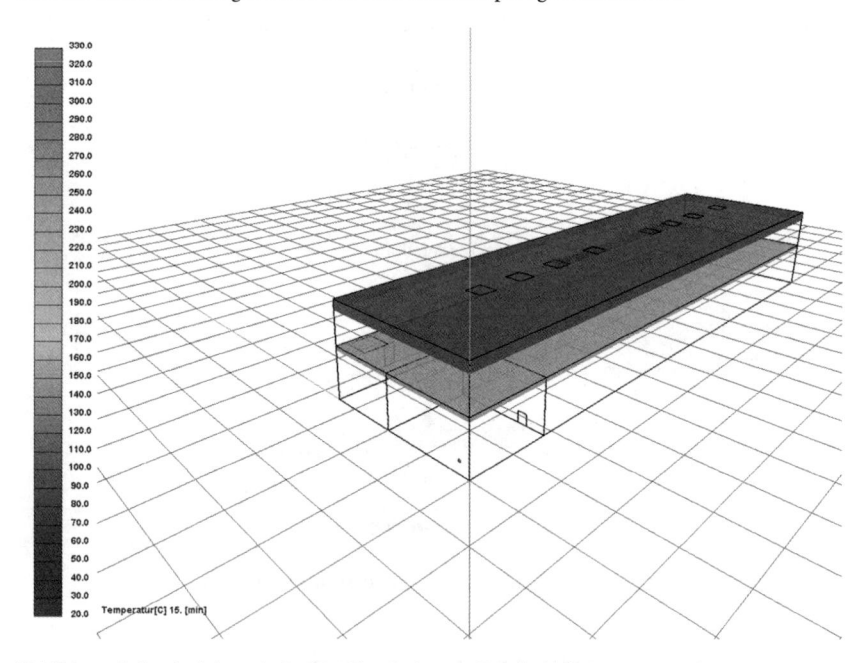

Abbildung 7: Ergebnis innerhalb einer Simulation zur Rauchableitung.

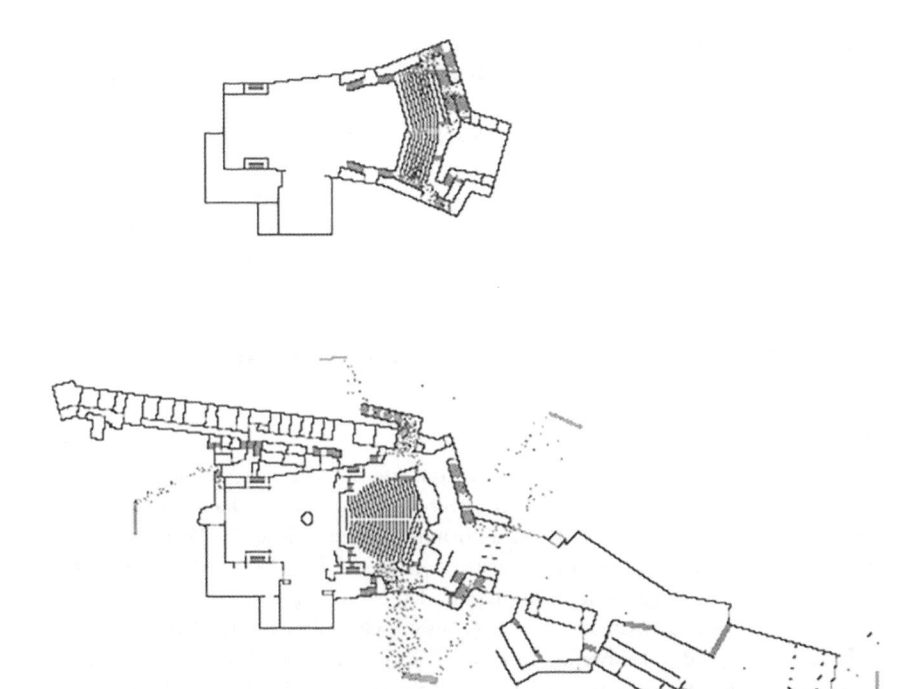

Abbildung 8: Anfangsszenario für eine Personenstromanalyse.

Um die bauaufsichtliche Akzeptanz der Anwendung von Ingenieurmethoden für den Nachweis der Brandsicherheit verbessern zu können, wurde seitens des Deutschen Institutes für Normung e. V. (DIN) für die Grundsätze der Aufstellung von Nachweisen mit Methoden des Brandschutzingenieurwesens DIN 18009-1[11] verabschiedet. In diesem Teil der Norm werden die Grundsätze für die Aufstellung von Nachweisen mit Methoden des Brandschutzingenieurwesens definiert. Explizit gelten diese Regelungen auch für bestehende Gebäude und Baudenkmale. Das Ziel ist es dabei, sich vom Erfüllen fest vorgegebener Bauteilanforderungen zu lösen und anstelle dieses, ingenieurgemäße Nachweise treten zu lassen. Es soll dabei weniger darum gehen, wiederum starre Anforderungen zu definieren, sondern stattdessen die richtige und angemessene Vorgehensweise zu beschreiben und zu regeln, mit der folgerichtig eine vertretbare Brandsicherheit ermittelt und nachgewiesen werden kann. Der erste Teil der Norm versteht sich zunächst als Basisnorm, mit der die Grundsätze und Regeln für die Anwendung des Brandschutzingenieurwesens aufgestellt werden sollen.

Daran anschließend ist die Herausgabe einzelner spezieller Teile für die jeweiligen Bereiche der Brandschutz-Ingenieurmethoden geplant. Für den Bereich der Räumung von Gebäuden wurde im August 2022 die DIN 18009-2 mit dem Titel „Brandschutzingenieurwesen – Teil 2:

Räumungssimulation und Personensicherheit" veröffentlicht, in der Regelungen zu den Grundzügen der Nachweisführung, zu den Szenarien zum Nachweis der Personensicherheit, den Anforderungen und Leitungskriterien, den möglichen Berechnungsverfahren (Rechenmodellen) und zur notwendigen Dokumentation und Darstellung der Ergebnisse enthalten sind. Zudem sind Anhänge in der Norm enthalten (normativ oder informativ), mit denen u. a. wertvolle praktische Hinweise zu Detektions- und Alarmierungsdauern, zur Ermittlung der Reaktionsdauer, zur Auswahl der maßgebenden Szenarien, über Grunddaten der Personendynamik und zu den jeweiligen Berechnungsmodellen geben werden.

4. WTA-Merkblätter zum Brandschutz im Bestand und bei Baudenkmalen

4.1 Allgemeines

Um die mitunter unlösbar erscheinenden Konflikte zwischen dem Brand- und dem Denkmalschutz bewältigen zu können, stellt sich die Wissenschaftlich-Technische Arbeitsgemeinschaft für Bauwerkerhaltung und Denkmalpflege (WTA international e. V.) seit 2019 mit der Einrichtung des neuen Referates 11 Brandschutz der Aufgabe, ein Regelwerk für den angemessenen Umgang mit den Notwendigkeiten des Brandschutzes beim Gebäudebestand zusammenzustellen. Auf der Grundlage des jahrhundertelangen Erfahrungsschatzes des Handwerks, verbunden mit dem heutigen Wissensstand bis hin zu den Ingenieurmethoden des Brandschutzes sollen praxisorientierte Merkblätter geeignete Arbeitshilfen und damit anerkannte Regeln der Technik für den adäquaten Brandschutz bei bestehenden Gebäuden begründen.

Das Ziel des Referates Brandschutz ist es, in nächster Zeit auf ein Grundlagenmerkblatt aufbauend, eine ganzheitliche Strategie sowohl für die Brandschutzplanung im Bestand als auch für die geeignete Umsetzung der erforderlichen Brandschutzmaßnahmen bis hin zum Brandschutzmanagement zu entwickeln.

4.2 Merkblätter des Referates 11

Das Fundament konnte nunmehr mit dem ersten Merkblatt „Brandschutz im Bestand und bei Baudenkmalen nach WTA I: Grundlagen" gelegt werden, welches im November 2020 erschien. Dem folgen dann weitere Merkblätter, die sich mit den jeweiligen Detailfragen des Brandschutzes im Bestand auseinandersetzen. Diese werden zunächst die Grundlagenermittlung und die Analyse von bestehenden Bauwerken hinsichtlich des Brandschutzes, die unterschiedlichen Themen der Brandschutzplanung, der Barrierefreiheit und der Anlagentechnik für bestehende Gebäude in brandschutztechnischer Hinsicht, die Klassifizierung von Bestandsbauteilen und die Anwendung von Brandschutz-Ingenieurmethoden beim Gebäudebestand umfassen. Darüber hinaus sind Merkblätter zur Ausführungsplanung, der Bauphase, der Dokumentationserfordernisse und dem Brandschutzmanagement bei bestehenden baulichen Anlagen geplant. Für die Zukunft ist dann auch der Aufbau von WTA-Zertifizierungsregeln beabsichtigt, zu vergleichen mit

B 2.3 Angemessener Brandschutz bei Baudenkmalen – Praxisbeispiele

denen für die Sanierputzsysteme oder für die Abdichtungsstoffe, die auf der Grundlage der Auswertung von Naturbränden und von Brandversuchen mit üblichen historischen Bestandskonstruktionen erarbeitet werden sollen (s. Abb. 3).

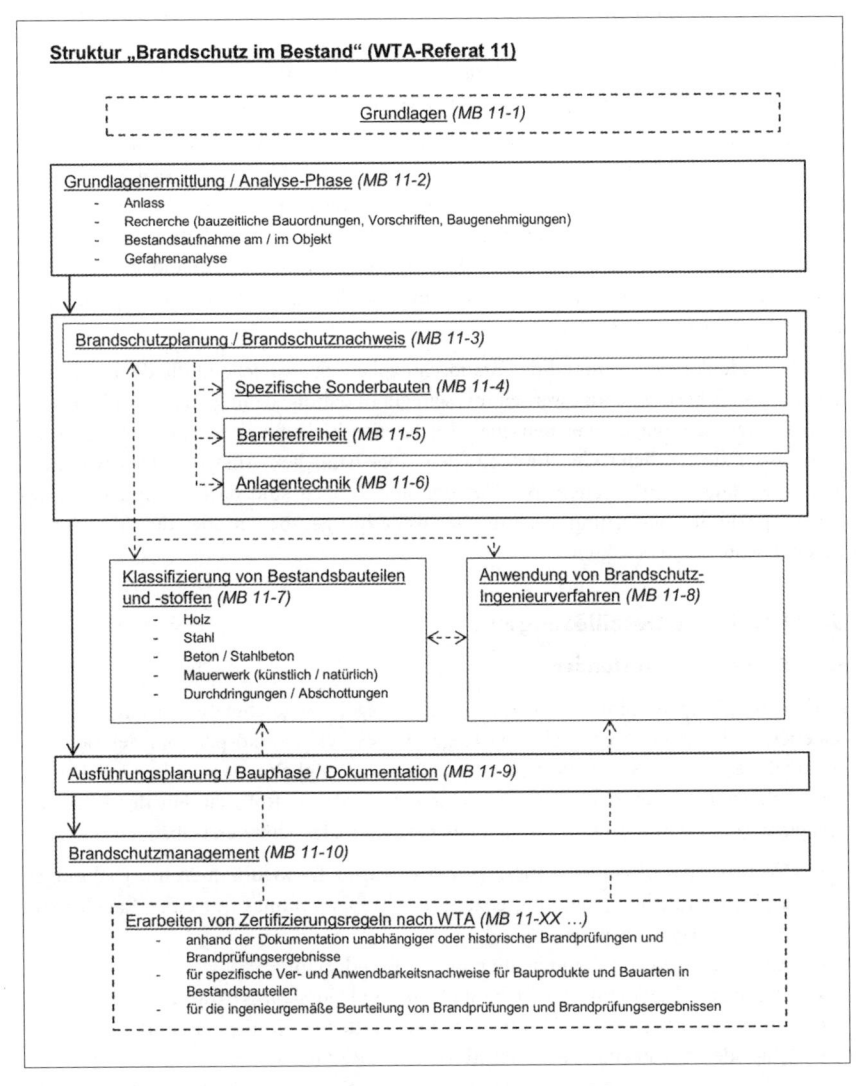

```
Struktur „Brandschutz im Bestand" (WTA-Referat 11)

    Grundlagen (MB 11-1)

Grundlagenermittlung / Analyse-Phase (MB 11-2)
    - Anlass
    - Recherche (bauzeitliche Bauordnungen, Vorschriften, Baugenehmigungen)
    - Bestandsaufnahme am / im Objekt
    - Gefahrenanalyse

Brandschutzplanung / Brandschutznachweis (MB 11-3)
    --> Spezifische Sonderbauten (MB 11-4)
    --> Barrierefreiheit (MB 11-5)
    --> Anlagentechnik (MB 11-6)

Klassifizierung von Bestandsbauteilen        Anwendung von Brandschutz-
und -stoffen (MB 11-7)                       Ingenieurverfahren (MB 11-8)
    - Holz
    - Stahl
    - Beton / Stahlbeton
    - Mauerwerk (künstlich / natürlich)
    - Durchdringungen / Abschottungen

Ausführungsplanung / Bauphase / Dokumentation (MB 11-9)

Brandschutzmanagement (MB 11-10)

Erarbeiten von Zertifizierungsregeln nach WTA (MB 11-XX ...)
    - anhand der Dokumentation unabhängiger oder historischer Brandprüfungen und
      Brandprüfungsergebnisse
    - für spezifische Ver- und Anwendbarkeitsnachweise für Bauprodukte und Bauarten in
      Bestandsbauteilen
    - für die ingenieurgemäße Beurteilung von Brandprüfungen und Brandprüfungsergebnissen
```

Abbildung 9: Struktur der geplanten Merkblätter des Referates 11[12]

Neben dem Merkblatt 11-1 waren zum Redaktionsschluss dieses Beitrags die Entwürfe der Merkblätter 11-2 „Grundlagenermittlung/Analyse-Phase" und 11-3 „Brandschutzplanung" veröffentlicht, mit deren Erscheinen für den Frühsommer 2023 zu rechnen ist.

Im Merkblatt 11-2 wurden die wichtigsten Parameter der Grundlagenermittlung für eine Brandschutzplanung im Bestand und bei Baudenkmalen zusammengestellt, unterschiedliche Ausgangssituationen für eine Brandschutzplanung im Bestand betrachtet sowie die jeweils davon ausgehende erforderliche brandschutztechnische Planungsleistung. Zudem werden die wesentlichen Aspekte einer archivalischen Bestandsanalyse sowie der Bestandserfassung und -beurteilung beleuchtet. Des Weiteren wird die besondere Planungsleistung der brandschutztechnischen Gefahrenanalyse erläutert.

Das Merkblatt 11-3 behandelt die Besonderheiten einer Brandschutzplanung für bestehende Gebäude und Baudenkmale. Es wird erläutert, dass der Bestandsverträglichkeit einer Brandschutzplanung eine besondere Rolle zukommt, weil damit eine Ressourcenschonung im Bausektor durch den substanzerhaltenden vorbeugenden Brandschutz zu erreichen ist und Bestandsbauteile umfassend erhalten werden können. Anhand der üblichen Leistungsphasen bei einer Brandschutzplanung werden dafür die bestandsspezifischen Erfordernisse beschrieben.

Da bei Baudenkmalen während der Brandschutzplanung ausreichend die denkmalrechtlichen Belange berücksichtigt werden müssen, gilt es dahingehend gemäß dem Merkblatt 11-3 auf der Grundlage einer denkmalpflegerischen Zielstellung die notwendigerweise authentisch zu überliefernden Bestandteilen einer baulichen Anlage so weit wie möglich ohne Zutaten zu erhalten. Bei Nutzungsänderungen sind darüber hinaus zusätzliche Aspekte der Bewertung des entweder weiterhin gegebenen oder durchbrochenen Bestandsschutzes zu beachten.

5. Praktische Detaillösungen

5.1 Bauliche Nachrüstungen

Auch wenn sämtliche Eingriffe in eine denkmalpflegerisch geschützte Substanz, die „das materielle Substrat des Denkmals, den Träger des Wertes"[13] verkörpert, aus der Sicht des denkmalpflegerischen Schutzinteresses regelmäßig weitmöglich zu vermeiden sind, kommt einer behutsamen Nachrüstung oftmals eine entscheidende Rolle zu. Für den Einzelfall geeignete bauliche Brandschutzmaßnahmen bei denkmalgeschützten Gebäuden sind z. B.:

- Nachrüsten vorhandener Türen zu notwendigen Treppenräumen mit Dichtungen und Türschließern oder Abgrenzung des Treppenraumes mit einer Rauch- bzw. Feuerschutzschutzverglasung
- Abschottungen von Räumen mit erhöhter Brandgefahr
- Dämmschichtbildende Anstriche auf Stahl- und Gusskonstruktionen
- Anbau einer temporären Treppe oder einer Notleiter mit Rückenschutz
- Ein- oder Anbau eines zusätzlichen baulichen Rettungsweges
- Alternative Rettungsausbildung, z. B. mittels einer Bypassauswiesung oder eines Personen-Rettungsschlauches

B 2.3 Angemessener Brandschutz bei Baudenkmalen – Praxisbeispiele 179

Abbildung 10: Hölzerne Verkleidung mit ...

Abbildung 11: ... ehemaliger Dienertür als zweitem Rettungsweg ...

Abbildung 12: Feuerschutzverglasung hinter einer historischen Tür.

Abbildung 13: Der Turm wurde mit einem Personenrettungsschlauch ausgestattet (2. Rettungsweg).

Im Vordergrund der Bewertung von Lösungen, die dem heutigen Bauordnungsrecht widersprechen, sollte dabei immer stehen, dass ein, wenn auch nicht idealer, baulicher Rettungsweg in aller Regel besser ist als eine Rettung über Rettungsgeräte der Feuerwehr.

5.2 Ausgleichende Anlagentechnik

Wenn sich bauliche Maßnahmen aus denkmalpflegerischer Sicht entweder als gänzlich nicht durchführbar erweisen oder eine zu starke Beeinträchtigung der zu schützenden historischen Substanz mit sich bringen würden, kann bei Erfordernis auf ausgleichende anlagentechnische Brandschutzmaßnahmen – sogenannte Kompensationsmaßnahmen – zurückgegriffen werden. Es ist dabei jedoch zu beachten, dass nicht automatisch jede abweichende Situation gegenüber heute geltenden Vorschriften des Brandschutzes ausgeglichen werden muss, sondern nur jene, die eine reale Gefahr nach sich ziehen können. In anlagentechnischer Hinsicht ist z. B. der Einsatz folgender ausgewählter Maßnahmen in Baudenkmalen möglich:

- Funkvernetzungsfähige Brandmelde- bzw. Hausalarmanlagen und Rauchansaugsysteme
- Selbstleuchtende Rettungswegkennzeichen, ggf. mit dynamischer Brandfallsteuerung
- Natürliche oder maschinelle Rauchabzüge
- Überdruck-Lüftungsanlagen für notwendige Treppenräume und Veranstaltungsräume
- Rauch- oder Feuerschutzvorhänge
- Gas- oder Wassernebellöschanlagen.

Im Vordergrund bei der Anwendung anlagentechnischer Brandschutzmaßnahmen sollte stehen, dass nur so viel wie nötig und nicht so viel wie möglich derartiger eingesetzt werden. Es ist zu bedenken, dass trotz aller Fürsorglichkeit jede Anlagentechnik versagen kann und der Einsatz der Technik wartungstechnische Aufwendungen nach sich zieht; eine Tatsache, die nur allzu gern beim Erstellen einer brandschutztechnischen Planung in den Hintergrund rückt und im Nachhinein nicht selten ein unschönes Erwachen bei den anfallenden Wartungskosten mit sich bringt. Die Richtschnur in dieser Hinsicht sollte deswegen immer sein, nur so viel einzubauen, wie sicherheitstechnisch unverzichtbar ist, d. h., der Schwerpunkt hat auf der Sicherung des Rettungswegsystems zu liegen.

Abbildung 14: Bewusst gezeigte Überdruckbelüftung in einem Treppenraum.

Abbildung 15: Ästhetisch anspruchsvolle Brandmeldetechnik.

Erwähnt werden soll zudem, dass sich moderne Löscheinrichtungen, wie Gas- oder Wassernebellöschanlagen, die kein oder außerordentlich wenig Wasser für ihren Betrieb benötigen, für einen erforderlichen Kulturgutschutz für Gemälde, Bücher und andere brennbare Gegenstände sowie im Einzelfall zur Sicherung der Rettungswege eignen (s. Abbildung 16).

Abbildung 16: Löschdüse (Wassernebel) in einem Treppenraum eines Schlossgebäudes.

5.3 Organisatorische Regelungen

Dem Brandschutzmanagement kommt in einem Baudenkmal eine besondere Rolle zu. Zum einen werden mit diesem Brandgefährdungen während der Nutzung weitgehend verhindert, zum anderen können Maßnahmen des organisatorischen Brandschutzes Defizite der historischen Substanz ausgleichen helfen, um im Einzelfall beeinträchtigende Maßnahmen zu vermeiden, wie z. B. das Austauschen wertvoller Türen. Die Grundlage für die wirksame Befolgung des organisatorischen Brandschutzes sollte heutzutage eine nach der DIN 14096[14] aufgestellte Brandschutzordnung sein. Während in Baudenkmalen mit Sonderbaunutzungen zumindest die Teile A und B der Brandschutzordnung zur Verfügung stehen sollten, ist für Museen insbesondere auch der Teil C für Personen mit besonderen Aufgaben von Bedeutung. Damit können für den Einzelfall spezielle Aufgaben hinsichtlich der Bergung und des Schutzes von Kulturgut geregelt werden. Bei historischen Versammlungsstätten kommt den Teilen B und C eine besonders wichtige Rolle zu, weil

Nutzungsbeschränkungen und Verantwortlichkeiten für kompensatorische Maßnahmen, wie z. B. temporäre Beleuchtungen oder Rettungswegkennzeichnungen oder das rechtzeitige Öffnen von Türen im Verlauf von Rettungswegen im Gefahrenfall zu klären sind.

6. Fazit

Es ist möglich, den Spagat zwischen den beiden beleuchteten sich im Detail häufig widersprechenden Schutzinteressen zu erreichen. Die Voraussetzung dafür ist das gegenseitige Verständnis für die jeweiligen Schutzziele und die Erkenntnis, dass diese gleichrangig sind.

Innovative wie konservative Brandschutzkonzepte können dabei für das jeweilige Gebäude der richtige Weg sein; an einer Stelle ist eine bauliche Schottung unumgänglich und vielleicht sogar der Historie entlehnt, an der anderen kann auf eine Brandschutzmaßnahme verzichtet werden, weil über Jahrhunderte nachgewiesen werden kann, dass es organisatorisch funktioniert.

Der gegenseitige Respekt der Handelnden auf beiden Seiten ist dann die Grundlage für die einerseits notwendige Sicherheit und ein andererseits dem Denkmal zuzumutendes Ergebnis.

Abbildung 17: Einer der schönsten Sammelplätze Europas auf dem Dach des Mailänder Doms …

Anmerkungen

1 Wirth, H., Denkmalpflegerische Axiologie, in: Beiträge zur Denkmalpflege, Wissenschaftliche Zeitschrift der Hochschule für Architektur und Bauwesen, Universität, Weimar 1995, Ausg. 1/2, S. 83 – 87, hier S. 85 f.

2 Thüringer Gesetz zur Pflege und zum Schutz der Kulturdenkmale (Thüringer Denkmalschutzgesetz - ThürDSchG -) in der Fassung der Bekanntmachung vom 14. April 2004 (GVBl 2004, 465, Glied.-Nr.: 224-1) zuletzt geändert durch Artikel 4 des Gesetzes vom 20. Dezember 2007 (GVBl. S. 267, 269), hier § 1 (1)

3 Vereinigung der Landesdenkmalpfleger in der Bundesrepublik Deutschland (Hrsg.): Brandschutz im Baudenkmal, Arbeitsblatt 13, Aachen 2014

4 Geburtig, G., Brandschutz im Baudenkmal – Grundlagen, Berlin 2017²

5 Brandschutzleitfaden für Gebäude besonderer Art oder Nutzung, hrsg. v. Bundesministerium für Verkehr, Bau- und Wohnungswesen, Berlin November 1998², S. 15

6 Baltz-Fischer, Preußisches Baupolizeirecht, Neu herausgegeben von Geh. Regierungsrat F.W. Fischer, Sechste, vermehrte und neubearbeitete Auflage, Berlin 1934, Unveränderter Nachdruck 1954, Berlin 1954, S. 273 ff.

7 Geburtig, G., Brandschutz im Baudenkmal – Wohn- und Bürobauten, Berlin 2021², hier Kap. 2.4

8 Bauordnung für Berlin (BauO Bln) vom 29. September 2005, zul. geä. 12.10.2020, § 81 (1)

9 Geburtig. G., Brandschutz bei der Sanierung und bei der denkmalpflegerischen Behandlung von Gebäuden mit hölzernen Trag- und Ausbaukonstruktionen, Dissertation zur Erlangung des akademischen Grades Doktor-Ingenieur, Weimar 2008, S. 179

10 Geburtig, G., Brandschutz ..., wie Anm. 4

11 DIN 18009-1:2016-09, Brandschutzingenieurwesen - Teil 1: Grundsätze und Regeln für die Anwendung

12 WTA (Hrsg.), WTA-Merkblatt 11-1/D, Brandschutz im Bestand und bei Baudenkmalen nach WTA I: Grundlagen, Fassung 11.2020/D

13 Wirth, H., Denkmalpflegerische ..., wie Anm. 1, hier S. 85

14 DIN 14096:2014, Brandschutzordnung - Regeln für das Erstellen und das Aushängen

Angelo Tonn

2.4
Der Brandschutzkoordinator am Hauptbahnhof Frankfurt a. M. – Umbau B-Ebene

Wenn vom Hauptbahnhof Frankfurt a. M. die Rede ist, kommen den meisten, neben der Bahnhofshalle und den Bahnsteigen, auch die dortigen Einkaufsmöglichkeiten in den Sinn. Er verfügt sogar über eine gesonderte unterirdische Einkaufsebene, die sog. B-Ebene. Im Zuge der Umsetzung des Masterplans Frankfurt am Main HBF soll diese 15.000m^2 große Verkaufsfläche kernsaniert und in einem neuen, modernen Stil hergerichtet werden. Am 12. Oktober 2020 erfolgte hierfür der erste Spatenstich. Aufgrund der weiterhin notwendigen öffentlichen Zugänglichkeit geschieht die Kernsanierung in verschiedenen Bauabschnitten.

In der Abbildung 1 ist die B-Ebene im Abschnitt 1+2 abgebildet. In der Abbildung 2 ist Abschnitt 3 dargestellt.

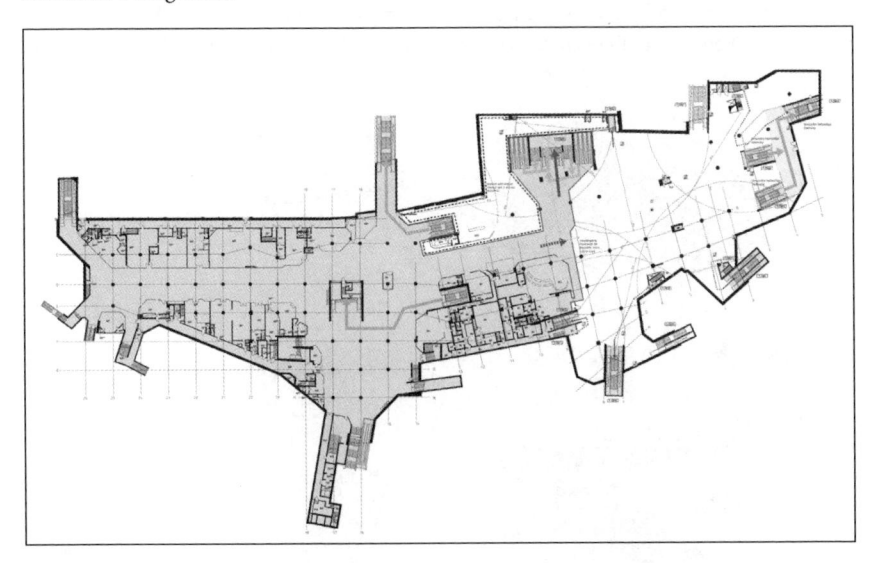

Abbildung 1: B-Ebene BA1+2. Quelle: bauzeitliches Brandschutzkonzept HBF FFM

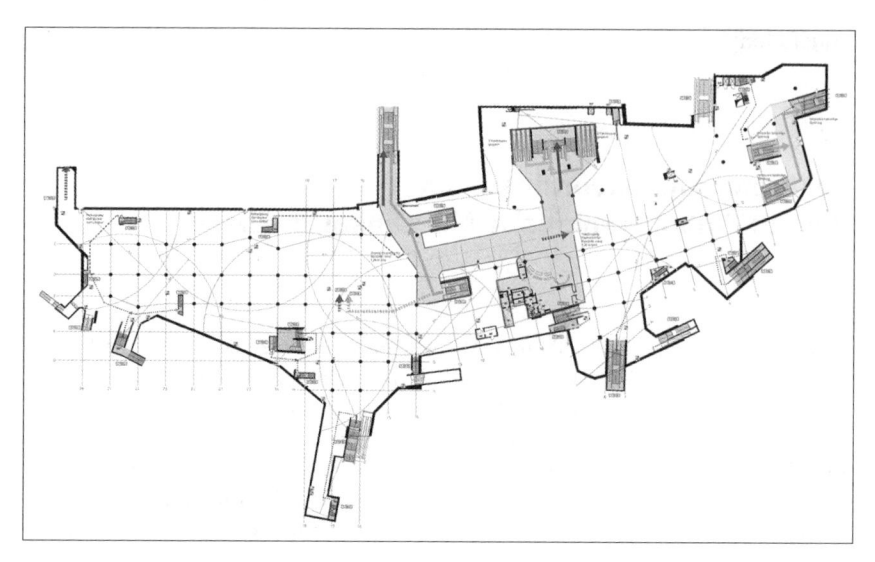

Abbildung 2: B–Ebene BA3. Quelle: bauzeitliches Brandschutzkonzept HBF FFM

In der folgenden Abbildung ist zu erkennen, welche Ebenen überhaupt in dem gesamten Gebäudekomplex vorhanden sind. Zur Orientierung: die innerhalb der Abbildung dargestellte A–Ebene ist der Bereich der Vorhalle sowie der Bahnsteige – quasi das Erdgeschoss.

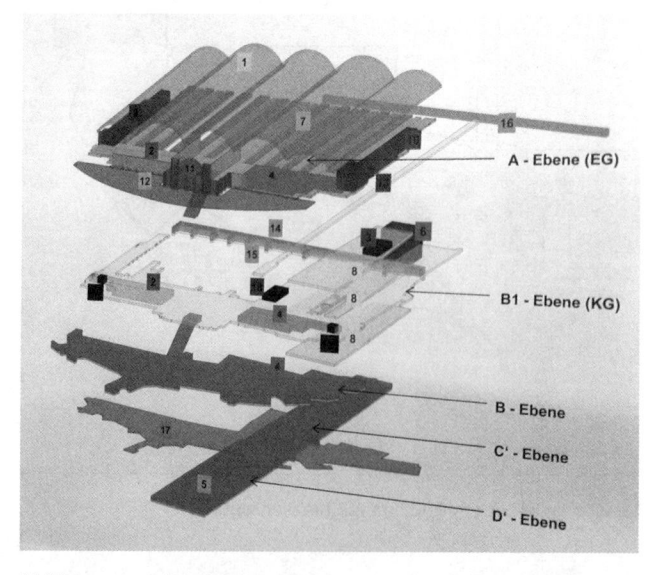

Abbildung 3: Gebäudeschnitt HBF F.a.M. Quelle: DB S&S Masterplan FFM

B 2.4 Der Brandschutzkoordinator am Hauptbahnhof Frankfurt a. M.

Die C-Ebene und die tiefer gelegenen Geschosse betreffen nicht direkt die B-Ebene. Hier befinden sich unter anderen die U- und S-Bahn-Stationen und deren Gleisstrecken. Nicht zu erkennen, ist die gesamte Anlagentechnik, die den Komplex miteinander verbindet. Hierzu zählen diverse Lüftungszentralen, Stromkreise, Traforäume (für Bahnanlagen und Gebäude) etc. Unter der in Abbildung dargestellten D'-Ebene sind zudem noch eine D- sowie E-Ebene vorhanden. Im Grunde befinden sich unterhalb des „sichtbaren" Hauptbahnhofes (A-Ebene) also noch sieben unterirdische Geschosse.

Neben den Umbaumaßnahmen wird der Normalbetrieb des Bahnhofs weiter aufrechterhalten, d.h. die Zugänglichkeit zu U- und S-Bahn-Stationen sowie der Betrieb wichtiger Einkaufsmöglichkeiten (z.B. Apotheke) wird sichergestellt. Getrennt durch eine mindestens feuerbeständige Trennwand laufen die geschlossene Baustelle und der öffentliche Bahnhofsbetrieb nebeneinander.

Dafür wurde ein separates bauzeitliches Brandschutzkonzept (kurz: b-BSK) erstellt, welches den Normalbetrieb von dem Baustellenbetrieb abgrenzt und beide Bereiche gegenseitig schützt. Für den öffentlichen Bereich hat weiterhin das gesamtheitliche Brandschutzkonzept des HBF Gültigkeit und wird für die Bereiche der Baustelle um das b-BSK ergänzt. Hierbei wurden u.a. die Verkehrswege betrachtet und dimensioniert, da auch Treppen abgebrochen werden. Dies ist besonders wichtig, weil auch die in den unteren Ebenen liegenden Räume weiterhin begehbar bleiben und deshalb Fluchtwege vorhanden sein müssen.

Doch wer ist nun für welchen Bereich zuständig? Das Einsatzgebiet für den Brandschutzbeauftragten (BSB) des Bahnhofs endet mit der brandschutztechnisch bemessenen Trennwand. Hinter der Trennwand (Baustelle) ist der Brandschutzkoordinator zuständig. Er nimmt die Tätigkeiten des BSB für die Baustelle wahr.

Im Hinblick auf die Besonderheit der Sanierung im Bestand und vor dem Hintergrund der bauordnungsrechtlichen Schutzziele wurden in Abstimmung mit der Branddirektion der Stadt Frankfurt die Aufgaben des Brandschutzkoordinators wie folgt definiert:

- Mitwirkung an der Erstellung der Brandschutzordnung
- Beratung bei Brandschutzfragen
- Ansprechpartner für die Feuerwehr
- Zusammenarbeit mit dem BSB des HBF & SiGeKo der Baustelle
- Einweisung der Nachunternehmer
- Einweisung und Ausbildung der Brandschutzhelfer
- Tägliche Begehung der Baustelle
    - o Schwerpunkte: Einhaltung b-BSK, Rettungswege, Zugänglichkeiten, Peripherie der Feuerwehr, Schottungen, Lagerflächen, Berichte mit Meldung über Verstöße
- Anwesenheit bzw. Organisation einer Alarmierungskette für den Ereignisfall
    - o Schwerpunkte: Einweisung der Feuerwehr, Lageerkundung, Organisation von Erstmaßnahmen, Alarmierung
- Organisation der regelmäßigen Prüfung von Sicherheitseinrichtungen
    - o Organisation der regelmäßigen Aktualisierung der Pläne (Flucht und Rettungspläne, Feuerwehrpläne, Laufkarten)
    - o Ersatzmaßnahmen bei Defekten z.B. BMA/Sprinkler

- Erlaubnisscheinsystem bei Abschaltung BMA und Durchführung von Heißarbeiten
- Ersatzmaßnahmen für Abweichungen von dem b-BSK[1]

Als Qualifikation muss der Brandschutzkoordinator Brandschutzbeauftragter nach DGUV 205-003 sein und optional einen Gruppenführerlehrgang (feuerwehrtechnische Ausbildung) besucht haben.[2]

Aus der Definition der Aufgaben lässt sich erkennen, dass die Feuerwehr jemanden vor Ort haben möchte, der als Ansprechpartner für Sie und die Baustelle zur Verfügung steht. Das rührt unter anderen aus der Schnelllebigkeit der Baustelle, da während des gesamten Bauprozesses Wände zurückgebaut und neu errichtet, Leitungsanlagen entfernt und somit Schottungen geöffnet werden. All dies soll durch den Brandschutzkoordinator tagtäglich überprüft werden.

Auf Baustellen ist es jedoch nicht unüblich, dass Brandschutztüren aufgekeilt, festgebunden und/oder offengelassen werden. Mitunter werden auch durch Rückbauarbeiten oder die Nutzung von Krananlagen o.ä. Geschossverbindungen geschaffen oder Schottungen werden durch Nachinstallationen beschädigt und nicht wieder verschlossen.

Hier wird der Brandschutzkoordinator durch einen Sicherheitsdienst unterstützt. Dieser wurde im Zuge der Installation einer mobilen Brandmeldeanlage, die als Ersatzmaßnahme für die zurückgebaute BMA fungiert, beauftragt. Neben der Einweisung der Feuerwehr bei Einsätzen zu Tages- und Nachzeiten, kontrolliert dieser in Abstimmung mit den Brandschutzkoordinator bei seinen Rundgängen beispielsweise auch, dass die Brandschutztüren geschlossen gehalten werden. Weiterhin ermöglicht das b-BSK, Schottungen mittels Brandschutzkissen oder mineralischer Wolle zu verschließen. Dazu wurde dem Brandschutzkoordinator ein Mitarbeiter eines Logistikdienstleisters zur Unterstützung zugewiesen, welcher bei den Rundgängen direkt oder im Nachgang, kleinere Öffnungen mit mineralischer Wolle oder andere Öffnungen mit entsprechend dicken Calciumsilikatplatten verschließt. Somit kann gewährleistet werden, dass die Systemabschnitte, welche im b-BSK beschrieben sind, dauerhaft aufrechterhalten werden können.

Durch die Zusammenarbeit mit dem BSB des HBF soll eine Verbindung zwischen dem öffentlichen und dem Baustellenbetrieb hergestellt werden. Der BSB des HBF kann Informationen zu der Anlagentechnik (z.B. FIZ) in seinen Bereichen bereitstellen. So ist eine Zusammenarbeit entstanden, welche es ermöglicht, mit kurzfristigen Änderungen von z.B. Laufkarten umzugehen. Dazu werden gemeinsam mit der Wartungsfirma der BMA Informationen erstellt (z.B. Planausschnitte), sodass die Feuerwehr informiert ist, wenn z.B. ein Treppenaufgang abgebrochen wird oder nicht nutzbar ist und welche Wege alternativ zur Verfügung stehen. Weiterhin wird regelmäßig die Baustelle gemeinsam mit der Zeichnerin begangen, um die Feuerwehrpläne und Flucht- und Rettungspläne auf dem neuesten Stand zu halten.

---

1 Quelle: Stellungnahme der Feuerwehr von 15.05.2018.
2 Quelle: Stellungnahme der Feuerwehr von 15.05.2018.

B 2.4   Der Brandschutzkoordinator am Hauptbahnhof Frankfurt a. M.   191

Zu Beginn gab es Termine und Besprechungen mit der Feuerwehr der Stadt Frankfurt. Nach Anlauf der Baustelle hat es sich die Feuerwehr auch nicht nehmen lassen, das Angebot über eine Baustellenbesichtigung anzunehmen. Weiterhin wurden auch Übungen an den Örtlichkeiten durchgeführt. Folgend zwei Bilder hierzu.

Abbildung 4: Besprechung Feuerwehr

Abbildung 5: Übung Feuerwehr

Aus den gemeinsamen Terminen und der Expertise der Feuerwehr ergaben sich auch Verbesserungen. Zum einen wurde von der Feuerwehr Frankfurt angemerkt, dass die provisorischen Kabel (Baustrom) an der Decke im Bereich von Fluchtwegen mit nicht brennbaren Materialien befestigt werden sollten anstatt mit z.B. Kabelbindern. Andererseits wurden vom Brandschutzkoordinator die Sanierungsbereiche (Schwarz-Weiß Bereiche) angesprochen, in denen eine Kontamination vorliegt und die Feuerwehr ggf. gesonderte Ausrüstung benötigt. Hieraus entstand ein wöchentliches Update für die Feuerwehr, welches über die „Besonderheiten" der Baustelle informiert. Hier werden z.b. die Schwarz-Weiß Bereiche gekennzeichnet, aber auch aufgrund von Beschädigung kurzfristig ausgefallene Einrichtungen (z.B. Wandhydranten) für die Feuerwehr markiert, um ihr wenigstens einen kleinen Abriss darüber zu geben, wie es aktuell auf der Baustelle aussieht und was die Feuerwehr vorfinden wird.

Das laufende Projekt kann unter www.mein-hbf-ffm.de (letzter Zugriff am 08.05.2023) verfolgt werden. Im Baustellen Blog können die einzelnen Zwischenstände der Baustelle eingesehen und verfolgt werden.

Nach knapp 2 ½ Jahren als Brandschutzkoordinator am Hauptbahnhof in Frankfurt lässt sich folgendes Fazit ziehen: es ist tagtäglich eine spannende Aufgabe, die immer wieder kleinere und größere Herausforderungen mit sich bringt und in etwa mit der Tätigkeit als Brandschutzbeauftragter eines großen Sonderbaus vergleichbar ist. Es handelt sich daher hinsichtlich des Brandschutzes um eine wichtige Aufgabe. Die Tätigkeit des Brandschutzkoordinators schafft zum einen ein Bindeglied zwischen Bauherr und Feuerwehr sowie zum Bahnhofsmanagement in Person des Brandschutzbeauftragten, gerade weil es sich bei der Umstrukturierung der B-Ebene um eine Sanierung im laufenden Bestand bzw. Betrieb handelt. Zum anderen kann der Bau- und Projektleitung kurzfristig in brandschutztechnischen Belangen mit Rat und Tat zur Seite gestanden werden, da arbeitstäglich jemand vor Ort ist und bei Fragen rund um den Brandschutz (organisatorisch oder baulich) Ansprechpartner ist. Der Brandschutzkoordinator stellt also während der Schnelllebigkeit der Baustelle einen deutlichen Mehrwert für alle Beteiligten dar.

Eike Peltzer

3.1
Fluorfreie Schaummittel in Löschanlagen

Feuerlöschanlagen mit Schaummittelzumischung bilden im Vergleich zu anderen Löschanlagen eine Nische. Und trotzdem findet man in Deutschland vermutlich viel mehr dieser Systeme als in anderen Industrieländern. Umso größer ist daher der Einfluss, den die Regulierung von fluorhaltigen Schaummitteln – AFFF – auf Löschanlagenbetreiber und Feuerwehren hat. Dieser Artikel gibt einen Überblick über aktuelle und kommende Verbote, die Alternativen und die notwendigen Schritte für die Umrüstung einer Löschanlage.

Was sind PFAS

Die problematischen Stoffe im Schaummittel werden PFAS – per- und polyfluorierte Alkylverbindungen – genannt. Das ist eine Gruppe aus über 4.700 chemischen Stoffen, die problematisch für die Umwelt sind, da sie äußerst stabil (man sagt auch „persistent") sind, sich in der Nahrungskette anreichern können und teilweise gesundheitsschädlich sind. Sie kommen in der Natur so nicht vor, sondern werden industriell hergestellt. Gerade die Persistenz macht vielen Sorgen. PFAS werden daher manchmal auch als „Ewigkeits-Chemikalien" bezeichnet. Durch Produktion und Einsatz dieser Stoffe gelangen sie in die Umwelt. Die gesundheitsschädlichen Wirkungen sind erst nach Jahrzehnten bekannt geworden, so dass die Stoffe bereits allgegenwärtig sind. Selbst in unbesiedelten Gebieten wie der Arktis werden sie gefunden. Über Nahrungsmittel und Trinkwasser werden sie auch von Menschen aufgenommen und reichern sich im Körper an.

Was wird verboten

In Feuerlöschschäumen sorgen PFAS für einen sehr dünnen Wasserfilm zwischen Brennstoff und eigentlicher Schaumdecke. Dieser Wasserfilm ist der entscheidende Vorteil der AFFF und ermöglicht sehr schnelle Löschzeiten durch eine rasche Ausbreitung und gute Abdeckung des Schaums. Nun sind die ersten PFAS in Schaummittel bereits verboten. Zu dieser Gruppe gehören die Perfluoroctansulfonsäure (PFOS), die Perfluoroctansäure (PFOA) und langkettige Perfluorcarbonsäuren (C9-C14 PFCA). All diese Stoffe können in Schaummittel enthalten sein, aber ob die Grenzwerte überschritten sind oder nicht, lässt sich nicht pauschal anhand des Schaummitteltyps oder des Produktnamens feststellen. Nur eine Laboranalyse bringt hier Aufschluss. Als Faustformel lässt sich festhalten, dass Schaummittel, das vor 2015 hergestellt wurde von den Verboten eher betroffen ist als neueres Schaummittel. Denn: Es gibt tatsächlich auch AFFF das von den bisherigen Verboten nicht betroffen ist und alle Grenzwerte einhält. Die Hersteller setzen in diesen

Schaummitteln PFAS ein, die nicht unter die Regulierung fallen. Genauer gesagt: Noch nicht. In der EU (aber auch weltweit) sind weitere Regulierungsvorhaben von PFAS in Vorbereitung. Eines davon betrifft die Perfluorhexansäure (PFHxA) und ein weiteres zielt auf alle PFAS in Schaummitteln grundsätzlich. Kommt nur eines davon bedeutet das definitiv das Ende aller fluorhaltigen Schaummittel.

Übergangsfristen

Das Ende kommt mit einer Übergangsfrist. Zurzeit laufen die Übergangsfristen für PFOA und C9-C14 PFCA. Sind deren Grenzwerte im Schaummittel überschritten dürfen sie noch bis zum 04.07.2025 eingesetzt werden. Allerdings gilt das nur unter der Voraussetzung, dass das Löschwasser – bei regelmäßigen Prüfungen wie bei einer Auslösung der Löschanlage – aufgefangen und fachgerecht entsorgt wird. Und eine fachgerechte Entsorgung bedeutet eine Verbrennung in einer Sonderabfallverbrennungsanlage.

04.07.2025 – das bedeutet: Für die Umstellung von Löschanlagen, die vor 2015 errichtet wurden, bleiben noch zweieinhalb Jahre Zeit. Das ist nicht viel, wenn man berücksichtigt, was in dieser Zeit zu schaffen ist. Bis dahin gilt eine Meldepflicht des Schaummittels, wenn der PFOA-Grenzwert überschritten ist. Besitzt man insgesamt mehr als 50kg Schaummittel, so muss dies der Aufsichtsbehörde mitgeteilt werde.

Alle Details dazu findet man in diesem Artikel über die Meldepflicht für PFOA-haltige Schaummittel unter https://epfire.de/meldepflicht-pfoa-schaummittel (letzter Zugriff am 25.04.2023).

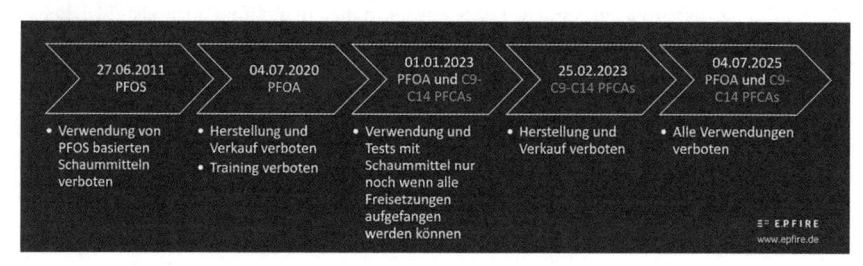

Abb. 1: Grafik zur Meldepflicht für PFOA-haltige Schaummittel

Alternativen zu AFFF

Fluorfreie Schaummittel als Alternative zu AFFF gibt es schon lange. Sogar schon länger als AFFF selbst, denn die ersten Schaummittel Anfang des 20. Jahrhunderts waren fluorfrei, während die wasserfilmbildenden Schaummittel erst in den 1960er Jahren entwickelt wurden. Mit den aufkommenden Regulierungen der AFFF Anfang der 2000er gab es jedoch einen Entwicklungsschub, so dass nun von einer neuen Generation leistungsfähiger fluorfreier Schaummittel gesprochen werden kann. Mittlerweile gibt es davon eine Vielzahl dem Markt. Auch welche mit VdS-Anerkennung, FM Approval oder UL Listing. Allerdings kommen diese Zulassungen mit Einschränkungen: Sie gelten nur in

Kombination mit bestimmten Sprinklern, nur für bestimmte Risiken oder erfordern eine Mindestwasserbeaufschlagung. Und bestimmte spezielle Anforderungen wie eine 1%ige Zumischung oder eine gute Frostbeständigkeit sind auch schwer zu finden.

Anpassung des Löschanlagenkonzepts

Und einen Nachteil besitzen diese Schaummittel alle: Sie bilden keinen Wasserfilm. Das bedeutet, dass es nun auf die Eigenschaften des Schaums ankommt. Und das wiederum bedeutet zunächst mal eine gute Verschäumung – im einfachsten Fall gemessen an der Verschäumungszahl, also dem Volumenverhältnis zwischen Schaum und Premix. Unglücklicherweise sind ausgerechnet Sprinkler nicht besonders gut darin eine hohe Verschäumung zu erreichen. Sie sind schlicht für die Abgabe von Wasser konzipiert und die Schaummittelzumischung war in vielen Fällen nur „Bonus". Sprinkler erreichen häufig eine Verschäumungszahl von 2-4, während eigentlich eine Verschäumung von 5-8 erforderlich wäre. Und so versuchen manche Schaummittelhersteller ihre Konzentrate auf Sprinkler zu optimieren, während andere den Einsatz von Schwerschaumsprinklern empfehlen.

Die Rechnung darf beim Schaum aber nicht ohne die Brandrisiken gemacht werden. Und hier stellen gerade die brennbaren Flüssigkeiten eine Herausforderung dar. Insbesondere dann, wenn sie mit Wasser mischbar sind und den Schaum zerstören können. In einem Testprogramm des Werkfeuerwehrverbands Deutschland wurden 8 Schaummittel in über 170 Versuchen auf 45 verschiedenen Brennstoffen getestet. Viele Versuche führten zu einem zufriedenstellenden Ergebnis, aber einige Brennstoffe waren eine echte Herausforderung. Um diese löschen zu können musste z.B. die Wasserbeaufschlagung oder die Zumischrate des Schaummittels angepasst werden. Aber insbesondere die Aufbringart, also ob der Schaum direkt auf die Oberfläche trifft oder an einer Wand abläuft, hat einen großen Einfluss. Fairerweise muss man sagen, dass diese Problematik auch bei fluorhaltigen AFFF in der Regel nicht anders war – nur hat sich früher nie jemand so detailliert damit beschäftigt. Möglicherweise sind hier also einige Schutzkonzepte in Gefahrstofflägern auch jetzt schon mit AFFF nicht ausreichend.

Es wird klar: Die Umstellung von AFFF auf fluorfreie Schaummittel ist mit einem 1:1-Austausch des Schaummittels häufig nicht zu schaffen. Das Löschanlagenkonzept muss überarbeitet und auf Wirksamkeit überprüft werden. Kommt man zum Schluss, dass die Wasserbeaufschlagung erhöht oder neue Sprinkler notwendig sind, führt dies zu weitreichenden technischen Änderungen. Gefragt sind also Konzepte die den Aufwand so gering wie möglich halten und dennoch die Wirksamkeit sicherstellen.

Umstellung des Schaummittels

Aber selbst wenn dieser Aufwand klein gehalten werden kann, kommt man um die Betrachtung von zwei Aspekten nicht herum: Die Zumischung des Schaummittels und die Reinigung.

Die Zumischung muss einerseits betrachtet werden, wenn bislang ein Schaummittel mit einer 1%igen Zumischung verwendet wurde. Denn während bei AFFF die Entwicklung so weit vorangeschritten war, dass leistungsfähige 1%ige Schaummittel verfügbar waren, ist dies bei fluorfreien Schaummitteln eine Seltenheit. Die Umstellung auf ein Schaummittel mit 3% Zumischung heißt, dass ein neuer Zumischer erforderlich ist und der Schaummittelvorrat verdreifacht werden muss. Der mangelnde Platz in vielen Sprinklerzentralen führt also direkt zur nächsten Herausforderung.

Und noch ein Aspekt ist bei der Zumischung zu berücksichtigen. Fluorfreie Schaummittel haben oft eine deutlich höhere Viskosität. Und zusätzlich sind sie strukturviskos (man sagt auch pseudoplastisch oder scherverdünnend). Mit diesen Begriffen wird die Eigenschaft eines Mediums beschrieben, dass bei steigender Scherrate (oder vereinfacht: steigender Fließgeschwindigkeit) dünnflüssiger wird. Bei sinkenden Temperaturen hingegen steigt die Viskosität. Um das Schaummittel pumpen zu können ist mehr Leistung erforderlich und die ist – je nach Auslegung der bisherigen Anlage – im vorhandenen Zumischsystem unter Umständen nicht gegeben.

Eine Reinigung des Systems ist aufgrund der sehr niedrigen geltenden Grenzwerte erforderlich. Würde man darauf verzichten, werden die Fluortenside aus den Restmengen des AFFF zu einer Grenzwertüberschreitung im neuen, eigentlich fluorfreien Schaummittel führen. Auf die Reinigung von PFAS-haltigen Löschanlagen haben sich bereits einige Firmen spezialisiert. Hier ist Expertise notwendig, um einerseits die niedrigen Werte zu erreichen, andererseits aber den Aufwand und das anfallende Spülwasser im Rahmen zu halten. Denn: Nach der Reinigung enthält das Spülwasser die PFAS. Es muss also entweder, genau wie das Schaummittel, verbrannt werden oder die PFAS müssen aus dem Wasser gefiltert oder abgeschieden werden. Welchen Umfang die Reinigungsmaßnahmen haben müssen, muss ebenfalls bestimmt werden. Der Schaummitteltank, das Zumischsystem und die Leitungen, die das Konzentrat führen sind in jedem Fall betroffen. Aber im schlimmsten Fall können auch Leitungen betroffen sein, die Premix enthalten. Spätestens an dieser Stelle ist wiederum eine Wirtschaftlichkeitsbetrachtung sinnvoll, ob nicht der Ersatz bestimmter Komponente gegenüber einer Reinigung günstiger ist.

Fazit

Der Aufwand, den eine Umstellung mit sich bringt, kann erheblich sein. Die Zeit, die für die Umstellung bleibt, ist es leider nicht. Denn wenn das Schaummittel von den aktuellen Verboten betroffen ist, bleibt bis Mitte 2025 Zeit für eine Umstellung, in der nicht bloß neues fluorfreies Schaummittel eingefüllt werden muss, sondern mit einer Reinigung des Systems, einer Wirksamkeitsbetrachtung und entsprechenden technischen Änderungen einiges an Arbeit ansteht.

Frank Wienböker

3.2
Funktionale Sicherheit von Druckbelüftungsanlagen, das 1 × 1 der Druckbelüftungsanlagen

Sicher rauchfrei durch Überdruck

Druckbelüftungsanlagen (DBA), auch Rauchschutz-Druckanlagen genannt, halten im Brandfall Flucht- und Rettungswege durch kontrollierten Überdruck rauchfrei. Dadurch wird die Eigenrettung der Gebäudenutzer sowie der Löschangriff der Feuerwehr ermöglicht, aber auch das Haftungsrisiko für Eigentümer und Betreiber minimiert.

Schutzziele im Brandfall:

- Sicherstellung der Eigen- und Fremdrettung
- Unterstützung der Feuerwehr für den schnellen Rettungs- und Löschangriff
- Verhinderung von unkontrollierter Rauchausbreitung in Nachbarräume
- Verringerung der thermischen Belastung von Räumen

DBA-Systeme durchströmen im Brandfall die Flucht- und Rettungsbereiche mit Frischluft und verhindern so das Eindringen von Rauch und toxischen Brandgasen. Dazu werden sowohl Treppenräume für die Eigenrettung von flüchtenden Personen als auch Feuerwehraufzüge für den Löschangriff und zur Rettung von Personen, druckbelüftet und die Raumluft komplett ausgetauscht. Bei geschlossenen Türen sorgt die DBA für einen kontinuierlichen Überdruck, sodass beim Öffnen der Tür eine sofortige Durchströmung der Bereiche gewährleistet ist.

1 Aufbau einer Druckbelüftungsanlage und die notwendigen Komponenten einer aktiv geregelten DBA

Eine DBA besteht aus einer Vielzahl von Komponenten, welche im Zusammenspiel die Sicherstellung der oben beschriebene Schutzziele ermöglichen.

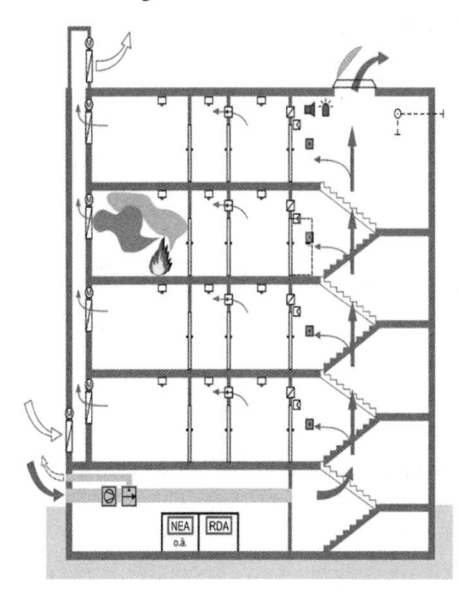

- Rauchmelder/DBA-Auslösetaster (in der Regel über BMA)
- Blitzlichtleuchte und Sirene
- Zuluftventilator
- Druckentlastungsklappe, Lamellenlüfter, Doppelklappe usw.
- DBA-Druckregelsystem
- Differenzdrucksensoren
- Überströmventile/ Brandschutzklappen
- Entrauchungsklappen
- Brandgasventilator
- Steuerung für Zuluft und Abluft

Weitere Komponenten: Lüftungstaster, Wind-Regen-Sensor, Jalousieklappen für Zuluftkanal, Feuerwehr-Schlüsselschalter, Kanalrauchmelder

2 Welche Mindestanforderungen werden an eine DBA gestellt?

Die Mindestanforderungen an eine DBA werden im Kapitel 6.2 der Musterhochausrichtlinie und im Anhang 14, Kapitel 8 der MVVTB definiert.

Musterhochhausrichtlinie:

6.2 Druckbelüftungsanlagen

6.2.1 Der Eintritt von Rauch in innen liegende Sicherheitstreppenräume und deren Vorräume sowie in Feuerwehraufzugsschächte und deren Vorräume muss jeweils durch Anlagen zur Erzeugung von Überdruck verhindert werden.Ist nur ein innen liegender Sicherheitstreppenraum vorhanden, müssen bei Ausfall der für die Aufrechterhaltung des Überdrucks erforderlichen Geräte betriebsbereite Ersatzgeräte deren Funktion übernehmen.

6.2.2 Druckbelüftungsanlagen müssen so bemessen und beschaffen sein, dass die Luft auch bei geöffneten Türen zu dem vom Brand betroffenen Geschoss auch unter ungünstigen klimatischen Bedingungen entgegen der Fluchtrichtung strömt.

Die Strömungsgeschwindigkeit der Luft durch die geöffnete Tür des Sicherheitstreppenraums zum Vorraum und von der Tür des Vorraums zum notwendigen Flur muss mindestens 2 m/s betragen.

Die Strömungsgeschwindigkeit der Luft durch die geöffnete Tür des Vorraumes eines Feuerwehraufzugs zum notwendigen Flur muss mindestens 0,75 m/s betragen.

6.2.3 Druckbelüftungsanlagen müssen durch die Brandmeldeanlage automatisch ausgelöst werden. Sie müssen den erforderlichen Überdruck umgehend nach Auslösung aufbauen.

6.2.4 Die maximale Türöffnungskraft an den Türen der innenliegenden Sicherheitstreppenräume und deren Vorräumen sowie an den Türen der Vorräume der Feuerwehraufzugsschächte darf, gemessen am Türgriff, höchstens 100 N betragen.

Ergänzend wird in der MVVTB im Anhang 14, Kapitel 8.2 Planung, Bemessung und Ausführung beschrieben:

„Der Betrieb der Druckbelüftungsanlage darf nicht dazu führen, dass sich Türen in Rettungswegen wegen zu hoher Druckdifferenzen nicht mehr öffnen lassen. Die maximale Türöffnungskraft darf 100 N betragen. Sie darf bei Türen von Vorräumen auch dann nicht überschritten werden, wenn eine der beiden Türen geöffnet ist. Nach Öffnen und Schließen von Türen zum Sicherheits-treppenraum oder Vorraum muss sich innerhalb von 3 Sekunden der Sollzustand wieder eingestellt haben."

Hieraus ergeben sich zusammengefasst folgende Mindestanforderungen an eine Druckbelüftungsanlage:

Für die Tür vom Sicherheitstreppenraum zum Vorraum und für die Tür vom Vorraum zum notwendigen Flur muss eine minimale Durchströmung von 2 m/s bei geöffneter Tür und eine max. Türöffnungskraft von 100 N sichergestellt sein.

Diese Sollzustände müssen nach 3 Sekunden erfüllt werden.

Für die Tür vom Vorraum des Feuerwehraufzuges zum notwendigen Flur muss eine minimale Durchströmung von 0,75 m/s und ebenfalls eine max. Türöffnungskraft von 100 N sichergestellt sein. Auch hier müssen die Sollzustände nach 3 Sekunden erfüllt werden.

3 Normative Anforderungen an eine DBA

Im Sprachgebrauch wird oft der Begriff Rauchschutz-Druckanlage (RDA) verwendet, der im Baurecht mit dem Begriff Druckbelüftungsanlage (DBA) gleich zu setzen ist.

- Anforderungen an eine DBA sind zu finden in den MHHR, MVV TB, M-PPVO, M-PrüfVO, Muster-Prüfgrundsätze und weitere
- EN 12101-6:2022 Differenzdrucksysteme/Produktleistungsanforderungen; Hier werden die Prüfanforderungen an die Produkte definiert, die Prüfverfahren festgelegt und die Klassifizierungen der Produkte beschrieben.
- EN 12101-13:2022 Differenzdrucksysteme / Entwurfs- und Berechnungsverfahren, Installation, Abnahme; Hier wird beschrieben, wie eine Druckbelüftungsanlage geplant, installiert und abgenommen werden soll.

4 Funktionale Sicherheit einer DBA, was ist das?

Um im Brandfall eine hohe Verfügbarkeit der Druckbelüftungsanlage sicher stellen zu können, ist es erforderlich, dass die Anlage einen hohen Grad der Eigenüberwachung hat und Anlagenzustände erkennen als auch melden kann.

Die Betriebsfähigkeit der Anlage wird durch automatisierte Routinen innerhalb der Anlage sichergestellt. Die Steuerungskomponenten werden Akkugepuffert, damit während einer Umschaltung von einer primären Netzeinspeisung auf eine sekundäre Stromversorgung keine Anlagenzustände verloren gehen und immer ein gesicherter Betrieb gegeben ist und bei Bedarf auch Notlaufprogramme ausgeführt werden können.

Alle wichtigen Ansteuerleitungen von z. B. der Brandmeldeanlage oder auch Rauchmeldern und Auslösetastern oder einem Feuerwehrbedienfeld werden auf Kurzschluss oder Unterbrechung überwacht und bei Störungserkennung wird diese durch die Steuerung signalisiert.

Bei anderen wichtigen Komponenten wie dem Zuluftventilator werden ebenfalls die Wicklungstemperatur und die Stromaufnahme überwacht, um bei Bedarf auf einen redundanten Ventilator umzuschalten. Wird der Ventilator über einen Frequenzumrichter betrieben, so wird die Steuerleitung ebenfalls auf Kurzschluss und Unterbrechung überwacht und Störungen durch die Steuerung signalisiert.

Der Frequenzumrichter wird intern überwacht und geht im Störfall in den Fire-Mode bzw. es wird auf ein redundantes System umgeschaltet.

Die verwendeten Differenzdrucktransmitter haben einen hohen Berstdruck von 20 kPA, die Leitungen werden auf Kurzschluss und Unterbrechung überwacht und es erfolgt eine logische Überwachung auf Wertveränderung des Sensors. Sollte ein Sensor ausfallen wird auf einen redundanten Sensor im Gebäude umgeschaltet und auch hier signalisiert die Steuerung die Störung.

Alle Steuerungskomponenten in einem Gebäude können mit einem selbstüberwachenden Ringbussystem im Gebäude verbunden werden.

Dieses ist nur ein kleiner Überblick der Eigenüberwachung in einer Druckbelüftungsanlage.

5 Automatische Systemtests versus Redundanz?

Nicht in allen Gebäuden können alle wichtigen Systemkomponenten redundant aufgebaut werden. Speziell bei Renovierungen ist häufig nicht ausreichend Platz vorhanden, um große Komponenten wie z. B. die Zuluftventilatoren redundant aufzubauen. Auch ist es häufig sehr teuer, alle Anlagenteile redundant auszuführen.

Hier kann eine Lösung eine hohe Eigenüberwachung der Anlage kombiniert mit einem automatischen Systemtest sein. Bei einem automatischen Systemtest können z. B. in der Nacht alle zur DBA gehörenden Komponenten angesteuert werden und die einwandfreie Funktion automatisch protokolliert werden und im Störfall einer Komponente wird dieses durch die DBA-Steuerung signalisiert.

Diese Maßnahmen sind im Vorfeld mit den abnehmenden Behörden als auch dem Prüfsachverständigen abzustimmen und bedürfen einer Zulassung im Einzelfall.

6 Welche Lösungsmöglichkeiten gibt es für komplexe Gebäude?

Bei hohen Gebäuden oder Gebäuden mit komplexen Grundrissen kann man Druckbelüftungsanlagen, die die oben genannten Anforderungen erfüllen, mit folgenden Maßnahmen realisieren:

- voll aktiv regelnde Systeme mit aktiven Abströmschächten
- Etagenverteiler ermöglichen geringere Kabelwege und Querschnitte
- Über einen selbstüberwachten LON-Ringbus miteinander verbunden
- Redundante Differenzdrucksensoren, Zuluft- und Abluftventilatoren
- Stetige PID-Regelung mit unterlagerter Druckwertanalyse
- neu entwickelte Regelungssoftware ermöglicht Regelzeiten von 3 Sek. (gemäß MVVTB)

7 Welche Unterlagen werden benötigt, damit eine Fachfirma eine DBA anbieten kann?

Um eine DBA auslegen zu können, werden das Brandschutzkonzept/Brandschutzgutachten sowie das Lüftungskonzept/Lüftungsgutachten und das Vorprüfungsgutachten DBA benötigt.

Brandschutzkonzept / Brandschutzgutachten

- Definiert den Typ der zu errichtenden Anlage
- Definiert die Schutzziele der Anlage
- Definiert die Klassifizierung der zu verwendenden Brandschutzkomponenten (Klappen, Türen usw.)
- Definiert die anzuwendenden Normen (EN12101-6) und Vorschriften (meist keine Informationen zur techn. Auslegung enthalten)

Lüftungskonzept / Lüftungsgutachten / Vorprüfungsgutachten DBA

- Bezieht sich auf das Brandschutzgutachten
- Definiert weitere Vorschriften zur Auslegung wie z. B. Muster-Hochhaus-Richtlinie (MHHR), Landesbauordnung (LBO), Musterbauordnung (MBO)
- Gibt konkrete Vorgaben zur Auslegung wie z. B. Volumenstromberechnungen, Leckagen, Witterungseinflüsse, Funktionsbeschreibung DBA allgemein, usw.

Weitere benötigte Unterlagen:

- Leistungsverzeichnis
- Brandschutzgutachten
- Lüftungsgutachten
- Grundrisspläne
- Höhenschnitte

Für die technische Auslegung der Anlage werden zusätzlich noch benötigt:
- Türgrößen
- Erforderliche Volumenströme (typ. Spülluftanlage 10.000 m³/h, DBA 25.000 m³/h bis ∞ m³/h)
- Abströmflächen bei DBA (Fassade oder Schacht)
- Größe der Überströmöffnungen bei DBA
- Funktionale Sicherheit (ggf. erforderliche Redundanzen)
- Anlagenauslösung über BMA oder eigene Rauchmelder
- Energie-Sicherheitsversorgung (SV-Netz) vorhanden
- Installationsort für Steuerung, Zuluft-Ventilatoren
- Bauseitiges Brandmeldetableau oder eigener Feuerwehrschalter
- Handauslösetaster im Treppenraum
- Alarmierung über Sirene/Blitzleuchte
- Druckentlastung im Treppenraum über Lichtkuppel oder Fenster

Peter Vogelsang und Tobias Endreß

3.3
Druckbelüftungsanlagen anders denken

Der nachfolgende Beitrag befasst sich mit den bauordnungsrechtlichen Hintergründen zur Druckbelüftungsanlage, mit dem bauordnungsrechtlichen Regelwerk, Abweichungen von Vorschriften und Richtlinien, Abweichungen von An- und Verwendbarkeitsnachweisen sowie der DruckSchleierAnlage (DSA)/Directed Air System (DAS) als eine andere Anlagenart zur Rauchfreihaltung von Rettungswegen.

Druckbelüftungsanlagen – Funktionsart und Einsatzzweck

Druckbelüftungsanlagen erzeugen im zu schützenden Bereich durch Druckdifferenz definierte Strömungsverhältnisse. Hierdurch und mit den Anforderungen an die Außenluftansaugung, Zuluft, vorgegebene Strömungsrichtung sowie einer notwendigen Abströmung über verschieden mögliche Arten wird das Eindringen von Feuer und Rauch in einen Treppenraum oder Feuerwehraufzugsschacht verhindert. Gefordert werden diese Anlage explizit für Feuerwehraufzüge und innenliegenden Sicherheitstreppenräumen in Hochhäusern. Druckbelüftungsanlagen werden (erst) seit ungefähr 40 Jahren in Gebäuden eingebaut. Durch die Freihaltung des Treppenraumes von Rauch wird die schnelle Selbstrettung aus dem Gebäude unterstützt oder ermöglicht.

Druckbelüftungsanlagen – Grenzen und weitergehende Anforderungen

Das Sicherheitsniveau dieser Anlagen sollte hinterfragt werden, da zahlreiche Bauprodukte in diesen Anlagen redundant vorhanden sein müssen. Andererseits wird über Brandschutzkonzepte auch häufig gefordert, dass über Rauchmelder in der Außenluftleitung bei Rauchdetektion diese Anlagen abgeschaltet werden sollen. Unabhängig davon ist es fragwürdig, warum eine der schnellen Selbstrettung aus dem Gebäude dienenden Anlage teilweise redundant errichtet werden muss oder abgeschaltet werden soll. Gibt es keine sicheren Bauprodukte, kann die Anlage nicht als sichere Anlage geplant und errichtet werden? Wenn die Ansaugung nicht sicher rauchfrei angeordnet werden kann oder Produkte aufgrund noch nicht möglicher Nachweise als sicher gelten, können auch zwei bauliche Rettungswege vorgesehen werden oder ein außenliegender Sicherheitstreppenraum geplant werden. Bei Hochhäusern über 60 m Höhe sind zwei Sicherheitstreppenräume obligatorisch.

Zur Sicherstellung einer rauchfreien Ansaugung hat z. B. das Bundesland der Freien und Hansestadt Hamburg im Bauprüfdienst BPD 2021-1, Sicherheitstreppenräume in Wohngebäuden, im Abschnitt 5.5.1 die Anordnung und Lage der Außenluftansaugung konkretisiert und deutlich größere Abstände vorgegeben als 2,5 m analog MVV TB

Anhang 14 Abschnitt 7 (Druckbelüftungsanlagen); vgl. a. https://www.hamburg.de/contentblob/5955568/06fb0d0ec5b8859fb82cc4a89ff11865/data/bpd-4-2016-sicherheitstreppenraeume-in-wohngebaeuden.pdf (letzter Zugriff am 25.04.2023)

Druckbelüftungsanlagen – In Sicherheitstreppenräumen immer gefordert?

Sind Druckbelüftungsanlagen auch in anderen Gebäuden als Hochhäusern bauordnungsrechtlich gefordert? Sind in Hochhäusern oder anderen Gebäuden andere Anlagenkonzepte denkbar? Kann von detaillierten bauordnungsrechtlichen Vorgaben in der MHHR mit einer ggf. völlig anderen Art und Weise der Anlagentechnik abgewichen werden?

Druckbelüftungsanlagen sind in der MBO nicht gefordert, auch nicht, wenn nur ein Rettungsweg vorhanden ist:

Einleitend wird in § 2 MBO – Begriffe – definiert, dass bauliche Anlagen mit dem Erdboden verbundene, aus Bauprodukten hergestellte Anlagen sind.

Weiter fordert § 3 MBO – Allgemeine Anforderungen – dass Anlagen so anzuordnen, zu errichten, zu ändern und instand zu halten sind, dass die öffentliche Sicherheit und Ordnung, insbesondere Leben, Gesundheit und die natürlichen Lebensgrundlagen, nicht gefährdet werden. Diese Forderung gilt selbstverständlich auch für Druckbelüftungsanlagen oder andere Anlagenkonzepte.

Bauordnungsrechtlich müssen über § 33 MBO – Erster und zweiter Rettungsweg – für Nutzungseinheiten mit mindestens einem Aufenthaltsraum in jedem Geschoss mindestens zwei voneinander unabhängige Rettungswege ins Freie vorhanden sein; beide Rettungswege dürfen jedoch innerhalb des Geschosses über denselben notwendigen Flur führen. Für Nutzungseinheiten die nicht zu ebener Erde liegen, muss der erste Rettungsweg über eine notwendige Treppe führen. Der zweite Rettungsweg kann eine weitere notwendige Treppe oder eine mit Rettungsgeräten der Feuerwehr erreichbare Stelle der Nutzungseinheit sein. Ein zweiter Rettungsweg ist nicht erforderlich, wenn die Rettung über einen sicher erreichbaren Treppenraum möglich ist, in den Feuer und Rauch nicht eindringen können (Sicherheitstreppenraum).

In der MBO ist nicht beschrieben, mit welchen baulichen oder sicherheitstechnischen Anlagen ein Sicherheitstreppenraum auszustatten ist, damit Feuer und Rauch nicht eindringen können.

Warum sollen alle Gebäude analog den MHHR-Anforderungen mit der Sicherheitskaskade (Sicherheitstreppenraum – Vorraum – notwendiger Flur – Nutzungseinheit) und Anlagentechnik ausgestattet werden, wenn das Schutzziel auch auf andere Art und Weise erreicht werden kann? Es würden sonst an einen Sicherheitstreppenraum in allen Gebäudeklassen und allen Sonderbauten die gleichen Anforderungen bestehen wie im Hochhaus. Wenn es diese andere Lösung gibt, wäre es aber auch vorstellbar, dass diese Lösung abweichend zur MHHR auch in Hochhäusern zur Geltung kommen könnte.

Rechtsnormen (Gesetze, Verordnungen, Richtlinien, Bestimmungen) – Systematik

In den Erläuterungen zur MHHR ist beschrieben, dass es im Bereich des Bauordnungsrechts unterhalb der jeweiligen Landesbauordnung eine Regelsetzung durch öffentlich-rechtliche Vorschriften in folgender Weise in Betracht kommt:

1. Rechtsverordnung
   Die Rechtsverordnung setzt materielles Recht, das sowohl die am Bau Beteiligten als auch die Bauaufsichtsbehörden bindet. Zu den Rechtsverordnungen zählen auch die Sonderbau-Verordnungen. Verordnungen werden in den Gesetz- und Verordnungsblättern der Länder veröffentlicht.

2. Technische Baubestimmung
   Nach § 85a Satz 2 MBO Stand 2020, früher § 3 Abs. 3 Satz 1 MBO 2002, sind die von der obersten Bauaufsichtsbehörde bekanntgemachten Technischen Baubestimmungen zu beachten, binden also die am Bau Beteiligten bei der Bauausführung. Von Technischen Baubestimmungen können die am Bau Beteiligten jedoch nach § 85a Satz 2 MBO Stand 2020, früher § 3 Abs. 3 Satz 3 MBO 2002, abweichen, wenn mit einer anderen „technischen Lösung" die allgemeinen Anforderungen der bauordnungsrechtlichen Generalklausel des § 3 Satz 1 MBO Stand 2020, früher § 3 Abs. 1 MBO 2002, erreicht werden. Die Gleichwertigkeit der abweichenden technischen Lösung muss belegt werden. Einer förmlichen Entscheidung der Bauaufsichtsbehörde über die Zulässigkeit einer „Abweichung" nach § 67 MBO bedarf es jedoch nicht.

3. Verwaltungsvorschrift
   § 51 MBO ermächtigt die unteren Bauaufsichtsbehörden, bei Sonderbauten besondere Anforderungen zu stellen oder Erleichterungen zu gestatten. Die von den obersten Bauaufsichtsbehörden verfassten Richtlinien werden als Verwaltungsvorschriften erlassen und im Ministerialblatt veröffentlicht. Verwaltungsvorschriften binden die nachgeordneten unteren Bauaufsichtsbehörden bei ihren Entscheidungen und steuern so deren Ermessensentscheidungen. Die Bauaufsichtsbehörden haben daher z. B. die Regelungen der (M)HHR in der jeweiligen Baugenehmigung umzusetzen und – soweit erforderlich – über Nebenbestimmungen durchzusetzen. Indirekt werden dadurch die am Bau Beteiligten ebenfalls gebunden. Es bedarf jedoch immer einer Entscheidung der Bauaufsichtsbehörde im Einzelfall.

Rechtsnormen, An- und Verwendbarkeitsnachweise – Abweichungen im bauordnungsrechtlichen Verfahren von Anforderungen und Bestimmungen

Bauaufsichtliche Regelwerke werden auch Rechtsnormen genannt. Wie auch bei technischen Normen kann von Rechtsnormen abgewichen werden. Bauordnungsrechtlich sind folgende Dokumente besonders relevant:

- Bauordnung
- Sonderbau-Verordnungen
- Sonderbau-Richtlinien
- Technische Baubestimmungen

Als Nachweis für die Verwendung von Bauprodukten und die Anwendung von Bauarten sind insbesondere nachfolgende Dokumente wesentlich:

- allgemeine bauaufsichtliche Zulassung (abZ)
- Zustimmung im Einzelfall (ZiE)
- allgemeines bauaufsichtliches Prüfzeugnis (abP)
- allgemeine Bauartgenehmigung (aBg)
- vorhabenbezogene Bauartgenehmigung (vBg)
- Leistungserklärung (DoP)

Nachfolgend eine kurze Darstellung der Vorgehensweise bei Abweichungen von o. a. Dokumenten:

Bauordnung

Abweichungen vom Gesetz der Bauordnung sind über einen eigenen Paragrafen – § 67 Abweichungen – möglich. Abweichungen sind über den Entwurfsverfasser schriftlich bei der unteren Bauaufsicht zu beantragen und zu begründen. Die Bearbeitung dieser Abweichungen ist kostenpflichtig.

Hinweis: Von der Möglichkeit eines Abweichungsantrages bei der unteren Bauaufsicht gibt es Ausnahmen bei An- und Verwendbarkeitsnachweisen. Wesentliche Abweichungen von abZ, aBg und abP sind bei der zuständigen Bauaufsicht, in der Regel bei der obersten Bauaufsicht des Bundeslandes, zu beantragen: Für Bauarten als vorhabenbezogene Bauartgenehmigung (aBg) und für Bauprodukte als Zustimmung im Einzelfall (ZiE).

Sonderbau-Verordnungen

Abweichungen von Sonderbau-Verordnungen sind analog der Bauordnung nach § 67 MBO zu beantragen.

Sonderbau-Richtlinien

Bei Sonderbau-Richtlinien sind die Bestimmungen der Bundesländer relevant. In den Verwaltungsvorschriften Technische Baubestimmungen (VV TB) der Bundesländer sind unter A2.2.1 und A2.2.2 Sonderbau-Richtlinien aufgeführt. Hierbei ist zu prüfen, ob über eine Fußnote die nachfolgende Einschränkung aufgeführt ist:

> „Für bauordnungsrechtliche Anforderungen in dieser Technischen Baubestimmung ist eine Abweichung nach § 85a Abs. 1 Satz 3 MBO ausgeschlossen; eine Abweichung von bauordnungsrechtlichen Anforderungen kommt nur nach § 67 MBO in Betracht. § 16a Abs. 2 und § 17 Abs. 1 MBO bleiben unberührt."

Wenn dieser Text zugehörig ist, ist eine Abweichung von der Sonderbau-Richtlinie nur analog § 67 MBO zulässig. Ist die einschränkende Fußnote nicht relevant, sind Abweichungen im Rahmen des bauaufsichtlich genehmigten Brandschutznachweises/ Brandschutzkonzeptes zu beschreiben.

Technische Baubestimmungen

Von den Planungs-, Bemessungs- und Ausführungsregelungen Technischer Baubestimmungen wie beispielsweise MLAR, M-LüAR oder DIN 4102-4 ist eine Abweichung möglich, wenn das Schutzziel im gleichen Maße anderweitig erfüllt wird. Die Abweichungen und die entsprechenden Lösungen zur Erfüllung des Schutzziels sind zu dokumentieren. Weitergehende Abweichungen sind analog § 67 zu behandeln.

An- und Verwendbarkeitsnachweise, Leistungserklärung

Bei nationalen An- und Verwendbarkeitsnachweisen gibt es zwei Arten von Abweichungen. Eine nicht wesentliche Abweichung muss bei Bauprodukten vom Hersteller erklärt werden, bei Bauarten vom Anwender/Errichter. Bei wesentlichen Abweichungen kann ggf. bei der zuständigen Bauaufsichtsbehörde, in der Regel die oberste Bauaufsicht, eine ZiE/vBg beantragt werden; ein Rechtsanspruch auf Erteilung besteht nicht.

Hinweis: Das DIBt hat in den FAQ wichtige Erläuterungen hinterlegt, z. B. „Das deutsche Regelungssystem für Bauprodukte und Bauarten".

Leistungserklärungen sind über europäisches Recht in der Bauprodukteverordnung beschrieben und gefordert. Abweichungen von Leistungserklärungen sind nach den geltenden Regeln nicht möglich.

DruckSchleierAnlagen (DSA)/Directed Air System (DAS) – Eine andere Anlagenart zur Rauchfreihaltung von Rettungswegen

Eine DruckSchleierAnlage (DSA)/Directed Air System (DAS) stellt eine anderen Anlagenart zur Rauchfreihaltung von Rettungswegen dar. Im Gegensatz zur Luftstromrichtung entsprechend der Sicherheitskaskade in den Erläuterungen zur MHHR mit den allseits bekannten Problemen von Druckbelüftungsanlagen mit

- Druckverlust im Treppenraum – Einbringung der Zuluft in verschiedenen Geschossen abhängig von den Wetterbedingungen (Temperatur und Wind),
- Einregulierung der Druckbelüftungsanlage im Zuge der Fertigstellung des Gebäudes,

- notwendiger Einstellung der Türschließer meist abweichend von den empfohlenen Vorgaben der harmonisierten Produktnorm DIN EN 1154 für Türschließer,
- Druckverluste auf dem Strömungsweg, insbesondere im Abströmschacht mit ggf. einhergehender Notwendigkeit eines dann erforderlichen Entrauchungsventilators zur Abströmung,
- arbeitsintensiver Einregelung der Druckdifferenz in jedem Geschoss mit notwendigen Differenzdrucksensoren,
- aufwändiger Inbetriebnahme und Instandhaltung,
- Inbetriebnahme, Prüfung und Instandhaltung i. d. R. außerhalb der Nutzungszeit haben.

DruckSchleierAnlage (DSA)/Directed Air System (DAS) – Vorteile

- Einstellung der Volumenströme unabhängig der Wetterbedingungen (Temperatur und Wind) und der Gebäudehöhe,
- nur eine Steuerung statt einer arbeitsintensiven Einregelung erforderlich,
- die (Teil-)Inbetriebnahme kann auch bei noch nicht abgeschlossener Hochbausituation geschossweise erfolgen.

Zusätzlich kann das System auch durch die Feuerwehr für die Unterstützung der Brandbekämpfung unterstützen Durch Abschalten eines der Ventilatoren kann das System entweder als Anlage zur Rauchableitung oder als Spüllüftung im Brandgeschoss verwendet werden.

DruckSchleierAnlagen (DSA)/Directed Air System (DAS) – Funktionsweise

Die Funktionsweise einer DruckSchleierAnlage (DSA)/Directed Air System (DAS) unterscheidet sich elementar von einer Druckbelüftungsanlage. DSA/DAS durchspülen gerichtet den Vorraum eines Sicherheitstreppenraumes im Brandgeschoss. Hierbei sind im Rahmen der Simulation folgende Randbedingungen festzulegen:

- Geometrische Situation und Brandort,
- Anordnung der Zuluftöffnung und Abluftöffnung,
- Abmessung der Zuluftöffnung und Abluftöffnung,
- Strömungsgeschwindigkeit und daraus resultierender Volumenstrom.

Die Zuluft wird rauchfrei angesaugt und über einen Zuluftschacht und eine Entrauchungsklappe dem Vorraum zugeführt. Die Abströmung erfolgt ebenfalls über eine Entrauchungsklappe, einen Schacht und einem Ventilator. Da die Volumenströme von Zuluft und Abluft unabhängig ggf. geöffneter Türen fast identisch sind, ist statt einer komplexen Regelung nur eine Steuerung erforderlich.

Zahlreiche Simulationen verschiedener Anordnungen zeigen die Bedeutung folgender Parameter:

- Einbringung der Zuluft und Abluft schräg gegenüberliegend im Vorraum,
- Zuluft im Bereich der Tür zum Treppenraum, Abluft im Bereich der Tür zum notwendigen Flur/der Nutzungseinheit,

- Abmessung der Entrauchungsklappen von 20 cm über dem Boden bis 20 cm unterhalb der Decke bei einer Breite von 1 m,
- Strömungsgeschwindigkeit 2 m/s (mit einem sich einstellenden Volumenstrom von ca. 18.000 m³/h).

Weitere Untersuchungen und Analysen haben ergeben, dass abhängig vom Grundriss auch weitere Anordnungen der Zuluftmündung und Abluftmündung innerhalb des Vorraumes möglich sind:

- Zuluft in der abgehängten Decke vor der Tür zum Treppenraum und Abluft in der abgehängten Decke vor der Tür zum notwendigen Flur/der Nutzungseinheit
- Einbringung der Zuluft und Abluft auf der gleichen Seite des Vorraums, dabei Zuluft im Bereich der Tür zum Treppenraum, Abluft im Bereich der Tür zum notwendigen Flur/der Nutzungseinheit

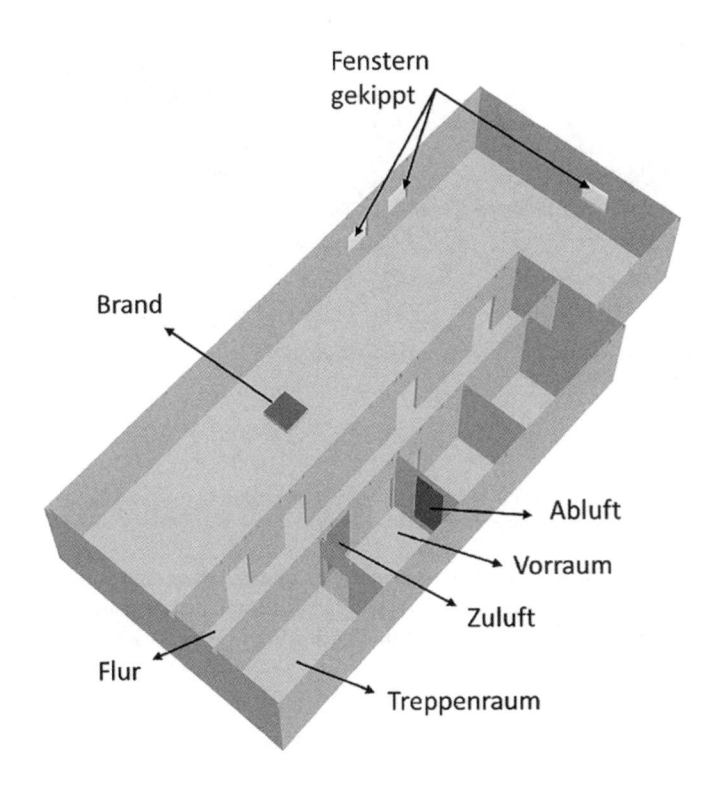

Abb. 1: Grundriss

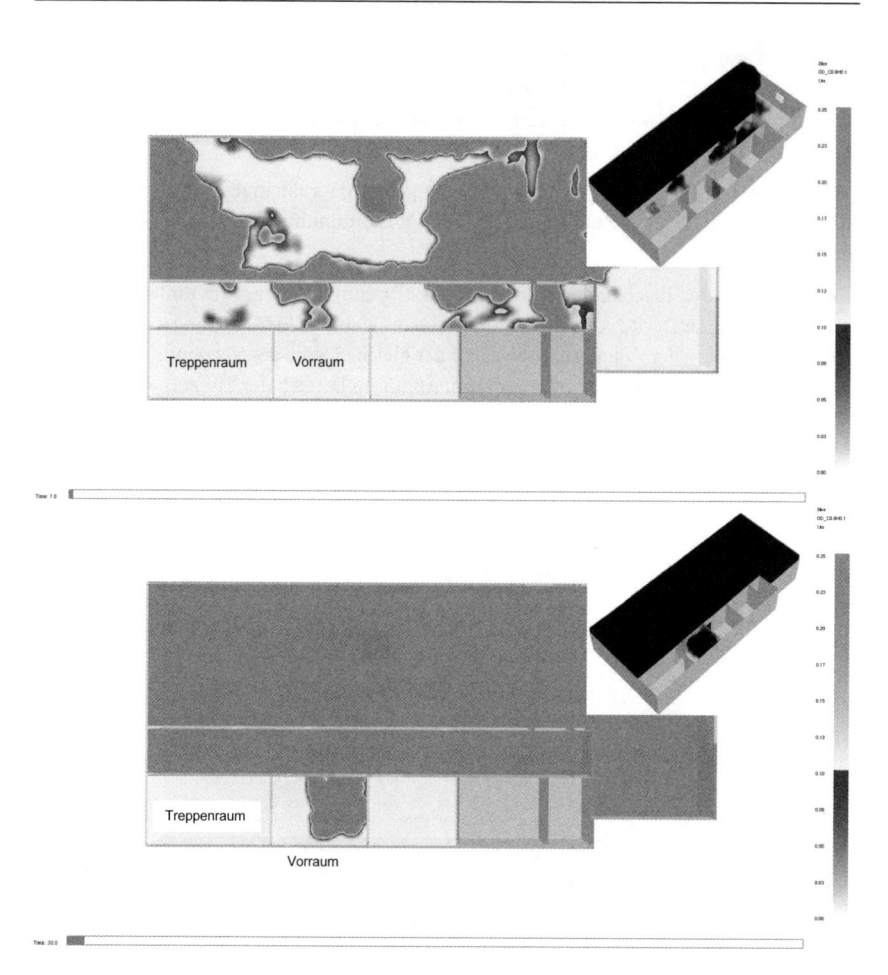

Abb. 2: Zwei Simulationsergebnisse für ein extrem großes Feuer zu den Zeitpunkten 7 s und 30 s (ab diesem Zeitpunkt stabile Verhältnisse)

Die CFD-Simulationen haben ergeben, dass kein Rauch in den Treppenraum eindringt. Dieses in der Bauordnung definierte Schutzziel, wurde folglich mit einer anderen Lösung in gleichem Maße erfüllt. Aus diesem Grund sind auch Abweichungen nach § 67 MBO begründbar und genehmigungswürdig.

Miriam Braun und Bastian Nagel

3.4
Keine BMA ohne Konzept –
Neues Brandmelde- und Alarmierungskonzept schafft Klarheit und schließt entscheidende Lücken

Einleitung

Seit langem wird normativ eine konzeptionelle Grundlage für die Planung und den Aufbau von Brandmelde- und Sprachalarmanlagen gefordert. Während in der Vergangenheit verschiedene Begriffe[1] genutzt wurden, wird seit den Ausgabeständen 2017-10 (VDE 0833-2) und 2018-04 (DIN 14675-1) der gemeinsame Begriff des Brandmelde- und Alarmierungskonzepts (nachfolgend BMAK) genutzt.

Im Zuge der Überarbeitung der Anwendungsnormen bei DIN und DKE wird das BMAK erneut aufgegriffen, da es sich bislang in der Praxis kaum bzw. nicht erfolgreich durchgesetzt hat. Es bleibt jedoch festzuhalten, dass erst mit dem BMAK die Grundlage für eine reibungslose Planung und Errichtung sowie für den späteren Betrieb geschaffen wird. Unstimmigkeiten zwischen den Projektbeteiligten können somit im Vorfeld geklärt werden und nicht erst im Zuge der Sachverständigenprüfung bzw. Abnahme „auf der Baustelle". Um diese Mehrwerte zukünftig noch mehr in den Fokus zu rücken, entsteht derzeit eine neue und einheitliche Vorlage für das BMAK, die Klarheit schafft und entscheidende Lücken schließt. Ziel ist es, diese Vorlage zukünftig auch in den Anwendungsnormen zu verankern und in einer einfach anwendbaren Form zur Verfügung zu stellen.

1 Notwendigkeit des Brandmelde- und Alarmierungskonzepts

Die Verwaltungsvorschriften Technische Baubestimmungen (VV TB) der Bundesländer verfolgen das Ziel, die Regelungen der Landesbauordnungen zu den allgemeinen Anforderungen an bauliche Anlagen sowie die Verwendung von Bauprodukten zu konkretisieren. Grundlage für die VV TB eines Bundeslandes ist die Muster-Verwaltungsvorschrift Technische Baubestimmungen (MVV TB).

Seit der Fassung 2019/1 beinhaltet die MVV TB im Anhang 14 die Technische Regel Technische Gebäudeausrüstung (TR TGA). Die TR TGA definiert unter anderem die bauordnungsrechtlichen Anforderungen an Brandmeldeanlagen (Abschnitt 2) und Alarmierungsanlagen (Abschnitt 3).

---

1 „Sicherungskonzept" in VDE 0833-2, „Konzept für BMA" in DIN 14675, „Sprachalarmkonzept" VDE 0833-4

Bei beiden Anlagen wird bezogen auf die Planung, Bemessung und Ausführung darauf verwiesen, dass bei Einhaltung der DIN 14675-1 in Verbindung mit den Normen der Reihe VDE 0833 die bauaufsichtlichen Anforderungen erfüllt werden, sofern im bauordnungsrechtlichen Verfahren nicht weitergehende Anforderungen gestellt sind (Vermutungswirkung). Wird von den genannten Normen abgewichen, ist nachzuweisen, wie die bauordnungsrechtlichen Schutzziele dennoch erreicht werden. Sowohl DIN 14675-1 als auch VDE 0833-2 verlangen als Grundlage für die Planung ein Brandmelde- und Alarmierungskonzept. Hieraus lässt sich ableiten, dass das Bauordnungsrecht ebenfalls von der Notwendigkeit solch eines Konzeptes ausgeht. Wird von den genannten Normen abgewichen, ist nachzuweisen, wie die bauordnungsrechtlichen Schutzziele dennoch erreicht werden.

Losgelöst von bauordnungsrechtlichen Anforderungen können auch von anderer Seite Anforderungen gestellt werden (siehe Grafik 1). Zudem basieren nicht alle Brandmelde- und Alarmierungsanlagen auf einer bauordnungsrechtlichen Forderung.

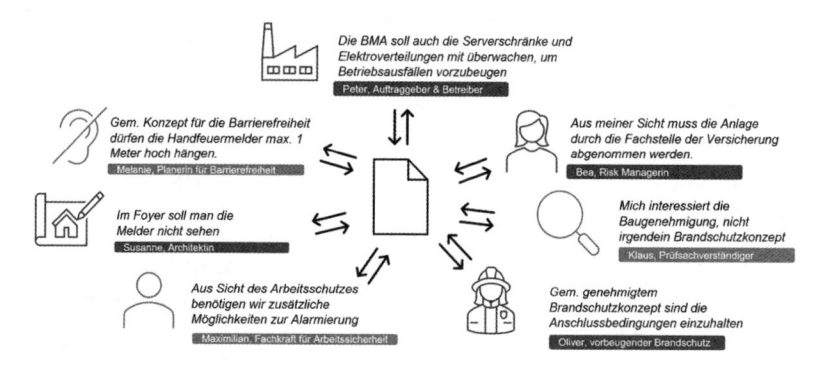

Abb. 1: Beispielhafte Darstellung von Anforderungen an eine BMA (Quelle: Hekatron Brandschutz)

2 Warum ist das Brandmelde- und Alarmierungskonzept so wichtig?

Das BMAK dient als Grundlage für die Planung und stellt quasi das Lastenheft für die Anlage dar. Ziele und die zu erfüllenden Anforderungen werden klar und strukturiert zusammengefasst, so dass für alle Projektbeteiligten ein einheitliches Verständnis entsteht. Ein durchdachtes BMAK hilft dabei, mögliche Probleme und Herausforderungen im Voraus zu identifizieren und entsprechende Maßnahmen bereits frühzeitig festzulegen. Hierdurch können im weiteren Projektverlauf Zeit, Diskussionen und Kosten eingespart werden.

Die im Konzept aufgeführten Angaben helfen bei der späteren Auswahl der Anlagenteile. Einfluss hierbei haben beispielsweise die Störgrößen, die betriebsbedingt zu erwarten sind, wie etwa Rauch oder Flammenbildung in einem Industrieunternehmen. Durch Beachtung solcher Situationen im BMAK kann Täuschungsalarmen bereits frühzeitig vorgebeugt werden.

Auch der Aufwand für die spätere Instandhaltung kann beeinflusst werden, indem unter anderem die Zugänglichkeit einzelner Bestandteile während der Betriebsphase bereits im

BMAK hinterfragt wird. Für die Planung können sich daraus Hinweise zur Auswahl von Bestandteilen (z. B. punktförmige Brandmelder vs. linienförmige Brandmelder) ergeben.

Darüber hinaus kann das BMAK als „Kommunikationsmittel" dienen, um das eigene Verständnis mit dem Verständnis weiterer Projektbeteiligter abzugleichen und ggfs. zu präzisieren.

3 Welche Inhalte sind erforderlich?

Der Aufbau der neuen Vorlage für das BMAK bezieht sich auf die Anforderungen der relevanten Normenreihen DIN 14675 und VDE 0833. Wie eine Checkliste aufgebaut, kann die Vorlage strukturiert von Kapitel zu Kapitel ausgefüllt werden. Viele Erklärungen befinden sich direkt in den jeweiligen Abschnitten und umfangreiche Ausfüllhinweise unterstützen die Erstellung des BMAKs.

Zu Beginn der Erstellung des BMAKs werden die wichtigsten Eckdaten des Objektes festgehalten. Hierzu zählen bspw. Gebäudeart (z. B. Standardbau, Sonderbau, Garage) und -nutzung (z. B. Industrie, Beherbergung, Versammlungsstätte), die sich aus der Baugenehmigung ergeben. Es folgt die Angabe der zu erreichenden Schutzziele. Dabei reicht die Erwähnung des Baugenehmigungsbescheids sowie des genehmigten Brandschutzkonzeptes nicht aus; in der Regel sind weitere Vorgaben zu berücksichtigen, bspw. aus dem Arbeitsschutz oder den Auflagen des Versicherers (siehe Abbildung 1). Erst wenn diese Angaben vollständig sind, können die an den Aufbau und Betrieb der Anlage zu stellenden Mindestanforderungen eindeutig nachvollzogen werden. Die Möglichkeit der Nennung von zusätzlichen Festlegungen / Anforderungen oder auch z. B. privatrechtlichen Vereinbarungen ist durch entsprechende Freitextfelder gegeben.

Im nächsten Schritt sind alle relevanten Anwendungsnormen und -richtlinien im BMAK zu nennen und mögliche Zielkonflikte mit anderen Gefahrenfällen (z. B. Amok) zu thematisieren. Die Unterteilung des zu überwachenden bzw. zu alarmierenden Gebäudes in sog. Sicherungsbereiche schafft die Möglichkeit, die Überwachung oder Alarmierung gerade bei komplexen Gebäudestrukturen oder großen Liegenschaften klarer zu strukturieren (siehe Abb. 2).

Für jeden Sicherungsbereich müssen neben dem Überwachungsumfang auch Art und Umfang der Alarmierung / Beschallung sowie die objektspezifisch zulässigen Ausnahmen festgehalten werden. Spezifische Anforderungen an Sprachalarmanlagen (SAA) müssen aus dem BMAK ebenfalls klar hervorgehen. Hierzu gehören bspw. Prioritätenfolgen, die Abschaltung der Beschallung im Brandfallbetrieb, die Notwendigkeit von Notfallmikrofonen sowie deren Standorte.

Sind Brandfallsteuerungen vorgesehen, so sind die Ansteuerungen von Löschanlagen, Aufzügen, raumlufttechnischen Anlagen, Feststellanlagen etc. im BMAK abzubilden. Für das Zusammenwirken zwischen Brandmeldung und Alarmierung ist insbesondere darzustellen, wo die Alarmierung in Abhängigkeit des Ortes und der Art (z. B. automatischer Melder, Handfeuermelder) der Brandmeldung erfolgen soll.

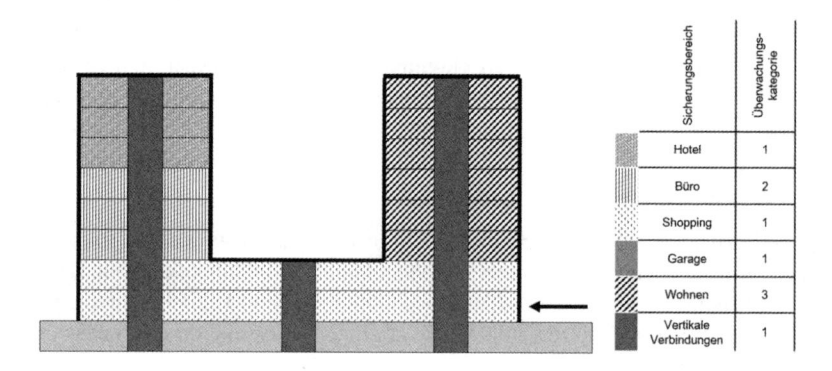

	Sicherungsbereich	Überwachungs-kategorie
Hotel		1
Büro		2
Shopping		1
Garage		1
Wohnen		3
Vertikale Verbindungen		1

Abb. 2: Beispiel für die Festlegung von Sicherungsbereichen in einem Gebäude mit mehreren Nutzungsarten (Schnittdarstellung)

Organisatorische und nutzungsbedingte Betriebsbedingungen, Maßnahmen zur Vermeidung von Täuschungsalarmen sowie besondere Anforderungen aus dem Betrieb sind bei der Erstellung des BMAKs ebenfalls zu berücksichtigen.

Da es sich bei dem BMAK um ein „lebendes" Dokument handelt, können Änderungsvermerke bequem nachgeführt werden. Dabei werden nicht nur die Änderungen in einem Freitext-Feld beschrieben, sondern es bietet auch die Möglichkeit der Auflistung, wer über die Änderungen informiert bzw. in Kenntnis gesetzt wurde.

4 Wer ist verantwortlich?

Die Verantwortung für die Erstellung des BMAK sowie dessen Vollständigkeit und Genauigkeit liegt beim Auftraggeber der Anlage, der dies mit einer Unterschrift im letzten Kapitel dokumentiert.

Für die Konzepterstellung und die Dokumentation müssen entsprechend den Erfordernissen genügend theoretische und praktische Kenntnisse zur Erarbeitung vorliegen; hierfür kann eine Fachfirma beauftragt werden. Unter Fachfirma ist dabei nicht immer nur der Errichter gemeint, denn auch viele Planungsbüros lassen sich nach DIN 14675-2 zertifizieren.

5 Zusammenfassung

Die frühzeitige Bestandsaufnahme sowie die Zusammenfassung aller Anforderung im BMAK führen dazu, dass die objektspezifische Brandmeldeanlage bzw. Alarmierungsanlage die Schutzziele zuverlässig erfüllt und dabei optimal auf die Bedürfnisse des späteren Betriebs zugeschnitten werden kann. Ein BMAK ist somit das Fundament der Planung von Brandmelde- und Alarmierungsanlagen. Es fasst wie ein Laufzettel alle Stationen und alle relevanten Informationen in einem Format zusammen, ist leicht verständlich, schafft Klarheit und schließt entscheidende Lücken.

Dipl.-Ing. (FH) Frank Lucka, M.Eng.

1.1
Sicherheitstechnisches Steuerungskonzept – Pflicht oder Kür

1 Grundlagen und Einführung

Prinzipiell ist für jeden Bauantrag ein vollständiger Brandschutznachweis innerhalb der Bauvorlagen zu führen. In besonderen Fällen kann durch generelle landesspezifische Vorgaben oder Auflagen der unteren Bauaufsicht ein objektbezogenes Brandschutzkonzept gefordert oder erforderlich sein.

Brandschutzkonzepte sollten alle Bereiche des vorbeugenden und abwehrenden Brandschutzes einschließlich der späteren Bauphase und Nutzung beschreiben. In der Praxis sind häufig unvollständige oder fehlerhafte Brandschutzkonzepte feststellbar. Dies betrifft in vielen Fällen den anlagentechnischen Brandschutz.

Größere und komplexe Sonderbauten werden häufig abweichend von den Sonderbauvorschriften geplant bzw. es werden besonderen Anforderungen oder Erleichterungen erforderlich, weil die Sonderbauvorschrift nicht das zu bearbeitende Gebäude vollständig abbildet. Außerdem gibt es viele ungeregelte Sonderbauten, die auf der Basis des Paragrafen 51 der Musterbauordnung der Länder (MBO) im Einzelfall bewertet werden. Zunehmend werden in bestehenden Sonderbauten brandschutztechnische Sanierungen durchgeführt. Die notwendigen Maßnahmen zur Erreichung der Schutzziele können oftmals nur durch Anlagentechnik und Brandschutzeinrichtungen mit objektspezifischen Steuerungskonzepten für das Zusammenwirken im Brandfall erreicht werden.

Jedes Brandschutzkonzept, in dem ein Zusammenwirken von Anlagen vorgesehen ist, muss ein sicherheitstechnisches Steuerungskonzept (sSK) enthalten, aus dem das notwendige Zusammenwirken von Anlagen klar ersichtlich ist. Wird das sSK separat erstellt, muss es mit den anderen Bauvorlagen abgeglichen und genehmigt sein. Nur so besteht für die weiteren Phasen Planungs- und Rechtssicherheit.

Seit mehr als 10 Jahren weisen die Fachleute darauf hin, dass die Standardisierung von sicherheitstechnischen Steuerungskonzepten und Brandfallsteuermatrizen eine wichtige Aufgabe der Normungs- und Richtlinienarbeit sein muss. Dabei ist das sSK Bauvorlage und die Brandfallsteuermatrizen sind weitergehende Dokumente im Rahmen von Ausführungsplanungen beziehungsweise Werk- und Montageplanungen sowie Bestandsunterlagen. Diese Standardisierung der Dokumente für Brandfallsteuerungen darf keine Widersprüche zu bauordnungsrechtlichen Vorgaben des Gesetzgebers aufwerfen. Sie sollte aber die Vielfalt aller betroffenen technischen Anlagen und Einrichtungen normativ berücksichtigen. Dies wird auch die öffentliche Diskussion über die Klärung von Widersprüchen in bauordnungsrechtlichen Vorschriften nicht ausnehmen. Der Verordnungsgeber steht in der Pflicht, die notwendigen Anpassungen z.B. in den Muster-Prüfgrundsätzen der Muster-Verordnung über Prüfungen von technischen Anlagen nach Bauordnungsrecht (MPrüfVO) und in dem Muster einer Verordnung über Bauvorlagen und bauaufsichtliche Anzeigen (MBauVorlV) vorzunehmen.

Die andauernden Diskussionen unter Fachleuten beinhalten insbesondere:

- die Anwendung von Begriffen,
- die Verwendung von Begriffen in Regelwerken,
- die inhaltliche Definition von Begriffen,
- die unterschiedliche Interpretation synonym angewendeter unterschiedlicher Begriffe,
- die Verbindlichkeit verschiedener Regelwerke

und so weiter.

Daher soll dieser Beitrag erneut den Sachstand aufzeigen und die jeweiligen Anwender, Normengremien und gesetzgebenden Stellen zu einem einheitlichen Vorgehen inspirieren.

2 Notwendige Angaben nach MVV TB und BauVorlVO

In der überarbeiteten MBauVorlV:2020-09 [3] sind unverändert in § 11 „Brandschutznachweis" die Mindestinhalte von Brandschutznachweisen aufgeführt (siehe hierzu auch Tagungsband 19. EIPOS-Sachverständigentage Brandschutz 2018, „Technische Sachverhalte im Brandschutzkonzept – Was? Wieviel? Warum?" [18]).

Der Brandschutznachweis stellt praktisch ein strukturiertes Dokument dar, in dem alles Erforderliche zusammengestellt und beschrieben ist, was zur Beurteilung der Erfüllung der bauaufsichtlichen Anforderungen benötigt wird. Im Brandschutznachweis wird somit auch eine logische Gedankenkette zur Erklärung aufgebaut. Das Wie und Warum sowie womit der Brandschutz erreicht wird, ist im Brandschutznachweis gebündelt zusammengestellt. Laut Begründung bei der Einführung der MBauVorlV:2007-02 sind die aufgelisteten Inhalte für Brandschutznachweise ein „offener Regelbeispielskatalog" der mit Rücksicht auf die verstärkte Eigenverantwortlichkeit der Entwurfsverfasser mit den geeigneten Fachplaner*innen zusammengestellt wurde. Das heißt, dass insbesondere in den einleitend beschriebenen größeren und komplexen Sonderbauten das Planerteam gefordert ist, seine vom Gesetzgeber eingeräumte Eigenverantwortlichkeit mit objektbezogenen Inhalten zu versehen. Insbesondere wenn in diesen Sonderbauten statt einem einfachen Brandschutznachweis ein objektbezogenes Brandschutzkonzept erstellt wird.

In § 85 a Abs. 2 MBO werden Vorgaben gemacht, zu welchen bauaufsichtlichen Anforderungen Konkretisierungen durch die obersten Bauaufsichten vorgenommen werden können. Die Konkretisierungen können durch Bezugnahme auf technische Regeln und deren Fundstellen oder auf andere Weise erfolgen, insbesondere in Bezug auf:

C 1.1 Sicherheitstechnisches Steuerungskonzept – Pflicht oder Kür

> (2) ¹Bei Sonderbauten, Mittel- und Großgaragen müssen, soweit es für die Beurteilung erforderlich ist, zusätzlich Angaben gemacht werden insbesondere über:
>
> 1. brandschutzrelevante Einzelheiten der Nutzung, insbesondere auch die Anzahl und Art der die bauliche Anlage nutzenden Personen sowie Explosions- oder erhöhte Brandgefahren, Brandlasten, Gefahrstoffe und Risikoanalysen,
> 2. Rettungswegbreiten und -längen, Einzelheiten der Rettungswegführung und -ausbildung einschließlich Sicherheitsbeleuchtung und -kennzeichnung,
> 3. technische Anlagen und Einrichtungen zum Brandschutz, wie Branderkennung, Brandmeldung, Alarmierung, Brandbekämpfung, Rauchableitung, Rauchfreihaltung,
> 4. die Sicherheitsstromversorgung,
> 5. die Bemessung der Löschwasserversorgung, Einrichtungen zur Löschwasserentnahme sowie die Löschwasserrückhaltung,
> 6. betriebliche und organisatorische Maßnahmen zur Brandverhütung, Brandbekämpfung und Rettung von Menschen und Tieren wie Feuerwehrplan, Brandschutzordnung, Werkfeuerwehr, Bestellung von Brandschutzbeauftragten und Selbsthilfekräften.
>
> ²Anzugeben ist auch, weshalb es der Einhaltung von Vorschriften wegen der besonderen Art oder Nutzung baulicher Anlagen oder Räume oder wegen besonderer Anforderungen nicht bedarf (§ 51 Satz 2 MBO). ³Der Brandschutznachweis kann auch gesondert in Form eines objektbezogenen Brandschutzkonzeptes dargestellt werden.

Abb. 1: Auszug MBauVorlV:2020-09 [3]

- Planung, Bemessung und Ausführung baulicher Anlagen und ihrer Teile,
- Merkmale und Leistungen von Bauprodukten in bestimmten baulichen Anlagen oder ihren Teilen,
- Verfahren für die Feststellung der Leistung eines Bauproduktes, das nicht das CE-Zeichen nach Bauproduktenverordnung trägt,
- zulässige und unzulässige besondere Verwendungszwecke für Bauprodukte,
- Festlegungen von Klassen und Stufen, die Bauprodukte für bestimmte Verwendungszwecke aufweisen sollen,
- Voraussetzungen für die Abgabe der Übereinstimmungserklärung für nicht harmonisierte Produkte,
- Angaben zu nicht harmonisierten Bauprodukten sowie zu Bauarten, die eines Allgemeinen Bauaufsichtlichen Prüfzeugnisses bedürfen sowie
- Art, Inhalt und Form der technischen Dokumentation.

Daraus ableitend gilt der Grundsatz, dass nur solche Inhalte in die Muster-Verwaltungsvorschrift Technische Baubestimmungen (MVV TB) als Technische Baubestimmungen aufgenommen werden, die zur Erfüllung der Anforderungen der Bauordnungen an bauliche Anlagen, Bauprodukte und andere Anlagen und Einrichtungen unerlässlich sind. Die Bauaufsichtsbehörden können jedoch im Rahmen ihrer Entscheidungen zur Ausfüllung

„unbestimmter Rechtsbegriffe" auch auf allgemein anerkannte Regeln der Technik zurückgreifen, die keine Technischen Baubestimmungen sind.

Mit Stand Mai 2019 ist seit der Ausgabe 2020/1 der Anhang 14 „Technische Regel Technische Gebäudeausrüstung – TR TGA" in der MVV TB [2] enthalten. Es ist bespielhaft darauf hinzuweisen, dass die in der TR TGA aufgeführten technischen Regeln (z.B. die DIN 14675-1:2018-04, DIN VDE 0833-2:2017-10) keine Technischen Baubestimmungen sind. Sie stellen im Sinne der vorgenannten Definition lediglich allgemein anerkannte Regeln der Technik zur Planung, Bemessung und Ausführung, in diesem Fall für Brandmeldeanlagen (BMA) dar.

3 Sicherheitstechnisches Steuerungskonzept

3.1 Was ist ein sicherheitstechnisches Steuerungskonzept?

Das sicherheitstechnische Steuerungskonzept (sSK) wird erwähnt in den Muster-Prüfgrundsätze:2021-12 Grundsätze für die Prüfung technischer Anlagen entsprechend der Muster-Prüfverordnung durch bauaufsichtlich anerkannte Prüfsachverständige (Muster-Prüfgrundsätze) vom 26.11.2010, zuletzt geändert 06.12.2021 [5].

Eine Definition des Inhaltes, der Form, der Mindestanforderungen usw. erfolgt in [5] jedoch nicht. Daraus ergibt sich somit lediglich, dass das sSK eine „bereitzustellende Unterlage" ist, zur Durchführung bauaufsichtlicher Prüfungen durch bauaufsichtlich anerkannte Prüfsachverständige. Daraus kann man zumindest für prüfpflichtige Gebäude ableiten, dass die Bereitstellung eines sSK eine Pflicht und keine Kür ist. Es sollen funktionale Zusammenhänge beim Zusammenwirken von Anlagen beschrieben werden.

In verschiedenen Regelwerken wurden Beschreibungen aufgenommen, um das sSK in die Gesamtsystematik der Brandfallsteuerungen aufzunehmen. Der notwendige Inhalt eines sSK ist bisher jedoch nicht abschließend definiert worden. Dabei sind folgende unterschiedliche Interpretationen der Inhalte nach wie vor in der Diskussion:

- Definition der mindestens erforderlichen Ansteuerungen und Wechselwirkungen ausschließlich zwischen prüfpflichtigen Anlagen,
- Definition der mindestens erforderlichen Ansteuerungen und Wechselwirkungen zwischen prüfpflichtigen Anlagen untereinander und zu sonstigen Anlagen und Einrichtungen,
- Definition der mindestens erforderlichen Ansteuerungen und Wechselwirkungen ausschließlich zwischen prüfpflichtigen Anlagen, dabei sind zusätzlich jedoch unzulässige Wechselwirkungen, die eine Gefahr für den Anlagenbetrieb darstellen können (z.B. Einschränkung der Betriebssicherheit) zu definieren oder
- Definition der mindestens erforderlichen Ansteuerungen und Wechselwirkungen zwischen prüfpflichtigen Anlagen untereinander und zu sonstigen Anlagen und Einrichtungen, dabei sind ebenfalls zusätzlich unzulässige Wechselwirkungen, die eine Gefahr für den Anlagenbetrieb darstellen können (z.B. Einschränkung der Betriebssicherheit) zu definieren.

Die in der VDI 6010-Reihe vorgenommene Anmerkung, dass das sicherheitstechnische Steuerungskonzept (sSK) aus den bauordnungsrechtlichen Vorgaben dem Matrix-Grobkonzept gemäß AHO-Heft Nr. 17 entspricht, wird mittlerweile von sehr vielen Fachleuten mitgetragen. Es ist jedoch noch nicht abschließend von allen Fachleuten akzeptiert. Auch in der 4. Auflage des AHO-Heftes Nr. 17 wird das Matrix-Grobkonzept als sogenannte „Regelleistung" nunmehr in der Leistungsphase 4 definiert, wobei man jedoch davon ausgehen muss, dass die eigentliche Bearbeitung dieser „Regelleistung" gemeinsam mit den Planungsbeteiligten in der Leistungsphase 3 stattfindet.

In der Praxis gibt es derzeit durchaus Meinungen und Hinweise, dass das Matrix-Grobkonzept gemäß AHO-Heft Nr. 17 weitergehender als das bauaufsichtlich geforderte sSK sein kann. Dies würde sich abschließend auflösen, wenn durch den Verordnungsgeber beschrieben wäre, ob das sSK ausschließlich der prüfpflichtigen Anlagen beinhalten soll und sonstige Anlagen und Einrichtungen im sSK nicht zu benennen sind. Hierzu gibt es jedoch noch keine abschließende Definition. Diese „oder-Aufzählung" zeigt bereits auf, dass die inhaltliche Bestimmung dieses Begriffes noch nicht für alle an der Diskussion Beteiligten zufriedenstellend gelöst ist. Dabei sind die daraus abgeleiteten Fragestellungen, ob das sSK ausschließlich in einer textlichen Beschreibung, einer tabellarischen Aufstellung oder Beidem erfolgen sollte, zunächst zurückzustellen. Gleiches gilt für weitergehende inhaltliche Angaben in Grundrissen und Schemen. Diese Punkte sind sicherlich von der Objektgröße und der Anzahl der Brandfallsteuerungen abhängig. Hier greift dann die Regel „GMV" („Gesunder Menschenverstand").

Die VDI 6010-1:2019-1 [12] beschreibt die Risikoanalyse für verschiedene Gefahren-fälle und ordnet in diese Systematik auch den Gefahrenfall „Brand" ein. Dabei wird das sicherheitstechnische Steuerungskonzept für den Gefahrenfall Brand (sSK) Bestandteil eines Gesamtsteuerungskonzeptes (GStK) basierend auf allen Anlagenkonzepten einer baulichen Anlage. Darauf aufbauend wird dann das Gesamtsicherungskonzept (GSiK) entwickelt, in dem die Brandfallsteuermatrix für den Gefahrenfall Brand wesentlicher Bestandteil ist. Nur mit dieser ganzheitlichen Betrachtung wird der Betreiber einer komplexen Liegenschaft in die Lage versetzt, für alle Gefahrenfälle die richtigen Handlungen abzuleiten.

Risikoanalyse für Gefahrenfälle

Brand	Natur-gefahren	Freisetzung gefährliche Stoffe	Störfall	Ausfall Energieversorgung	Einbruch/ Überfall	Terror / Amok	N.N.
Sicherheits-konzept Brand	Sicherheits-konzept Natur-gefahren	Sicherheits-konzept gefährliche Stoffe	Sicherheits-konzept Störfall	Sicherheits-konzept Ausfall Energie-versorgung	Sicherheits-konzept Einbruch/ Überfall	Sicherheits-konzept Terror/ Amok	Sicherheits-konzept N.N.
Sicherungs-konzept Brand	Sicherungs-konzept Natur-gefahren	Sicherungs-konzept gefährliche Stoffe	Sicherungs-konzept Störfall	Sicherungs-konzept Ausfall Energie-versorgung	Sicherungs-konzept Einbruch / Überfall	Sicherungs-konzept Terror/ Amok	Sicherungs-konzept N.N.
sSK Brand	stK Natur-gefahren	stK gefährliche Stoffe	stK Störfall	stK Energie-versor-gung	stK Einbruch / Überfall	stK Terror / Amok	stK N.N.

Anlagenkonzepte

Gesamtsteuerungskonzept (GStK)

Gesamtsicherungskonzept (GSiK)

| Brand-fall-steuer-matrix | Steuer-matrix Natur-gefahren | Steuer-matrix gefährliche Stoffe | Steuer-matrix Störfall | Steuer-matrix Ausfall Energie-versorgung | Steuer-matrix Einbruch / Überfall | Steuer-matrix Terror / Amok | Steuer-matrix N.N. |

Gefahrenfallsteuermatrix Planung

Gefahrenfallsteuermatrix Ausführung/Dokumentation

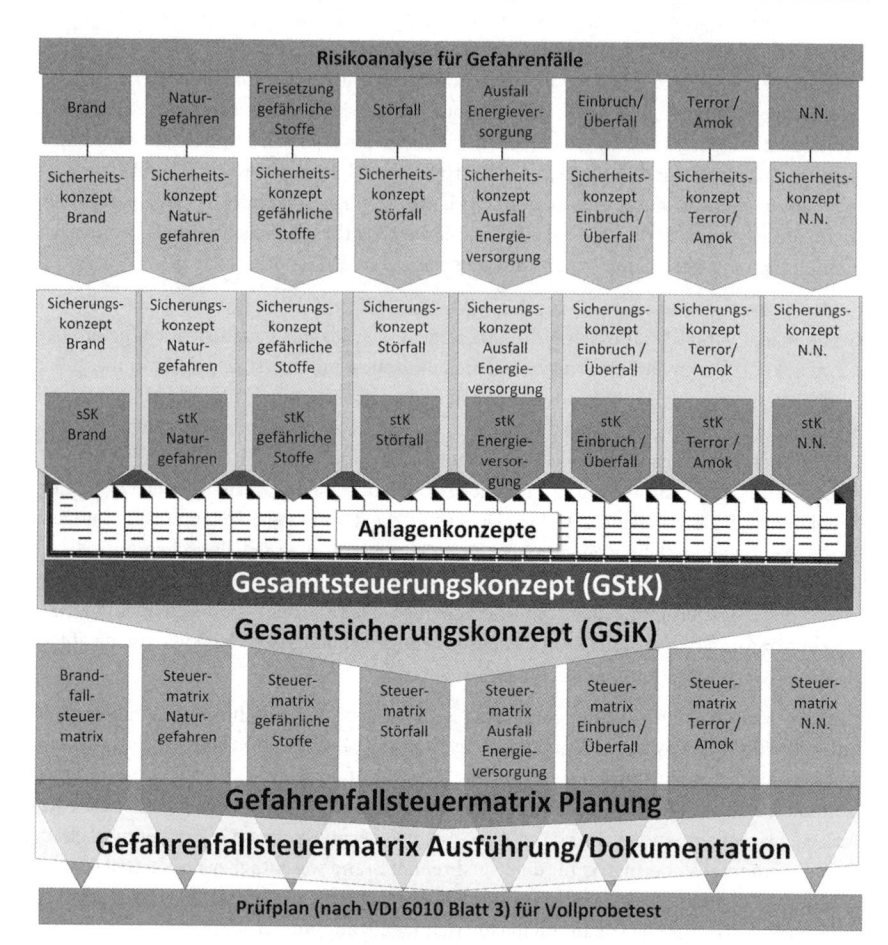

Prüfplan (nach VDI 6010 Blatt 3) für Vollprobetest

Abb. 2: Risikoanalyse für Gefahrenfälle gemäß VDI 6010-1:2019-01 [12]

Überträgt man diese umfangreichen Betrachtungen wieder auf den Prozessablauf in der Brandschutzplanung, lassen sich Aufgaben und Inhalte besser verstehen und darstellen.

C 1.1 Sicherheitstechnisches Steuerungskonzept – Pflicht oder Kür 221

Bauordnung
Sonderbauverordnungen
Sonderbaurichtlinien

Sicherheitskonzepte

Brandschutzkonzept
Sicherheitstechnisches
Steuerungskonzept
(sSK)

Sicherungskonzept
mit
Steuerungskonzept

Brandmelde-
konzept

Konzept für den
Rauchabzug

Anlagen-
konzepte

Brandfallsteuermatrix
Stufe 1: Planung
Stufe 2: Ausführung/Dokumentation

Steuermatrix

Prüfplan
für die
Wirk-Prinzip-Prüfung

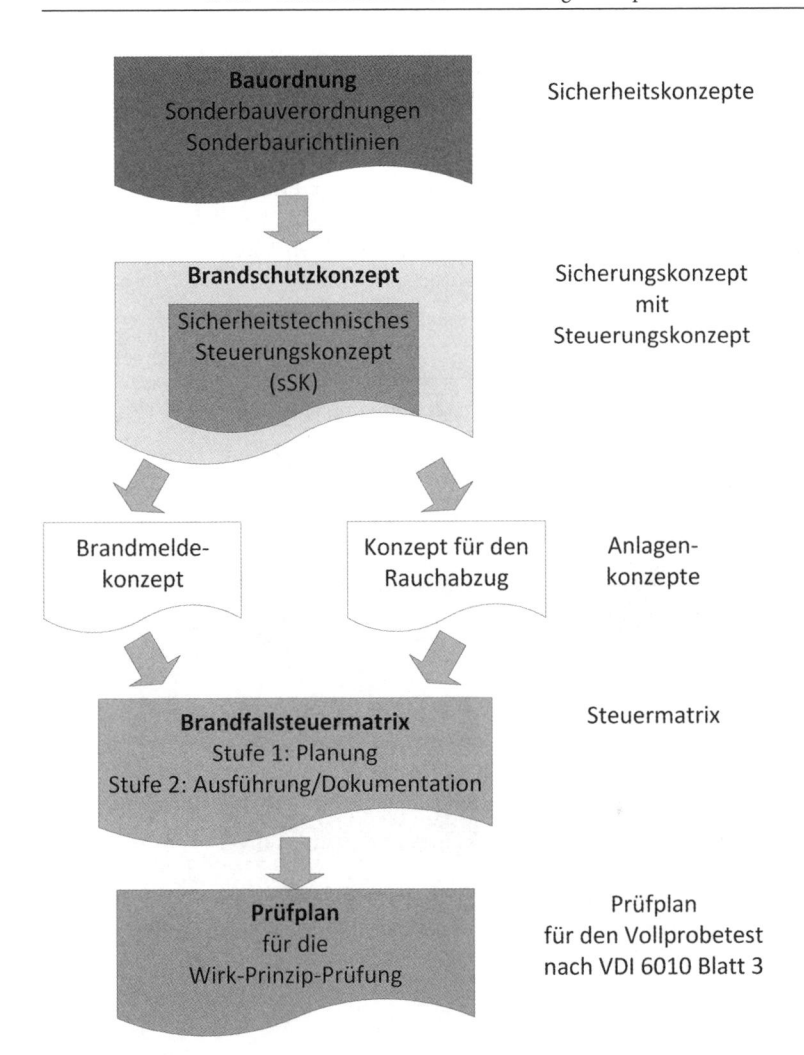

Prüfplan
für den Vollprobetest
nach VDI 6010 Blatt 3

Abb. 3: Vereinfachter Ablauf Erstellung von Dokumenten für Gefahrenfall Brand

Anhand der in Abb. 4 dargestellten Zusammenhänge wird sehr deutlich, dass ein integrierter Planungsprozess zwischen den beteiligten Fachplaner*innen für die sicherheitstechnischen Anlagen und dem/der Fachplaner*in Brandschutz erfolgen muss, der durch den/die Entwurfsverfasser*in zu koordinieren ist. Das Ergebnis wird letztendlich durch die jeweils prüfende Stelle im Rahmen der bauaufsichtlichen Prüfung bewertet und einer bauaufsichtlichen Genehmigung zugeführt. Dabei ist wiederum bundeslandspezifisch zu beachten, ob die prüfende Stelle Prüfingenieur*in, Prüfsachverständige/r für Brandschutz oder Bearbeiter*in bei der zuständigen Bauaufsicht ist.

		Bezeichnungen nach VDI 6010-1
Die Musterbauordnung und die Sonderbauvorschriften können ein Sicherheitskonzept darstellen.	**Risikoanalyse für Gebäude und Nutzung**	Risikoanalyse für den Gefahrenfall
Objektneutrale Sicherheitsanforderungen →	**Bauvorschriften** (MBO, Sonderbauvorschriften)	Sicherheitskonzepte
Objektbezogene Bewertung → Entwurfsverfasser Fachplaner Brandschutz Prüfingenieur Brandschutz → Anlagenkonzepte	**Brandschutzkonzept** sicherheitstechnisches Steuerungskonzept (sSK)	Sicherungskonzept mit Steuerungskonzept
Fachplaner →	**Brandfallsteuermatrix**	Steuermatrix für den Gefahrenfall
	Prüfplan für W-P-P (z.B. nach VDI 6010 Blatt 3)	

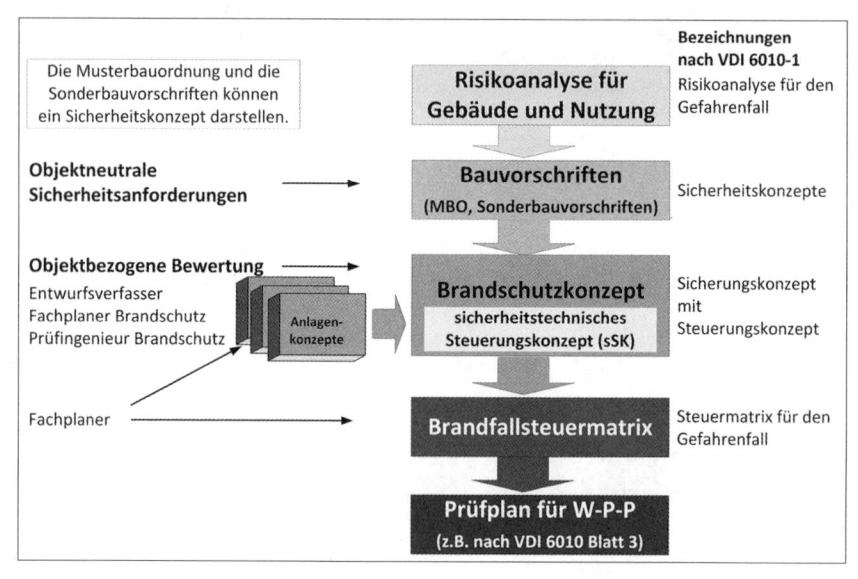

Abb. 4: Von der Risikoanalyse zum Prüfplan für die Wirk-Prinzip-Prüfung

3.2 Forderung sSk in Verordnung der Bundesländer

Einige Bundesländer haben für den Gefahrenfall „Brand" begonnen, in ihren Rechtsvorschriften Anforderungen bezüglich der Brandfallsteuerungen aufzunehmen.

Tabelle 1: Übersicht der Anforderungen zu Brandfallsteuerung in Rechtsvorschriften in den Bundesländern

Bundesland	Verordnung	Punkt/§	Forderung
Baden-Württemberg	Verordnung der Landesregierung, des Wirtschaftsministeriums und des Umweltministeriums über das baurechtliche Verfahren (Verfahrensverordnung zur Landesbauordnung – **LBOVVO**) vom 13.11.1995, zuletzt geändert **21.12.2021**		**Besonderheit:** LBOVVO fordert keinen Brandschutznachweis, sondern ausschließlich Standsicherheitsnachweis unter Berücksichtigung der Anforderungen des Brandschutzes an tragende Bauteile
	Verwaltungsvorschrift des Ministeriums für Wirtschaft, Arbeit und Wohnungsbau über die brandschutztechnische Prüfung im baurechtlichen Verfahren (**VwV Brandschutzprüfung**) vom 17.09.2012, zuletzt geändert **16.12.2020**	§ 11 Brandmeldeanlagen und Alarmierungseinrichtungen – Szenarienabhängige Matrix oder Verknüpfungsplan…	
Bayern	Verordnung über Bauvorlagen und bauaufsichtliche Anzeigen (Bauvorlagenverordnung – **BauVorlV**) vom 10.11.2007, zuletzt geändert **23.12.2020**	Dritter Teil Inhalt der Bauvorlagen § 11 Brandschutznachweis	**keine Forderung** nach einem sicherheitstechnischen Steuerungskonzept im Wortlaut oder in anderer Umschreibung
Berlin	Verordnung über Bauvorlagen und das Verfahren im Einzelnen (Bauverfahrensverordnung -**BauVerfV**) vom 15.11.2017, zuletzt geändert **20.09.2020**	Abschnitt 3 Inhalt der Bauvorlagen § 11 Brandschutznachweis	**keine Forderung** nach einem sicherheitstechnischen Steuerungskonzept im Wortlaut oder in anderer Umschreibung

Bundesland	Verordnung	Punkt/§	Forderung
Brandenburg	Verordnung über Vorlagen und Nachweise in bauaufsichtlichen Verfahren im Land Brandenburg (Brandenburgische Bauvorlagenverordnung – **BbgBauVorlV**) vom 07.11.2016, zuletzt geändert **31.03.2021**	Abschnitt 3 Inhalt der Bauvorlagen § 11 Brandschutznachweis	(2) Bei Sonderbauten, Mittel- und Großgaragen müssen, soweit es für die Beurteilung erforderlich ist, zusätzlich Angaben gemacht werden insbesondere über: … 3. technische Anlagen und Einrichtungen zum Brandschutz, wie Branderkennung, Brandmeldung, Alarmierung, Brandbekämpfung, Rauchableitung, Rauchfreihaltung **einschließlich des sicherheitstechnischen Steuerungskonzepts** der Anlagen, …
Bremen	Bremische Bauvorlagenverordnung (**BremBauVorlV**) vom **01.09.2022**	Teil 3 Inhalt der Bauvorlagen § 11 Brandschutznachweis	(2) Bei Sonderbauten, Mittel- und Großgaragen müssen, soweit es für die Beurteilung erforderlich ist, zusätzlich Angaben gemacht werden insbesondere über: … 7. das bestimmungsgemäße Zusammenwirken **sicherheitstechnischer Anlagen** nach § 2 Absatz 1 der Bremischen Anlagenprüfverordnung …
Hamburg	Bauvorlagenverordnung (**BauVorlVO**) vom 30.06.2020, zuletzt geändert **28.02.2023**	§ 15 Brandschutznachweis	**keine Forderung** nach einem sicherheitstechnischen Steuerungskonzept
Hessen	Bauvorlagenerlass (**BVErl**) vom 13.06.2018, zuletzt geändert **20.01.2022**	Anlage 2 Punkt 7. Brandschutz	**keine Forderung** nach einem sicherheitstechnischen Steuerungskonzept im Wortlaut oder in anderer Umschreibung

C 1.1　Sicherheitstechnisches Steuerungskonzept – Pflicht oder Kür

Bundesland	Verordnung	Punkt/§	Forderung
Niedersachsen	Niedersächsische Verordnung über Bauvorlagen sowie baurechtliche Anträge, Anzeigen und Mitteilungen (Niedersächsische Bauvorlagenverordnung – **NBauVorlVO**) vom **23.11.2021**	§ 15 Nachweis des Brandschutzes	**keine Forderung** nach einem sicherheitstechnischen Steuerungskonzept im Wortlaut oder in anderer Umschreibung
Nordrhein-Westfalen	Verordnung über bautechnische Prüfungen (**BauPrüfVO**) vom 06.12.1995, geändert **09.07.2021**	§ 9 Brandschutzkonzept	(2) Das Brandschutzkonzept muss insbesondere folgende Angaben enthalten: ... 14. Grundzüge der funktionalen steuerungstechnischen Zusammenhänge, ...
Mecklenburg-Vorpommern	Verordnung über Bauvorlagen und bauaufsichtliche Anzeigen (Bauvorlagenverordnung – **BauVorlVO M-V**) vom 10.07.2006, zuletzt geändert **30.11.2022**	Teil 3 § 11 Nachweis des Brandschutzes	**keine Forderung** nach einem sicherheitstechnischen Steuerungskonzept im Wortlaut oder in anderer Umschreibung
Rheinland-Pfalz	Landesverordnung über Bauunterlagen und die bautechnische Prüfung (**BauuntPrüfVO**) vom 16.06.1987, zuletzt geändert **03.02.2021**	§ 5 Bautechnische Nachweise	(2) ... Bei Sonderbauten einschließlich Mittel- und Großgaragen müssen, soweit es für die Beurteilung erforderlich ist, zusätzlich Angaben gemacht werden insbesondere über: ... 3. anlagentechnische Maßnahmen zum Brandschutz, wie Anlagen und Einrichtungen zur Brandfrüherkennung, Brandmeldung, Alarmierung, Brandbekämpfung, Rauchableitung, Rauchfreihaltung (z. B. bei Sicherheitstreppenräumen), einschließlich eines **sicherheitstechnischen Steuerungskonzeptes**, ...
Saarland	Bauvorlagenverordnung (**BauVorlVO**) vom 15.06.2011, geändert **16.02.2022**	Abschnitt 1 Bauvorlagen § 11 Brandschutznachweis für Sonderbauten und Garagen	**keine Forderung** nach einem sicherheitstechnischen Steuerungskonzept im Wortlaut oder in anderer Umschreibung

Bundesland	Verordnung	Punkt/§	Forderung
Sachsen	Verordnung des Sächsischen Staatsministeriums des Innern zur Durchführung der Sächsischen Bauordnung (Durchführungsverordnung zur SächsBO – **DVOSächsBO**) vom 02.09.2004, zuletzt geändert **12.04.2021**	Teil 1 Bauvorlagen §12 Standsicherheitsnachweis, Brandschutznachweis und andere bautechnische Nachweise	**keine Forderung** nach einem sicherheitstechnischen Steuerungskonzept im Wortlaut oder in anderer Umschreibung
Sachsen-Anhalt	Verordnung über Bauvorlagen und bauaufsichtliche Anzeigen (Bauvorlagenverordnung – **BauVorlVO**) vom 08.06.2006, zuletzt geändert **13.09.2021**	§ 15 Brandschutznachweis	**keine Forderung** nach einem sicherheitstechnischen Steuerungskonzept im Wortlaut oder in anderer Umschreibung
Schleswig-Holstein	Landesverordnung über Bauvorlagen im bauaufsichtlichen Verfahren und bauaufsichtliche Anzeigen (Bauvorlagenverordnung – **BauVorlVO**) vom **05.01.2022**	Dritter Teil – Inhalt der Bauvorlagen § 11 Brandschutznachweis	**keine Forderung** nach einem sicherheitstechnischen Steuerungskonzept im Wortlaut oder in anderer Umschreibung
Thüringen	Thüringer Verordnung über Bauvorlagen und bauaufsichtliche Anzeigen (Thüringer Bauvorlagenverordnung – **ThürBauVorlVO**) vom 23.03.2010, zuletzt geändert vom **02.12.2015**	Dritter Abschnitt -Inhalt der Bauvorlagen § 11 Brandschutznachweis	**keine Forderung** nach einem sicherheitstechnischen Steuerungskonzept im Wortlaut oder in anderer Umschreibung

3.3 Wichtige Dokumente für die funktionalen Zusammenhänge des Zusammenwirkens der Anlagen und Einrichtungen

- Sicherheitstechnisches Steuerungskonzept (sSK) bzw. nach AHO Nr. 17 das Matrix-Grobkonzept als Bestandteil des Brandschutzkonzepts
- Anlagenkonzepte der jeweiligen technischen Anlagen mit eindeutiger Funktionsbeschreibung und Funktionsschemen
- Steuermatrizen von auslösenden Anlagen, insbesondere der Brandmeldeanlagen, aber in Einzelfällen auch von auslösenden Feuerlöschanlagen usw.
- Brandfallsteuermatrix – Stufe 1 (Fachplanung der Brandfallsteuerungen)
- Planung der Übertragungswege für die Brandfallsteuerungen in Bezug auf den Funktionserhalt und die jeweilige Ausfallsicherheit, z.B. gemäß DIN 14674:2010-09
- Brandfallsteuermatrix – Stufe 2 (Ausführung und Dokumentation)
- Prüfplan für die Wirk-Prinzip-Prüfung, z.B. nach VDI 6010 Blatt 3

4 Wer ist für welche Angaben verantwortlich?

4.1 Grundsätzliche bauordnungsrechtliche Verantwortlichkeit

Die Festlegung, welche prüfpflichtigen technischen Anlagen und welche anderen An-lagen sowie Einrichtungen im Brandfall zusammenwirken müssen, obliegt dem/ der Entwurfsverfasser*in und den geeigneten Fachplaner*innen, insbesondere den beteiligten Brandschutzfachplaner*innen. Die objektbezogene Festlegung ist eine wichtige Grundleistung (jetzt im Brandschutz „Regelleistung") für die Sicherstellung der Schutzziele und es bedarf bezüglich dieser Verantwortung im Bauordnungsrecht keiner neuen Vorgaben. Vielmehr müssen Begriffe und Verfahrensabläufe inhaltlich aneinander angepasst und präzisiert werden. In der Praxis häufig festzustellende Lücken in den Genehmigungsunterlagen müssen geschlossen werden. Dabei sind dann auch die zuständigen Bauaufsichten und Prüfingenieur*innen für Brandschutz im Rahmen der Prüfung dieser Bauvorlagen gefordert.

Das bestimmungsgemäße Zusammenwirken prüfpflichtiger technischer Anlagen gemäß Paragraf 2 der Muster-Prüfverordnung muss im Rahmen einer Wirk-Prinzip-Prüfung in den meisten Bundesländern geprüft werden. Wie einige der prüfpflichtigen technischen Anlagen zusammenwirken müssen, ist für geregelte Sonderbauten in Sonderbauverordnungen beschrieben. Eine Übersicht einiger Anforderungen aus Rechtsvorschriften ist im VdTÜV-Merkblatt GEBT 1803:2018-03 [9] tabellarisch dar-gestellt. In der Praxis ist jedoch mehrheitlich darüber hinaus das Zusammenwirken weiterer Anlagen oder Einrichtungen erforderlich. Sollen prüfpflichtige Anlagen auch mit sonstigen Anlagen und/oder Einrichtungen zusammenwirken, muss das tatsächliche Zusammenwirken auch in geeigneter Form nach-gewiesen werden, sofern diese sicherheitstechnischen Funktionen für den Brandschutz im Sinne des Bauordnungsrechts und der objektspezifischen Bewertung wichtig sind. Dies kann in der Praxis bedeuten, dass auch andere Prüfende als die Prüfsachverständigen diese Funktionen überwachen müssen. Im Regelfall sind sonstige Anlagen und Einrichtungen nicht prüfpflichtig durch Prüfsachverständige. Die Festlegungen über das erforderliche Zusammenwirken sowohl aus Rechtsvorschriften als auch objektspezifischen Erfordernissen erfolgen mit der Baugenehmigung in der Regel im Brandschutzkonzept.

Ein wichtiger Bestandteil des Brandschutzkonzepts und die Grundlage für alle weiteren Planungsschritte bis hin zu einer detaillierten Brandfallsteuermatrix ist das sicherheitstechnisches Steuerungskonzept (sSK).

Die prüfenden Stellen (z.B. Untere Bauaufsicht oder Prüfingenieur) sollten die Prüf-pflicht der Wirkprinzipien sowie dazugehörigen Schnittstellen und Übertragungswege vor-geben. Dies gilt insbesondere, wenn objektspezifisch prüfpflichtige Anlagen mit sonstigen Anlagen und Einrichtungen zusammenwirken müssen, um die bauordnungsrechtlichen Schutzziele zu erreichen. Dadurch werden Lücken bei sporadischen Stichprobentests vermieden. Wie bereits oben erwähnt, kann es erforderlich sein, dass im Rahmen der Bau- und Objektüberwachung im Brandschutz das Zusammenwirken sonstiger Anlagen und Einrichtungen zu prüfen ist, wenn dieses Zusammenwirken nicht durch Prüfsachverständige geprüft wird.

```
Fachplaner              Brandschutz-
Brandschutz              konzept
                         inklusive
                    sicherheitstechnischem
                      Steuerungskonzept
─────────────────────────────────────────────
Fachplaner            Anlagenkonzepte
                  ─────────────────────────
                   Brandfallsteuermatrix
                         Planung
─────────────────────────────────────────────
Errichter          Brandfallsteuermatrix
                         Ausführung
                  ─────────────────────────
                       Programmierung
        brandschutzrelevanter Anlagen und Einrichtungen (z.B. BMA)
                  ─────────────────────────
                   Brandfallsteuermatrix
                       Dokumentation
```
(Detaillierungsgrad →)

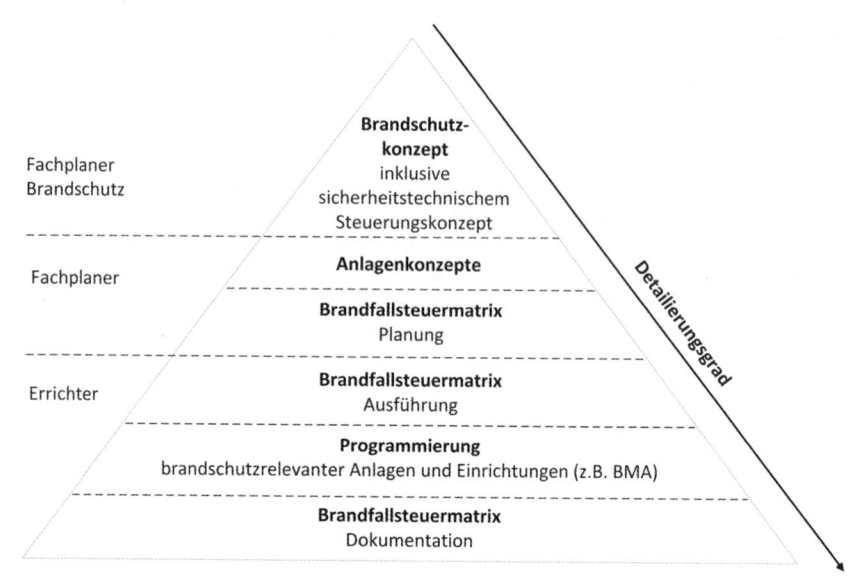

Abb. 5: Verantwortlichkeiten und Detaillierungsgrad der erforderlichen Dokumente

4.2 Beispiel der Verantwortlichkeiten bezüglich einer BMA

Bei der Aufstellung des Brandschutznachweises bzw. -konzepts ist es zwingend notwendig, dass der Aufsteller des Nachweises (z.B. Fachplaner*in Brandschutz) sich mit den zuständigen Fachplaner*innen der sicherheitstechnischen Anlagen abstimmt. Für die Koordination ist der Entwurfsverfasser zuständig.

In § 54 Abs. 2 Satz 3 der MBO heißt es dazu: *„Für das ordnungsgemäße Ineinandergreifen aller Fachplanungen bleibt der Entwurfsverfasser verantwortlich."* Bei der Folge der Planungsschritte von einem Vorentwurf zu einem Entwurf müssen die Rahmenbedingungen festgelegt werden. Zum Beispiel ist festzustellen, in welcher Vorschrift der Einbau einer Brandmeldeanlage verlangt wird. Ist die Anlage ohnehin vorgeschrieben oder soll sie zur Kompensation bei Abweichung von Vorschriften dienen? Für den Fall, dass die BMA zwingend vorgeschrieben ist, ist zu prüfen, nach welchen technischen Regeln der Anlagenaufbau geplant und ausgeführt werden soll. Es ist zu klären, welche Bereiche überwacht und welche Sonderanforderungen erfüllt werden müssen. Damit kann hier schon notiert werden, ob es bestimmte Brandmelder bedarf (z.B. für Tiefkühllager). Ferner ist zu bestimmen, wo und wie die erforderlichen Leitungen (Meldeleitung und ggf. separate Energieversorgungsleitungen) in dem Gebäude platziert werden sollen, um den erforderlichen Funktionserhalt sicherzustellen. Der oder die Aufstellorte der zentralen Einrichtungen sind ebenfalls zu bestimmen. Da es eine Anlage ist, die häufig auch von der Feuerwehr bedient wird, wäre zu klären, welche technischen Anforderungen auch bauaufsichtlich für den abwehrenden Brandschutz zu erfüllen sind und welchen Wünschen aus Sicht der Feuerwehr darüber hinaus (ohne Kostenwagnis) auch Rechnung getragen werden kann.

Das Ergebnis dieser Planungsüberlegungen ist nun so zusammenzustellen, dass alles, was in der Genehmigung festzuschreiben ist, im Brandschutznachweis aufgeführt wird. In einigen Regelwerken sind diesbezüglich Leitplanken definiert, so z.B. im Anhang 14 „Technische Regel Technische Gebäudeausrüstung – TR TGA" in der MVV TB [2].

Insbesondere zu nennen sind z.B. die Leistungsmerkmale der Bauprodukte, die mindestens zu erfüllen sind. Eine differenzierte Ausführung der Leitungsanlagen wäre konkret zu beschreiben. Soweit Planungswerte zur Erreichung der Schutzziele in den Planungsnormen je nach Anwendungsfall ausgewählt werden können, ist im Brandschutznachweis die Auswahl zu treffen.

Wiederholungen aus Vorschriften und Regelwerken als Zitate, die jedoch keine konkrete Festlegung darstellen (z.B. die Leitungsverlegung erfolgt nach MLAR), sind in einem Brandschutznachweis fehl am Platz. Denn bei einer späteren Prüfung muss erkannt werden können, ob z.B. eigene Aufstellräume für die Anlagen vorgesehen wurden oder eventuell die Verteiler mit Brandschutzgehäuse im Gebäude gewählt wurden.

Die Ersteller der Brandschutznachweise bzw. -konzepte müssen somit die notwendigen Angaben (die nicht in der MVV TB festgelegt sind) *„selbst bestimmen"* und darstellen, ohne auf ein vorgegebenes Rahmenkonzept mit Abstufungen in Abhängigkeit einer Risikobeurteilung zurückgreifen zu können. Die Folge ist, dass die Beschreibungen der zur Erlangung einer Baugenehmigung eingereichten Unterlagen sich vom Aufbau und von dem gewählten Sicherheitsniveau bei gleichen Bauprojekten unterscheiden können.

4.3 Mögliche Zuordnung vertraglicher Verantwortlichkeiten

Vertraglich kann es zwischen Auftraggeber und am Baubeteiligten unterschiedliche Regelungen geben. Für die Brandschutzplanung ist neben den Regelungen der HOAI die darauf aufbauende AHO Schriftenreihe Nr. 17 [8] zu nennen, in der es bezüglich der Brandfallsteuerungen auch Aussagen gibt. Insbesondere wird auch in [8] auf die aktuell unterschiedlichen Begriffsdefinitionen und Anwendungen verwiesen (siehe Abb. 7).

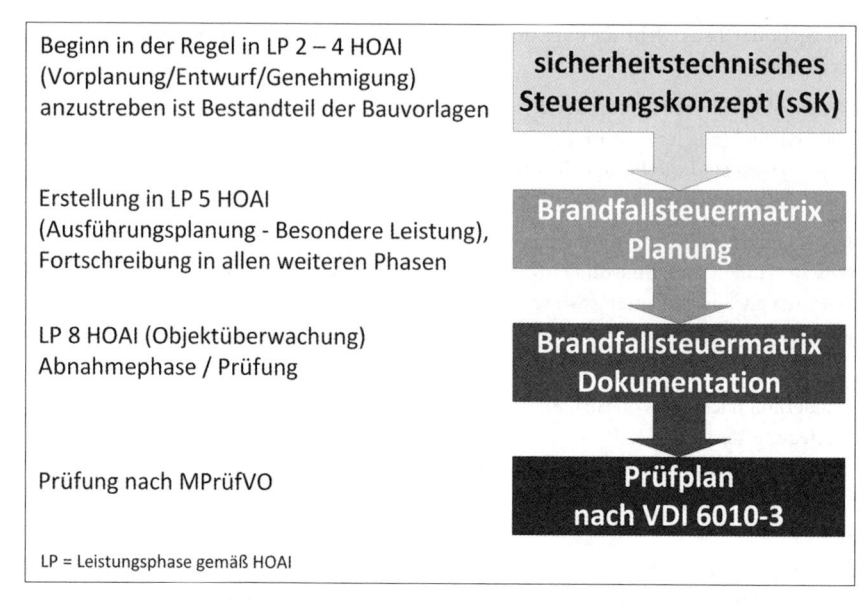

Beginn in der Regel in LP 2 – 4 HOAI (Vorplanung/Entwurf/Genehmigung) anzustreben ist Bestandteil der Bauvorlagen	**sicherheitstechnisches Steuerungskonzept (sSK)**
Erstellung in LP 5 HOAI (Ausführungsplanung - Besondere Leistung), Fortschreibung in allen weiteren Phasen	**Brandfallsteuermatrix Planung**
LP 8 HOAI (Objektüberwachung) Abnahmephase / Prüfung	**Brandfallsteuermatrix Dokumentation**
Prüfung nach MPrüfVO	**Prüfplan nach VDI 6010-3**

LP = Leistungsphase gemäß HOAI

Abb. 6: Erstellung der Dokumente – vom sicherheitstechnischen Steuerungskonzept zum Prüfplan

4.5.5 Leistungen zur Brandfallsteuertabelle bzw. gewerkeübergreifenden Brandschutzmatrix

Für die Leistungen im Zusammenhang mit der „Steuermatrix", dem „Wirkprinzipschema" oder ähnlicher Themenfelder muss zunächst festgestellt werden, dass in der Praxis eine einheitliche Definition oder gar Verwendung der Begriffe leider nicht erfolgt und auch ein Bezug auf bauordnungsrechtliche Vorschriften oder technisches Regelwerk nur sehr bedingt möglich ist. Im Zusammenhang mit dem Leistungsbild und Honorarermittlungen für Brandschutz musste daher bereits in früheren Auflagen eine eigene Differenzierung und Zuordnung vorgenommen werden, die wie folgt beibehalten wird:

- **Matrix-Grobkonzept**

  Als Festlegung der grundlegenden funktionalen, steuerungstechnischen Zusammenhänge, wie Alarmierungsbereiche, Alarmierungs- und Evakuierungsabfolgen, Ansteuerung von Aufzügen, Fahrtreppen, Beschallungsanlagen etc. Dieses erste Niveau wird in der Regel in einer allgemeinen, beschreibenden Form erstellt und soll in der bauaufsichtlichen Prüfung eine Beurteilung des brandschutztechnischen Standards ermöglichen.

  Es ist daher Regelleistung der Leistungsphase 4 und dementsprechend im Brandschutznachweis aufzunehmen, vgl. auch Kapitel 6.

Abb. 7: Grundleistung Matrix-Grobkonzept Phase 4 Auszug AHO Schriftenreihe Nr. 17 [8]

5. Ausführungsplanung	
Regelleistungen	**Optionale Leistungen**
• Prüfen der Baugenehmigung auf einen ggf. gebotenen Widerspruch bezogen auf den Brandschutznachweis • Beraten bei Anfragen der Objekt- und Fachplaner hinsichtlich der integrierten brandschutztechnischen Fachleistung auf Basis des genehmigten Brandschutznachweises einschließlich der Auflagen aus der Genehmigung • Erstellen einer Brandfallsteuertabelle • Mitwirken an der Koordination der Fachplanung an brandschutzrelevanten Schnittstellen • Mitwirken beim Feststellen der Eignung vorgelegter Übereinstimmungserklärungen von geregelten Bauprodukten und Bauarten für die Einbausituation • Prüfen, inwieweit zusätzliche genehmigungs- pflichtige Sachverhalte entstanden sind • Zusammenstellen der Ergebnisse	• Einmaliges Prüfen von Ausführungsplänen und Montageplänen der Objekt- und Fachplaner hinsichtlich des baulichen Brandschutzes • Mitwirken beim Feststellen der Eignung vorgelegter Verwendbarkeits- und Anwendbarkeitsnachweise von ungeregelten Bauprodukten und Bauarten für die Einbausituation • Mitwirken bei dem Erstellen einer gewerkeübergreifenden Brandschutzmatrix

Abb. 8: Grundleistung Brandfallsteuertabelle Auszug AHO Schriftenreihe Nr. 17 [8]

4.4 Erfahrungsaustausch mit obersten Bauaufsichten zu Verantwortlichen

In mittlerweile regelmäßigen Abständen finden seit vielen Jahren zwischen bauaufsichtlich anerkannten Prüfsachverständigen für Technische Anlagen und Vertretern der obersten Bauaufsichten Erfahrungsaustausche (ERFA) statt. Hier werden, zum Teil bundeslandspezifische Antworten und Auslegungshinweise durch die obersten Bauaufsichten auf Fragen der Prüfsachverständigen gegeben. Je nach Art der Fragestellung, kann es auch variierende Antworten geben, die sowohl auf die Rechtsvorschriften des jeweiligen Bundeslandes als auch auf objektspezifische Baugenehmigungsunterlagen angepasst werden müssen. Zum Thema der Verantwortlichkeiten bezüglich Brandfallsteuerungen gab es beispielhaft die folgenden Antworten:

Wann ist das sicherheitstechnische Steuerungskonzept zu erstellen?

Da das sicherheitstechnische Steuerungskonzept Bestandteil des Brandschutznachweises bzw. des Brandschutzkonzepts ist, müsste es im Rahmen der Genehmigungsplanung erstellt werden, damit es mit den übrigen Bauvorlagen zur Prüfung des Bauantrags vorliegt. [Quelle: ERFA mit den Obersten Bauaufsichten am 25.10.2019 in Potsdam]

Wer hat das sicherheitstechnische Steuerungskonzept zu erstellen?

Das sicherheitstechnische Steuerungskonzept ist durch den Fachplaner für Brandschutz (Brandschutzkonzeptersteller) zu erstellen. Hierzu muss er sich auch mit den anderen Fachplanern der technischen Anlagen abstimmen. Als Planer des konzeptionellen Brandschutzes obliegt dem Brandschutzkonzeptersteller diesbezüglich auch die

Koordination der anderen Fachplaner. [Quelle: ERFA mit den Obersten Bauaufsichten am 27.11.2015 in Hamburg]

Für die Erstellung des sicherheitstechnischen Steuerungskonzepts ist der Entwurfsverfasser gem. § 54 Abs. 1 Satz 1 und 3 MBO verantwortlich. Er hat dieses unter Hinzuziehung eines geeigneten Fachplaners gem. § 54 Abs. 2 MBO erstellen zu lassen. Der Entwurfsverfasser ist für die Koordination und das Ineinandergreifen der Fachplanungen verantwortlich. [Quelle: ERFA mit den Obersten Bauaufsichten am 25.10.2019 in Potsdam]

Wer prüft bzw. genehmigt das sicherheitstechnische Steuerungskonzept?

Die Abgrenzung der Aufgaben von Bauaufsichtsbehörde/Prüfingenieur, Prüfsachverständiger für technische Anlagen und Fachplaner wurde in der Fachkommission Bauaufsicht intensiv diskutiert.

Grundsatz ist, dass Bauaufsichtsbehörde/Prüfingenieur auf der Grundlage des Brandschutzkonzepts entscheiden, was eine Anlage – auch im Zusammenspiel mit anderen Anlagen – „können" muss und der/die Prüfsachverständige überprüft, ob die eingebaute Anlage diese Anforderungen tatsächlich erfüllt.

Insoweit kann auch auf die MVVTB 2017 verwiesen werden, in der bei vielen technischen Anlagen der Zusatz aufgenommen ist „Alle notwendigen Angaben sind im Brandschutznachweis darzustellen".

Dieser Hinweis wurde in der MVVTB 2019 nicht deswegen gestrichen, weil er falsch ist, sondern weil im Einzelfall die Abgrenzung zwischen Brandschutzkonzept und Fachplanung problematisch sein kann. [Quelle: ERFA mit den Obersten Bauaufsichten am 25.10.2019 in Potsdam]

5 Begriffe

5.1 Erläuterung zu den unterschiedlichen Begriffen

In verschiedenen Regelwerken werden wichtige Begriffe bezüglich der Brandfallsteuerungen benutzt.

Dabei handelt es sich sowohl um Rechtsvorschriften (z.B. BauVorlV [3] [6]), als auch technische Regeln (z.B. VDI-Richtlinien [10] [11] [12] [13]), Handlungsempfehlungen/ Praxishilfen (z.B. AHO Schriftenreihe Nr. 17 [8]), Betriebsinterne Leitfäden (z.B. Brandschutzleitfaden des Bundes [7]), Merkblätter (z.B. VdTÜV-Merkblätter [9] und Veröffentlichungen (z.B. Artikel in Fachzeitschriften [17] und Fachbücher [14] [15] [19]).

In den folgenden Übersichten sind beispielhaft die unterschiedlichen Begriffe, Definitionen und Anwendungen dargestellt. Bei der Anwendung der Begriffe sind Detailierungsgrad, Verbindlichkeit, Randbedingungen der Definition durch den jeweiligen am Bau Beteiligten zu beachten.

Teilweise werden gleiche Begriffe für unterschiedliche Inhalte verwendet. Es werden variierende Verantwortliche benannt. Die Zeitpunkte im Planungs- und Realisierungs-prozess eines Bauwerkes werden ebenfalls anders zugeordnet. Dies hat insbesondere fatale Folgen bei der Bewertung und Prüfung von Dokumenten im Genehmigungsprozess. Im Ergebnis führt das dann immer wieder zu unterschiedlichen Interpretationen vertraglich geschuldeter Leistungen und daraus resultierender juristischer Auseinandersetzungen.

5.2 Übersicht der Quellen wesentlicher Begriffe

Tabelle 2: Begriffsdefinitionen mit jeweils zugeordneter Quelle in eckigen Klammern […].

Quelle	sSk	Brandfallsteuerung	Matrix-Grobkonzept
Brandschutzleitfaden für Gebäude des Bundes:2019-06 [7]		Brandfallsteuermatrix	
Muster einer Verordnung über Bauvorlagen und bauaufsichtliche Anzeigen (**MBauVorlV:2020-09**) [3]			
Gefahrenfallenmatrizen für Gebäude – Vom sicherheitstechnischen Steuerungskonzept zur Brandfallsteuermatrix [15]	Steuerungskonzept für den einzelnen Gefahrenfall	Steuermatrix für den einzelnen Gefahrenfall	
Muster-Verwaltungsvorschrift technische Baubestimmungen (**MVVTB**) vom 17.01.2022 mit Druckfehlerberichtigung vom **04.03.2022** [2]			
Grundsätze für die Prüfung technischer Anlagen entsprechend der Muster-Prüfverordnung durch bauaufsichtlich anerkannte Prüfsachverständige (**Muster-Prüfgrundsätze**) Stand: **06.12.2021** [5]	Sicherheitstechnisches Steuerungskonzept der Anlagen		
Verordnung über Vorlagen und Nachweise in bauaufsichtlichen Verfahren im Land Brandenburg (Brandenburgische Bauvorlagenverordnung – **BbgBauVorlV**) vom 07.11.2016, zuletzt geändert **31.03.2021** [6]	Sicherheitstechnisches Steuerungskonzept		
VDI 3819-1:2016-10 [10]	sicherheitstechnisches Steuerungskonzept	Brandfallsteuermatrix	
VDI 4700-1-2 Entwurf:2018-07 [11]	sicherheitstechnisches Steuerungskonzept	Brandfallsteuermatrix	
VDI 6010-1:2019-01 [12]		Brandfallsteuermatrix	
VDI 6010-2:2022-10 [13]		Brandfallsteuerung	
AHO Nr. 17:2022-12 [8]		Brandfallsteuertabelle	Matrix-Grobkonzept

5.3 Brandfallsteuerung

- Ansteuerung von Komponenten eines Gebäudes bei einem Brandfall inklusive zugehöriger Steuerungskomponenten und Verknüpfungsfunktionen. [13]

5.4 Brandfallsteuermatrix

- Steuermatrix für Brandereignisse. [12]
- Tabellarische Darstellung der für den Brandfall geplanten Abhängigkeit der Funktion des bestimmungsgemäßen Zusammenwirkens angesteuerter technischer Anlagen und Einrichtungen (Senken) von den detektierenden Elementen wie Melder, Meldergruppen, Meldebereiche (Quellen) einer Brandmeldeanlage oder einer sicherheitsgerichteten Steuerung. **Anmerkung:** Die Brandfallsteuermatrix ist ein Planungswerkzeug, um das bestimmungsgemäße Zusammenwirken technischer Anlagen darzustellen. [10]
- Eine Brandfallsteuermatrix wird notwendig, wenn funktionale Abhängigkeiten des anlagentechnischen Brandschutzes dargestellt werden müssen. Der Umfang der Brandfallsteuermatrix ist abhängig von der Komplexität der Abhängigkeitsfunktionen zwischen einzelnen Anlagenteilen. Grundsätzlich sollten die Abhängigkeitsfunktionen auf das absolut notwendige Maß begrenzt werden. [7]

5.5 Gefahrenfallsteuermatrix

- Gesamtheitliche Zusammenführung der Matrizen für einzelne Gefahrenfälle. **Anmerkung 1:** Besteht aus der Gefahrenfallsteuermatrix „Planung" (z.B. erstellt durch Fachplaner) und wird weitergeführt zur Gefahrenfallsteuermatrix „Ausführung/Dokumentation" (weitergeführte Gefahrenfallsteuermatrix „Planung" während der Montage bis zur Fertigstellung als Revisionsunterlage). **Anmerkung 2:** Es sind insbesondere die Wechselwirkungen zwischen den einzelnen Gefahrenfällen zu erfassen und zu dokumentieren, ggf. sind Vorgängerdokumente anzupassen. **Anmerkung 3:** Planänderungen erfordern in der Folge eine Anpassung aller weiteren Dokumente. **Anmerkung 4:** Die Gefahrenfallsteuermatrix beschreibt mindestens einen Gefahrenfall. [12] (Anmerkung des Verfassers: Für den Gefahrenfall Brand ist dies die Brandfallsteuermatrix.)

5.6 Konzeptionelle Brandfallsteuermatrix

- Eine konzeptionelle Brandfallsteuermatrix ist im Brandschutzkonzept aufzuzeigen. Die Abhängigkeiten der Brandschutzsysteme sind dabei grundsätzlich darzustellen. Dies kann in der Regel zusammengefasst im Abschnitt über die Brandmeldeanlage vorgenommen werden. Mit der Darstellung der grundsätzlichen funktionalen Zusammenhänge als Information im Brandschutzkonzept (konzeptionelle Brandfallsteuermatrix) sollen die Aufgaben zur Steuerung diverser technischer Einrichtungen für die jeweilige Fachplanung aufgezeigt werden. Die konzeptionelle

Brandfallsteuermatrix soll ausdrücklich nicht mit technischen Details ausgearbeitet werden. Hierzu ist entweder ein beschreibender Text oder eine schematische Darstellung ausreichend. [7]

5.7 Systematische Brandfallsteuermatrix

- Eine weitere Detaillierung der Darstellung einer Brandfallsteuerung in der Regel in tabellarischer Form wird dann erforderlich, wenn über das einfache Ansteuern bzw. Zu- oder Abschalten von Anlagen im Gebäude bzw. im jeweiligen Brandabschnitt hinaus komplexe Funktionszusammenhänge dargestellt werden müssen. Dies ist beispielsweise der Fall, wenn abhängig vom konkreten Brandentstehungsort unterschiedliche Szenarien ausgelöst werden müssen. In der Regel ist dies Bestandteil der Fachplanung für die Brandmeldeanlage. Hier werden den Auslösebereichen (z.B. Räume, Nutzungseinheiten oder Etagen) die jeweiligen Steuerfunktionen systematisch in Tabellenform zugeordnet. [7]

5.8 Detaillierte Brandfallsteuermatrix

- Schließlich besteht für die Programmierung der Brandmeldeanlage und der übrigen Anlagen zum Brandschutz sowie für die späteren Abnahmen die Notwendigkeit, die definierten Melder mit der Meldergruppe und Melderzahl einer Steuerungsfunktion zuzuordnen. Dazu wird die systematische Brandfallsteuermatrix weiter detailliert und mit allen Informationen der Meldergruppe/Einzelmelder und der Steuerungsfunktionen ausgearbeitet. [7]

5.9 Matrix-Grobkonzept

- Als Festlegung der grundlegenden funktionalen, steuerungstechnischen Zusammenhänge, wie Alarmierungsbereiche, Alarmierungs- und Evakuierungsabfolgen, Ansteuerung von Aufzügen, Fahrtreppen, Beschallungsanlagen etc. Dieses erste Niveau wird in der Regel in einer allgemeinen, beschreibenden Form erstellt und soll in der bauaufsichtlichen Prüfung eine Beurteilung des brandschutztechnischen Standards ermöglichen. Es ist daher Regelleistung der Leistungsphase 4 und dementsprechend im Brandschutznachweis aufzunehmen. [8]

5.10 Brandfallsteuertabelle

- Die Detaillierung der funktional beschriebenen Abhängigkeiten erfolgt in Form einer Tabellendarstellung als Zuordnung, welche Situation bzw. welches Ereignis zu welcher Reaktion führen soll. Die Tabelle ist für Funktionsbereiche und ggf. jeden Alarmierungsbereich, nicht aber bezogen auf die Meldegruppe oder gar die einzelnen Melder aufzubereiten. Als Basis hierfür wird durch den Fachplaner der Technischen Ausrüstung eine Anlagen- und Komponentenzusammenstellung übergeben. Diese Bearbeitung soll als Regelleistung der Leistungsphase 5 erfolgen. [8]

5.11 Gewerkeübergreifende Brandschutzmatrix

- In diesem Niveau werden die Komponenten-Identifikationsnummern der einzelnen Melder und Aktoren genau benannt und das jeweilige Matrixelement mit den einzelnen Komponenten zugeordnet. Die gewerkeübergreifende Brandschutzmatrix ist die Grundlage für die Programmierung der gesamten brandschutztechnischen Steuerungstechnik. Sie wird in der Regel durch den Fachplaner der Technischen Ausrüstung erarbeitet (vgl. Anlage 15, Leistungsphase 3 HOAI sowie AHO-Heft 6 „Optionale Leistungen bei der Planung von Anlagen der Technischen Ausrüstung"). Als Optionale Leistung im Brandschutz kann das Mitwirken bei der Erstellung dieser gewerkeübergreifenden Brandschutzmatrix erfolgen, wobei Inhalt und Umfang dieses Mitwirkens einer vertraglichen Regelung bedürfen. [8]

5.12 Sicherheitstechnisches Steuerungskonzept (sSK)

- Konzeptionelle Festlegung, in der das notwendige Zusammenwirken technischer Anlagen beschrieben ist, um die bauordnungsrechtlichen Schutzziele des Brandschutzes zu erfüllen. **Anmerkung 1:** Das sicherheitstechnische Steuerungskonzept ist ein Planungswerkzeug. **Anmerkung 2:** Das sicherheitstechnische Steuerungskonzept entspricht hier dem Matrix-Grobkonzept aus der AHO Nr. 17 und stellt eine konzeptionelle Vorstufe in der Brandschutzplanung dar. [10]
- Das sicherheitstechnische Steuerungskonzept beschreibt zur Erreichung des bauordnungsrechtlich geforderten Schutzziels das Zusammenwirken und die Verknüpfung der beteiligten, prüfpflichtigen Anlagen in geeigneter Weise. **Anmerkung:** Das sicherheitstechnische Steuerungskonzept (sSk) ist (Stand: Januar 2016) nicht Bestandteil der Muster-Bauvorlagen-Verordnung (MBauVorlV), wird aber in den Muster-Prüfgrundsätzen für die Prüfung technischer Anlagen durch Prüfsachverständige aufgeführt. [9]
- Steuerungskonzept, das im Gefahrenfall „Brand" eingesetzt wird. **Anmerkung:** Das sicherheitstechnische Steuerungskonzept ist ein Steuerungskonzept für den Gefahrenfall eines Brandereignisses und sollte Bestandteil eines Brandschutzkonzepts oder des Brandschutznachweises sein. [12]

5.13 Was ist ein sicherheitstechnisches Steuerungskonzept?

- Das sicherheitstechnische Steuerungskonzept ist eine Bauvorlage und gehört zu den zusätzlichen Angaben, die nach § 11 Abs. 2 MBauVorlVO (Bauvorlagenverordnung) gemacht werden müssen. [Quelle: ERFA mit den Obersten Bauaufsichten am 27.11.2015 in Hamburg]
- Das sicherheitstechnische Steuerungskonzept ist Bestandteil des Brandschutzkonzepts und mit dem Bauantrag zur Genehmigung einzureichen. [Quelle: ERFA mit den Obersten Bauaufsichten am 25.10.2019 in Potsdam]

5.14 Was ist im sicherheitstechnischen Steuerungskonzept zu beschreiben?

- Im sicherheitstechnischen Steuerungskonzept ist das notwendige Zusammenwirken der sicherheitstechnischen Anlagen zu beschreiben, dass der konzeptionelle Brandschutz ordnungsgemäß funktioniert. [Quelle: ERFA mit den Obersten Bauaufsichten am 27.11.2015 in Hamburg]
- Im sicherheitstechnischen Steuerungskonzept ist das Zusammenwirken der sicherheitstechnischen Anlagen zu beschreiben, wie es in den Sonderbauvorschriften bestimmt ist und darüber hinaus, wie es aufgrund der objektspezifischen Besonderheiten notwendig ist. Im sicherheitstechnischen Steuerungskonzept ist auch das Zusammenwirken von Anlagen zur Vermeidung von Wechselwirkungen zwischen Anlagen, die die Wirksamkeit und den ordnungsgemäßen Betrieb der Anlagen beeinflussen, zu beschreiben. [Quelle: ERFA mit den Obersten Bauaufsichten am 27.11.2015 in Hamburg]

5.15 Ist für das sicherheitstechnischen Steuerungskonzept eine bestimmte Form vorgegeben?

- Eine bestimmte Form ist für das sicherheitstechnischen Steuerungskonzept nicht vorgegeben. [Quelle: ERFA mit den Obersten Bauaufsichten am 25.10.2019 in Potsdam]

5.16 Ist das sicherheitstechnische Steuerungskonzept zu prüfen?

- Bauaufsichtsbehörde bzw. Prüfingenieur für Brandschutz prüfen und entscheiden auf Grundlage des Brandschutzkonzepts, was die technischen Anlagen können müssen. Zur Prüfung des geplanten Brandschutzes gehört auch die Beschreibung des Zusammenwirkens der Anlagen im sicherheitstechnischen Steuerungskonzept. [Quelle: ERFA mit den Obersten Bauaufsichten am 25.10.2019 in Potsdam]

5.17 Was sind die Folgen, wenn ein sicherheitstechnisches Steuerungskonzept nicht vorliegt?

- Wenn kein sicherheitstechnisches Steuerungskonzept vorliegt, kann der konzeptionelle Brandschutz nicht funktionieren. [Quelle: ERFA mit den Obersten Bauaufsichten am 27.11.2015 in Hamburg]
- Das Fehlen eines sicherheitstechnischen Steuerungskonzepts stellt einen Mangel hinsichtlich der Vollständigkeit der Bauvorlagen dar, da relevante Angaben zur Beurteilung des Brandschutznachweises fehlen. [Quelle: ERFA mit den Obersten Bauaufsichten am 25.10.2019 in Potsdam]
- Ohne sicherheitstechnisches Steuerungskonzept ist die vorgeschriebene Wirk-Prinzip-Prüfung (WPP) der prüfpflichtigen technischen Anlagen nicht möglich, da es keine Grundlage für das bestimmungsgemäße Zusammenwirken gibt. [Quelle: ERFA mit den Obersten Bauaufsichten am 27.11.2015 in Hamburg]

6　Fazit

In Auswertung aller bekannten Regelwerke, jedoch insbesondere den Antworten der obersten Bauaufsichten in den ERFAs, ist die Bereitstellung eines sicherheitstechnischen Steuerungskonzeptes eine **Pflicht**. Lediglich die Form des sSK ist nicht eindeutig definiert, so dass die weiterführenden Dokumente insbesondere die darauf aufbauenden Brandfallsteuermatrizen in Form und Inhalt zu einer Kür werden können.

Zunehmende Komplexität der Gebäude erfordert höhere Anforderungen im anlagentechnischen Brandschutz und beim Zusammenwirken von Anlagen. Die Ausführungsqualität, die Wirksamkeit, die Betriebs-/Funktionssicherheit und die Wirtschaftlichkeit von Brandschutzmaßnahmen müssen sich verbessern. Die Brandfallsteuerungen mit ihren Übertragungswegen sind die zwingend erforderlichen Lebensadern, um die Schutzziele tatsächlich zu erreichen. Das sicherheitstechnische Steuerungskonzept (sSK) muss in LP 2-4 gemäß AHO/HOAI entstehen (Grundleistung bzw. sogenannte „Regelleistung" nach AHO). Die Erstellung einer Brandfallsteuermatrix (Planung) zur Beschreibung der Steuerung und Funktionsweise des Zusammenwirkens sicherheitstechnischer Anlagen muss in LP 5 gemäß HOAI erfolgen (Besondere Leistung). Die Inbetriebnahmen aller Brandschutzeinrichtungen sind durch die Verantwortlichen (Bauleiter*in, Fachbauleiter*in, Objektüberwacher*in) auf Basis der Brandfallsteuermatrix (Ausführung/Dokumentation) zu begleiten und zu dokumentieren. Neben der bauordnungsrechtlichen Prüfung der Einzelanlagen ist für das bestimmungsgemäße Zusammenwirken der Anlagen und Systeme in vielen Fällen eine Wirk-Prinzip-Prüfung (W-P-P) durchzuführen.

Neben Personenschutz (Bauordnungsrecht) können Umweltschutz oder Sachschutz sowie weitere benutzerspezifische Anforderungen eine vertragliche Rolle spielen. Dann sind zusätzlich zur Wirk-Prinzip-Prüfung weitere Prüfungen nach Nutzervorgabe erforderlich. Grundlage der Wirk-Prinzip-Prüfung ist die Brandfallsteuermatrix als Teil der Gefahrenfallsteuermatrix des Gesamtgebäudes. Die bauaufsichtlichen Sollanforderungen bestimmt jedoch das sicherheitstechnische Steuerungskonzept (sSK) innerhalb der Bauvorlagen.

Für alle prüfenden Stellen, also die Prüfingenieur*innen und Prüfsachverständigen, die nach Fertigstellung testieren sollen, dass die sicherheitstechnischen Anlagen betriebssicher und wirksam sind, müssen die Angaben in der Baugenehmigung und den dazugehörenden Unterlagen – also auch den Brandschutznachweisen und -konzepten – so eindeutig sein, dass die Prüfgrundlagen für alle Prüfenden nachvollziehbar sind – auch für wiederkehrende Prüfungen.

Standardisierte sicherheitstechnische Steuerungskonzepte (sSK) können die Prüfhandlungen aller Prüfenden erleichtern. Bei der notwendigen Präzisierung der Begriffe wird der Erfahrung der Bauaufsichten, Prüfingenieur*innen und der Prüfsachverständigen große Bedeutung zukommen.

Quellen/Literatur

[1] MBO:2020-09 Musterbauordnung (MBO), Fassung November 2002, zuletzt geändert durch Beschluss der Bauministerkonferenz vom 25.09.2020

[2] MVV TB:2022-03 – Muster-Verwaltungsvorschrift Technische Baubestimmungen (MVV TB), Ausgabe 2021/1 vom 17.01.2022 mit Druckfehlerberichtigung vom 04.03.2022

[3] MBauVorlV:2020-09 Muster einer Verordnung über Bauvorlagen und bauaufsichtliche Anzeigen (Musterbauvorlagenverordnung) – MBauVorlV -, Fassung Februar 2007, zuletzt geändert durch Beschluss der Bauministerkonferenz vom 25. September 2020

[4] MPrüfVO:2011-03 Muster-Verordnung über Prüfungen von technischen Anlagen nach Bauordnungsrecht (Muster-Prüfverordnung – MPrüfVO) vom März 2011

[5] Muster-Prüfgrundsätze:2010-11 Grundsätze für die Prüfung technischer Anlagen entsprechend der Muster-Prüfverordnung durch bauaufsichtlich anerkannte Prüfsachverständige (Muster-Prüfgrundsätze) vom 26.11.2010, zuletzt geändert durch Beschluss der FK Bauaufsicht vom 06.12.2021

[6] BbgBauVorlV:2021-03 Verordnung über Vorlagen und Nachweise in bauaufsichtlichen Verfahren im Land Brandenburg (Brandenburgische Bauvorlagenverordnung – BbgBauVorlV) vom 07.11.2016, zuletzt geändert 31.03.2021

[7] Brandschutzleitfaden – Arbeitshilfe für den Baulichen Brandschutz für die Planung, Ausführung und Unterhaltung von Gebäuden des Bundes. 4. Auflage, Juni 2019

[8] AHO Schriftenreihe Nr. 17 Leistungen für Brandschutz, 4., vollständig überarbeitete und erweiterte Auflage, Stand Dezember 2022

[9] VdTÜV-Merkblatt GEBT 1803:2018-03, Wirksamkeit und Betriebssicherheit von sicherheitstechnischen Anlagen in Sonderbauten: Anforderungen an die Prüfung des bestimmungsgemäßen Zusammenwirkens von Anlagen (W-P-P)

[10] VDI 3819-1:2016-10, Brandschutz für Gebäude – Grundlagen für die Gebäudetechnik – Begriffe, Gesetze, Verordnungen, technische Regeln

[11] VDI 4700-1-2 Entwurf:2018-07, Begriffe der Bau- und Gebäudetechnik – Ergänzungen 2

[12] VDI 6010-1:2019-01, Sicherheitstechnische Anlagen und Einrichtungen für Gebäude – Systemübergreifende Kommunikationsdarstellungen

[13] VDI 6010-2:2022-10, Sicherheitstechnische Anlagen und Einrichtungen für Gebäude – Schnittstellen in Brandfallsteuerungen

[14] Balow, Jörg/Borrmann, Dirk/Ernst, Achim/Lucka, Frank: Wirkprinzipprüfungen und Vollprobetest für Gebäude – Kommentar zur VDI 6010 Blatt 3. Beuth Verlag 2015, ISBN 978-3-410-24766-1

[15] Balow, Jörg/Borrmann, Dirk/Ernst, Achim/Lucka, Frank/Nagel, Bastian/ Tietze, Steffen: Gefahrenfallmatrizen für Gebäude. Vom sicherheitstechnischen Steuerungskonzept (sSK) zur Brandfallsteuermatrix – Kommentar zur VDI 6010 Blatt 1. Beuth Verlag 2020, ISBN 978-3-410-28380-5

[16] Ernst, Achim/Lucka, Frank: Vollprobetest und Wirkprinzipprüfung sicherheitstechnischer Anlagen – Wer? Wie? Was? Warum?, Tagungsband 16. EIPOS-Sachverständigentage Brandschutz 2015, ISBN 978-3-9814551-4-4

[17] Lucka, Frank: Standardisierte sicherheitstechnische Steuerungskonzepte werden das Problem künftiger Brandschutznormung sein. Bei der notwendigen Präzisierung der Begriffe wird der Erfahrung der Prüfingenieure große Bedeutung zukommen. Der Prüfingenieur November 2016

[18] Czepuck, Knut/Lucka, Frank: Technische Sachverhalte im Brandschutzkonzept – Was? Wieviel? Warum?, Tagungsband 19. EIPOS-Sachverständigentage Brandschutz 2018, ISBN 978-3-9814551-7-5

[19] Lucka, Frank: Basiswissen Brandschutz – Band 2: Anlagentechnik. Beuth Verlag 2020, ISBN 978-3-410-27401-8

Dipl.-Ing. (FH) Christoph Vahlhaus, Ing. Patrick Sonntag, M.Sc.

1.2
Brauchen wir ein Brandschutzausführungskonzept?

Beschäftigt man sich mit der Frage, ob ein Brandschutzausführungskonzept notwendig ist, kommt man zwangsläufig zur Frage, was die bisher bereits vorhandenen Konzepte und Nachweise leisten sollen und müssen, um festzustellen, ob eine Lücke bzw. ein weiterer Bedarf besteht. Dabei ist festzustellen, dass in vielen Bauvorlageverordnungen, wie z.b. der Bauvorlagenverordnung Bayern oder der Verordnung über die bautechnischen Prüfungen NRW beschrieben ist, welche Bestandteile ein Brandschutzkonzept bzw. Brandschutznachweis umfassen muss. Ein eindeutiger Zweck findet sich hier jedoch nicht. Nimmt man andere Regelwerke hierzu findet man z.b. in der vfdb-Richtlinie 01/01 „Brandschutzkonzept", dass das Brandschutzkonzept „als Grundlage

- für die bauaufsichtliche Beurteilung/Genehmigung,
- für die Fachplanung, Bauausführung und Koordination der Gewerke,
- für die Abnahme und die wiederkehrenden Prüfungen,
- für die privatrechtliche Risikobeurteilung,
- für die Brandsicherheitsschauen der Brandschutzdienststellen und
- für die Einsatzplanung der Feuerwehr" [1]

dienen soll. Die Fülle der Aufzählungspunkte zeigt bereits, dass ein Dokument dieses nicht alles leisten kann. Außerdem erfolgt nach Ansicht der Autoren eine nicht sinnvolle Vermischung von privatrechtlichen Anforderungen, welche sich z.B. durch die privatrechtliche Risikobeurteilung ergibt und der bauordnungsrechtlichen Anforderungen.

Betrachtet man hingegen das Merkblatt Brandschutznachweise der Senatsverwaltung für Stadtentwicklung und Wohnen des Landes Berlin wird schon im ersten Satz klargestellt, dass es sich bei einem Brandschutznachweis um einen bautechnischen Nachweis handelt. [2] Dieses lässt sich auch bei einem Blick in die Bauordnungen der Länder bzw. die MBO feststellen. Das Brandschutzkonzept bzw. der Brandschutznachweis wird hier immer als Bestandteil der Bauvorlagen für bestimmte Gebäudetypen beschrieben. Hieraus lässt sich also schließen, dass das Brandschutzkonzept bzw. der Brandschutznachweis erst einmal bauordnungsrechtlich die gleiche Planungstiefe aufweist, wie dieses bei den übrigen Unterlagen zum Bauantrag gegeben ist. Dieses wird auch in einzelnen Landesbauordnungen zusätzlich darüber dokumentiert, dass der Entwurfsverfasser beim Bauantrag die Übereinstimmung seiner Planung mit dem Brandschutznachweis erklären muss. Um dieses gewährleisten zu können müssen die Pläne des Entwurfsverfasser Grundlage für die Brandschutzpläne sein.

Zu den Inhalten des Brandschutznachweise bzw. des Brandschutzkonzeptes gibt es sehr unterschiedliche Vorgaben in den Landesbauordnung. Sie reichen von keinen Angaben bis hin zu einer Auflistung von Mindestinhalten, die im Dokument zu thematisieren sind. Der Verein der Prüfsachverständigen für den Brandschutz in Hessen e.V. hat dazu auch einen hilfreichen Anwenderleitfaden zum Abschnitt 7 «Brandschutz» der Bauvorlagenerlasse (BVErl) verfasst, dessen „vorrangiges Ziel […], die Qualität von Brandschutzkonzepten bzw. -nachweisen insgesamt zu verbessern sowie eine Standardisierung der Inhalte anzustreben." [3]

Anhand solcher Dokumente oder auch der Auflistungen in den Bauvorlagenverordnungen mancher Länder lässt sich auch ableiten, dass die Aufgabe eines Brandschutzkonzeptes im Rahmen der Projektbearbeitung bis zur Leistungsphase 4 ist, eine Genehmigung zu erzielen.

So wie auch bei den Entwurfsverfassern, aber auch allen anderen Planern, wird eine Fortschreibung der Planung über unter anderem die Leistungsphase 5 – Ausführungsplanung notwendig, damit eine fachgerechte bauliche Anlage errichtet werden kann. Es würde jedoch sicherlich kein Bauherr auf die Idee kommen nach der Genehmigungsplanung im Maßstab 1:100 das Gebäude auch zu errichten. Vielmehr ist es für jeden am Bau Beteiligen klar, dass sich nach der Genehmigungsplanung noch weitere Planungsphasen nach HOAI bzw. AHO anschließen. Sowohl in der Architektur als auch der technischen Gebäudeausrüstung sowie den anderen Fachdisziplinen müssen die Planungen weiter vorangetrieben werden, um aus der Planung, welche ausschließlich dazu diente eine ordnungsbehördliche Genehmigung in Form der Baugenehmigung zu erreichen, auch eine ausführbare und baubare Planung zu entwickeln. Allein aus dem Gleichlaufen der Planungsphasen und deren Detaillierungsgrad würde es sich also ergeben, dass auch bei der Brandschutzplanung eine Fortführung und Detaillierung der Planung erfolgt.

Neben der zuvor gegebenen Ausgangslage und Randbedingungen kommt zudem der Umstand hinzu, dass sich im Laufe der letzten Jahre eine immer stärkere Verschiebung der Phasen zwischen den einzelnen Planungsdisziplinen ergibt. So werden nicht selten Themen, welche für die Erteilung einer Baugenehmigung wichtig sind, vorgezogen, damit der – leider häufig langwierige – Prozess der Bauantragsbearbeitung durch die Genehmigungsbehörde genutzt werden kann, um die Planung weiter zu detaillieren bzw. zuvor ausgeklammerte Aspekte zu beplanen. So muss ein Brandschutznachweis aus Erfahrung der Autoren häufig auf einer vorgezogenen Entwurfs- und Genehmigungsplanung der Architektur erstellt werden. Viele Aspekte, die unter anderem auch für die Brandschutzplanung von Relevanz sind, werden dann jedoch erst nach der Bauantragsplanung bearbeitet, wenn das Planungsteam wieder zurück in die Leistungsphase 3 springt. Ebenfalls ist es leider zum normalen Projektablauf geworden, dass die Planung der technische Gebäudeausrüstung sich meistens knapp eine Leistungsphase hinter der Brandschutzplanung befindet und nachläuft. Einer der Gründe für diese neue Aufteilung der Leistungsphasen ist der Umstand, dass gerade bei finanzierten Gebäuden das Vorliegen einer Baugenehmigung eine wesentliche Voraussetzung für weitere Finanzierungen darstellt und die Erteilung einer Baugenehmigung in der Regel Voraussetzung ist, dass weitere Verkaufs- und Vermarktungsprozesse starten können. Auch hier spielt nicht selten die damit zusammenhängende Finanzierung der Projekte eine wesentliche Rolle.

Während die Brandschutzplanung also ihre Mitarbeit an der Planung bereits fertiggestellt hat, beginnen die anderen Disziplinen, ihre Planungen zu verfeinern. Zum anderen ergibt sich aus dem beschriebenen Versatz in der Planung, dass vielfach Informationen, welche für die Erstellung des Brandschutzkonzepts bzw. des Brandschutznachweises notwendig sind, noch gar nicht in der benötigten detailtiefe vorliegen und somit Annahmen getroffen werden müssen, damit ein genehmigungsfähiges Brandschutzkonzept vorliegt. Gerade im Bereich der Schnittstellen mit der technischen Gebäudeausrüstungen ergeben sich hier aus der Erfahrung der Autoren häufig Informationsdefizite.

Es ergibt sich somit oft die Notwendigkeit, die Planungen und Informationen, welche erst nach Fertigstellung des Brandschutzkonzepts bzw. Brandschutznachweises vorliegen, auch in der Brandschutzplanung zu berücksichtigen und in die Konzepte bzw. Nachweise einzuarbeiten. Dies geschieht in der Regel durch die Erstellung diverser Fortschreibungen bzw. Tekturen.

Neben den vorher genannten Aufgaben dient das Brandschutzkonzept entsprechend der Musterprüfgrundsätze auch als Prüfgrundlage für die Prüfsachverständigen der sicherheitstechnischen Anlagen. Auch hier ist – gerade unter Berücksichtigung des im vorigen Absatz bereits beschriebenen Versatzes zwischen den Planungsphasen der Brandschutzplanung und der Planung der technischen Gebäudeausrüstung – die Notwendigkeit der Anpassung des Brandschutzkonzeptes gegeben, damit eine geeignete Grundlage für die Prüfsachverständigen der sicherheitstechnischen Anlagen gegeben ist.

Setzt man voraus, dass das Brandschutzkonzept alle abgestimmten Informationen zur übrigen Planung enthält und dass auf dieser Basis die Baugenehmigung erteilt wird, stellt sich die Frage, ob man nun auch bauen kann. Wie bereits angedeutet, ist der Arbeitsaufwand insbesondere für den Entwurfsverfasser und den Planer der technischen Gebäudeausstattung in der Leistungsphase 5 groß. Denn es wird nicht nur der Maßstab der Pläne von 1:100 auf 1:50 verkleinert, sondern die Planung muss für eine baubare Lösung weiterentwickelt werden. Zahlreiche Details und Grundrisspläne müssen entwickelt werden. Bei einer Beauftragung des Brandschutzplaners für die Leistungsphase 5 entsprechend AHO Heft Nr. 17 sehen die Regelleisten „nur" ein Mitwirken bzw. ein Beraten vor, d.h. auf aktives Nachfragen der Planungsbeteiligten werden Lösungen entwickelt, die auch den Vorgaben des Brandschutzes entsprechen. Dies bedeutet umgekehrt häufig aber auch: Wird nicht durch den Brandschutzplaner nachgefragt, so wird dieser kaum bis gar nicht eingebunden. Zwar gibt es im Leistungsbild auch den Punkt „Zusammenstellen der Ergebnisse", allerdings ist hier nicht genau definiert, wie und in welcher Form dies erfolgen soll. Auch wenn eine aktive Beratung und Mitwirkung durch den Brandschutzplaner erfolgt ist, ergibt sich häufig die Problematik, dass sich die Ergebnisse auf verschiedene Dokumente verteilen. Man braucht also nicht viel Fantasie, um die große Gefahr zu erkennen, dass die Planung aller Planungsdisziplinen zwar Ausführungsreife erzielt, die Brandschutzplanung aber noch auf dem Informationsniveau der Leistungsphase 4 ist, v. a. die Dokumentation betreffend.

Spätestens, wenn es dann zu Problemen bei der Bauausführung auf der Baustelle kommt oder im Rahmen der Objektüberwachung Mängel festgestellt werden, wird häufig die Frage gestellt, warum dies nicht (detaillierter) im Brandschutzkonzept beschrieben ist. Nach Ansicht vieler Ausführender wären die Schwierigkeiten dann nicht entstanden.

Zurückkommend auf die Eingangsfrage „Brauchen wir ein Brandschutzausführungskonzept?" kann man nun feststellen, dass viele Themen, die in diesem Brandschutzausführungskonzept ausgeführt würden, nichts mit dem Ziel eines Brandschutzkonzepts zu tun haben, nämlich dem Erlangen einer Genehmigung. Sie gehören somit auch nach Ansicht der Autoren nicht in das Brandschutzkonzept der Leistungsphase 4.

Die erste Reaktion darauf könnte sein, dass ein gesondertes Brandschutzausführungskonzept all diese Probleme lösen könnte. Fragt man jedoch bei den Konzepterstellern, aber auch bei anderen am Bau Beteiligten, vor allem bei den Ausführenden Gewerken, nach, heißt es gleichzeitig aber auch, „Nicht noch ein Dokument" oder „Das Brandschutzkonzept wird ja schon nicht gelesen". Dies deckt sich mit der jahrelangen Erfahrung der Autoren. Aber was ist die Lösung? Hier wird es sicherlich keinen Königsweg geben, der die Bedürfnisse aller Planer zu 100 % abdecken wird. Gerade auch aufgrund der Verschiebung zwischen den Leistungsphasen, in denen sich die einzelnen Planungsbeteiligten befinden, muss aus unserer Sicht jedoch das Ziel sein, eine intensivere Einbindung der Brandschutzplanung nach der Leistungsphase 4 der Brandschutzplanung zu erreichen. Gerade durch die Verschiebung muss hier in der Leistungsphase 5 der Brandschutzplanung eine weitere Betreuung, auch von Fragen aus der Leistungsphase 3 und 4, der anderen Planungsbeteiligten sichergestellt sein. Dieser Aufwand unter anderem auch in der Teilnahme an Planungsbesprechungen muss mehr berücksichtigt werden. Zudem ist es bei vielen Projekten für einen störungsärmeren Projektablauf im Bereich Brandschutz wichtig, in der Leistungsphase 5 aller Projektbeteiligten stärker zusammenzuarbeiten. Das heißt aus Sicht der Autoren unter anderem, dass verstärkt Anschlussdetails, Durchbruchsplanung usw. auch brandschutztechnisch begleitet werden. Dies bedeutet zwar höhere Honorare für die Brandschutzplaner, aber auch deutlich mehr Leistung. Dieser Mehraufwand in der Planung wird aber nach Ansicht der Autoren kompensiert, indem Probleme und Mängel in der Ausführung um ein Vielfaches reduziert werden.

Die Bearbeitung von Projekten im BIM Verfahren erzielt hier schon erste Erfolge, gerade was den Gleichschritt und die intensivere Zusammenarbeit zwischen den Planungsbeteiligten angeht. Aber auch hier gibt es sicherlich noch großen Optimierungsbedarf.

Zusammenfassend bleibt nun festzuhalten, dass aufgrund der Vielzahl an bereits vorhandenen Dokumenten und des Umgangs mit diesen aus Sicht der Autoren nicht sinnvoll erscheint, noch ein weiteres Dokument zu erstellen, das gegebenenfalls in der Realität weder durch die Planungsbeteiligten noch durch die Ausführenden beachtet wird. Es sollte aus Sicht der Autoren vielmehr die heute schon übliche Praxis in einem eigenen Planungsprozess gefestigt werden, in der Brandschutzkonzepte teilweise mehrfach nach der Ersterstellung fortgeschrieben werden und die Abstimmung zwischen den Planungsbeteiligten in allen Leistungsphasen, jedoch gerade nach der Einreichung des Brandschutzkonzepts bzw. Brandschutznachweises, gestärkt werden.

Quellen

[1] vfdb Vereinigung zur Förderung des Deutschen Brandschutzes e.V.; vfdb-Richtlinie 01/01; Altenberge; 2008-04

[2] Senatsverwaltung für Stadtentwicklung und Wohnen – Oberste Bauaufsicht; Merkblatt Brandschutznachweis; Fassung März 2019

[3] Verband der Prüfsachverständigen für Brandschutz in Hessen e.V.; Anwenderleitfaden zum Abschnitt 7 „Brandschutz" des Bauvorlagenerlass (BVErl); Stand 01.03.2021

Dipl.-Ing. Matthias Dietrich

1.3
Der notwendige Flur – das unbekannte Wesen

Hinsichtlich notwendiger Flure ergeben sich seit jeher zahlreiche Diskussionen. Wann sind notwendige Flure anzuordnen und welchen Schutzzielen sollen diese dienen? Der vorliegende Beitrag stellt die gesetzlichen Anforderungen vor, setzt diese in den historischen Kontext und versucht den Stellenwert notwendiger Flure einer systematischen Kategorisierung zuzuführen. Auf Grundlage dieser Bewertung sollen abschließend auch Abweichungstatbestände und Erleichterungen einheitlich und schutzzielbezogen beurteilt werden können.

Der notwendige Flur gemäß Musterbauordnung

Der notwendige Flur wird unmittelbar (und abschließend) in § 36 Musterbauordnung (MBO) [01] beschrieben. Dort heißt es in Absatz 1 Satz 1:

„Flure, über die Rettungswege aus Aufenthaltsräumen oder aus Nutzungseinheiten mit Aufenthaltsräumen zu Ausgängen in notwendige Treppenräume oder ins Freie führen (notwendige Flure), müssen so angeordnet und ausgebildet sein, dass die Nutzung im Brandfall ausreichend lang möglich ist."

Aus dieser Formulierung ergibt sich, dass notwendige Flure grundsätzlich nur anzuordnen sind, wenn Rettungswege aus Aufenthaltsräumen zu Ausgängen in notwendige Treppenräume oder ins Freie führen. Hieraus folgt, dass notwendige Flure lediglich für die Rettungswege von Aufenthaltsräumen vorzusehen sind (Abbildung 1). Für Nicht-Aufenthaltsräume oder Nutzungseinheiten ohne Aufenthaltsräume ergibt sich eine derartige Anforderung im Regelfall nicht. Zwar existieren in einigen technischen Regelwerken (Muster-Lüftungsanlagen-Richtlinie [02] oder Muster-Feuerungsverordnung [03]) ebenfalls entsprechende Vorgaben zur Anordnung notwendiger Flure (oder Flure in der Bauart notwendiger Flure), jedoch handelt es sich hierbei dann nicht um herkömmliche notwendige Flure im Sinne des § 36 Absatz 1 Satz 1 MBO.

Ferner sind Flure lediglich dann als notwendige Flure auszubilden, wenn diese zu Ausgängen in notwendige Treppenräume oder ins Freie führen. Sonstige (eher seltene) Konstellationen, z. B. wenn Flure lediglich zu einer anleiterbaren Stelle führen, werden somit ebenfalls nicht vom Geltungsbereich des § 36 Absatz 1 Satz 1 MBO erfasst.

§ 36 Absatz 1 Satz 2 MBO führt diverse Ausnahmetatbestände auf, bei denen Flure nicht als notwendige Flure auszubilden sind:

Abb. 1: Notwendige Flure stellen den Rettungsweg für Aufenthaltsräume dar. (Quelle: Matthias Dietrich)

„Notwendige Flure sind nicht erforderlich

1. in Wohngebäuden der Gebäudeklassen 1 und 2,
2. in sonstigen Gebäuden der Gebäudeklassen 1 und 2, ausgenommen in Kellergeschossen,
3. innerhalb von Nutzungseinheiten mit nicht mehr als 200 m² und innerhalb von Wohnungen,
4. innerhalb von Nutzungseinheiten, die einer Büro- oder Verwaltungsnutzung dienen, mit nicht mehr als 400 m²; das gilt auch für Teile größerer Nutzungseinheiten, wenn diese Teile nicht größer als 400 m² sind, Trennwände nach § 29 Abs. 2 Nr. 1 haben und jeder Teil unabhängig von anderen Teilen Rettungswege nach § 33 Abs. 1 hat."

Die vorgenannten Ausnahmefälle stellen somit verschiedene Sachverhalte dar, bei denen der Gesetzgeber nach Abwägung des Gefährdungspotentials das Sicherheitsniveau innerhalb eines Gebäudes (oder innerhalb einer Nutzungseinheit) auch ohne notwendige Flure für ausreichend hält. Hierzu zählen insbesondere Gebäude der Gebäudeklasse 1 und 2. Eine Ausnahme bilden die Kellergeschosse in diesen Gebäudeklassen, soweit diese nicht ausschließlich einer Wohnnutzung dienen. In diesem Fall wären Flure auch bei dieser Gebäudeklasse als notwendige Flure auszubilden. Da es sich bei einem notwendigen Flur jedoch, wie bereits ausgeführt, grundsätzlich um einen Rettungsweg aus einem Aufenthaltsraum handelt, sind derartige Konstellationen eher selten anzutreffen.

Grundsätzlich – und unabhängig von der Gebäudeklasse – sind Flure innerhalb von Nutzungseinheiten mit einer Fläche von nicht mehr als 200 m² und innerhalb von Wohnungen, nicht als notwendige Flure auszubilden. Die Flächenbeschränkung ist nicht auf besondere Nutzungsarten beschränkt. Bei Wohnungen gilt die vorgenannte Flächenbeschränkung nicht. Die Flure innerhalb von Wohnungen stellen somit – unabhängig von der Größe der Nutzungseinheit – keine notwendigen Flure dar.

Ferner gelten Flure innerhalb von Nutzungseinheiten, die einer Büro- oder Verwaltungseinheit dienen und eine Fläche von nicht mehr als 400 m² aufweisen, ebenfalls nicht als notwendige Flure. Die übliche praktische Anwendung, wonach größere Büro- und Verwaltungseinheiten in Teilabschnitte von jeweils weniger als 400 m² zu unterteilen sind, um auf notwendige Flure zu verzichten, ist inzwischen ebenfalls in die Bestimmungen der MBO aufgenommen worden. Allerdings müssen diese Teilnutzungseinheiten jeweils eigenständige Rettungswege aufweisen, welche nicht über die angrenzenden Einheiten führen. Hierbei ist zu beachten, dass in diesen Fall auch der zweite Rettungsweg nicht über diese angrenzenden Einheiten geführt werden darf. Aus Sicht des Autors ist diese strenge Vorgabe jedoch nicht vollständig nachzuvollziehen. Schließlich dürfte ein zweiter baulicher Rettungsweg, der über die angrenzende Teileinheit (aber natürlich über die gleiche Nutzungseinheit) geführt wird, eine größere Sicherheit bieten, als eine anleiterbare Stelle innerhalb der Einheit.

Häufig falsch interpretiert wird der Wortlaut des § 36 Absatz 1 MBO dahingehend, dass notwendige Flure anzuordnen seien, sobald die Ausnahmetatbestände des Satz 2 nicht erfüllt sind. Diese Interpretation ist schlichtweg falsch. Schließlich fordert § 36 Absatz 1 MBO nicht grundsätzlich die Anordnung notwendiger Flure ein. Es werden lediglich Fälle beschrieben, bei denen Flure als notwendige Flure auszubilden sind. Es muss somit zunächst ein Flur (oder mindestens eine flurartige Konstellation) vorhanden sein, wenn die Vorgabe zur Ausbildung dieses Flures als notwendiger Flur greifen soll. Nicht gefordert wird somit beispielsweise die Ausbildung notwendiger Flure innerhalb eines Großraumbüros, nur weil die Größe der Nutzungseinheit mehr als 400 m² beträgt.

Eine entsprechende Erläuterung findet sich auch in den Auslegungshilfen zur MBO, welche durch die Gremien der Bauministerkonferenz als „Fragen-Antwort-Katalog zur Musterbauordnung" veröffentlicht worden ist. Auf die Frage, ob außerhalb der in § 36 Absatz 1 Satz 3 MBO genannten Ausnahmetatbestände die Rettungswege aus Aufenthaltsräumen zum Ausgang ins Freie oder zum notwendigen Treppenraum zwingend über notwendige Flure geführt werden müssen, führt der „Fragen-Antwort-Katalog" Folgendes aus:

„Nein. § 36 MBO regelt bauliche Anforderungen an Flure, die nach der Definition des Absatzes 1 Satz 1 ‚notwendige Flure' sind. Die in Satz 2 Nr. 1 bis 4 beschriebenen Fallgestaltungen werden von diesen Anforderungen freigestellt. § 36 MBO regelt nicht, wo ein Flur konzeptionell vorhanden sein muss. Ggf. sind bei Sonderbauten weitergehende Anforderungen an das Rettungswegsystem zu stellen." [04]

Der „Kommentar zur BauO NRW" von Gädtke/Johlen/Wenzel/Hanne/Kaiser/Koch/Plum führt hierzu in seiner 13. Auflage ergänzend folgendes aus:

„Die Beschränkung der Fläche auf 400 m² innerhalb von Nutzungseinheiten, die einer Büro- oder Verwaltungsnutzung dienen, bedeutet nicht, dass bei größeren Nutzungseinheiten verlangt wird, sie mit notwendigen Fluren auszustatten. Selbstverständlich sind nach wie vor größere Nutzungseinheiten als Großraumbüro zulässig, sofern [...] von jeder Stelle dieses Büros mindestens ein notwendiger Treppenraum oder ein Ausgang ins Freie in höchstens 35 m Entfernung (Lauflinie) erreichbar ist. [...] Die Wege innerhalb großer Räume, wie in Großraumbüros oder Produktionsstätten, können zwar Rettungswege sein, die auch von anderen Aufenthaltsräumen zum Treppenraum führen. Diese Wege sind jedoch keine notwendigen Flure und brauchen somit nicht den Anforderungen des § 36 BauO NRW [Anmerkung des

Autors: dies entspricht § 36 MBO] zu entsprechen. Die Rettungswegsituation in Großräumen ist häufig günstiger, weil überschaubarer, als z. B. in Verwaltungsgebäuden mit einer Vielzahl von einzelnen Büroräumen. Entstehungsbrände können in Großräumen frühzeitig erkannt und von den Benutzern des Raumes sofort bekämpft werden." [05]

Auf eine Anfrage des Autors hat das Ministerium für Heimat, Kommunales, Bau und Gleichstellung des Landes Nordrhein-Westfalen zu dieser Thematik Folgendes ausgeführt:

„Wenn der Bauherr keinen Flur plant, dann gibt es auch keinen Flur, der nach § 36 Abs. 1 BauO NRW 2018 [Anmerkung des Autors: dies entspricht § 36 Abs. 1 MBO] als notwendiger Flur ausgebildet sein müsste. Ein Rettungsweg kann auch über benachbarte Räume zu einem Ausgang ins Freie führen […]. Den Antragsgegenstand bzw. Inhalt des Bauantrags bestimmt der Bauherr. Er kann zwar nicht einen Flur planen und durch eine anderweitige Bezeichnung als Raum „tarnen", aber die Nutzung der Räume bestimmt der Bauherr." [06]

Die Schutzziele notwendiger Flure

Vorrangig dienen notwendige Flure dem Schutzziel „Rettung von Menschen und Tieren" im Sinne des § 14 MBO. Schließlich sollen diese Flure als horizontale Rettungswege eine optimale Möglichkeit der Entfluchtung von Aufenthaltsräumen gewährleisten.

Ein notwendiger Flur dient jedoch gleichfalls auch den Einsatzkräften der Feuerwehr als wichtiger Angriffsweg. Es ist unbestritten, dass ein entsprechender geradliniger, brandlastfreier und unmöblierter notwendiger Flur den Einsatzkräften der Feuerwehr deutliche Vorteile bietet. Dies ist insbesondere dann der Fall, wenn der Angriffsweg durch Raucheintritt über keine hinreichende Sichtweite mehr verfügt. Vor allem aufgrund der reduzierten Türanforderungen innerhalb von Flurwänden (dichtschließende Türen ohne Selbstschließfunktion) muss grundsätzlich mit einem Verrauchen notwendiger Flure gerechnet werden.

Da sich die Notwendigkeit zur Anordnung eines notwendigen Flures – wie bereits ausgeführt – lediglich für Rettungswege von Aufenthaltsräumen ergibt, kann die Bereitstellung dieser Flure als Angriffsweg für die Brandbekämpfung jedoch allenfalls als positiver Nebeneffekt betrachtet werden. Trotzdem sollte bei einer Bewertung der Auswirkungen eines verrauchten notwendigen Flures grundsätzlich auch das Schutzziel „wirksame Löscharbeiten ermöglichen" berücksichtigt werden (Abbildung 2).

Hierbei ist zu beachten, dass die Einsatzkräfte nach entsprechender Erkundung an der Einsatzstelle in erster Linie die noch unverrauchten Rettungswege als Angriffswege nutzen werden. Dies gilt auch dann, wenn die Distanzen in diesem Fall ggf. etwas größer sein mögen. Daher ist es auch bei der Bewertung der Angriffswege für die Feuerwehr von wesentlicher Bedeutung, ob eine weitere (noch nicht verrauchte) alternative Zugangsmöglichkeit zur Verfügung steht.

Bei der Betrachtung des notwendigen Flures ist ferner auch das Schutzziel der „Ausbreitung von Feuer und Rauch" gemäß § 14 MBO zu betrachten. Dies ergibt sich insbesondere aufgrund der Tatsache, dass ein notwendiger Flur ggf. gleichzeitig auch die raumabschließende Trennung zwischen verschiedenen Nutzungseinheiten darstellt. Gemäß § 29 Absatz 2 MBO

Abb. 2: Bei einer Bewertung der Auswirkungen eines verrauchten notwendigen Flures sollte grundsätzlich auch das Schutzziel „wirksame Löscharbeiten ermöglichen" berücksichtigt werden. (Quelle: Alexander Vonhof)

sind Trennwände zwischen Nutzungseinheiten sowie zwischen Nutzungseinheiten und anders genutzten Räumen nicht erforderlich, soweit es sich um notwendige Flure handelt. Dies ist von daher erwähnenswert, da der Gesetzgeber trotz der gegenüber einer herkömmlichen Trennwand deutlich reduzierten Brandschutzanforderungen (insbesondere hinsichtlich der Türabschlüsse) offensichtlich auf die raumabschließende Funktion eines notwendigen Flures vertraut.

Der notwendige Flur: Eine Gefährdungsbeurteilung

Betrachtet man den notwendigen Flur im Zuge einer Gefährdungsbeurteilung, so fallen diverse Widersprüche hinsichtlich des dort vorliegenden Sicherheitskonzeptes auf. So werden die Umfassungswände der notwendigen Flure beispielsweise in der Regel als feuerhemmend klassifiziert. Für die Türabschlüsse genügen dagegen dichte Abschlüsse ohne nachgewiesene Feuerwiderstandsdauer und sogar ohne Selbstschließfunktion. Da diese Anforderung – wie bereits ausgeführt – auch dann gilt, wenn der notwendige Flur verschiedene Nutzungseinheiten trennt – muss somit damit gerechnet werden, dass im Brandfall eine Übertragung von Feuer und Rauch in den notwendigen Flur oder sogar in weitere Nutzungseinheiten erfolgt.

Auch der Schutz innerhalb eines notwendigen Flures hinsichtlich der Brandentstehung bzw. der Weiterleitung von Feuer und Rauch scheint in den Rechtsvorschriften gewisse Widersprüche zu beinhalten. Während mobile elektrische Geräte in der Regel nicht reglementiert (also auch nicht eingeschränkt) werden, müssen elektrische Leitungsanlagen (soweit sie nicht den entsprechenden Erleichterungen eines notwendigen Flures gemäß Abschnitt 3.2.1 Muster-Leitungsanlagen-Richtlinie [07] unterliegen) über klassifizierte Abtrennungen verfügen. Dagegen sind wiederum elektrische Verteileinrichtungen ohne Einschränkungen zulässig, wenn diese entsprechend Abschnitt 3.2.2 Muster-Leitungsanlagen-Richtlinie über eine nichtbrennbare Abdeckung verfügen.

Ferner sehen sowohl die Muster-Leitungsanlagen-Richtlinie als auch die Muster-Lüftungsanlagen-Richtlinie erhebliche Erleichterungen bei der Durchdringung feuerhemmender Flurwände vor. Entsprechende Erleichterungen ergeben sich auch aus der Muster-Systembödenrichtlinie [08], wonach Flurwände unmittelbar auf einem Hohlboden errichtet werden dürfen und Öffnungen dort lediglich über nichtbrennbare Abdeckungen verfügen müssen.

Die Musterbauordnung und auch die entsprechenden technischen Baubestimmungen definieren somit zahlreiche „Schwachstellen" innerhalb eines notwendigen Flures. Letztendlich wird damit bewusst in Kauf genommen, dass im Brandfall ein notwendiger Flur auf der gesamten Länge eines Rauchabschnittes von bis zu 30,00 m durch Raucheintritt vollständig unbenutzbar wird. Ursache für diese Unbenutzbarkeit kann sowohl ein Brandereignis innerhalb des notwendigen Flures als auch innerhalb eines angrenzenden Raumes sein. Der Ausfall des notwendigen Flures als Rettungsweg scheint vom Gesetzgeber bei einem Brand also als Restrisiko in Kauf genommen zu werden.

Der notwendige Flur und seine unterschiedlichen Konstellationen

In der Praxis treffen wir notwendige Flure in verschiedensten Konstellationen an. Diese lassen sich grob in nachfolgende Fallgestaltungen aufgliedern:

- Notwendiger Flur als Teil des ersten und zweiten Rettungsweges für mehrere Nutzungseinheiten (Abbildung 4)
- Notwendiger Flur als Teil des ersten und zweiten Rettungsweges für eine Nutzungseinheit (Abbildung 5)
- Notwendiger Flur als Teil des ersten Rettungsweges für mehrere Nutzungseinheiten, die über keinen zweiten baulichen Rettungsweg verfügen (Abbildung 6)
- Notwendiger Flur als Teil des ersten Rettungsweges für eine Nutzungseinheit, die über keinen zweiten baulichen Rettungsweg verfügt (Abbildung 7)
- Notwendiger Flur als Teil des ersten Rettungsweges für mehrere Nutzungseinheiten, die über einen zweiten baulichen Rettungsweg verfügen (Abbildung 8)
- Notwendiger Flur als Teil des ersten Rettungsweges für eine Nutzungseinheit, die über einen zweiten baulichen Rettungsweg verfügt (Abbildung 9)
- Notwendiger Flur als Teil des zweiten baulichen Rettungsweges für mehrere Nutzungseinheiten (Abbildung 10)
- Notwendiger Flur als Teil des zweiten baulichen Rettungsweges für eine Nutzungseinheit (Abbildung 11)

C 1.3 Der notwendige Flur – das unbekannte Wesen

Diese Fallgestaltungen werden im Rahmen des Bauordnungsrechtes nicht differenziert. An alle diese Varianten des notwendigen Flures werden gemäß § 36 MBO identische baulich-konstruktive Anforderungen gestellt. Gesondert betrachtet werden in der Musterbauordnung lediglich Stichflure, die zu einem Sicherheitstreppenraum führen und notwendige Flure, die als offene Gänge vor den Außenwänden angeordnet sind.

Dies ist fachlich nicht zufriedenstellend. Schließlich dürfte unbestritten sein, dass der Ausfall eines notwendigen Flures als einziger Rettungsweg für mehrere Nutzungseinheiten deutlich schwerwiegendere Auswirkungen hat, als ein durch Brandeinwirkung unbenutzbarer notwendiger Flur, welcher nur den zweiten baulichen Rettungsweg einer einzigen Nutzungseinheit darstellt.

Die üblichen Fallkonstellationen notwendiger Flure und deren Auswirkungen bei einer brandbedingten Unbenutzbarkeit sind in Abbildung 3 aufgeführt.

	1. und/oder 2. RW*	RW* für mehrere NE**	2. RW* baulich	Auswirkung	Flurkategorie
Flurkonstellation	1. + 2.	X	X	extrem	I
Flurkonstellation	1. + 2.		X	hoch	II
Flurkonstellation	1.	X		erheblich	III
Flurkonstellation	1.			erheblich	III
Flurkonstellation	1.	X	X	gering	IV
Flurkonstellation	1.		X	gering	IV
Flurkonstellation	2.	X	X	unerheblich	V
Flurkonstellation	2.		X	unerheblich	V

* RW = Rettungsweg

** NE = Nutzungseinheit

Abb. 3: Übersicht der üblichen Fallkonstellationen notwendiger Flure und deren Auswirkungen bei einer brandbedingten Unbenutzbarkeit. (Quelle: Matthias Dietrich)

Es kann unterstellt werden, dass dem notwendigen Flur immer dann eine herausragende Bedeutung zukommt, wenn dieser den ersten und zweiten Rettungsweg für verschiedene Nutzungseinheiten darstellt. Der Ausfall dieses notwendigen Flures hätte extreme Auswirkungen. Hohe Auswirkungen sind zu erwarten, wenn der notwendige Flur den ersten und zweiten Rettungsweg einer einzigen Nutzungseinheit bildet. Von erheblichen Auswirkungen ist auszugehen, wenn der notwendige Flur den ersten Rettungsweg verschiedener Nutzungseinheiten beinhaltet, deren zweite Rettungswege jedoch nicht baulich (sondern durch anzuleiternde Stellen) gesichert ist. Die Auswirkungen sind ebenfalls erheblich, wenn der notwendige Flur den ersten Rettungsweg einer einzigen Nutzungseinheit darstellt, deren zweiter Rettungsweg jedoch nicht baulich (sondern durch anzuleitende Stellen) gesichert ist.

Soweit grundsätzlich ein alternativer baulicher Rettungsweg zur Verfügung steht, sind die Auswirkungen bei Ausfall des notwendigen Flures deutlich weniger umfangreich. Stellt der notwendige Flur den ersten von zwei baulichen Rettungswegen dar, können die Auswirkung eines Ausfalls dieses Rettungsweges als gering eingestuft werden. Schließlich steht den flüchtenden Personen und den Einsatzkräften der Feuerwehr in diesem Fall eine alternative bauliche Möglichkeit zur Verfügung. Allerdings ergeben sich hierbei ggf. längere Flucht- bzw. Angriffswege. Unerheblich sind die Auswirkungen eines Ausfalls des notwendigen Flures aus Sicht des Autors in den Fällen, in denen der notwendige Flur lediglich den zweiten baulichen Rettungsweg darstellt. Hier wird unterstellt, dass der erste Rettungsweg uneingeschränkt zur Verfügung steht und der verrauchte notwendige Flur in diesem Fall weder als Rettungsweg noch als Angriffsweg für die Einsatzkräfte der Feuerwehr genutzt werden muss.

Auf Grundlage der zuvor beschriebenen Auswirkungen einer brandbedingten Unbenutzbarkeit eines notwendigen Flures, lassen sich die herkömmlichen Flurkonstellationen in verschiedene Kategorien einstufen. Hier lassen sich einige der Varianten aufgrund ähnlicher Schadensauswirkungen einer gemeinsamen Kategorie zuordnen. Somit wurden insgesamt fünf Kategorien notwendiger Flure identifiziert.

Bewertung der verschiedenen Flurkonstellationen

Entsprechend der zuvor in Abbildung 3 beschriebenen Flurkonstellationen bedürfen diese einer differenzierten Betrachtung. Hierbei muss stets im Blick gehalten werden, welche Auswirkungen ein brandfallbedingter Ausfall dieses Rettungsweges hat. Die Einstufung der notwendigen Flure in entsprechende Kategorien kann ferner auch bei der brandschutztechnischen Bewertung von Abweichungstatbeständen und Erleichterungen unterstützen.

Flurkategorie I

Flure der Kategorie I gemäß Abbildung 4 stellen den ersten und zweiten (baulichen) Rettungsweg für mehrere Nutzungseinheiten dar. Der Ausfall dieses notwendigen Flures hat somit extreme Auswirkungen für die Nutzer des Gebäudes und gleichfalls für die Einsatzmaßnahmen der Feuerwehr. Betrachtet man die brandschutztechnischen Anforderungen an einen entsprechenden Flur der Kategorie I, so scheinen die Allgemeinanforderungen der MBO hier unzureichend. Den Gedanken des „Sicherheitstreppenraumes" im Sinne des § 33 Absatz 2 MBO aufgreifend, müsste es sich hierbei um einen notwendigen Flur handeln, in den Feuer und Rauch nicht eindringen können. Wie bereits ausgeführt, stellt der notwendige Flur in diesem Fall sogar die raumabschließende Trennwandfunktion zwischen verschiedenen Nutzungseinheiten dar. Es stellt sich die Frage, ob ein feuerhemmender Wandanschluss mit (nicht selbstschließenden) dichtschließenden Türen diesen Anforderungen tatsächlich gerecht werden kann.

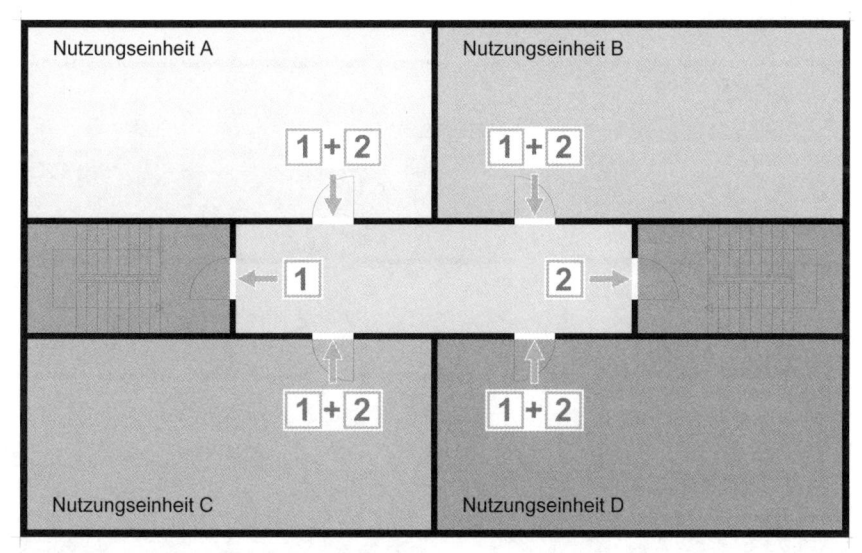

Abb. 4: Notwendiger Flur als Teil des ersten und zweiten Rettungsweges für mehrere Nutzungseinheiten. (Quelle: Matthias Dietrich)

Der Autor würde bei derartigen Varianten dazu appellieren, die Türabschlüsse in Anlehnung zu notwendigen Treppenräumen auszubilden. In Abhängigkeit zur Größe und Brandgefahr der angebunden Nutzungseinheiten wären somit feuerhemmende, rauchdichte und selbstschließende oder zumindest dicht- und selbstschließende Abschlüsse zielführend.

Bei notwendigen Fluren der Kategorie I sollten grundsätzlich keine (oder allenfalls) minimale Brandlasten angeordnet werden. Einbauten (soweit diese wirklich erforderlich sind) sollten aus nichtbrennbaren Baustoffen bestehen. Elektrische Geräte sollten in notwendigen Fluren der Kategorie I nicht betrieben werden.

Ferner wäre kritisch zu hinterfragen, ob bei notwendigen Fluren der Kategorie I die Erleichterungen gemäß Muster-Leitungsanlagen-Richtlinie und Muster-Lüftungsanlagen-Richtlinie tatsächlich vollständig umgesetzt werden können, ohne das geschuldete Sicherheitsniveau der MBO zu unterschreiten.

Bei Sonderbauten könnten im Zuge eines Genehmigungsverfahrens für Flure der Kategorie I entsprechende Vorgaben als besondere Anforderungen auf Grundlage des § 51 MBO definiert werden.

Flurkategorie II

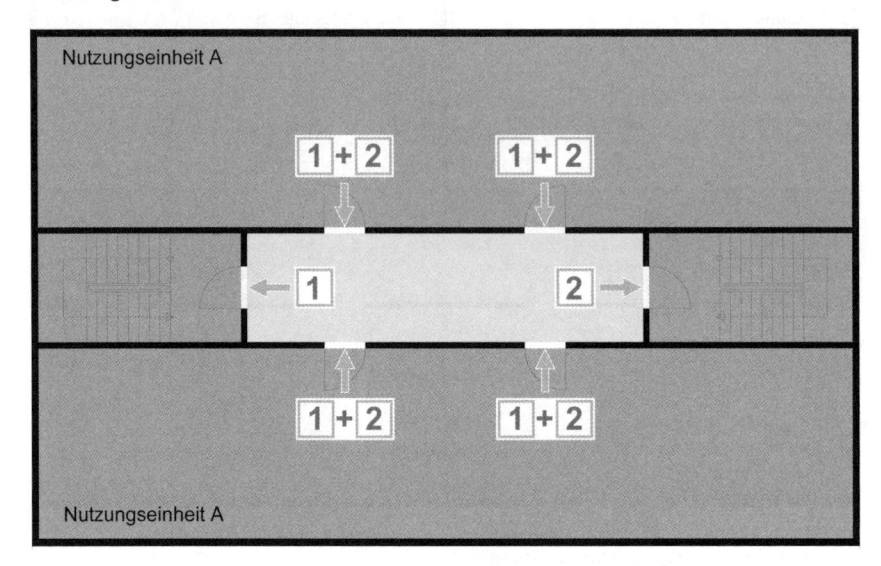

Abb. 5: Notwendiger Flur als Teil des ersten und zweiten Rettungsweges für eine Nutzungseinheit. (Quelle: Matthias Dietrich)

Bei notwendigen Fluren der Kategorie II gemäß Abbildung 5 ist bei einem Ausfall dieses Teil des Rettungsweges der erste und zweite Rettungsweg einer einzelnen Nutzungseinheit unbenutzbar. Eine derartige Konstellation ist zwar äußerst ungünstig, jedoch grundsätzlich innerhalb einer Nutzungseinheit niemals gänzlich auszuschließen. In diesen Fällen erfolgt die Sicherstellung der Rettungswege in erster Linie durch die Einhaltung der maximal zulässigen Rettungsweglänge entsprechend § 35 Absatz 2 Satz 1 MBO.

Daher scheinen die brandschutztechnischen Regelanforderungen an notwendigen Flure gemäß § 36 MBO in diesen Fällen in der Regel ausreichend, um das geschuldete Sicherheitsniveau zu gewährleisten.

Bei der Bewertung von Abweichungen und Erleichterungen in der Kategorie II ist aus Sicht des Autors ein besonderer Wert auf die frühzeitige Einleitung der Entfluchtung zu legen. Schließlich sollte die Gebäuderäumung abgeschlossen sein, bevor die Rettungswege durch Raucheintritt unbenutzbar werden. Bausteine einer frühen Entfluchtung könnten beispielsweise eine Brandfrüherkennung durch technische, bauliche oder organisatorische Maßnahmen sein.

Ferner müssen bei Abweichungstatbeständen und Erleichterungen in dieser Kategorie auch die Belange des abwehrenden Brandschutzes hinreichend beachtet werden. Schließlich müssen auch nach Abschluss einer Entfluchtung wirksame Brandbekämpfungsmaßnahmen möglich sein. Als wirksame Maßnahmen wären hier beispielsweise die Untergliederung der Nutzungseinheit in beherrschbare brandschutztechnische Teilabschnitte oder technische Maßnahmen zur frühzeitigen Branderkennung denkbar.

C 1.3 Der notwendige Flur – das unbekannte Wesen 257

Flurkategorie III

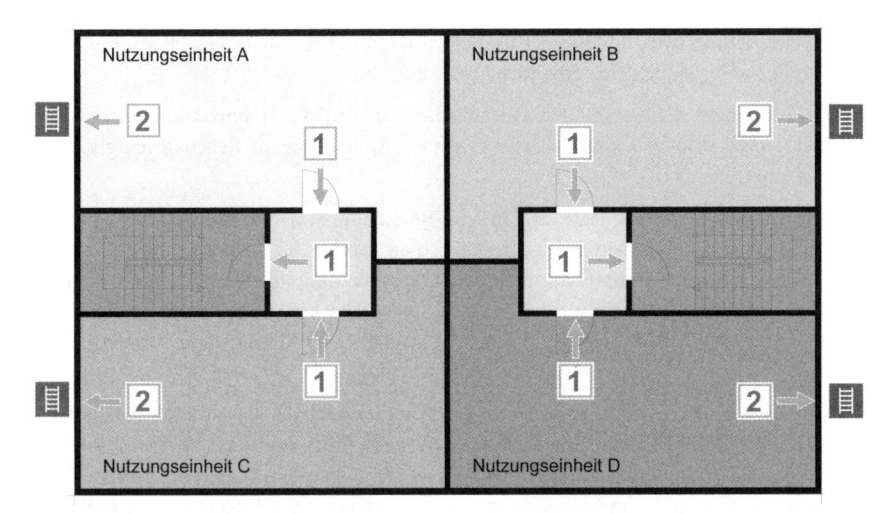

Abb. 6: Notwendiger Flur als Teil des ersten Rettungsweges für mehrere Nutzungseinheiten, die über keinen zweiten baulichen Rettungsweg verfügen. (Quelle: Matthias Dietrich)

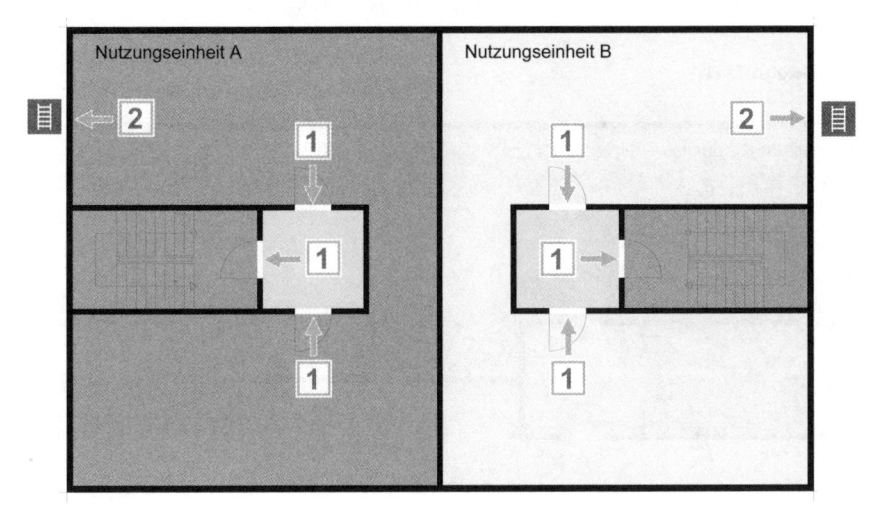

Abb. 7: Notwendiger Flur als Teil des ersten Rettungsweges für eine Nutzungseinheit, die über keinen zweiten baulichen Rettungsweg verfügt. (Quelle: Matthias Dietrich)

Notwendige Flure der Kategorie III gemäß Abbildungen 6 und 7 stellen lediglich den ersten Rettungsweg für eine oder mehrere Nutzungseinheiten dar. Aufgrund der Tatsache, dass der zweite Rettungsweg in diesem Fall nicht baulich sichergestellt wird, kommt diesem notwendigen Flur jedoch eine erhebliche Bedeutung zu.

Die Auswirkungen können mit dem Ausfall eines notwendigen Treppenraumes verglichen werden, wobei jedoch bei Ausfall eines notwendigen Flures im Regelfall lediglich ein Geschoss betroffen ist.

Die erforderlichen Kompensationen für die Bewertung von Abweichungstatbeständen und Erleichterungen können sich grundsätzlich an den bereits für notwendige Flure der Kategorie II aufgeführten Maßnahmen orientieren. Allerdings dürften die Anforderungen hier weniger streng ausgelegt werden, da bei Unbenutzbarkeit des notwendigen Flures in jeder Nutzungseinheit immer ein zweiter (nicht baulicher) Rettungsweg zur Verfügung steht.

Hier gilt, dass neben dem Aspekt der Personensicherheit auch der abwehrende Brandschutz entsprechend zu berücksichtigen ist. Wie zuvor ausgeführt, kommen hier insbesondere die Untergliederung der Nutzungseinheit in beherrschbare brandschutztechnische Teilabschnitte oder technische Maßnahmen zur frühzeitigen Branderkennung in Betracht. Hierbei kann jedoch ergänzend berücksichtigt werden, dass bei Fluren dieser Kategorie grundsätzlich anleiterbare Stellen zur Verfügung stehen, welche durch die Feuerwehr mit ihrem Rettungsgerät auch als Angriffsweg genutzt werden können.

Flurkategorie IV

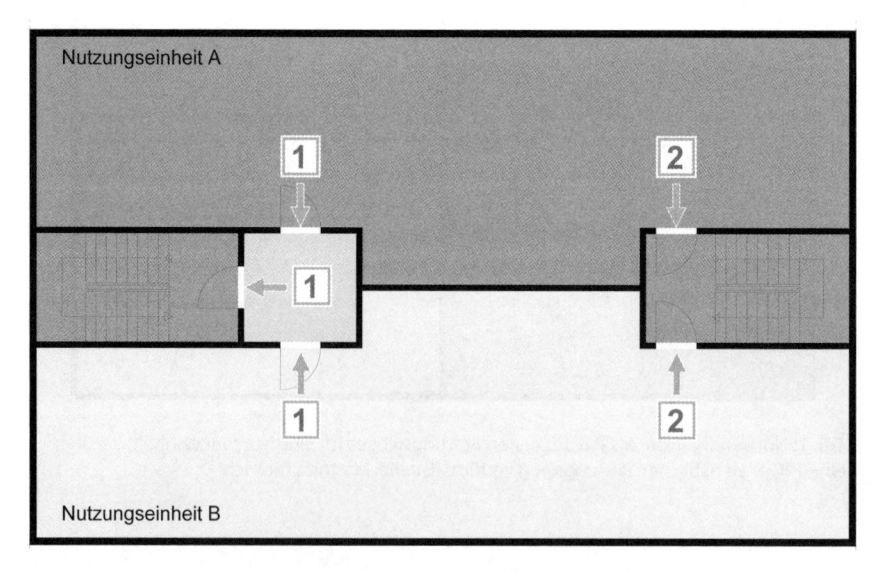

Abb. 8: Notwendiger Flur als Teil des ersten Rettungsweges für mehrere Nutzungseinheiten, die über einen zweiten baulichen Rettungsweg verfügen. (Quelle: Matthias Dietrich)

C 1.3 Der notwendige Flur – das unbekannte Wesen

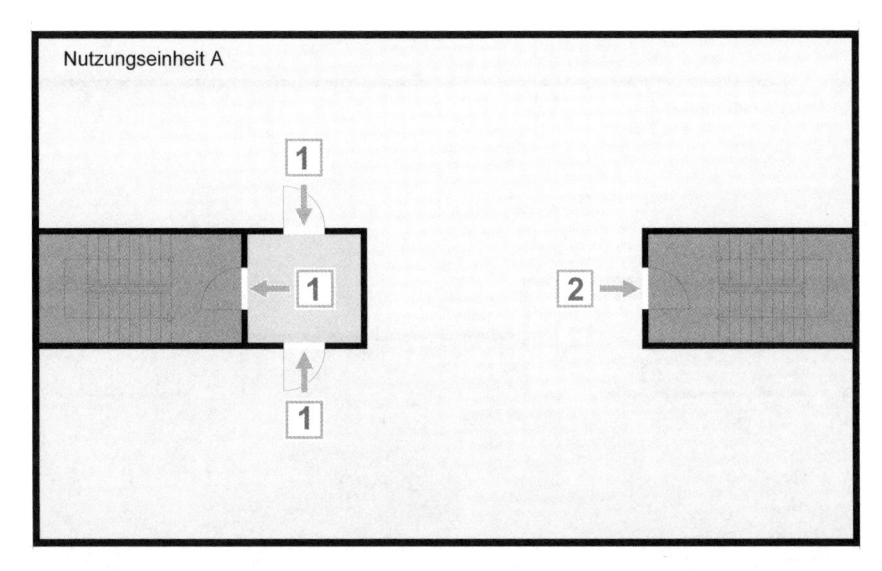

Abb. 9: Notwendiger Flur als Teil des ersten Rettungsweges für eine Nutzungseinheit, die über einen zweiten baulichen Rettungsweg verfügt. (Quelle: Matthias Dietrich)

Notwendige Flure der Kategorie IV gemäß Abbildungen 8 und 9 stellen den ersten Rettungsweg für eine oder mehrere Nutzungseinheiten dar. In dieser Konstellation steht grundsätzlich für alle Nutzungseinheiten ein alternativer (zweiter) baulicher Rettungsweg zur Verfügung. Da der betrachtete Flurabschnitt jedoch den ersten Rettungsweg darstellt, kann die Benutzung dieses zweiten Rettungsweges ggf. mit längeren Fluchtweglängen einhergehen.

Vor diesem Hintergrund sind die Auswirkungen bei Ausfall derartiger Flure gering. Dies wird in der Regel zur Folge haben, dass bei Abweichungstatbeständen nur geringe (oder sogar keine) Kompensationsmaßnahmen erforderlich sind.

Es ist jedoch zu beachten, dass Abweichungen und Erleichterungen hinsichtlich der Ausbildung derartiger Flure (oder ein vollständiger Verzicht auf deren Ausbildung) dahingehend einer Bewertung bedürfen, ob weitergehende Maßnahmen hinsichtlich der raumabschließenden Abtrennung zwischen den Nutzungseinheiten erforderlich sind. Wird beispielsweise der erste Rettungsweg für mehrere Nutzungseinheiten im Rahmen einer Abweichung oder Erleichterung statt über einen notwendigen Flur über ein Foyer geführt, so werden die Umfassungsbauteile in der Regel zur Sicherstellung eines Raumabschlusses höherwertig zu klassifizieren sein.

Flurkategorie V

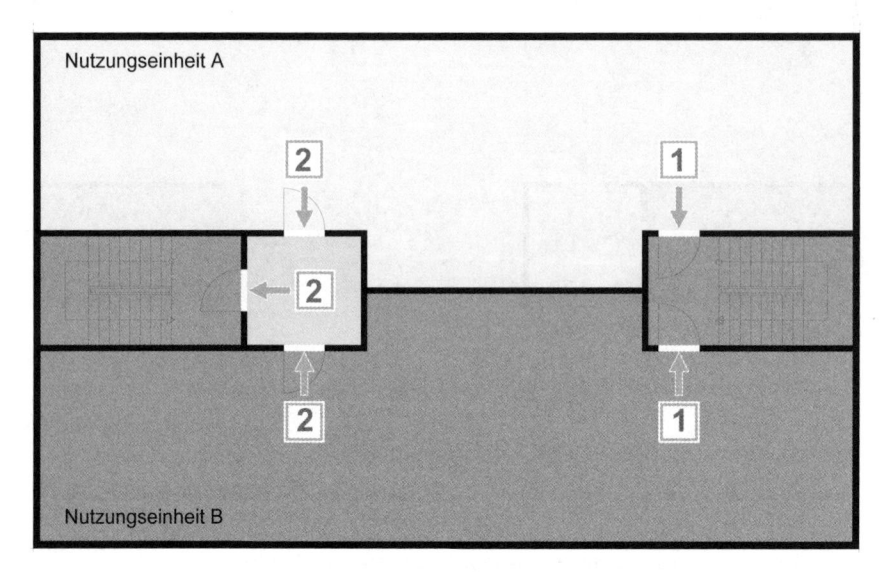

Abb. 10: Notwendiger Flur als Teil des zweiten baulichen Rettungsweges für mehrere Nutzungseinheiten. (Quelle: Matthias Dietrich)

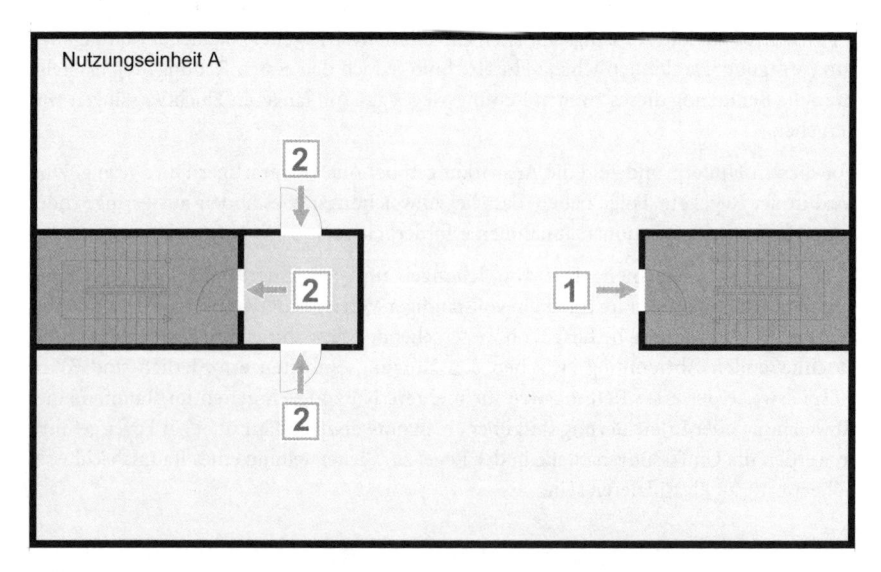

Abb. 11: Notwendiger Flur als Teil des zweiten baulichen Rettungsweges für eine Nutzungseinheit. (Quelle: Matthias Dietrich)

C 1.3 Der notwendige Flur – das unbekannte Wesen 261

Notwendige Flure der Kategorie V gemäß Abbildungen 10 und 11 stellen den zweiten baulichen Rettungsweg für eine oder mehrere Nutzungseinheiten dar. Ein Ausfall dieses Rettungsweges kann als unerheblich angesehen werden, da in diesen Fällen ein baurechtskonformer erster Rettungsweg zur Verfügung steht. Dies gilt sowohl hinsichtlich der Belange der Entfluchtung als auch hinsichtlich der Belange des abwehrenden Brandschutzes. Abweichungstatbestände und Erleichterungen dürften bei derartigen Flurkonstellationen im Allgemeinen unbedenklich sein und können aus Sicht des Autors meist ohne weitergehende kompensatorische Maßnahmen gestattet werden.

Auch hier gelten jedoch die bereits getätigten Aussagen bzgl. des Raumabschlusses zwischen Nutzungseinheiten, welche zwingend zu berücksichtigen sind.

Fazit und Ausblick

Die Anforderungen der Musterbauordnung sehen vor, wann Flure als notwendige Flure auszubilden sind. Die Vorgabe ist jedoch nicht dahingehend zu verstehen, wann notwendige Flure anzuordnen sind.

Der notwendige Flur stellt ein wesentliches Element des horizontalen Rettungsweges dar; auch wenn die konkreten materiellen Anforderungen nicht immer vollständig schlüssig erscheinen. Hierbei ist zu berücksichtigen, dass der notwendige Flur in der Praxis in unterschiedlichen Varianten anzutreffen ist. Diese Flurkonstellationen im Rahmen des Bauordnungsrechtes abschließend zu klassifizieren, wäre schlichtweg unmöglich.

In der Praxis ist es daher grundsätzlich – und insbesondere bei der Bewertung von Abweichungen und Erleichterungen – von großer Bedeutung, die Auswirkungen einer brandbedingten Unbenutzbarkeit eines notwendigen Flures zu bewerten. Die Bewertung anhand der beschriebenen Flurkategorien kann hierbei eine Hilfestellung bieten.

Allgemein kann festgestellt werden, dass bei notwendigen Fluren der Flurkategorie I die bauordnungsrechtlichen Mindestanforderungen des § 36 MBO häufig nicht ausreichend sind, um das gesetzlich geschuldete Sicherheitsniveau zu gewährleisten. Notwendige Flure der Kategorie II und III können dagegen in der Regel entsprechend der baulich-konstruktiven Vorgaben der MBO geplant und errichtet werden. In diesen Fällen sind bei Abweichungen und Erleichterungen entsprechende Kompensationen vorzusehen. Hierbei sind die Aspekte der Brandfrüherkennung durch technische, bauliche oder organisatorische Maßnahmen von wesentlicher Bedeutung.

Notwendige Flure der Kategorie IV und V sind hinsichtlich des Brandschutzes lediglich von untergeordneter Bedeutung, da grundsätzlich mindestens ein alternative baulicher Rettungsweg zur Verfügung steht. Abweichungen und Erleichterungen dürften in diesen Fällen in der Regel mit lediglich geringen (oder sogar ohne) weitergehende kompensatorische Maßnahmen zu begründen sein.

Grundsätzlich ist es von wesentlicher Bedeutung, durch eine geschickte Planung der Fluchtwege hinreichende alternative Flucht- und Angriffswege einzuplanen. Hierdurch lassen sich die Auswirkungen des brandbedingten Ausfalls eines Teilbereiches der horizontalen Fluchtwege deutlich reduzieren.

Quellenverzeichnis

[01] Musterbauordnung (MBO); Fassung November 2002, zuletzt geändert durch Beschluss der Bauministerkonferenz vom 25.09.2020

[02] Muster-Richtlinie über brandschutztechnische Anforderungen an Lüftungsanlagen (Muster-Lüftungsanlagen-Richtlinie M-LüAR); Fassung 29.09.2005, zuletzt geändert durch Beschluss der Fachkommission Bauaufsicht vom 03.09.2020

[03] Muster-Feuerungsverordnung (MFeuV); Stand: September 2007, geändert durch Beschluss der Fachkommission Bauaufsicht vom 28.01.2016 und 27.09.2017

[04] „Fragen-Antwort-Katalog zur Musterbauordnung" der Geschäftsstelle der Bauministerkonferenz; https://www.is-argebau.de/verzeichnis.aspx?id=17217&o=75 909860991017217; zuletzt geprüft am 01.09.2021

[05] BauO NRW: Kommentar von Gädtke/Johlen/Wenzel/Hanne/Kaiser/Koch/Plum, Begr. Horst Gädtke – 13. Aufl. – Köln 2019

[06] Antwort des Ministeriums für Heimat, Kommunales, Bau und Gleichstellung des Landes Nordrhein-Westfalen (Referat Brandschutz, Sonderbauten, Technische Gebäudeausrüstung), Herrn Dr.-Ing. Michael Schleich vom 16.04.2021 auf eine schriftliche Anfrage des Autors

[07] Muster-Richtlinie über brandschutztechnische Anforderungen an Leitungsanlagen (Muster-Leitungsanlagen-Richtlinie MLAR); Fassung 10.02.2015, zuletzt geändert durch Beschluss der Fachkommission Bauaufsicht vom 03.09.2020

[08] Muster-Richtlinie über brandschutztechnische Anforderungen an Systemböden Muster-Systembödenrichtlinie (MSysBöR); Fassung September 2005, Redaktionsstand 16.02.2006

Rechtsanwalt Stefan Koch

1.4 Besteht ein Anspruch auf Abweichungen?

1 Einleitung

Die Möglichkeit, von materiellen bauordnungsrechtlichen Anforderungen abzuweichen, soll das Bauordnungsrecht flexibilisieren. Dahinter steht die Erkenntnis, dass die materiellen Anforderungen des Bauordnungsrechts stets nur den Regelfall in Form einer abstrakten, d.h. in typischen Fällen bestehenden Gefahr regeln können. Ob eine Abweichung von den Anforderungen im Einzelfall in Betracht kommt, ohne dass eine konkrete Gefahr für die Schutzgüter entsteht, ist Gegenstand jeder Abweichungsentscheidung. Nicht selten herrscht jedoch große Unsicherheit beim Umgang mit Abweichungen. Oftmals tun sich Behörden und andere zur Entscheidung berufene Stellen mit der Beurteilung der rechtlichen und tatsächlichen Voraussetzungen schwer. Häufig sind ablehnende Entscheidungen sachlich nicht nachvollziehbar oder es kommt zu der Forderung von überzogenen oder außerhalb des Sachzusammenhangs gelegenen Kompensationsmaßnahmen. Es bleibt oft der Eindruck von willkürlichen Entscheidungen.

Der vorliegende Beitrag knüpft an den Vortrag des Verfassers auf dem Brandschutzkongress 2018 an und beleuchtet die neueren Lösungsversuche für Abweichungen von materiellen Anforderungen. Abweichungen im Bereich der technischen Regeln werden ausdrücklich nicht betrachtet.

2 Gesetzliche Regelung

Ausgangspunkt jeder rechtlichen Auseinandersetzung muss der Gesetzeswortlaut sein. Da sich der vorliegende Beitrag insbesondere mit den gesetzlichen Anforderungen an materielle Anforderungen in den gesetzlichen Vorschriften der Landesbauordnungen befasst, soll stellvertretend der Inhalt von § 67 Abs. 1 MBO Grundlage der rechtlichen Untersuchung sein:

§ 67 Abweichungen

(1) Die Bauaufsichtsbehörde __kann__ Abweichungen von Anforderungen dieses Gesetzes und aufgrund dieses Gesetzes erlassener Vorschriften zulassen, wenn sie unter <u>Berücksichtigung des Zwecks der jeweiligen Anforderung</u> und unter <u>Würdigung der öffentlich-rechtlich geschützten nachbarlichen Belange</u> mit den <u>öffentlichen Belangen</u>, insbesondere den Anforderungen des § 3 Satz 1 <u>vereinbar</u> ist. § 85a Abs. 1 Satz 3 bleibt unberührt; [der Zulassung einer Abweichung bedarf es auch nicht, wenn bautechnische Nachweise durch einen Prüfsachverständigen bescheinigt werden/nach Landesrecht].

Auf der Tatbestandsebene sieht die Regelung danach vor, dass die Abweichung den Zweck der jeweiligen bauordnungsrechtlichen Anforderung berücksichtigt, die öffentlich-rechtlich geschützten nachbarlichen Belange würdigt und mit den öffentlichen Belangen vereinbar ist.

Zu dem rechtlichen Inhalt dieser Anforderungen sei auf das Kapitel B 3.6 meines Buches „Brandschutz und Baurecht" (FeuerTrutz Verlag, Köln, 2011) sowie auf den Vortrag „Auflagen und Abweichungen – wie Brandschutzplaner richtig agieren" anlässlich des FeuerTrutz Brandschutzkongresses 2016 (vgl. S. 116 ff. des Tagungsbandes) verwiesen. In tatsächlicher Hinsicht weist der weiter oben erwähnte Beitrag „Abweichungen: Nur eine lästige Ausnahme?" (a.a.O.) unter Hinweis auf die Erforderlichkeit einer schutzzielbezogenen Einzelfallbetrachtung, die regelmäßig angreifbaren Argumentationsketten gegen die Erteilung von Abweichungen sowie der denkbaren erhöhten Gebäudesicherheit infolge einer Abweichung auf die regelmäßig anzutreffenden Schwierigkeiten beim Nachweis der erforderlichen Gleichwertigkeit hin.

Auf der Rechtsfolgenseite steht die Erteilung einer Abweichung im Ermessen der zuständigen Stelle („kann"). Danach kann der Abweichungsantrag allein unter Hinweis auf diese Ermessensermächtigung unter Anstellen entsprechender Erwägungen abgelehnt werden. Auch die häufige Empfehlung, Abweichungsanträge im Brandschutznachweis oder gesondert möglichst sorgfältig zu begründen und dadurch die Schwelle für eine Ablehnung des Antrages möglichst hoch zu setzen, vermag dabei nicht immer zu helfen.

3 Verfassungsrechtliche Anforderungen

Im Beitrag für den Tagungsband zum Brandschutzkongress 2018 hat der Verfasser verschiedene rechtliche Ansätze vorgestellt, die auf die Anerkennung eines Anspruches auf Abweichung abzielen.

Vertreter der ARGEBAU, welche an der Schaffung der ersten Mustervorschrift für Abweichungen beteiligt waren, lassen sich dahingehend ein, dass in den Gremien durchaus die Ansicht vertreten wurde, dass ein Anspruch auf Abweichung bestehen soll, wenn der gesetzliche Tatbestand erfüllt ist. Die Rechtslage wäre dann vergleichbar wie etwa bei § 35 Abs. 2 BauGB, wo die Rechtsprechung bei Vorliegen des Tatbestandes ebenfalls einen Anspruch entgegen dem Wortlaut („kann") anerkennt.

Die verfassungsrechtliche Diskussion ist zwiespältig. Es wird zwar die Baufreiheit als Ausdruck des Eigentumsgrundrechtes gemäß Art. 14 GG anerkannt. Teile des Schrifttums betonen jedoch den Charakter der bauordnungsrechtlichen Regelungen als verfassungsrechtlich zulässige Begrenzung des Eigentums und die Abweichungsvorschriften demgemäß als „Chance" auf eine Ausnahme auf die deshalb kein Anspruch bestehen könne.

Einen Ausweg aus dem Dilemma könnte die Rechtsprechung der Verwaltungsgerichte im Freistaat Bayern weisen. Danach handelt es sich bei dem durch die Abweichungsregelung eingeräumten Ermessen um sog. tatbestandlich intendiertes Ermessen. Wenn also die oben genannten Voraussetzungen des Tatbestandes vorliegen, dann ist die Abweichung zuzulassen und es besteht ein entsprechender Anspruch des Bauherrn, wenn keine besonderen Ansprüche vorliegen.

4 Neue gesetzliche Regelungen

Es gibt verschiedene Ansätze der Gesetzgebung in den Bundesländern, die einen Anspruch auf Erteilung einer Abweichung enthalten.

Zunächst sei § 69 Abs. 1 der Bauordnung für das Land Nordrhein-Westfalen (Landesbauordnung 2018 – BauO NRW 2018) vom 21.07.2018 genannt:

(1) Die Bauaufsichtsbehörde kann Abweichungen von Anforderungen dieses Gesetzes und aufgrund dieses Gesetzes erlassener Vorschriften zulassen, wenn sie unter Berücksichtigung des Zwecks der jeweiligen Anforderung und unter Würdigung der öffentlich-rechtlich geschützten nachbarlichen Belange mit den öffentlichen Belangen, insbesondere den Anforderungen des § 3, vereinbar ist. Abweichungen von den § 4 bis § 16 und § 26 bis § 47 sowie § 49 dieses Gesetzes oder aufgrund dieses Gesetzes erlassener Vorschriften sind bei bestehenden Anlagen zuzulassen,

1. *zur Modernisierung von Wohnungen und Wohngebäuden, der Teilung von Wohnungen oder der Schaffung von zusätzlichem Wohnraum durch Ausbau, Anbau, Nutzungsänderung oder Aufstockung, deren Baugenehmigung oder die Kenntnisgabe für die Errichtung des Gebäudes mindestens fünf Jahre zurückliegt,*

2. *zur Verwirklichung von Vorhaben zur Einsparung von Wasser oder Energie oder*

3. *zur Erhaltung und weiteren Nutzung von Denkmälern.*

Ferner kann von § 4 bis § 16 und § 26 bis § 47 dieses Gesetzes oder aufgrund dieses Gesetzes erlassener Vorschriften abgewichen werden,

1. *wenn Gründe des allgemeinen Wohls die Abweichung erfordern,*

2. *bei Nutzungsänderungen oder*

3. *wenn die Einhaltung der Vorschrift im Einzelfall zu einer offenbar nicht beabsichtigten Härte führen würde.*

Im Falle von Satz 3 Nummer 2 kann auch von § 49 Absatz 1 abgewichen werden. Gründe des allgemeinen Wohls liegen insbesondere bei Vorhaben zur Deckung dringenden Wohnbedarfs, bei Vorhaben zur Berücksichtigung der Belange des Klimaschutzes und der Klimaanpassung oder aus Gründen der Stadtentwicklung vor. Bei den Vorhaben nach Satz 2 und 3 folgt die Atypik bereits aus dem festgestellten Sonderinteresse.

Aus der Gesetzesbegründung (LT-Drs. 17/14088):

*[...] Nummer 1 betrifft das Schaffen von Wohnraum durch die tatbestandlich genannten Vorhaben: Insbesondere bei der Modernisierung von Wohnraum von Bestandsgebäuden aus den 1950ger Jahren oder später, ist es technisch oftmals nicht möglich bzw. wirtschaftlich nicht vertretbar das Bestandsgebäude an heutige Bauvorschriften anzugleichen. Dies hat zur Folge, dass insbesondere in den großen Städten das **Schaffen von zusätzlichem Wohnraum** in bestehenden Gebäuden unterbleibt. Voraussetzung für die Abweichung ist, dass diese unter Berücksichtigung des Zwecks der jeweiligen Anforderung und unter Würdigung der öffentlich-rechtlich geschützten nachbarlichen Belange mit den öffentlichen Belangen, insbesondere den Anforderungen des § 3, vereinbar ist (Absatz 1 Satz 1).*

*[...] Während Satz 2 das Zulassen von Abweichungen vorsieht, eröffnet Satz 3 für die Bauaufsichtsbehörden eine „Kann-Regelung" für Abweichungen unter den dort genannten Tatbeständen. Eine Einschränkung auf bestehende Anlagen – wie in Satz 2 – ist nicht vorgesehen. Nach Satz 3 kann von den § 4 bis § 16 und § 26 bis § 47 abgewichen werden, 1. wenn Gründe des Allgemeinwohls dies erfordern, 2. bei Nutzungsänderungen oder 3. wenn die Einhaltung der Vorschrift im Einzelfall zu einer offenbar nicht beabsichtigten Härte führen würde. Satz 4 sieht für Nutzungsänderungen eine weitere Abweichungsmöglichkeit vor: Insbesondere im Hinblick auf das **Umwandlungspotential von Gewerbe- in Wohnimmobilien in den zentralen Innenstadtlagen** kann die Bauaufsichtsbehörde im Wege einer Ermessensentscheidung von § 49 Absatz 1 abweichen. Satz 5 nimmt sodann eine Definition der „Gründe des Allgemeinwohls" vor. Satz 6 stellt klar heraus, dass die Atypik bereits aus dem festgestellten Sonderinteresse folgt. Damit wird einem Bedürfnis der Praxis zur Klarstellung entsprochen.*

§ 56 Abs. 2 der Landesbauordnung für Baden-Württemberg (LBO) in der Fassung vom 5. März 2010 vermittelt jetzt einen vergleichbaren Anspruch.

Art. 46 Abs. 5 BayBO vermeidet bei Nutzungsänderungen für Wohnzwecke Abweichungen, indem die Anforderungen an die dort genannten Bauteile schon nicht zu prüfen sind. Auch darin liegt eine radikale Hinwendung zu sozialpolitischen Bedürfnissen unter Zurückstellung bislang unantastbar wirkender brandschutztechnischer Anforderungen.

5 Fazit und Ausblick

Angesichts der für Bauherren und Planer leidvollen Genehmigungspraxis und der erdrückenden Probleme am Wohnungsmarkt sowie der drohenden Verödung der Innenstädte haben wenigstens vereinzelte Landesgesetzgeber ein Einsehen, indem sie erstmalig einen gesetzlichen Anspruch auf Abweichung vermitteln. En passant wird dadurch das in Teilen von Rechtsprechung und Praxis überbetonte Primat absoluter Sicherheit aus städtebaulichen und sozialpolitischen Gründen jedenfalls in verfahrensrechtlicher Hinsicht relativiert. Dass Abweichungen (und übrigens auch Befreiungen gemäß § 31 Abs. 2 BauGB) in schöner Regelmäßigkeit an der Verneinung einer sog. atypischen Situation durch Behörden und Gericht scheitern, wurde in Nordrhein-Westfalen vorbildlich dadurch gelöst, dass kraft ausdrücklicher Regelung die Atypik aus dem gesetzlich festgestellten

Sonderinteresse (Schaffung von Wohnraum, Denkmalschutz, Nutzungsänderung pp.) resultiert. Es handelt sich um eine fast schon unerhörte Korrektur restriktiver Tendenzen in der Rechtsprechung insbesondere in Nordrhein-Westfalen.

Ungelöst bleibt durch die Neuregelungen auch der erforderliche Nachweis der von der Rechtsprechung geforderten Gleichwertigkeit der Lösung mit und ohne Abweichung. Normative Lösungsansätze wie etwa die DIN 18009-1 bleiben nach den Erfahrungen des Verfassers selbst von Büros häufig ungenutzt, welche das Regelwerk maßgebend mitgestaltet haben. Die Rechtsprechung, insbesondere des OVG Münster, neigt zu einer Verneigung der Gleichwertigkeit, weil man sich zu sehr an den gesetzlichen Anforderungen orientiert und dadurch die Schutzzielorientierung verkennt. Einen weitergehenden Ansatz jedenfalls für den Bestand bieten die Hinweise des MHKBD NRW vom 05.12.2022 zu § 69 NRW:

„*... Darunter ist **bei bestehenden Gebäuden** nicht zu verstehen, dass der Schutzzweck der jeweiligen Vorschrift in gleichem Maße erfüllt werden muss. Der Zweck der jeweiligen Vorschrift ist dann auch berücksichtigt, wenn **mindestens das Schutzniveau des jeweiligen Gebäudes gewahrt bleibt** und aufgrund der Abweichung keine konkrete Gefahr zu befürchten ist. ...*"

Dadurch fließen Überlegungen aus der brandschutztechnischen Literatur und der Rechtsprechung zur Verkehrsanschauung im Rahmen der Betreiberhaftung in die Gesetzgebung in NRW ein. Die Reaktion der Rechtsprechung bleibt abzuwarten.

Quellen

Koch, Stefan: Brandschutz und Baurecht, Köln: FeuerTrutz Network GmbH & Co. KG, 2011

Koch, Stefan: Auflagen und Abweichungen – wie Brandschutzplaner richtig agieren. In: Tagungsband des FeuerTrutz Brandschutzkongresses 2016. Köln: FeuerTrutz Network GmbH & Co. KG, 2016

Koch, Stefan: Abweichungen: Nur eine lästige Ausnahme? In: Tagungsband des FeuerTrutz Brandschutzkongresses 2018. Köln: FeuerTrutz Network GmbH & Co. KG, 2018

Landesbauordnung Baden-Württemberg – LBO vom 05.03.2010

Landesbauordnung NRW – BauO NRW vom 21.07.2018

Ministerium für Heimat, Kommunales, Bau und Gleichstellung des Landes Nordrhein-Westfalen – MHKBD NRW vom 05.12.2022

Lutz Erbe

2.1 PV-Anlagen auf Dächern mit brennbaren Baustoffen – ist das noch zulässig? Schäden, Urteile, Technik und Regeln

Ausgelöst durch die zum Klimaschutz notwendigen Maßnahmen zur Reduktion des CO_2 Ausstoßes und aktuell getrieben durch die massiven Preissteigerungen importierter fossiler Energieträger versuchen Industrie- und Gewerbebetriebe verstärkt die vorhandenen Dachflächen zur Aufstellung von PV-Anlagen zu nutzen. Dabei kommt es immer häufiger zu kontroversen Diskussionen zwischen Gebäudeeigentümer, Planer und Versicherer über brandschutztechnische Bewertungen und mögliche Risikoerhöhungen.

Brandgefahren durch PV-Anlagen

Die Erfahrungen bei der Begutachtung von PV-Installationen letzten 15 bis 20 Jahre zeigen, dass die Qualität der Materialien und Betriebsmittel sowie die Ausführung der Installationen stetig verbessert wurden. Der Wirkungsgrad der Module wurde gesteigert und die Prüf- und Installationsnormen den Erfordernissen angepasst.

Festzustellen ist aber auch, dass selbst wenn eine normenkonforme Planung, Installation und Abnahme erfolgt, verbleibt (wie bei jeder technischen Anlage) das Restrisiko der Brandentzündung.

Dieses Restrisiko kann z.B. im Versagen von Steckverbindern, Modulen oder elektronischen Komponenten bestehen. Kommt es zu einem der beschriebenen Fehler, können durch den entstehenden Gleichstromlichtbogen brennbare Materialien auf dem Dach oder der Dachkonstruktion selbst entzündet werden. Dabei ist zu beachten, dass die Module mit deren Rückseitenfolien und Modulanschlussdosen selbst eine Brandlast darstellen.

Urteil OLG Oldenburg vom 23.09.2019 - 13 U 20/17

Nach einem durch die PV-Anlage ausgelösten Brand eines Elektronikmarktes in Wittmund wurde der Errichter der PV-Anlage für den Schaden in die Haftung genommen, folgende Feststellung wurde im Urteil getroffen:

„Eine Dach-Photovoltaikanlage muss so installiert werden, dass eine sichere Trennung zwischen den elektrischen Komponenten als Zündquellen und der Dachoberfläche als Brandlast gewährleistet ist. Andernfalls muss die Montage unterbleiben. ....

Die Nichtbeachtung der einschlägigen anerkannten Regeln der Technik ist kein Fall leichter Fahrlässigkeit."

Abb. 1: Lichtbogenschaden Modul

Abb. 2: Steckverbinder ungeschützte Verlegung auf der brennbaren Dachhaut

Abb. 3: Wechselrichter in der Nähe brennbarer Materialien

Damit wäre nun die Installation von PV-Anlagen auf typischen Dachaufbauten in Industrie und Gewerbeobjekten ausgeschlossen. Bei näherer Beschäftigung mit dem Urteil und dem zugrundeliegenden Sachverständigengutachten fällt allerdings auf, dass eine VDE Norm herangezogen wurde, die einen gravierenden Übersetzungsfehler enthielt, dieser wurde 03/2022 korrigiert.

Korrektur VDE 0100-100

VDE 0100-100 „Errichten von Niederspannungsanlagen Teil 1: Allgemeine Grundsätze, Bestimmungen allgemeiner Merkmale, Begriffe"

Der fehlerhaft übersetzte Text lautete:

*Alle elektrischen Betriebsmittel, die wahrscheinlich hohe Temperaturen oder elektrische Lichtbögen verursachen können, müssen so angebracht oder geschützt werden, **dass kein Risiko der Entzündung von brennbaren Materialien besteht.***

Dieser wurde durch die korrekte Übersetzung ersetzt:

*Alle elektrischen Betriebsmittel, die wahrscheinlich hohe Temperaturen oder elektrische Lichtbögen verursachen können, müssen so angebracht oder geschützt werden, **dass das Risiko der Entzündung von brennbaren Materialien minimiert wird.***

Durch diese Änderung der Norm besteht nun kein absoluter Ausschluss von elektrotechnischen Installationen im Dachbereich mehr, sondern es bietet sich die Möglichkeit risikominimierende Maßnahmen zu planen und umzusetzen. So kann diese normative Anforderung erfüllt werden.

VdS Richtlinien

Um der Versicherungswirtschaft und den Planern von PV-Anlage eine Hilfestellung bei der Bewertung der Risiken einer Brandentstehung auf dem Dach durch die PV-Anlage und möglicher Maßnahmen zu geben, wurde durch die Gremien des GDV eine Arbeitsgruppe beauftragt ergänzend zur bereits bestehenden VdS 3145 „Photovoltaikanlagen" eine Richtlinie VdS 6023 „Photovoltaik-Anlagen auf Dächern mit brennbaren Baustoffen" zu erarbeiten und der Fachöffentlichkeit vorzulegen.

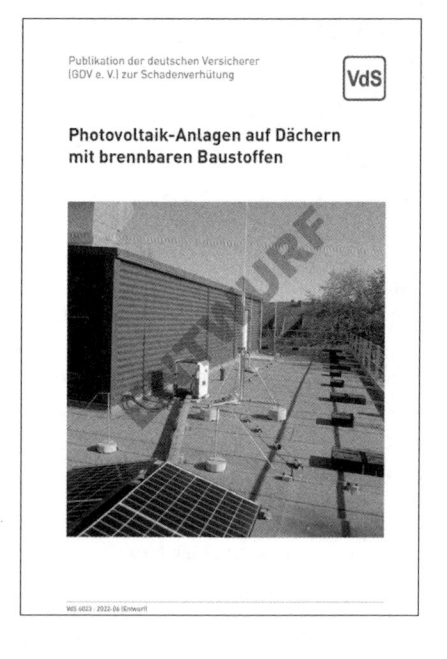

Abb. 4 und Abb. 5: VdS 3145 und 6023

Mögliche Maßnahmen zur Risikominimierung

In der VdS 6023 werden mögliche risikominimierenden Maßnahmen aufgelistet.

Auszüge:

Bauliche Maßnahmen

- Austausch der Dachdämmung (brennbar -> nicht brennbar);
- Aufbringen einer nicht brennbaren Trennschicht z. B. Kiesschüttung, Blech, Mineralfaserdämmstoff.

Technische Maßnahmen

- Installation eines Wechselrichters mit Gleichstrom-Lichtbogenerfassung und -unterbrechung nach UL1699B oder IEC/EN 63027 (mit der Bestätigung, dass diese aktiviert wurde – keine autom. Wiedereinschaltung).

Erläuterung:
Eine Gleichstrom-Lichtbogenerfassung und -unterbrechung (AFPE) nach IEC 63027 erkennt einen Lichtbogen im DC-Kreis der PV-Anlage und schaltet den betroffenen Strang ab bevor sich brennbare Materialien entzünden können. Diese Schutzfunktion ist in den USA bei vielen PV-Anlagen seit Jahren vorgeschrieben und wird dort eingesetzt. In den letzten Monaten begannen die meisten WR-Hersteller diese Zusatzfunktion auch für den europäischen Markt anzubieten. Für Geräte der höheren Leistungsklasse oftmals sogar kostenlos. Aktuell sind die Lichtbogendetektoren nach der amerikanischen UL1699B zertifiziert. Die zukünftige europäische Norm IEC (EN) 63027 soll kurzfristig fertiggestellt werden.

Wichtig: Da in der EU keine normative Verpflichtung zum Einsatz dieser Schutztechnik besteht, sind die Lichtbogendetektoren im Auslieferungszustand des WR deaktiviert und müssen durch den Inbetriebnehmer eingeschaltet werden! Daher ist aus Sicht der Sachversicherung eine Bestätigung des Kunden erforderlich, dass die Lichtbogenüberwachung aktiviert ist und keine automatische Wiedereinschaltung erfolgt.

Andere Brandrisiken wie z.B. der doppelte Erdschluss oder eine gleichzeitige Beschädigung der + und - Leitung bestehen weiter. Diese Fehler treten vergleichsweise selten auf und das Risiko kann durch einen fachgerechten Aufbau und eine ordnungsgemäße Instandhaltung minimiert werden.

Organisatorische Maßnahmen

- Durchführung von Instandhaltungsmaßnahmen mit regelmäßigen Prüfungen
  - Prüfung/Wartung nach VDE 0105-100 bzw. VDE 0126-23-1 und -2;
  - Mindestens Durchführung einer 1/2 jährlichen Sichtkontrolle und nach besonderen Ereignissen, z. B. Sturm;
  - Empfehlung: Jährliche Thermografie;
  - Alle 4 Jahre ist eine messtechnische Überprüfung der Anlage erforderlich.

- Aufschaltung und Auswertung von Störmeldungen aus Anlagenschutzeinrichtungen und Gefahrenmeldeanlagen
  - Es darf nach einem erkannten Fehler kein automatisches Wiedereinschalten erfolgen;
  - Klare Meldewege sind einzurichten und regelmäßig zu testen;
  - Je nach Meldung sind angepasste Interventionszeiten festzulegen;
  - Bei temporärer Außerbetriebnahme von Anlagenschutz- bzw. Gefahrenmeldesystemen sind Ersatzmaßnahmen festzulegen.
- Der Abschluss eines Wartungsvertrages mit einem PV-Fachbetrieb wird empfohlen.

Diese Maßnahmen können von den Versicherungsunternehmen einzeln oder in Kombinationen als brandschutztechnische Voraussetzung für die Installation einer PV-Anlage auf einem Gewerbe-/Industrieobjekt gefordert werden.

Alle normativen Anforderungen an die Installation müssen selbstverständlich vollständig erfüllt werden.

Empfohlen wird die Abnahme der Anlage nach Fertigstellung durch einen vom VdS anerkannten Sachverständigen für PV-Anlagen.

Es wird erwartet, dass die Richtlinie im 1 Quartal 2023 veröffentlicht wird.

Normative Änderungen:

Zurzeit erfolgt eine umfangreiche Überarbeitung der VDE 0100-712 „Errichten von Niederspannungsanlagen – Teil 7-712: Anforderungen für Betriebsstätten, Räume und Anlagen besonderer Art – Photovoltaik-(PV)-Stromversorgungssysteme"

Dabei wird erstmals die Gleichstrom-Lichtbogenerfassung und -unterbrechung als eine Schutzmaßnahme beschrieben und als Möglichkeit zur Risikominimierung erwähnt. Heute eingesetzte DC-Bussysteme; Moduloptimierer und Batteriespeicher werden beschrieben und Anforderungen gestellt.

Die *Bauministerkonferenz, Fachkommission Bauaufsicht, Arbeitskreis Technische Gebäudeausrüstung* hat eine überarbeitete Muster EltBauVO herausgegeben „Muster einer Verordnung über den Bau von Betriebsräumen für elektrische Anlagen (EltBauVO) Fassung 26.05.2021" Darin werden Anforderungen an Betriebsräume für Energiespeichersysteme > 20kWh gestellt.

Diese Überarbeitungen werden von der Versicherungswirtschaft begleitet.

In der Erstellung befindet sich die Produktnorm: IEC (EN) 63027 „Gleichstrom-Lichtbogenerfassung und -unterbrechung in photovoltaischen Energiesystemen"

Literatur

VdS 3145 „Photovoltaikanlagen"

VdS 6023 „Photovoltaik-Anlagen auf Dächern mit brennbaren Baustoffen"

VDE 0100-712 „Errichten von Niederspannungsanlagen – Teil 7-712: Anforderungen für Betriebsstätten, Räume und Anlagen besonderer Art – Photovoltaik-(PV)-Stromversorgungssysteme"

VDE 0126-23-1 „Photovoltaik (PV)-Systeme – Anforderungen an Prüfung, Dokumentation und Instandhaltung Teil 1: Netzgekoppelte Systeme – Dokumentation, Inbetriebnahmeprüfung und Prüfanforderungen"

VDE 0126-23-2 „Photovoltaik(PV)-Systeme – Anforderungen an Prüfung, Dokumentation und Instandhaltung Teil 2: Netzgekoppelte Systeme – Instandhaltung von PV-Systemen"

MVB-036-2022-07 „PV-Anlagen, Brandschutztechnische Anforderungen bei Anbringung von PV-Anlagen auf Hallendächern mit Flächen größer 1.800 m^2 oder bei Objekten mit automatischen Löschanlagen oder mit Sauerstoffreduktionsanlagen" BVS - Brandverhütungsstelle für Oö. reg. Genossenschaft m.b.H.

Dr. Dana Meißner

2.2 Transport alternativ betriebener Fahrzeuge auf RORO-Fährschiffen

Hintergrund

Im Rahmen der Bemühungen für den Klimaschutz kommen immer mehr Fahrzeuge auf den Markt, die mit alternativen Kraftstoffen wie beispielsweise komprimiertem Erdgas oder Autogas betrieben werden. Parallel gibt es einen großen Zuwachs in der Elektromobilität. Dieser immer breiter werdende Mix aus konventionellen, alternativ betriebenen und Elektrofahrzeugen findet sich inzwischen auch auf Roll-on-Roll-off (RORO)-Fährschiffen wieder. Immer häufiger fragen Passagiere zudem nach der Möglichkeit, ihre E-Autos während der Überfahrt aufzuladen. Vor diesem Hintergrund müssen die Sicherheitskonzepte an Bord überdacht und ggf. angepasst werden sowie die technischen und organisatorischen Voraussetzungen für ein sicheres Laden analysiert werden. Mit diesen Aufgaben beschäftigte sich das Forschungsprojekt ALBERO „Transport alternativ betriebener Fahrzeuge auf RORO-Fährschiffen", wobei der Fokus deutlich auf dem Umgang mit Elektrofahrzeugen lag [1].

Besondere Bedingungen an Bord eines RORO-Schiffes

Die Umgebungsbedingungen an Bord eines Schiffes unterscheiden sich spezifisch von der Situation an Land, im Zusammenhang mit dem Transport bzw. dem gleichzeitigen Aufladen von Elektrofahrzeugen sind dabei unter anderem folgende Aspekte relevant:

- Auf die transportierten Autos wirken Bewegungen und permanente Vibrationen ein.
- Die feuchten und salzigen Bedingungen stellen besondere Herausforderungen an die Materialien.
- Aufgrund der Schiffs-Konstruktion aus Stahl ergeben sich andere Umstände im Zusammenhang mit Gefahren durch elektrischen Strom.
- Die meisten Schiffe haben andere Parameter für ihr Stromnetz als das typische Haushaltsnetz an Land.
- Zum Löschen von Elektrofahrzeugen werden große Wassermengen empfohlen – an Bord von Schiffen könnte dies jedoch zu Problemen hinsichtlich der Stabilität führen.
- Wenn es an Land zu einem Unfall kommt, kann das beschädigte Auto von anderen Autos isoliert werden, indem andere Fahrzeuge in der Nähe weggefahren werden. An Bord einer Fähre herrscht oft eine so enge Parksituation, dass die Zugänglichkeit eingeschränkt ist. Ein havariertes Fahrzeug ist daher nur schwer zu isolieren und es besteht ein erhöhtes Risiko der Brandausbreitung.

- Externe Hilfe durch routinierte Feuerwehrkräfte kommt in der Regel erst verspätet zum Einsatz. Die Crew ist oft auf sich allein gestellt.

Brände von Lithium-Ionen-Batterien – Thermal runaway

Elektrofahrzeuge werden mit Hilfe einer Traktionsbatterie angetrieben, die aus Li-Ionen-Batteriezellen aufgebaut ist. Daraus ergeben sich neue Risiken. Eine Brandgefahr entsteht insbesondere durch den so genannten thermal runaway, eine sich selbst verstärkende Überhitzungsreaktion in der Batteriezelle, die u.a. durch mechanische Beschädigung, Überhitzung oder Überladung ausgelöst werden kann. In der Folge werden aus der Zelle Gase freigesetzt, darunter Wasserstoff, Kohlenmonoxid und kurzkettige Kohlenwasserstoffe, die explosiv bzw. brennbar sind. Parallel können durch die entstehende Wärme benachbarte Zellen ebenfalls in einen kritischen Zustand versetzt werden (Abb. 1).

Externer Brand

Wasserstoff
Kohlendioxid
Kohlenmonoxid
VOC
HF

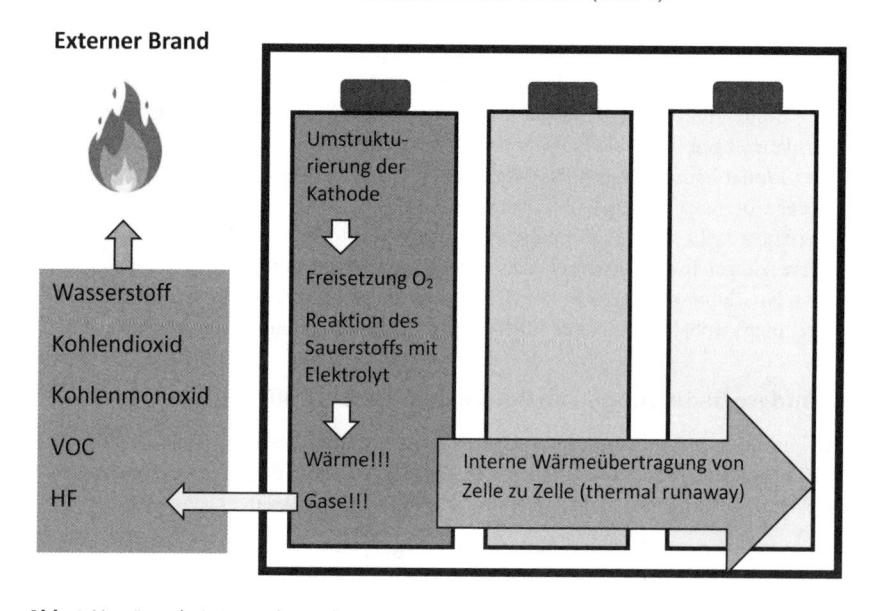

Umstrukturierung der Kathode
⬇
Freisetzung O_2
Reaktion des Sauerstoffs mit Elektrolyt
⬇
Wärme!!!
Gase!!!

Interne Wärmeübertragung von Zelle zu Zelle (thermal runaway)

Abb. 1: Vorgänge bei einem thermal runaway

Der Vorgang eines thermal runaways ist inzwischen vielfältig untersucht und man kann folgende Erkenntnisse zusammenfassen:

- Die Gefahr eines thermal runaway ist umso größer, je höher der Ladezustand (State of Charge SOC) ist [2].
- Die entweichenden Gase enthalten, je nach Zellchemie, vor allem H_2, CO_2, CO, kurzkettige Kohlenwasserstoffe, HF und Phosphorverbindungen.
- Die mengenmäßige Zusammensetzung der freigesetzten Gase hängt von der Zellchemie ab [3].
- Je höher der SOC, umso mehr Gase werden frei [4].
- Je mehr Ladezyklen, umso mehr Wasserstoff wird frei [5].

Vergleichende Betrachtungen von konventionellen Fahrzeugen und Elektrofahrzeugen

Wahrscheinlichkeit für einen Brand

Aufgrund der medialen Darstellung von Bränden von Elektroautos könnte man zu dem Schluss kommen, dass Elektroautos besonders häufig brennen. Die Datenlage nimmt jedoch kontinuierlich zu und man weiß inzwischen, dass Elektrofahrzeuge nicht häufiger brennen als konventionelle Autos [6], [7]. Dies muss allerdings weiter beobachtet werden – möglicherweise verschiebt sich diese Bewertung nochmals, wenn die jetzt neu auf den Markt kommenden Fahrzeuge und damit ihre Batterien in die Jahre kommen. Innerhalb des ALBERO-Projektes wurden die Situationen untersucht, bei denen es zum Brand eines Elektrofahrzeuges gekommen ist (Tabelle 1). Insgesamt wurden 113 Vorfälle untersucht. Die Situation „während des Parkens" zeigt dabei die meisten Fälle, hierbei kann jedoch in der Regel nicht nachvollzogen werden, ob es zuvor ggf. einen Vorfall (Unfall, Fahren über unebenes Gelände, Fahren durch Wasser) gab, der die eigentliche Ursache war, die jedoch erst verzögert wirksam wurde. Man erkennt auch, dass während des Ladens ein erhöhtes Risiko für Brände vorhanden ist.

Tabelle 1: Situationen bei Bränden von Elektrofahrzeugen

Brandsituation	Anzahl
während des Parkens	38
während des Ladens	28
nach einem Unfall	16
während der Fahrt	14
Überflutung	3
Brandstiftung	2
unbekannt	12

Brandverhalten

In verschiedenen Realbrandversuchen wurde gezeigt, dass konventionelle Fahrzeuge und Elektrofahrzeuge vergleichbare Wärmefreisetzungsraten haben [8], [9], [10]. Für brennende Li-Ionen-Batterien wurden Temperaturen von etwa 900 – 1000°C gemessen [11], [12]. Dies ist vergleichbar mit den Temperaturen eines Dieselbrandes. Die verwendeten Kunststoffe sind ähnlich und verbrennen etwa gleich heiß.

Die Gefahr der Brandausbreitung bei Bränden von Elektrofahrzeugen ist als höher zu bewerten, da

- Löscharbeiten in der Regel länger dauern als bei konventionellen Fahrzeugen, da der Kühleffekt auf die Traktionsbatterie durch äußerlich aufgetragenes Wasser gering ist
- es immer wieder zu Rückzündungen kommen kann

- glühende oder brennende Teile aus beschädigten Batteriemodulen meterweit weggeschleudert werden können und
- durch Druckentlastungsöffnungen austretende Stichflammen benachbarte Fahrzeuge in Brand setzen können.

Die oftmals sehr enge Parksituation begünstigt zusätzlich einen Übergriff auf benachbarte Fahrzeuge.

Aufgrund des hohen Anteils von (Schwer)metallen in einer Traktionsbatterie entstehen während eines Brandes zudem hochgiftige metallorganische Verbindungen, die sich in der Brandumgebung absetzen können [13]. Dies muss insbesondere nach dem Brand eines Elektrofahrzeuges beachtet werden. Aufräum- und Reinigungsarbeiten sollten nur von speziell ausgerüsteten und geschulten Einsatzkräften durchgeführt werden.

Sicherheitsmaßnahmen

Um in einem Notfall schnell die richtigen Entscheidungen treffen zu können, ist es wichtig, einen Überblick über die transportierten Fahrzeuge zu haben. Die Abfrage der Antriebsart bereits während der Buchung erscheint daher sinnvoll. Dies gäbe der Mannschaft die Möglichkeit, bestimmte präventive Maßnahmen zur Gefahrenreduktion bereits während des Beladens durchzuführen, indem man z.B. einen Gefahrguttransport nicht neben ein wasserstoffbetriebenes Fahrzeug stellt. Da zu erwarten ist, dass für die Einschränkung eines Brandes an einem Elektrofahrzeug besonders viel Wasser notwendig ist, sollten solche Fahrzeuge auch möglichst auf einem Deck oberhalb der Wasserlinie transportiert werden, um ein einfaches Abfließen des Löschwassers zu gewährleisten. Auch hierfür ist die Kenntnis der zu erwartenden Anzahl Elektrofahrzeuge im Vorfeld hilfreich.

Nicht nur für den Notfall wäre es sinnvoll, wenn man einfach und schnell erkennen könnte, über welche Antriebsart ein Fahrzeug verfügt, denn in Zukunft ist dabei ein immer breiter werdender Mix (z.B. auch erdgas- oder wasserstoffbetriebene Fahrzeuge) zu erwarten. Jedes Land geht damit anders um, in Deutschland haben wir das E auf dem Nummernschild, was jedoch nicht verpflichtend ist. Hier sollte in Europa ein einheitliches Erkennungssystem entwickelt werden, z.B. über die Farbe oder Prägung des Nummernschildes, was jedem eine schnelle Erkennbarkeit der Antriebsart quasi im Vorbeifahren ermöglicht. Hafenarbeiter, Stauer und die Crew an Bord können so effektiver arbeiten, Einsatzkräfte können im Havariefall schneller die passenden Maßnahmen einleiten.

Das Löschen eines Elektrofahrzeug-Brandes ist in der Tat schwierig, da ein einmal in Gang gesetzter thermal runaway kaum zu stoppen ist. Der Fokus sollte daher auf der Verhinderung einer Brandausbreitung liegen. Der Einsatz eines Sprinklersystems oder einer Wassernebelanlage ist dafür prinzipiell geeignet. Für Elektrofahrzeuge kann eine zusätzliche Beaufschlagung mit Wasser von unten sinnvoll sein, um einen größeren Kühleffekt für die Batterie zu erzielen. Das kann z.B. mit mobilen Löschsystemen, die neben oder unter ein Fahrzeug gelegt werden können, erreicht werden. Eine Unterteilung in kleinere Brandabschnitte kann ein weiterer Beitrag sein. Dies kann durch permanente bauliche Unterteilungen auf den sonst durchgehenden Fahrzeugdecks oder z. B. durch breite

Brandschutzrollos erfolgen, die erst im Falle eines Brandes herabgelassen werden. Dafür müssten beim Beladen entsprechende Abstände freigehalten werden. Je nach Zugänglichkeit des havarierten Fahrzeuges können auch Brandbegrenzungsdecken helfen, eine Brandausbreitung zu verlangsamen und somit wertvolle Zeit zu gewinnen. Schiffsbesatzungen sollten geschult werden, wie man mit solchen Hilfsmitteln umgeht und welche Maßnahmen für die verschiedenen Antriebsarten in Notfällen ergriffen werden sollten.

Laden während der Überfahrt

Passagiere von Fährschiffen wünschen sich zunehmend die Möglichkeit, während der Überfahrt ihr Elektroauto aufzuladen. Man kann das verbieten, was einerseits einen Wettbewerbsnachteil gegenüber anderen Reedereien nach sich ziehen kann und andererseits der erwünschten Akzeptanz der Elektromobilität durch die bequeme umfassende Nutzbarkeit entgegenstehen würde. Zudem ist der Passagier „gnadenlos": Es sind Fälle bekannt, wo das Ladekabel auf dem Fahrzeugdeck einfach in die nächstbeste Steckdose eingesteckt wurde. Wenn man ein legales Aufladen nicht gestattet, müsste man also auch dafür sorgen, dass es nicht illegal möglich ist...

Innerhalb des Forschungsprojektes ALBERO wurde ein umfassender Anforderungskatalog für eine sichere Lademöglichkeit an Bord entwickelt [1]. Dieser geht u.a. auf folgende Besonderheit des Ladens an Bord im Vergleich zum Laden an Land ein:

Schutzklasse: Landladesäulen verfügen gemäß Industriestandart über die Schutzklasse IP 54. Für den Bordbetrieb wird für elektrische Installationen eine Schutzklasse von IP55 (geschlossene Decks) bzw. IP56 (Wetterdecks) gefordert, um ausreichend Schutz gegen Spritzwasser zu bieten.

Vibrationen: Landladesäulen sind fest installiert, es gibt derzeit keine Anforderungen für Vibrationstests. An Bord installierte Ladesäulen sollten mindestens die Vibrationsbeständigkeit haben, die auch von anderen elektrischen Installationen an Bord gefordert werden.

Netzparameter: Während an Land die Übertragungsspannung bzw. Frequenz üblicherweise 400 V und 50 Hz beträgt, ist diese auf vielen Schiffen 440 V und 60 Hz. Eine Ladesäule muss entsprechend mit diesen Eingangswerten funktionsfähig sein, dies gilt insbesondere dann, wenn die Umrichtung zwischen Wechsel- und Gleichstrom in der Ladesäule und nicht im Fahrzeug erfolgt.

Stromnetz, Erdung, Verteilung: Landladesäulen sind für TT bzw. TN- Netze ausgelegt, welche beide eine Erdung der angeschlossenen Verbraucher über das Verteilernetz gewährleisten.

Auf Schiffen kommt jedoch häufig ein IT-Netz zum Einsatz. Im IT-Netz ist der Sternpunkt des Netzes nicht mit der Erde verbunden. Stattdessen sind die Körper der angeschlossenen Geräte einzeln separat direkt mit der Erde verbunden. Aus Sicherheitsgründen und damit die Ladeelektronik einen Schutzleiter erkennt, muss daher ein geerdetes Netz durch den Einsatz eines Trenntransformators erzeugt werden. Der Trafo muss an die Leistungsparameter der Ladesäule angepasst sein.

Manuelle Abschaltung bei besonderen Situationen: Die gesamte Ladesäule sollte einfach vom Netz getrennt werden können, z.b. durch eine manuelle Abschaltung (Zugang nur für Crew), sodass die Nutzung nicht möglich ist. Dies kann z.B. erforderlich werden, wenn an Stellplätzen in der Nähe Gefahrgut transportiert wird oder schweres Wetter zu erwarten ist. Ggf. kann diese Funktionalität auch über die Integration in das „Power Management System" realisiert werden.

Monitoring: In der Nähe der Ladesäule sind verschiedenen Detektionssysteme zur frühzeitigen Gefahrenerkennung sinnvoll, z.b. Kameraüberwachung, Gassensorik und Wärmebildkamera. Die Auswahl und Auslegung hängen vom konkreten Standort an Bord ab (offenes oder geschlossenes Deck, Sonneneinstrahlung, Luft-Zirkulation, ...). Bei der Überschreitung bestimmter gefährlicher Grenzwerte sollte Alarm ausgelöst werden.

Literatur

[1] www.alberoprojekt.de

[2] Tapesh Joshi et al: *Safety of Lithium-Ion Cells and Batteries at Different States-of-Charge* J. Electrochem. Soc. 167 2020 140547

[3] Andrey W. Golubkov et. al: *Thermal runaway experiments on consumer Li-ion batteries with metal-oxide and olivon-type cathodes*, RSC Adv., 2014(4), 3633 - 3642

[4] S. Shahid, M. Angelon-Shaab: *A review of thermal runaway prevention and mitigation strategies for lithium-ion batteries*, Energy Conversion and Management: X 16 2022 100310

[5] N. E. Galushkin et al.: *Mechanism of Thermal Runaway in Lithium-Ion Cells* J. Electrochem. Soc.165 2018 A1303

[6] V. Linja-aho: *Hybrid and Electric Vehicle Fires in Finland 2015–2019*, Fires in Vehicles (FIVE) -conference December 2020

[7] W. Huang et al: *Questions and Answers Relating to Lithium-Ion Battery Safety Issues*, Cell Reports Physical Science 2, 100285, January 20, 2021

[8] F. Larsson, P. Andersson, B.-E. Mellander: *Lithium-Ion Battery Aspects on Fires in Electrified Vehicles on the Basis of Experimental Abuse Tests*, Batteries 2016, 2, 9; doi:10.3390/batteries2020009

[9] O. Willstrand, R. Bisschop, P. Blomqvist, A. Temple, J. Anderson: *Toxic Gases from Electric Vehicle Fires*, RISE Research Institutes of Sweden,

[10] Peiyi Sun, Roeland Bisschop, Huichang Niu, Xinyan Huang: *A Review of Battery Fires in Electric Vehicles*, Fire Technology 4, 2020

[11] Ola Willstrand: *Fire Suppression Test for vehicle Battery Pack*, Report Swedish Energy Agency, Project-No. 45629-1, 2019

[12] P.Huang, Q. Wang: *The combustion behavior of large scale lithium titanate battery*, Scientific Reports 5, 2015

[13] Schweizerische Eidgenossenschaft, Bundesamt für Straßen: *Risikominimierung von Elektrofahrzeugbränden in unterirdischen Verkehrsinfrastrukturen,* Forschungsprojekt AGT2018/006 auf Antrag der Arbeitsgruppe Tunnel-forschung, 2020

Marco Schmöller

2.3
Umgang mit Lithium-Batterien – (wie) ist das geregelt? Bewertung aus Sicht des Nachweiserstellers

Einleitung

Wir sind sowohl im privaten als auch im beruflich-gesellschaftlichen Umfeld umgeben von Geräten und Technologien die auf Akkumulatoren und/oder Batterien angewiesen sind. Mobiltelefon, Notebook, Rauchwarnmelder, Uhren, Fernbedienungen, E-Bikes und Fahrzeuge usw. – sie sind aus unserem Leben nicht mehr wegzudenken!

E-Fahrzeuge und Batteriespeichersysteme sind „Hauptsymbol" für die Energiewende. Durch einzelne, aber vermeintlich spektakuläre Brandfälle entsteht jedoch ein „gefährliches Halbwissen" zu Batterien. Da ein „Aufhalten" der Verwendung von Batterien jedweder Art nicht möglich ist, müssen zumindest vorbeugende Maßnahmen ermöglich werden, um eine Brandentstehung zu vermeiden bzw. die Ausbreitung zu verzögern. Auf der anderen Seite sind Maßnahmen zur Brandbekämpfung durch die Einsatzkräfte der Feuerwehr zu modifizieren. Dies ist jedoch nicht Inhalt des Vortrags.

Der Vortrag zeigt realisierte Beispiele (u. a. Großspeicheranlagen, Lagergebäude, Brandversuchshalle für E-Fahrzeugbatterien) und die brandschutztechnischen Ansätze für die Lösungen. **Aufgrund fehlender oder teils unspezifischer Rechtslagen sind pragmatische Ideen erforderlich, die sich entweder dauerhaft durchsetzen werden oder später modifiziert angewendet werden.**

Nach wie vor gibt es z. B. für Batteriespeicheranlagen keine bauordnungs-rechtliche Grundlage – mal abgesehen vom Querverweis auf Batterieräume nach M-EltBauVO. Und nach wie vor fehlen belastbare bzw. reproduzierbare Einsatzerfahrungen für die Feuerwehr. Aber so ist das eben manchmal mit „neuen Technologien". Noch vor einigen Jahren gab es massive Bedenken gegen Biogasanlagen und Photovoltaikanlagen. Mittlerweile hat sich – trotz auch in diesen Belangen fehlender bauordnungsrechtlicher Vorgaben – ein gewisser „Grundstandard" durchgesetzt, der das brandschutzrelevante Risiko einschätzen lässt und die Maßnahmen hierfür festlegen lässt.

Dem Autor ist es hierbei besonders wichtig die Brandschutzregularien nicht „gegen" das Projekt, sondern „für" bzw. „mit" dem Projekt zu gestalten.

Aus Geheimnisschutzgründen sind die Projekte teilweise anonymisiert. Obwohl bereits mehrere Projekte erfolgreich fertiggestellt und „am Markt" sind, bleibt die weitere Forschung und Entwicklung in diesem Bereich, insbesondere im Hinblick auf die brandschutztechnischen Erfordernisse, wichtig.

Lagergebäude

Für die meisten Batterietechnologien sei es im Fahrzeugbereich oder im sog. Home-Speicher-Bereich usw. ist das Erfordernis einer Zwischenlagerung gegeben. Konkret werden werksfertige Produkte (wie z. B. Home-Speicher-Module als Bestandteil dezentraler PV-Anlagen) oder Batteriebestandteile für den Fahrzeugbereich verpackt in Lagergebäuden zwischengelagert. Dies erfolgt entweder mit einer Blocklagerung (Palettenstapel ohne Regal) oder in einer Regallagerung.

Die Gebäude werden daher nach Industriebaurichtlinie (MIndBauRL) brandschutztechnisch geplant und dürften i. d. R. nach Abschnitt 6 – ohne Brandlastermittlung – realisiert sein. Insofern gibt es aus dieser bauordnungsrechtlichen Mindestanforderung nur bedingte Einwirkungs-möglichkeiten. Da nach aktuellem Erkenntnisstand des Autors die Lagerung von Batterien nicht nach BImSchG oder nach anderen Regelwerken (z. B. dürfte die TRGS 510 auch nicht zutreffend sein) separat geregelt ist, bleibt es bei einem schutzzielorientiertem Brandschutzkonzept als sog. Ungeregelter Sonderbau bzw. nach MIndBauRL.

Mindeststandard sollte aus Sicht des Unterzeichners sein, dass in dem Gebäude eine Löschanlage vorhanden ist. Dies wird sich bei größeren Brandabschnittsgrößen entsprechend der MIndBauRL ergeben. Mittlerweile sind nach dem Regeln des amerikanischen Versicherungswesens (FM Global) modifizierte Löschanlagen zulässig, die auch bei der **Blocklagerung von Batterien** eingesetzt werden können. Das zusätzliche Beimischen von Schaumbildnern kann – muss jedoch nicht – erforderlich sein.

Beim Lagern in Regalen wird eine vollständige **Regalsprinklerung** jedes einzelnen Stellplatzes erforderlich werden. Ergänzend hat sich (derzeit) eine dazu **ergänzende Ausstattung mit Rauchmeldern** (an eine BMA angeschlossen) als vorteilhaft erwiesen, da damit eine schnellere Detektion (gegenüber der thermischen Auslösung der Löschanlage) erreicht werden kann. Zudem kann mit den Punkt-Rauchmeldern auch eine Lokalisation des Erstbrandortes erreicht werden.

Zusätzlich sollte – auch wenn dies in anderen gesprinklerten Lagergebäuden nicht mehr üblich ist – die Ausstattung mit **nassen Wandhydranten** vorgesehen werden.

Ergänzend dazu hält es der Unterzeichner für erforderlich, eine **Rückhaltung von Löschwasser** – auch wenn das Lagergebäude vielleicht nicht zwingend vollständig nach AwSV zu betrachten wäre – vorzusehen. Als pragmatischer Ansatz ist dabei das „Absenken" des gesamten Hallenbodens ergänzend mit mobilen Löschwasserbarrieren an den Tür-/Toröffnungen ein probates Mittel. Als Dimensionierungsgrundlage wird die max. Löschwasserrate der Löschanlage plus die max. Menge der Wandhydranten plus die max. Löschwassermenge der Außenhydranten addiert. Ergänzend kann auch das Auffangen von Wasser auf den Logistik-Tiefhöfen (ggf. mit Pumpblasen für die Abwassergullys) vorgesehen werden.

Derzeit gibt es nur vereinzelt Ansätze die Batterielagerung grundlegend als Wassergefährdende Lagerung einzuordnen. Eine bundesweit einheitliche Regelung ist dem Autor derzeit nicht bekannt.

Abschließend kann der Unterzeichner berichten von einigen Sonderfällen, in denen der Betreiber solcher Lager- und Umschlaggebäude für Batterien eine eigene-betriebliche Ersthelfer-Bereitschaftsgruppe (sog. Emergency-Response-Team) für das schnelle Eingreifen vor einem Brand vorhält. Anhand von personellen (Rundgängen) und technischen (mittels Thermografie) Maßnahmen sollen Batterien (Paletten oder Einzelbatterien) aus dem Gebäude verbracht werden, sofern dies technologisch noch vertretbar ist. Der „einfachste" Fall ist dabei zu sehen, wenn eine Palette umkippt oder anderweitig mechanisch beschädigt wurde, diese sofort wieder aufzunehmen und ins Freie (mind. 10 m entfernt vom Gebäude) in einen sog. Quarantänebehälter zu verbringen.

Grundsätzlich kommt bei der Batterielagerung dem betrieblich-organisatorischen Brandschutz eine hohe Bedeutung zu. Bereits beim Einlagern sollte eine optische und thermografische Kontrolle jeder einzelnen Palette vorgenommen werden. Dies sollte dann bei jedem weiteren Um-Lagerungsprozess nochmals wiederholt werden.

Zusammenfassend ist es aus Sicht des Unterzeichners möglich Lagergebäude auch für Batterien weitgehend normal zu behandelt, wenn eine gelungene Kombination aus Anlagentechnik und betrieblich-organisatorischen Maßnahmen zusammenwirkt.

Energiespeicheranlagen

Die Speicherung elektrischer Energie, sei es aus Gründen der Pufferung bei Energieversorgern oder als Speicher aus PV-Anlagen oder Windkraftanlagen wird in immer größerem Maße für die Zukunft erforderlich werden.

Grundsätzlich handelt es sich immer um die Zusammenschaltung von Batterien, ergänzt um ein Batteriemanagementsystem, welches die Zu- und Abführung der Energie steuert und überwacht.

Begonnen hat der Unterzeichner mit einem Projekt in Berlin-Adlershof im Jahr 2008 (damals noch Solon Laboratories, später Younicos, jetzt Aggrekko), bei dem ein Großspeicher als Versuchsaufbau errichtet wurde, um eine „Insel" autark von anderen Energiequellen betreiben zu können. Letztlich ging es darum, die Lastwechsel (Ladezyklen) zu optimieren und zu testen. Solche Großspeicheranlagen sind eben nicht wie die heimischen Kleinbatterien. Diese, einmal eingelegt, solange entladen werden, bis sie „alle" sind. Die Speicheranlagen unterliegen einem permanenten Auflage- und Speicherbetrieb bzw. Entnahmebetrieb.

Brandschutztechnisch wurde die gesamte Anlagentechnik in einem Container (ohne Anforderungen an den Brandschutz) eingebaut und dieser wiederum in eine nach Industriebaurichtlinie dimensionierte Versuchshalle. Es waren in der Halle keine weiteren anderen/fremden Technologien untergebracht. Der Speichercontainer selbst wurde ohne besondere Maßnahmen hinsichtlich des Feuerwiderstandes aufgebaut. Als Selbstverständlichkeit waren einerseits die baulichen Fluchtwege und die brandmeldetechnische Überwachung nachweisbar sowie andererseits wurde die Überwachung durch das Batteriemanagementsystem angesetzt, welches sehr frühzeitig Probleme und Fehler aufzeigt. Für die Feuerwehr waren Informationen im Feuerwehrplan verankert, so dass diese wussten, dass dort eine Art „Großbatterie" im Einsatz ist.

Mit diesem Unternehmen wurde dann die in Europa erste und größte kommerzielle Energiespeicheranlage geplant, im Jahr 2014 errichtet und im Jahr 2018 nochmals erweitert. Dieses Gebäude wurde jedoch als eigenes, freistehendes Gebäude gebaut und durch Brandabschnittstrennungen unterteilt und mit Feuerwiderstandsanforderungen der tragenden Bauteile geplant. Auch hier waren bauliche Fluchtwege, Brandfrüherkennung und auch Rauchableitungsöffnungen selbstverständlich.

Hinsichtlich des Einsatzes einer Löschanlage war hier lange Zeit eine Unsicherheit gegeben. Letztlich kam durch das Einwirken der Feuerwehr eine CO_2-Löschanlage zum Einsatz. Die konkrete Wirksamkeit konnte jedoch nie konkret bestätigt werden, da einige Batteriearten (hier: Lithium-Ionen) sich nicht unmittelbar mit dem Stickgas CO_2 ablöschen lassen. Hinzu kommt die generelle Gefährlichkeit von CO_2-Löschanlagen.

Bauordnungsrechtlich ist zu sagen, dass es sich um ein erdgeschossiges, freistehendes Gebäude der Gebäudeklasse 3 (da > 400 m^2) handelt, in dem – bis auf einen brandschutztechnisch getrennten Vorführraum - keine Aufenthaltsräume vorhanden sind. Demnach gibt es bei formaler Betrachtung nicht allzu viele brandschutztechnische Erfordernisse. Da jedoch das Risiko bei einem Brand nicht zu unterschätzen ist, mussten eben doch einige „Mehranforderungen" wie nichtbrennbare Dämmstoffe, BMA-Überwachung, innere Brandschutztrennungen und eben zum Schluss auch eine Löschanlage im Rahmen des Brandschutzkonzepts des Autors eingebaut werden.

Neben den vorgenannten Anlagen wurden im Rahmen von Brandschutzkonzepten des Autors mittlerweile über zehn weitere freistehende Batteriespeicheranlagen in Form von Containern in ganz Deutschland realisiert. Alle Anlagen wurden auf bestehenden Betriebsgeländen mit vorhandener brandschutztechnischer Infrastruktur errichtet. Bei den vor dem Genehmigungs-verfahren durchgeführten Abstimmungen mit Bauordnungsbehörden und Feuerwehr (Brandschutzdienststelle) wurden Unsicherheiten und die fehlende Erfahrung mit festen Batteriespeicheranlagen erkennbar. Gerade wenn es um die Batteriart „Lithium-Ionen" ging, hatten sofort alle das brennende E-Auto oder brennende Mobiltelefone im Kopf.

Der wesentlichste Unterschied ist jedoch, dass das Risiko von äußeren Einwirkungen, wie dies bei Fahrzeugen oder Kleingeräten der Fall ist, nicht vorkommt bzw. man entsprechende Maßnahmen wie Anfahrschutz o. ä. errichten kann. Insofern kann das Brandrisiko von festen Batteriespeicheranlagen gegenüber mobilen E-Geräten deutlich reduziert werden. Durch die dauerhafte Überwachung des Systems über das Batteriemanagementsystem (BMS) sind Überladungen oder Fehlerquellen ausgeschlossen bzw. schnell erkennbar. Zudem sind alle Verdrahtungen fixiert, so dass ein Risiko von losen Kabeln oder Kabelbrüchen, wie dies bei der privaten Anwendung von E-Bikes, Notebooks usw. der Fall sein kann (bzw. auch das vermehrte An- und Abziehen der Ladestecker) nicht auftritt.

Unter Berücksichtigung dieser Randbedingungen wurde durch den Unterzeichner und die Beteiligten keine besonderen Anforderungen an die Feuerwiderstandsqualität der Container gestellt. Der Mindestabstand zu anderen bestehenden und zukünftigen Gebäuden wurde mit 10 m festgelegt. Da die bestehenden Betriebsgebäude in den vorliegenden Fällen über eine brandmeldetechnische Überwachung verfügten, wurde selbstverständlich auch die Batteriespeicheranlage in diese Überwachung mit aufgenommen. Die Lieferanten der Anlage haben hierbei (auch derzeit) noch keine Spezifikation zwischen normalen Punktrauchmeldern im Container oder einem Rauchansaugsystem bereits im Batterieschrank selbst. Für die schnellste Erkennung wäre ein RAS natürlich hilfreich.

Bei allen Projekten waren sich die Beteiligten einig, dass im tatsächlichen Brandfall ausschließlich das von außen herangeführte Wasser zum Abkühlen des Containers als Lösung in Frage kommt. Das Betreten im Brandfall wurde ausgeschlossen. Die Installation von festen Löschanlagen war zum damaligen Zeitpunkt (2017…2019) noch nicht erforderlich bzw. waren verlässliche Aussagen zur Löscheffektivität nicht gegeben. Mittlerweile gibt es Gaslöschanlagen, die zum Ablöschen geeignet sind.

Löschwasserrückhaltung

Bei allen Projekten wurde zudem, auch wenn die Anlagen nicht unter den Wirkungsbereich der Löschwasserrückhalterichtlinie und wohl auch nicht in den Geltungsbereich der AwSV fallen, Rückhaltevolumen für Löschwasser geschaffen, um das im Brandfall kontaminierte Löschwasser möglichst vollständig aufzufangen.

Erfahrungswerte

Im Ergebnis der realisierten Projekte hält es der Autor für zwingend erforderlich seitens des Gesetzgebers – sicherlich unter Mitwirkung diverser Gremien und Fachverbände – eine Rechtsvorschrift, alternativ eine Technische Regel für Batteriespeicheranlagen zu erstellen.

Als Mindestabstand von freistehenden Anlagen sind 10 m sinnhaft. Alternativ wären feuerbeständige Schutzwände (ähnlich der TRGS 510) möglich.

Die brandmeldetechnische Vollüberwachung – sei es in Form einer Anbindung an eine bestehende BMA oder als autarke Anlage – hält der Autor für zwingend erforderlich.

Für die Rückhaltung kontaminierten Löschwassers ist ein Volumen zu definieren, was sich entweder lokal auffangen lässt oder zumindest das Betriebsgelände entsprechend ausgestattet wird.

Die Ausstattung mit Löschanlagen muss weiterhin geprüft werden und sobald eine effektive Technologie verfügbar ist, so sollte diese auch eingesetzt bzw. gesetzlich erforderlich werden.

Testanlagen für E-Autos

Der Autor betreut seit mehreren Jahren ein Unternehmen, welches Motorenprüfstände entwickelt und damit auch Motoren testet. Neben den bisherigen konventionellen Motoren (Benzin und Diesel) wurden vor ca. 3…5 Jahren auch Elektromotoren für PKW in den Prüfumfang der Dauerlaufprüftests aufgenommen.

Die Gebäude für die Prüfstände sind klassisch nach Industriebaurichtlinien geplant. Die Gebäude sind mit üblicher Brandmeldetechnik ausgestattet, so dass die Einordnung in die Sicherheitskategorie K2 erfolgt. Die Motorenprüfstände selbst sind jedoch kammerähnliche Bauwerke aus Beton mit einem Feuerwiderstand von mind. 90 Minuten und entsprechenden feuerbeständigen Türen. Diese Kammern sind sowohl für die konventionellen Motoren als auch für die E-Motoren vorhanden. Alle Kammern bzw. Prüfstände oder –box sind mit Brandmeldetechnik (Flammenmelder, Rauchmelder, Thermomelder) und weiterer Prüfstandstechnik ausgestattet. Zudem weist jede Kammer zusätzlich eine Ausstattung mit Hochdruck-Wassernebeltechnik auf, die sowohl automatisch als auch manuell ausgelöst werden kann. Außerdem weisen alle Kammern ein Löschwasserrückhaltevolumen auf.

Bei der Neuentwicklung der Prüfstandskammern für die E-Motoren (einschl. Batterieanlage wie sie im PKW vorhanden ist) wurde teilweise über die vorgenannten Maßnahmen hinaus das „Gesamtpaket" aus Batterie und Motor in ein geschweißtes Doppelkammer-Edelstahlgehäuse gepackt. Dieses kann entweder mit Vermiculite®-Schüttungen gefüllt werden oder mit Schaumlöschmittel geflutet. Auch die Prüfstände selbst können ergänzend vollständig durch die Feuerwehr geflutet werden.

Diese ganzen Maßnahmen muten sehr brachial oder sehr viel an, doch die Betreiber haben jahrelange Erfahrungen mit den Dauerlaufprüftests, bei denen nicht selten ein normaler Motor heiß läuft und anfängt zu brennen. Daher sollte bei den E-Motoren mit weiteren Vorsichtsmaßnahmen gearbeitet werden. Alle Tests werden elektronisch und personell voll überwacht, so dass zu jederzeit ein Versuch abgebrochen werden kann und die vorgenannte Löschtechnik sofort auch manuell ausgelöst werden kann.

Seit diesem Frühjahr konnten nunmehr auch – neben den Dauerlaufprüftests für die E-Motoren auch reine Batterieprüfungen durchgeführt werden. Nochmals zum Verständnis, geprüft und getestet werden ausschließlich werkfertige Motoren und Batterien wie sie von den Automobilherstellern das Werk verlassen. Die Prüfungen und Tests sind demnach die externe Werkkontrolle.

Die Batterietests sind einfache Auflade- und Entladezyklen, Falltests, Pendetrationstests (Nagelstoß), Temperaturversuche (Hitze, Kälte), ggf. Crashtests (diese sind derzeit noch nicht realisiert) usw..

Brandversuchszentrum

Im Herbst 2020 wurde das neue „Herzstück" fertig gestellt. Ein Brandversuchszentrum für Batterietests. Hierfür hat der Autor das Gebäude zwar grundsätzlich nach Industriebaurichtlinie bewertet, jedoch mussten aufgrund der zu erwartenden Besonderheiten bei Brandtests sowieso und bei Batterien noch viel mehr, deutlich höhere Anforderungen gestellt werden.

Das Gebäude wird vollständig in allen tragenden und aussteifenden Bauteilen feuerbeständig realisiert; so auch die Dachdecke und die Außenwände. Die Brandräume sind wiederum eigenständige feuerbeständige Bunker. Auch hier werden Wassernebellöschanlagen zum Einsatz kommen und auch für die Feuerwehr zusätzliche Einspeise -/Flutungsmöglichkeiten.

Die Rauchableitungsöffnungen der Bunker werden – wie wohl in den meisten Brandversuchshallen – über Luftwäscheranlagen geführt. Über die obligatorischen Belange wie Fluchtwege und Brandmeldetechnik wird das Gebäude natürlich auch verfügen.

Die Fachwelt wartet nun sehnsüchtig auf die Prüfergebnisse, denn noch immer „lernen" wir bei Unfällen und Bränden mit E-Autos immer nur aus der Presse und lesen, was leider alles nicht geht oder gefährlich ist.

Durch die Gremienarbeit des Autors kann berichtet werden, dass wir als Gesellschaft das Thema E-Mobilität – aus brandschutztechnischer Sicht - nicht „verhindern" werden und auch nicht wollen. Dennoch ist die Gefährlichkeit von brennenden Fahrzeugen nicht zu unterschätzen und die Einsatzkräfte müssen geschult werden. Im Unterschied zu den vorgenannten stationären Batteriespeicheranlagen sind Fahrzeuge als mobile Batterie zu verstehen, bei denen jede externe Einwirkung möglichst so ablaufen muss, dass ein selbstständiger Brand eben nicht entstehen kann. Hier hat die Automobilindustrie noch eine Menge Arbeit vor sich.

Und auch wenn die „Brandschutzwelt" des Vorbeugenden Brandschutzes sich an den mobilen Fahrzeugen naturgemäß nicht beteiligt, so kann zumindest einerseits durch Gremien- und Verbandsarbeit und andererseits durch mit Mitwirkung bei der Erstellung von Brandschutzkonzept für Produktions-/Lager-/ Forschungsgebäuden dazu beigetragen werden, etwas mehr Erkenntnisse und Verständnis zu erlangen.

P.S.
Bei aller Vorsicht und ggf. Angst vor Lithium-Ionen-Batterien: Überlegen Sie mal, welchen Akku Ihr 10-Jahres-Rauchwarnmelder an der Decke hat.

Hinweis:
Der hier vorliegende textliche Vortrag des Autors wurde teilweise bereits im Tagungsband für die Braunschweiger Brandschutztage 2020 veröffentlicht.

Johanna Bartling

3.1
MVV TB Ausgabe 2023-1: Was ändert sich?

Zum Zeitpunkt der Drucklegung lag kein Beitrag für diesen Tagungsband vor.

Ggfs. wird der Textbeitrag im Nachgang zum Download auf https://www.feuertrutz.de/brandschutzkongress-2023-download-vortraege zur Verfügung gestellt.

Knut Czepuck

3.2 Verzichtserklärung oder Duldung von Bauprodukten ohne Nachweis durch Oberste Bauaufsicht

1 Einführung in das Thema

Der Umgang mit Ver- und Anwendbarkeitsnachweisen fordert von den am Bau Beteiligten eine entsprechende Fachkompetenz. Die Ausführungen in diesem Vortrag berücksichtigen den Stand der Musterbauordnung – MBO 2002 mit den Änderungen vom 21./22.09.2022, die zur Notifizierung eingereicht wurden.

Für die Arbeit in realen Bauvorhaben ist allerdings das jeweilige geltende Landesrecht mit den untergesetzlichen Vorschriften und den ergänzenden Verwaltungsvorschriften maßgeblich.

Um das Thema zu erschließen, also ob man eine „Verzichtserklärung" erwirken kann oder Hoffnung auf „Duldung" besteht, sind zuerst die grundlegenden Vorschriften in den Focus zu nehmen.

Dazu hilft es, die richtigen Fragen zu stellen. So kann man strukturiert vom grundsätzlich Geregelten zu den Ausnahmen kommen.

Zu klären sind:

- Welchen Nachweis brauche ich für welches Produkt?
- Welchen Nachweis brauche ich für welche Bauart?
- Was passiert, wenn es keine Bauartregel gibt?
- Was mache ich, wenn ich einen Nachweis habe, in der Praxis jedoch nicht alle Bestimmungen des Nachweises einhalten kann oder will?
- Was bedeutet die „nicht-wesentliche Abweichung"?
- Findet sich die „Duldung" in der MBO?
- Welche Beständigkeit hat welcher Weg?
- Kann es „Bestandsschutz" geben, oder kann, darf oder muss behördlich bei Verwendung von Bauprodukten ohne Verwendbarkeitsnach eingegriffen werden?

Im Vortrag werden anhand der Vorschriften der Musterbauordnung zu den Bauprodukten Herangehensweisen vorgestellt, um mit guten Produkten und guten Ideen, benutztem Sachverstand rechtssicher Gebäude errichten zu können.

2 Vorschriften der MBO

Die Vorschriften zu den Nachweisen, also den

- Verwendbarkeitsnachweisen für Bauprodukte und den
- Anwendbarkeitsnachweisen für Bauarten

finden sich in der MBO im dritten Abschnitt des dritten Teils (§§ 16b – 25), dabei ist die grundlegende Vorschrift für die Bauarten einleitend noch in der MBO im zweiten Abschnitt des dritten Teils – § 16a MBO.

2.1 Bauarten

Bauarten dürfen nur unter den in § 16a Abs. 1 MBO genannten Anforderungen angewandt werden. Diese Grundanforderungen müssen unabhängig davon erfüllt werden, ob ein Anwendbarkeitsnachweis erforderlich ist oder nicht.

Als Anwendbarkeitsnachweise für Bauarten sind in § 16a Abs.2 MBO vier Varianten erkennbar:

Die formal möglichen und notwendigen Anwendbarkeitsnachweise sind

- eine allgemeine Bauartgenehmigung durch das Deutsche Institut für Bautechnik oder
- eine vorhabenbezogene Bauartgenehmigung durch die oberste Bauaufsichtsbehörde,

sofern es

- keine allgemein anerkannte Regel der Technik – a.a.R.d.T. – für die Bauart gibt, oder
- wesentlich von einer Technischen Baubestimmungen nach § 85a Absatz 2 Nr. 2 oder Nr. 3 Buchstabe abgewichen wird.

Für die allgemeinen Bauartgenehmigungen (welche durch das DIBt erteilt werden) gibt es eine erleichternde Regelung in § 16a Abs. 3 MBO, nämlich das anstelle einer allgemeinen Bauartgenehmigung ein abP erforderlich ist, wenn die Bauart nach allgemein anerkannten Prüfverfahren beurteilt werden kann; diese Bauarten sind dann in der MVV TB – Musterverwaltungsvorschrift Technische Baubestimmungen – bekannt gemacht. Aus dieser Vorschrift ergibt sich im Umkehrschluss, dass eine Prüfregel für eine Bauart nicht zu den in § 16a Abs.2 MBO angesprochenen a.a.R.d.T. zählt.

Für die a.a.R.d.T. gibt es diverse Herleitungen, wann eine Regel dazu gezählt werden kann und wann nicht. Die Technischen Baubestimmungen stellen eine Teilmenge der a.a.R.d.T. dar und sind bauaufsichtlich über die MVV TB eingeführt. Die Folge der Einführung ist, dass sich damit für die Ausführungen der Bauart an diese Regelung bauordnungsrechtlich als Mindeststandard gehalten werden muss.

Es gibt eine Vielzahl von a.a.R.d.T., die nicht in der MVV TB gelistet werden. Alle Bauarten, für die es nicht in der MVV TB genannte a.a.R.d.T. gibt, dürfen ohne einen weiteren bauaufsichtlichen Anwendbarkeitsnachweis angewendet werden. Dazu zählen z.B. jetzt die Abgasanlagen nach DIN 18160-1:2023-02.

Die Vorschriften zum Erfordernis des Übereinstimmungsnachweises einer Bauart bezüglich einer Technischen Baubestimmung ist in § 16 Abs. 5 MBO zu finden.

Einen Sonderfall stellen die dann in der MVV TB geregelten notwendigen Nachweise dar, z.b. aufgrund welcher Regel ein allgemeines bauaufsichtliches Prüfzeugnis – abP – erteilt werden darf.

2.2 Bauprodukte

Bauprodukte dürfen nur unter den in § 16 b Abs. 1 MBO genannten Anforderungen verwendet werden. Diese Grundanforderungen müssen unabhängig davon erfüllt werden, ob ein Verwendbarkeitsnachweis erforderlich ist oder nicht. Alternativ dürfen auch Bauprodukte verwendet werden, die in anderen Mitgliedstaaten erlaubt sind, sofern das nationale Schutzziel gem. § 3 MBO gleichermaßen erreicht wird.

Das Erfordernis eines Verwendbarkeitsnachweise für Bauprodukte ist gemäß § 17 Abs. 1 MBO gegeben, wenn

- es keine allgemein anerkannte Regel der Technik – a.a.R.d.T. – für dieses Bauprodukt gibt,
- es keine Technische Baubestimmung (*mangels einer a.a.R.d.T.*) für dieses Bauprodukt gibt,
- das Bauprodukt von einer Technische Baubestimmung (*eine wegen der besonderen Bedeutung des Bauproduktes bauaufsichtlich eingeführten Regel*) wesentlich abweicht, oder
- eine Verordnung nach § 85 Abs. 4a einen Verwendbarkeitsnachweis vorsieht.

Keines Verwendbarkeitsnachweises bedarf es für ein Bauprodukt,

- für welches es eine a.a.R.d.T. gibt oder
- welches für die Erfüllung der Anforderungen der MBO oder auf Grund der MBO nur eine untergeordnete Bedeutung hat.

Für die Bauprodukte mit untergeordneter Bedeutung gab es früher die Liste C, als letzten Teil der Bauregelliste. Seit Einführung der MVV TB sind die früher in Liste C genannten Produkte in Teil D 2.2. MVV TB gelistet.

Anmerkung: Nach Auffassung des Autors dieses Vortrages sind die in Teil D 2.1 MVV TB genannten „Beispiele für Produkte, für die es allgemein anerkannte Regeln der Technik gibt" fehlerhaft und irreführend für die Verwender.

- Zum einen bedeutet der Begriff „Beispiele", dass Teil D 2.1 MVV TB eine nicht vollständige Auflistung darstellt (*wie ist zu bestimmen, ob es für die nicht genannten Produkte auch eine a.a.R.d.T. gibt?*),
- zum anderen sind in Teil D 2.1 MVV TB auch „Anlagen" genannt, die anhand von Bauartregeln aus Bauprodukten in einer baulichen Anlage ausgeführt werden (*wie die „Blitzschutzanlagen"*) oder
- es handelt sich um Bauprodukte, die aufgrund von unmittelbar geltenden europäisch Verordnungen in Verkehr gebracht werden dürfen und für die nationale Verwendbarkeitsnachweise nicht verlangt werden dürfen, wie „Sicherheitseinrichtungen der Gas-Installation".

Im Ergebnis wäre es nach Auffassung des Autors sinnvoll Teil D 2.1 MVV TB aufzuheben und ggf. dazu erforderliche redaktionelle Umformulierungen zur Klarstellung des Gewollten in § 17 MBO vorzunehmen.

Das Erfordernis eine An- bzw. Verwendbarkeitsnachweises ist als Ablaufplan auch im Kommentar zu M-LüAR – Muster-Lüftungsanlagenrichtlinie – erschienen im Feuertrutz Verlag – nachzuvollziehen [1].

3   nicht-wesentliche Abweichung

Die nicht-wesentliche Abweichung stellt eine nicht definierte Begrifflichkeit dar. Auch gibt es sowohl bei den Bauarten wie auch bei den Bauprodukten keine eindeutige gesetzliche Abgrenzung dazu.

In den normativen Regeln – also den a.a.R.d.T. – können mindestens zwei nicht-wesentlichen Abweichungen diskutiert werden:

- Zum einen ist zu klären, ob man den im Anwendungsbereich (in DIN-Normen der Abschnitt 1) festgelegten Bereich noch einhält. Dabei kann es Formulierungen geben, die sinngemäß bestimmen „Produkte für ABC sind nicht Gegenstand dieser Norm".
- Zum anderen ist zu klären, ob die Bestimmungen der a.a.R.d.T. also der Norm – zur Herstellung des Bauproduktes oder zum Anwenden der Bauart nicht 1:1 eingehalten werden, z.B. also, ob Maße verändert werden oder andere Farbgebungen gewählt werden. Oder ob anstelle der normativ vorgegebenen Prüfregeln andere Prüfregeln verwendet werden oder Ergebnisse aus anderen Prüfungen berücksichtigt werden sollen.

Dabei sollte die Fachwelt davon ausgehen können, dass die a.a.R.d.T. ein von den Anwendern erwartetes Qualitätsniveau erfüllen. Denn nur damit kann auch der gewisse Vertrauensschutz in die Regel erreicht werden.

Somit sollten die Regeln in einem konsensualen Normungsverfahren erarbeitet und alle erforderlichen Belange berücksichtigt werden.

Ebenfalls besteht die Vermutungswirkung, dass die getroffenen Reglungen in einer a.a.R.d.T. aufeinander abgestimmt sind, insgesamt also zusammen funktionieren und eindeutig sind.

Ferner gibt es nicht-wesentliche Abweichungen von den Bestimmungen der bauordnungsrechtlich vorgeschriebenen Ver- und Anwendbarkeitsnachweise.

Soweit es sich hierbei um Nachweise handelt, die auf als Technische Baubestimmung eingeführten Prüfverfahren beruhen, ist zu klären, wie die Abweichung sich auf das Leistungsvermögen der Bauprodukte bzw. der Bauart auswirken kann. Gerade bei Bauprodukte und -arten deren Leistungsvermögen in Brandprüfungen bestimmt wird, können sich kleine Änderungen erheblich auswirken. Diese abzuschätzen und darauf zu vertrauen, dass es zu keinen Schäden kommen wird, bedarf erheblicher Detailkenntnisse. Selbst die Übertragbarkeit von Erkenntnissen aus Prüfungen des Produktes A vom Hersteller 1 auf Produkte B des Herstellers 2 ist nicht ohne weiteres möglich.

Das Dilemma ist, dass die Ver- und Anwendbarkeitsnachweise Positivbescheide sind – also wenn alles gemäß des Nachweises erfüllt ist, wird erwartet, das über die vorgegebene Nutzungsdauer kein Versagen und keine Schäden auftreten werden.

Ein weiteres Diskussionsfeld bei nicht-wesentlichen Abweichungen ist, wer diese Nicht-Wesentlichkeit feststellen darf. Die Bauaufsichtsbehörden können derartige Feststellungen anzweifeln und damit ist eine hinreichende Begründung notwendig. Ausführungen wie, „aufgrund unser umfangreichen Prüferfahrungen können wir bestätigen, dass die Abweichung nur nicht-wesentlich ist" helfen im Streitfall nicht weiter. Denn es ist doch gerade auszuführen, welche Erfahrungen aus welchen Prüfungen hier übertragbar Anwendung finden sollen.

4 Bestimmungen des Nachweises nicht eingehalten

Wenn die Bestimmungen eines Verwendbarkeitsnachweisen oder eines Anwendbarkeitsnachweises nicht eingehalten werden, ist zu klären, was zu tun ist.

Bauprodukte

Bei den Bauprodukten ist das Nichteinhalten, welches den am Bau Beteiligten Probleme bereitet i.d.R. das Nichtbeachten der Einbauvorschriften der Hersteller.

Ein Nichtbeachten bei den vorherigen Prüfungen würde schon zur Frage führen, ob der Verwendbarkeitsnachweis überhaupt Geltung erlangt hat.

Sofern sich das Nichteinhalten bereits aus den Planungen ergibt, also bewusst oder fahrlässig so geplant wurde, dass die Einbauvorschriften nicht einzuhalten waren, ist es schwer zu argumentieren, ein Nachbessern auf den vorgegebenen Sollzustand wäre unangemessen. In derartigen Fällen erscheint es sinnvoll grundsätzlich Nachprüfungen oder entsprechenden ordnungsgemäßen Neueinbau zu verlangen, auch um damit Wiederholungen durch am Bauen Beteiligte grundsätzlich zu verhindern – es würde sich schnell herumsprechen, dass durch die Nachprüfungen nur verspätete Inbetriebnahmen möglich wären oder der ordnungsgemäße Neueinbau erhebliche Änderungen zur Folge hätte. Kostensteigerungen wären nicht zu vermeiden.

Bauarten

Bei den Bauarten sind im Wesentlichen zwei Fehler zu erkennen: Zum einen werden Ausführungen hinsichtlich der Abmessungen der Bauarten, z.B. bei feuerwiderstandsfähigen Installationskanälen, überschritten. Damit ist die Anwendung nicht mehr vom grundlegenden Nachweis abgedeckt. Zum anderen werden konstruktive Ausführungsvorgabe nicht beachtet, z.B. erfolgen Abhängungen mit anderen Abständen, Profile werden seitenverkehrt verwendet (U-Profil mit Öffnung nach oben oder unten?).

Bauprodukte oder Bauarten für Bauvorhaben nicht verfügbar

Sofern bei der Planung bereits erkannt wird, dass für die Bauprodukte oder Bauarten hinsichtlich der Ver- oder Anwendbarkeitsnachweise ein wesentliches Abweichen erforderlich wird, können vorhabenbezogene Bauartgenehmigungen oder Zustimmungen im Einzelfall beantragt werden. Damit wird dann sichergestellt, dass für die erforderliche Verwendung eines Bauproduktes oder die Anwendung einer Bauart bauaufsichtlich nicht mehr infrage zu stellende Nachweise vorliegen.

In Fällen, in denen die für die Erteilung der vorhabenbezogenen Bauartgenehmigungen oder Zustimmungen zuständige Behörde zu der Auffassung kommt, die abweichende Ver- oder Anwendung ist ohne Festsetzung von Auflagen oder Nebenbestimmungen vertretbar, kann auch ein Verzicht erklärt werden.

Hinweis: Sofern es sich um Bauprodukte handelt, für die es unter dem Geltungsbereich der europäischen Bauproduktenverordnung harmonisierte Bauproduktregeln gibt, dürfen keine nationalen Verwendbarkeitsnachweise ausgestellt werden. Es sind die entsprechenden Vorschriften der europäischen Bauproduktenverordnung einzuhalten.

5 „Duldung" und bauaufsichtliches Einschreiten

Ist das Kind erst einmal in den Brunnen gefallen, ist der Aufschrei groß, so heißt es in etwas in einer Redewendung.

Wie mit der von einem Verwendbarkeitsnachweis nicht abgedeckter Verwendung von Bauprodukten oder von einem Anwendbarkeitsnachweis nicht abgedeckter Anwendung von Bauarten umgegangen werden kann, wurde aufgrund der Fragestellung von in Abluftleitungen von Laboren verwendeten Brandschutzklappen erörtert.

Hierzu kann auf die Ausführungen des Bauministeriums aus Nordrhein-Westfalen verwiesen werden. Zu finden ist der Schriftsatz auf den Web-Seiten der Bezirksregierung Düsseldorf unter dem Detailbereich zur Prüfverordnung bzw. Anerkennung von Prüfsachverständigen (wegen der doch öfteren Neugestaltung der Web-Seiten wird hier kein Link genannt).

Im Ergebnis kann es zu einem Gefahrerforschungseingriff durch die zuständige Behörde kommen, mit den Folgen, das eine fehlerhafte Verwendung bei erkennbaren Schäden zwingend zu beseitigen wäre. Es könnte allerdings auch im Vorfeld aufgrund gutachterlicher Prüfungen und Stellungnahmen die Erkenntnis gewonnen werden, dass ein Dulden des eigentlich rechtswidrigen Zustandes bis zu einer baulichen Veränderung möglich sein könnte.

Angesichts der Vielzahl der unterschiedlichen Produkte und Einwirkungsmöglichkeiten, kann dies nur im jeweiligen Einzelfall beurteilt werden.

6 „Bestandsschutz"

Bei nicht ordnungsgemäßer Ausführung entsprechend der Bestimmungen der Ver- oder Anwendbarkeitsnachweise bzw. der maßgeblich zu beachtenden a.a.R.d.T. kann „Bestandsschutz" nicht erreicht werden. Denn es wurde nie ein materiell zulässiger Zustand erreicht.

Zusammenfassung

Mit diesem Beitrag wird das Thema „wesentliche Abweichung" mit den Folgen der Verzichtserklärung oder einer Duldung angerissen. Wegen der zeitlichen Beschränkung ist dies allerdings nur ein erster Aufschlag, der sicherlich in den verschiedenen Produktgruppen und Anwendungen vertieft werden kann.

Abschließend kann nur festgestellt werden.

Es ist immer besser, es direkt richtig zu machen - also die Bestimmungen der An- und Verwendbarkeitsnachweise in den Planungen vollständig zu berücksichtigen.

Literatur

[1] Kommentar M-LüAR mit Anwendungsempfehlungen und Praxisbeispielen, 3. Auflage, © FeuerTrutz Network GmbH, Köln 2021, ISBN 978-3-86235-432-0 (Buch-Ausgabe)

Dr. Till Fischer und Dipl.-Ing. Thomas Krause-Czeranka

3.3 Bauaufsichtliche Nachweise: Wunsch und Wirklichkeit – Jurist und Techniker im Dialog

Einleitung

Die formale Nachweisführung von Bauprodukten und Bauarten ist komplex – nicht erst durch die MVVTB. Die deutlichere Trennung von Bauprodukten und Bauarten offenbart Unschärfen hinsichtlich einer klaren Trennung von Verwendung und Anwendung. Die Dokumentation der bauaufsichtlichen Nachweisführung stellt mittlerweile eine formale Herausforderung für die am Bau Beteiligten dar.

- Welche Nachweise sind erforderlich?
- Handelt es sich um ein Bauprodukt oder eine Bauart?
- Verwendbarkeitsnachweis – Anwendbarkeitsnachweis – Leistungserklärung?
- Wer bestätigt die Übereinstimmung?
- Existieren zusätzliche Verwendungs- und Ausführungsbestimmungen?
- Existieren Anforderungen an das Bauprodukt, die der Hersteller nicht über die Leistungserklärung deklarieren kann?

Neben Verwendungs- und Ausführungsbestimmungen für harmonisierte Bauprodukte, die im Einzelfall zusätzliche Bauartgenehmigungen erforderlich machen, müssen die am Bau Beteiligten bei der Verwendung von harmonisierten Bauprodukten auch auf ggf. vorliegende Lücken in den Produktnormen achten.

Neben den öffentlich-rechtlichen Anforderungen müssen, die am Bau Beteiligten auch zivilrechtliche Punkte beachten. Hinsichtlich der vertraglichen Beschaffenheitsvereinbarung besteht ein Zusammenhang zu den jeweiligen bauaufsichtlichen Nachweisen von Bauprodukten und Bauarten.

Können es die am Bau Beteiligten richtig machen?

Systematik der bauaufsichtlichen Nachweise

Mit Einführung der MBO 2016 sowie der MVV TB 2017 hat das bauordnungsrechtliche System bzgl. der Verwendung von Bauprodukten und der Anwendung von Bauarten in Deutschland eine Neuordnung erfahren. So stellt u.a. die deutlichere Differenzierung von Regelungen zur Verwendung von Bauprodukten zu den Anwendungsregeln für Bauarten einen wesentlichen Aspekt in der Novellierung des Bauordnungsrechtes dar. Die Trennung von rechtlichen Regelungen für den freien Warenverkehr in der EU (das Inverkehrbringen von harmonisierten Bauprodukten betreffend) von der Festlegung bauordnungsrechtlicher Anforderungen wurde nicht zuletzt durch EuGH-Urteil in der Rechtssache C-100/13 am 16. Oktober 2014 herausgestellt.

Neben den Anforderungen an Standsicherheit, an Wärmeschutz oder Schallschutz stellt das deutsche Bauordnungsrecht insbesondere Anforderungen an das Brandverhalten der in baulichen Anlagen verwendeten Bauprodukte. Die grundlegenden Anforderungen bzgl. des Brandschutzes finden sich in § 14 MBO und sind mit fast identischem Wortlaut in allen Bauordnungen der Länder aufgeführt.

„Bauliche Anlagen sind so anzuordnen, zu errichten, zu ändern und instand zu halten, dass der Entstehung eines Brandes und der Ausbreitung von Feuer und Rauch (Brandausbreitung) vorgebeugt wird und bei einem Brand die Rettung von Menschen und Tieren sowie wirksame Löscharbeiten möglich sind."

Neben diesen Grundanforderungen finden sich in den Bauordnungen und auch Sonderbauverordnungen zahlreiche weitere Anforderungen (bzw. Konkretisierungen) an den Brandschutz und insbesondere an das Brandverhalten der verwendeten Bauprodukte. Als Mindestanforderung für das Brandverhalten von Baustoffen gilt, dass diese mindestens *normalentflammbar* sein müssen (siehe auch § 26 Abs. 1 Satz 2 MBO).

Die Leistungsanforderungen an ein Bauprodukt ergeben sich auf Grundlage der Planung und Bemessung des Bauwerkes bzw. des Bauteils. Aus der Konkretisierung der Bauwerksanforderungen ergeben sich im Planungs- und Bemessungsprozess Anforderungen an das Bauwerk. Aus denen leiten sich wiederum Anforderungen an die Leistungen des Bauproduktes ab. Für die Verwendung von Bauprodukten und die Anwendung von Bauarten sind bauaufsichtliche Nachweise erforderlich. Diese sind über das Bauordnungsrecht (vgl. §§ 16a – 25 MBO) festgelegt und u. a. über die Kapitel C und D der MVVTB konkretisiert. Die grundlegende Systematik der Nachweisführung von Bauprodukten und Bauarten ist dabei aber nicht neu. Insbesondere die ehemaligen Bauregellisten und die Listen der Technischen Baubestimmungen stellten wesentliche Regelwerke hinsichtlich der Nachweisführung von Bauprodukten und Bauarten dar. Auch in den Bauregellisten waren bereits Zuordnungstabellen enthalten, die im Einzelnen die Zuordnung der bauaufsichtlichen Begriffe hinsichtlich des Brandverhaltens bzw. des Feuerwiderstandes zu den jeweiligen (nationalen) Klassifizierungen nach der Normenreihe DIN 4102 bzw. den europäischen Klassifizierungen nach DIN EN 13501 auflisteten.

1. Aus den materiellen Regelungen der Bauordnungen ergeben sich Anforderungen an die bauliche Anlage, an Bauteile und somit an Bauprodukte und Bauarten. Die Anforderungen an die bauliche Anlage werden über Planungs- und Bemessungsregeln konkretisiert.

2. Das Bauordnungsrecht beinhaltet neben den Anforderungen an die bauliche Anlage (materielle Anforderungen) auch Verfahrensregeln für die Nachweisführung von Bauprodukten und Bauarten (siehe Abbildung 1).

3. Die Nachweisführung ist im Einzelfall abhängig, ob das jeweilige Bauprodukt europäisch harmonisiert ist oder über eine Technische Regel bzw. Verwendbarkeitsnachweis

C 3.3 Bauaufsichtliche Nachweise: Wunsch und Wirklichkeit

geregelt wird oder ob es sich um eine Bauart handelt. (Abbildung 2 und Abbildung 3 zeigen eine vereinfachte Darstellung der Systematik der Nachweise für Bauprodukte und Bauarten.)

4. In den bauaufsichtlichen Nachweisen sind die Leistungen von Bauprodukten und Bauarten i.d.R. in Form von Klassifizierungen angegeben. Die Klassifizierung zu Brandverhalten und Feuerwiderstand ist abhängig von dem jeweiligen Rechtssystem. Harmonisierte Bauprodukte fallen in den Rechtsrahmen der EU-BauPVO und werden *europäisch* klassifiziert.

5. Über die Zuordnungstabellen der MVVTB können die bauaufsichtlichen Anforderungen einer mindestens erforderlichen Klassifizierung zugeordnet werden.

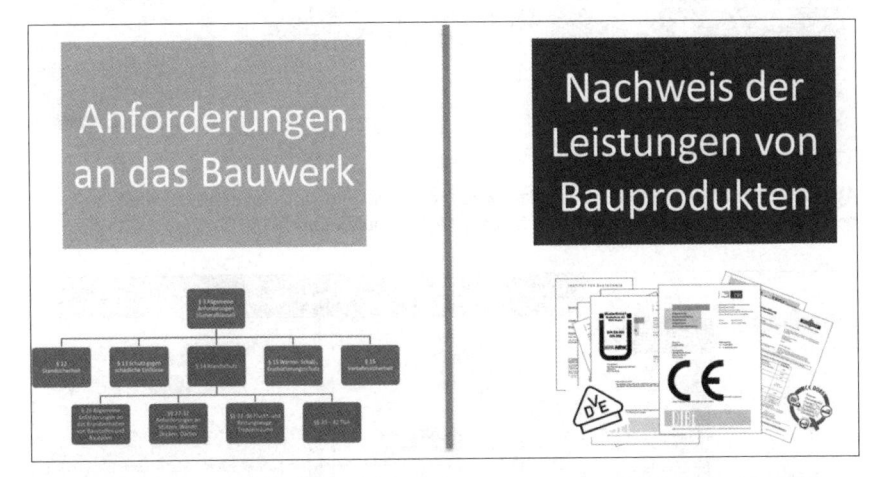

Abb. 1: Die Bauordnungen beinhalten Anforderungen an das Bauwerk in Form von materiellen Anforderungen sowie Verfahrensregeln hinsichtlich der Nachweisführung von Bauprodukten und Bauarten.

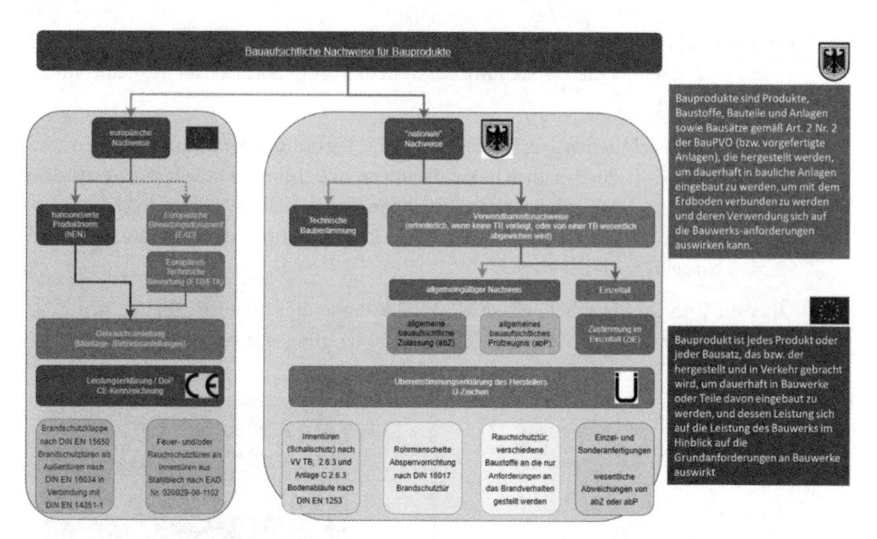

Abb. 2: Vereinfachte Darstellung der Nachweissystematik für Bauprodukte (die Darstellung berücksichtigt nicht die Bauprodukte nach Kapitel B 3 oder D 2 der MVVTB)

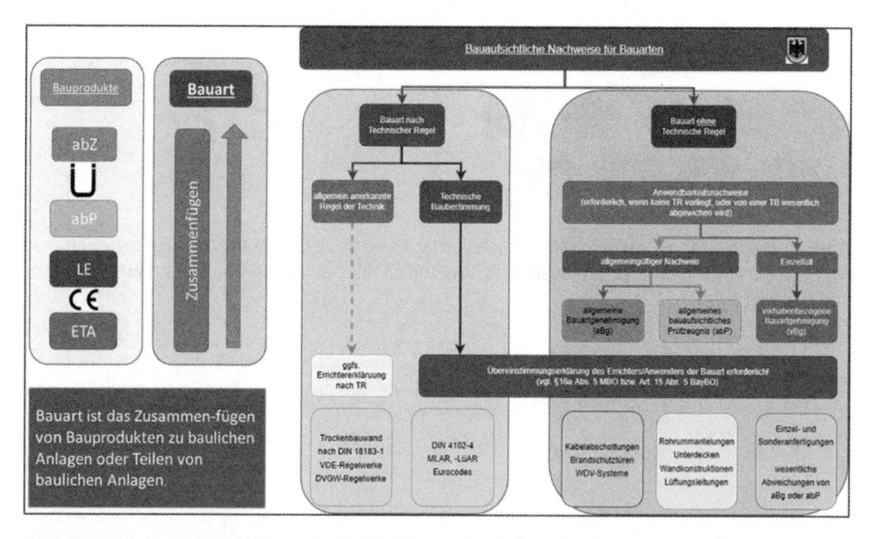

Abb. 3: Vereinfachte Darstellung der Nachweissystematik für Bauarten

Bauaufsichtliche Dokumentation und Ordnungswidrigkeiten

Die am Bau Beteiligten haben im Rahmen ihrer Tätigkeiten und Aufgaben die Pflicht für die Sicherstellung der Bauwerksanforderungen zu sorgen. Regelungen hinsichtlich der erforderlichen Nachweise für Bauprodukte und Bauarten sind in den Bauordnungen insbesondere für den Bauherren und den Unternehmer aufgeführt.

§53 Abs. 1 MBO (2019) Bauherr

[…]

³Er hat die zur Erfüllung der Anforderungen dieses Gesetzes oder aufgrund dieses Gesetzes erforderlichen Nachweise und Unterlagen zu den verwendeten Bauprodukten und den angewandten Bauarten bereitzuhalten.

⁴Werden Bauprodukte verwendet, die die CE-Kennzeichnung nach der Verordnung (EU) Nr. 305/2011 tragen, ist die Leistungserklärung bereitzuhalten.

[…]

§55 Abs. 1 MBO (2019) Unternehmer

[…]

²Er hat die zur Erfüllung der Anforderungen dieses Gesetzes oder aufgrund dieses Gesetzes erforderlichen Nachweise und Unterlagen zu den verwendeten Bauprodukten und den angewandten Bauarten zu erbringen und auf der Baustelle bereitzuhalten.

³Bei Bauprodukten, die die CE-Kennzeichnung nach der Verordnung (EU) Nr. 305/2011 tragen, ist die Leistungserklärung bereitzuhalten.

[…]

Die Regelungen aus § 53 und § 55 MBO (2019) dienen insbesondere auch zur Sicherstellung der erforderlichen Unterlagen bzw. Dokumentationspflichten im Rahmen der Bauüberwachung (vgl. § 81 Abs. 4 MBO). Im Rahmen der Bauüberwachung ist auch jederzeit Einblick in die bauaufsichtlichen Nachweise zu gewähren. Neben den Regelungen zu den Dokumentationspflichten für Bauherren und Unternehmer beinhaltet das Bauordnungsrecht auch Maßnahmen, die die Bauaufsichtsbehörde ermächtigen, bei einem Verstoß gegen die Kennzeichnungspflicht von Bauprodukten, die Einstellung der Arbeiten anzuordnen (vgl. § 79 Abs. 1 Satz 2 Punkte 3 und 4 MBO 2019). Ein vorsätzlicher oder fahrlässiger Verstoß gegen Regelungen zu Bauprodukten und Bauarten stellt im öffentlich-rechtlichen Rahmen des Bauordnungsrechts eine Ordnungswidrigkeit dar.

> **§84 MBO (2019) Ordnungswidrigkeiten**
>
> ¹Ordnungswidrig handelt, wer vorsätzlich oder fahrlässig
>
> [...]
>
> 8. Bauprodukte mit dem Ü-Zeichen kennzeichnet, ohne dass dafür die Voraussetzungen nach § 21 Abs. 3 vorliegen,
>
> 9. Bauprodukte entgegen § 21 Abs. 3 ohne das Ü-Zeichen verwendet,
>
> 10. Bauarten entgegen § 16a ohne Bauartgenehmigung oder allgemeines bauaufsichtliches Prüfzeugnis für Bauarten anwendet,
>
> 11. als Bauherr, Entwurfsverfasser, Unternehmer, Bauleiter oder als deren Vertreter den Vorschriften der §§ 53 Abs. 1 Sätze 1 bis 3 und 5 bis 6, 54 Abs. 1 Satz 3, 55 Abs. 1 Sätze 1 und 2 oder 56 Abs. 1 zuwiderhandelt.
>
> [...]
>
> (3) Die Ordnungswidrigkeit kann mit einer Geldbuße bis zu 500 000 € geahndet werden.
>
> [...]

Der fehlende oder abgelaufene Produktnachweis als bauvertraglicher Mangel

Verwendete Bauprodukte – ein Produkt, zwei Rechtsgebiete

Dienstleister im Baubereich (egal ob auf der Ebene der Planung, Ausführung oder Überwachung) haben in der Praxis nicht selten mit der Tatsache auseinanderzusetzen, dass die von Ihnen zu erbringenden Leistungen rechtlich es sowohl auf der Ebene des öffentlichen Rechts (Bauordnungsrecht, Umweltrecht, Energierecht) angesiedelt sind, als auch durch die Vorschriften des Bürgerlichen Gesetzbuches – mithin des vertraglichen Zivilrechts – geprägt werden.

Die Bauleistung stellt sich insofern als eine „Querschnitts-Leistung" dar, die sowohl zivilrechtliche Voraussetzungen aus dem geschlossenen Bauvertrag und dessen Leistungsbeschreibung als auch öffentlich-rechtliche Kriterien (Genehmigungsfähigkeit, bauproduktenrechtliche Zulässigkeit, etc.) als Teil der geschuldeten Leistung zu erfüllen hat.

Leider sind die beiden Bereiche gerade bei komplexeren Bauvorhaben und spezielleren Gewerken (typischerweise Brandschutz, Schallschutz, Tragwerksplanung, technische Gebäudeausrüstung) keineswegs frei von Widersprüchen. Nicht selten stellt sich gerade bei Streitigkeiten zwischen Auftraggeber und Auftragnehmer die Frage, ob die fehlende Einhaltung öffentlich-rechtlicher Vorschriften bei verwendeten Bauprodukten (beispielsweise die bauproduktrechtliche Konformität bzw. die entsprechenden bautechnischen Nachweise) gleichsam – quasi automatisch – auch einen zivilrechtlichen Mangel darstellen.

Leider spiegelt sich die rechtliche Widersprüchlichkeit bezüglich der einzelnen Kriterien des Fehlens eines bautechnischen Nachweises für die Frage einer vertraglichen Mangelhaftigkeit auch in der Rechtsprechung wider. Auch diese ist alles andere als einheitlich.

Aufgrund der Wichtigkeit und Bedeutung für den Auftragnehmer gerade bei komplexeren Bauleistungen sollen daher in den folgenden Beiträgen (Teil eins vorliegend und Teil zwei in der nächsten Auflage) die maßgeblichen Kriterien besprochen und mit Praxishinweisen dargestellt werden.

Der Baumangel im Vertragsrecht

Nach den gesetzlichen Vorschriften des Bauordnungsrechts der Bundesländer müssen alle verwendeten Bauprodukte einer gewissen Stufe über einen bauordnungsrechtlich geregelten bautechnischen Nachweis verfügen. Dieser basiert auf vereinheitlichten Nachweis- und Prüfverfahren, sowie auf der Erklärung und der entsprechenden Kennzeichnung (beispielsweise CE-Zeichen) an dem Bauprodukt selbst, dass die vorher im Bereich des Nachweises maßgebenden Kriterien in Bezug auf einen bestimmten definierten Anwendungs-Sachverhalt (als Erklärung des Herstellers) eingehalten werden.

Beschaffenheitsvereinbarung und Verwendungseignung

Zivilrechtlich schuldet der Auftragnehmer gegenüber dem Auftraggeber (beispielsweise der Bauunternehmer gegenüber dem Bauherrn) die Herstellung eines mangelfreien (Bau-) Werkes. Die Frage, was im Einzelfall unter „mangelfrei" verstehen ist, folgt dabei aus § 634 BGB.

Demzufolge muss die seitens des Auftragnehmers geschuldete Leistung sowohl die konkreten vertraglich Vereinbarungen (z. B. im Rahmen der Leistungsbeschreibung) als sogenannte „Beschaffenheitsvereinbarung" einhalten (beispielsweise das ein bestimmter Schalldämmwert konkret eingehalten werden muss, die Einhaltung bestimmter brandschutzbezogener baulicher Kriterien, zum Beispiel Feuerwiderstand etc.). Des Weiteren muss die Leistung über die konkreten vertraglichen Beschaffenheitsvereinbarung im Rahmen des Vertrages hinaus auch „funktional erfolgreich" sein. Dies bedeutet, dass die Leistung auch so beschaffen sein muss, dass der jeweils dem Vertrag zugrunde liegende bauliche Nutzungszweck auch erreicht werden kann.

Verhinderte Baufreigabe durch fehlenden Nachweis

Es liegt auf der Hand, dass sich beim Fehlen von gültigen Verwendbarkeitsnachweisen die Frage stellt, ob damit sinngemäß das Gebäude auch im vertraglichen Sinne „erfolgreich „berichtet wurde bzw. ob es sinngemäß „funktioniert". Dies könnte bereits dadurch in Frage stehen, dass beispielsweise angesichts des Fehlens notwendiger bautechnischer Nachweise die Baufreigabe seitens der Bauaufsichtsbehörde bzw. des zuständigen (Prüf-) Sachverständigen verweigert wird und das Gebäude nicht in die Nutzung gehen kann.

Andererseits hat nicht jede Herstellerkennzeichnung an einem Bauprodukt derartige Bedeutung im Bereich des Bauordnungsrechts. Enthält beispielsweise eine technische Regel (z. B. DIN-Norm) ohne deren Einführung als Technische Baubestimmung die Anforderung, bestimmte Bauprodukte mit Hersteller kennzeichen zu versehen, könnte der hieraus resultierende Regelung Gedanke ein anderer sein. So wird vertreten, dass derartige Anforderungen–ohne öffentlich–rechtlichen Bezug–lediglich dazu dienen sollen, die nach Verfolgbarkeit von Mängeln sicherzustellen (siehe OLG Karlsruhe, Beschluss vom 20.9.2017-, Aktenzeichen 9U 21/16).

Auch dies kann man jedoch kritisch sehen. So wird man auch argumentieren können, dass die fehlende Bestätigung einer Übereinstimmung mit einer technischen Regel in bestimmten Sachverhalten für sich genommen ein Mangel darstellen kann. Dies nämlich dann, wenn der Auftraggeber objektiv dadurch einen Nachteil erhält, dass er sinngemäß nunmehr nicht sicher beurteilen kann, ob das verwendete Bauprodukt die erbrachte Leistung auch in Konformität mit einer einschlägigen technischen Regel ausgeführt wurde. So wird man zumindest einen Anspruch auf Nachlieferung der entsprechenden Herstellererklärung bzw. sonstigen Nachweis der Übereinstimmung zusprechen können.

Differenzierte Betrachtung

Hieraus folgt, dass man zumindest hinsichtlich der Frage des vertraglichen Mangels bei bauproduktbezogenen Kennzeichnungen differenzieren muss.

Handelt es sich lediglich um ein Herstellerkennzeichen, welches ohne öffentlich-rechtlichen Bezug und ohne bauordnungsrechtliche Anforderung, welches ansonsten mangelfrei verwendet und eingebaut wurde, muss dies nicht automatisch einen vertraglichen Mangel bedeuten.

So wurde beispielsweise vor dem OLG Karlsruhe entschieden, dass per se keine mangelhafte Arbeit eines Installateurs vorliegt, wenn er bei der Installation eines Wasserhahnes Bauteile ohne Herstellerkennzeichen verwendet und wenn diese im Fachhandel erworben wurden und vor dem Einbau eine entsprechende Prüfung auf Funktionalität vorgenommen wurde (siehe OLG Karlsruhe, Beschluss vom 20.9.2017-, Aktenzeichen 9U 21/16)

Anders verhält es sich dagegen bei einem bauordnungsrechtlich geregelten Bauprodukt, welches, über eine CE-Kennzeichnung – oder andere geeignete Verwendbarkeitsnachweise – verfügen muss und diese jedoch nicht vorhanden sind.

Sofern der Unternehmer Bauprodukte verwendet, die entgegen den bauordnungsrechtlichen Vorschriften weder über ein Übereinstimmungs-Zeichen noch über eine Konformitätskennzeichnung entsprechend der EU-Bauproduktenverordnung tragen, stellt sich das Werk aller Regel als mangelhaft dar. Hierbei soll sogar unbeachtlich sein, ob die Produkte ansonsten die Voraussetzungen für die entsprechende Kennzeichnung erfüllen, d. h., dass sie eigentlich mangelfrei funktionieren (s. siehe LG Mönchengladbach, Urteil vom 17.6.2015, Aktenzeichen 4 S 141/14, IBR 2015,483).

Insofern stellt sich bereits das Fehlen einer gesetzlich vorgeschriebenen Kennzeichnung als Sachmangel dar.

Andererseits wird dem gegenüber stellenweise im Rahmen der Rechtsprechung vertreten, dass das Fehlen einer CE-Kennzeichnung für sich alleine nicht die Annahme einer mangelhaften Leistung des Auftragnehmers rechtfertige (siehe OLG Oldenburg, Urteil vom 4.9.2018, Aktenzeichen 2 U 58/18, IBR S. 2018, 622).

Gerichtlich entschieden wurde dies für einen Fall, bei dem ein Unternehmer Rollläden eingebaut hatte, bei denen weder eine Hersteller-Erklärung noch eine CE-Kennzeichnung vorlag. Es stellt sich vor dem Hintergrund des entschiedenen Sachverhaltes jedoch die Frage, ob dieses Urteil verallgemeinerungsfähig ist. Dies dürfte deshalb nicht anzunehmen sein, weil es bei der entsprechenden gerichtlichen Entscheidung über einen Schadensersatz von fiktiven Mängelbeseitigungskosten ging. Ein solcher setzt voraus, dass eine mangelhafte Leistung im Sinne des Zivilprozesses bewiesen wird. Hierbei hatte sich im konkreten Fall die Frage gestellt, ob das Fehlen einer CE-Kennzeichnung bereits einen eine solche Beweisführung darstellt.

Die Möglichkeit, dass das Fehlen einer gesetzlich notwendigen Kennzeichnung bzw. Nachweises einen Mangel im materiellrechtlichen Sinne darstellen kann (s.o.) wird hierdurch jedoch nicht berührt. Aus den oben erörterten Gründen hinsichtlich der möglichen Rechtsfolgen des Fehlens eines notwendigen bauproduktenrechtlichen Übereinstimmungsnachweises muss man damit zumindest im Sinne der Haftungsvermeidung präventiv davon ausgehen, dass das Fehlen eines vorgeschriebenen Nachweises per se einen vertraglichen Mangel bedeuten kann. Insofern sollte darauf geachtet werden, dass im Rahmen der vertraglichen Leistungserfüllung alle notwendigen bautechnischen Nachweise vorhanden sind.

Dr. Sebastian Hauswaldt

3.4 Anschlüsse von Balkonen, Laubengängen und Wintergärten – Anforderungen und Nachweise

1 Einleitung

Im Folgenden soll die notwendige Feuerwiderstandsfähigkeit von Plattenanschlüssen vorgestellt werden, um sichere, wärmisolierende und einfach zu verarbeitende Anschlüsse auswählen zu können. Es wird hierbei auf die Besonderheiten der Einbausituationen von Plattenanschlüssen von Balkonen, Wintergärten, Erkern, Loggien, und Laubengängen und die Unterschiede zwischen den 16 aktuellen (Stand März 2023) Landesbauordnungen und der aktuellen Musterbauordnung MBO [1] eingegangen.

2 Brandschutztechnische Anforderungen an Plattenanschlüsse in Deutschland

Die Mindestanforderung der Feuerwiderstandsfähigkeit von Plattenanschlüssen ergibt sich aus der Gebäudeklasse sowie der baulichen Anwendung im Gebäude. Bauteile, die mit einem Plattenanschluss befestigt sind, lassen sich für die brandschutztechnische Bewertung grundsätzlich danach unterscheiden, ob sie vor der Außenwand oder hinter der Außenwand liegen.

Balkone und Laubengänge sind offene Konstruktionen, die sich vor der Außenwand befinden, vgl. schematische Darstellung in Abbildung 1. Die Bauordnungen der Länder stellen keine Anforderungen an die Feuerwiderstandklasse dieser Konstruktionen, da sie nicht zur Standsicherheit des Gebäudes beitragen. Sie werden dementsprechend von den Anforderungen der Musterbauordnung (MBO) [1] § 27 „Tragende Wände, Stützen" und des § 31 „Decken" ausgenommen.

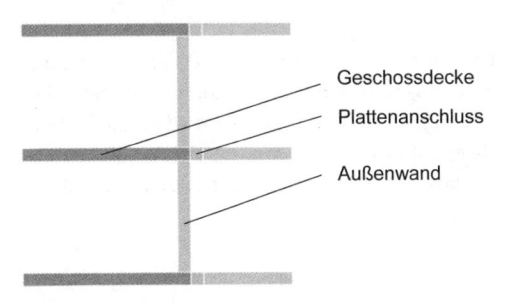

Abb. 1: Offene Konstruktionen – Balkone und Laubengänge

Anders sind Bodenplatten von Wintergärten und Loggien zu bewerten, bei denen die Balkonkonstruktion „*derart verkleidet bzw. eingehaust ist, dass sich die Balkone defacto nicht mehr vor, sondern hinter der Außenwand befinden*. In diesem Fall gleichen sie einem Erker; der Boden des einzelnen Balkons stellt dann praktisch eine „Verlängerung der Geschossdecke" (IS-Argebau [2]) bis zur Außenwand dar, siehe schematische Darstellung Abbildung 2. Die Erleichterungen für Balkone gelten in diesen Fällen also nicht und die geforderte Feuerwiderstandsfähigkeit von Bodenplatte und Plattenanschlüssen sollte der der anschließenden Geschossdecken entsprechen.

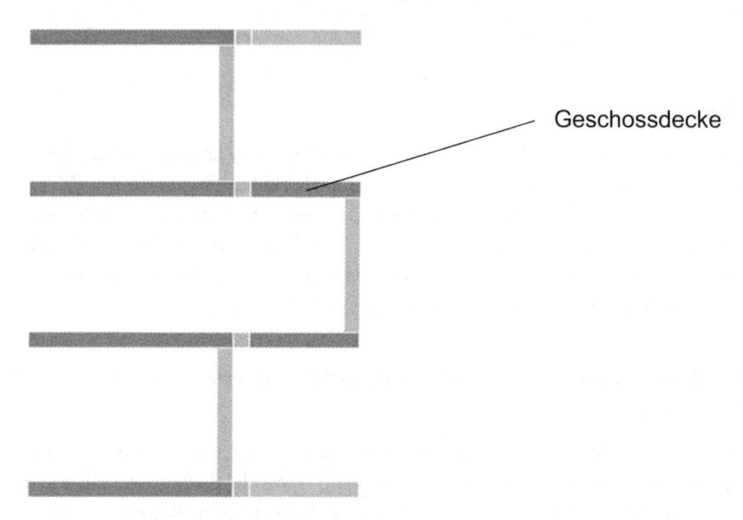

Abb. 2: Geschlossene Konstruktion - Erker

An Balkone und Laubengänge werden aber dennoch Anforderungen gestellt, wenn die Flächen „der Personenrettung dienen" (Formulierung der Landebauordnungen von Berlin und Bayern) bzw. es sich um „notwendige Flure" (Formulierung der anderen Bundesländer) handelt. Auch in diesem Fall wird üblicherweise die gleiche Feuerwiderstandsfähigkeit wie für Geschossdecken gefordert. Allerdings handelt es sich um offene Konstruktionen, ob also neben der Tragfähigkeit im Brandfall auch der Raumabschluss nachgewiesen werden muss, ist festzulegen.

Aus der baulichen Anwendung, der Lage des Plattenanschlusses und der brandschutztechnischen Nutzung ergibt sich eine Zuordnung zu in den Landesbauordnungen geregelten Bauteilen „Geschossdecke", „notwendige Treppe" oder „Balkon". Es wird an dieser Stelle betont, dass es sich hierbei um die üblichen Zuordnungen handelt. Die möglicherweise abweichende Zuordnung des Brandschutzkonzepts oder der Planungsunterlagen sind entscheidend.

C 3.4 Anschlüsse von Balkonen, Laubengängen und Wintergärten

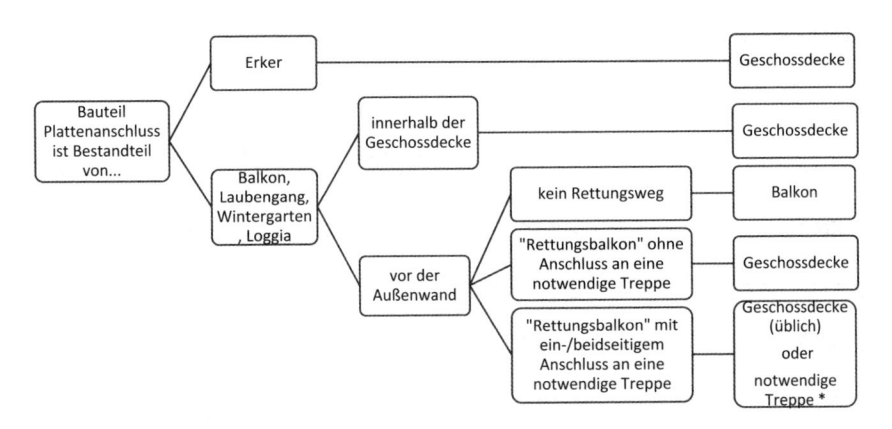

Abb. 3: Zuordnung des Plattenanschlusses zu geregeltem Bauteil

* Ist aufgrund der baulichen Situation die Möglichkeit des Brandangriffs eingeschränkt, da beispielsweise die Außenwand unterhalb des Laubengangs keine Öffnungen aufweist, aus denen Flammen schlagen können, so könnte im Brandschutzkonzept auch eine niedrigere Feuerwiderstandsfähigkeit gefordert werden, die der Anforderung an Treppen entspricht. Dies wäre entsprechend zu begründen.

Daraus folgen die für Plattenanschlüsse wesentlichen Brandschutzanforderungen in Abhängigkeit von Ihrer Funktion und Gebäudeklasse, wie in Tabelle 1 zusammengefasst.

Tabelle 1: Brandschutzanforderungen an Plattenanschlüsse von Balkonen, Wintergärten, Erkern, Loggien, und Laubengängen in Deutschland

	Balkon	Platte im Zuge einer notwendigen Treppe	Geschossdecke
GBK 2	Kein Feuerwiderstand (F0)	Keine Anforderung (F0)	Feuerhemmend (F30)
GBK 3	Kein Feuerwiderstand (F0)	Feuerhemmend (F30) oder Nichtbrennbar (A)	Feuerhemmend (F30)
GBK 4	Kein Feuerwiderstand (F0)	Feuerhemmend (F30)	Hochfeuerhemmend (F60)
GBK 5	Kein Feuerwiderstand (F0)	Feuerhemmend (F30)	Feuerbeständig (F90)
Hochhaus ≤ 60 m	Nichtbrennbar (A)	Feuerhemmend und Nichtbrennbar (F30-A)	Feuerbeständig und nichtbrennbar (F90-A)
Hochhaus > 60 m	Nichtbrennbar (A)	Feuerhemmend und Nichtbrennbar (F30-A)	120 Min. Feuerwiderstand und nichtbrennbar (F120-A)

3 Notwendige Eigenschaften feuerwiderstandsfähiger Bauteile

Grundsätzlich wird zwischen „tragenden und aussteifenden" und „raumabschließenden" Bauteilen unterschieden. Die Feuerwiderstandsfähigkeit von tragenden und aussteifenden Bauteilen bezieht sich auf deren Standsicherheit im Brandfall. Die Feuerwiderstandsfähigkeit von raumabschließenden Bauteilen bezieht sich auf deren Widerstand gegen die Brandausbreitung. Nach der MBO [1] §26 und der MHHR [3] bestehen an das Brandverhalten der Bauteile in Abhängigkeit der Feuerwiderstandsklassen die nachfolgenden Anforderungen, siehe Tabelle 2.

C 3.4 Anschlüsse von Balkonen, Laubengängen und Wintergärten

Tabelle 2: Notwendiges Brandverhalten feuerwiderstandsfähiger tragender Bauteile gemäß MBO und MHHR (ohne Brandwände)

Brandverhalten von Bauteilen	Feuer-hemmend (F30)	Hoch-feuer-hemmend (F60)	Feuer-beständig (F90)	120 Minuten Feuerwider-stand (F120)
aus nichtbrennbaren Baustoffen	ok			
tragende und aussteifende Teile aus nichtbrennbaren Baustoffen und bei raumabschließenden Bauteilen zusätzlich eine in Bauteilebene durchgehende Schicht aus nichtbrennbaren Baustoffen	ok			x
tragende und aussteifende Teile aus brennbaren Baustoffen, allseitig eine brandschutztechnisch wirksame Bekleidung aus nichtbrennbaren Baustoffen und Dämmstoffe aus nichtbrennbaren Baustoffen	ok		ok, falls VVTB eingehalten / x	x
aus brennbaren Baustoffen	ok	ok, falls VVTB eingehalten / x	ok, falls VVTB eingehalten / x	x

Die MVVTB verweist auf die MHolzBauRL [4], somit sind Bauteile aus brennbaren Baustoffen im Sinne der MBO nur anwendbar, wenn es Holzbauteile gemäß der MHolzBauRL [4] sind.

In den Landesbauordnungen von Baden-Württemberg (LBO [5], §26), Nordrhein-Westfalen (BauO NRW [6] §26), Niedersachsen (NBauO [7], §26) und Sachsen (SächsBO [8], §26 Absatz (3)) werden brennbare Baustoffe in Bauteilen, die feuerbeständig oder hochfeuerhemmend sein müssen, zumindest gemäß den Landesbauordnungen hingegen zugelassen. Es genügt dem ersten Anschein nach also, dass die „Feuerwiderstandsfähigkeit nachgewiesen und die Bauteile sowie ihre Anschlüsse ausreichend lange widerstandsfähig gegen die Brandausbreitung sind." Unter Berücksichtigung der eingeführten technischen Baubestimmungen wird aber klar, dass auch in diesen Ländern die Brennbarkeit der Baustoffe in Bauteilen, die feuerbeständig oder hochfeuerhemmend sein müssen nur für Holzbauteile gemäß MHolzBauRL [4] vorgesehen ist.

Nur Sachsen verweist noch auf einen älteren Stand der MVV-TB, hier können also Bauteile aus brennbaren Baustoffen die Anforderung feuerbeständig erfüllen. Es existieren jedoch keine entsprechenden Anwendungsdokumente und es ist zu erwarten, dass die Formulierungen der nächsten Fassung der Sächsischen Landesbauordnung an die Formulierungen der anderen Landesbauordnungen angepasst werden.

Die notwendigen Eigenschaften feuerwiderstandsfähiger Plattenanschlüsse in Abhängigkeit von der Feuerwiderstandsfähigkeit sind in Tabelle 3 zusammengefasst.

Tabelle 3: Brandverhalten feuerwiderstandsfähiger Plattenanschlüsse

Brandverhalten von Bauteilen	Feuerhemmend (F30)	Hochfeuerhemmend (F60)	Feuerbeständig (F90)	120 Minuten Feuerwiderstand (F120)
aus nichtbrennbaren Baustoffen	ok			
tragende und aussteifende Teile aus nichtbrennbaren Baustoffen	ok*			x
tragende und aussteifende Teile aus brennbaren Baustoffen, allseitig eine brandschutztechnisch wirksame Bekleidung aus nichtbrennbaren Baustoffen und Dämmstoffe aus nichtbrennbaren Baustoffen	ok		x	
aus brennbaren Baustoffen	ok	x		

* bei raumabschließenden Bauteilen wird zusätzlich eine durchgehende Schicht aus nichtbrennbaren Baustoffen gefordert.

4 Nachweis der Feuerwiderstandsfähigkeit

Um die Feuerwiderstandsdauer nachzuweisen, werden Feuerwiderstandsprüfungen durchgeführt.

Im Rahmen der EAD 050001-00-0301 [9] wird für die Bestimmung der Feuerwiderstandsfähigkeit von Balkonen und Laubengänge auf die Brandprüfnorm EN 1365-5 für Balkone und auf EN 1365-2 für Plattenanschlüsse von Decken verwiesen. Die Brandprüfnorm EN 1365-5 für Balkone wird in Deutschland jedoch nicht angewendet, da, wie einleitend beschrieben, an „Balkone" im Sinne der MBO keine Brandschutzanforderungen gestellt werden.

Feuerwiderstandsprüfungen nach DIN EN 1365-2: 2000-02 [10] zur Ermittlung der Feuerwiderstandsfähigkeit tragender Plattenanschlüsse Beton an Beton werden hingegen regelmäßig durchgeführt. Als Prüfkonstruktion wird ein Plattenanschluss zwischen einer Massivdecke und einer auskragenden Massivdeckenplatte untersucht. Diese Deckenanschlüsse werden vor und während der Brandprüfung mechanisch belastet und anschießend von unten oder oben brandbeansprucht.

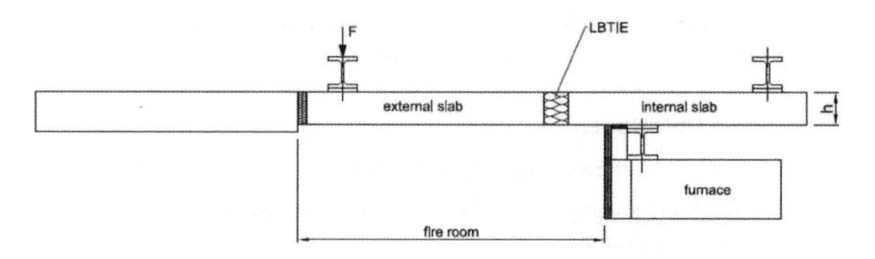

Abb. 4: Aus dem neusten Entwurf der EAD 050001-02-0301 [11] – Feuerwiderstandsprüfung eines Plattenanschlusses Beton an Beton

Bei dieser Feuerwiderstandsprüfung wird die Branddauer ermittelt während der Tragfähigkeit und Raumabschluss gegeben sind.

Entsprechende Allgemeine Bauartgenehmigungen (aBgs) für Plattenanschlüsse werden für Deutschland auf Grundlage dieser Prüfergebnisse erteilt. In den aBgs wird angegeben, ob die Feststellung der Feuerwiderstandsfähigkeit nur für Plattenanschlüsse in unmittelbarer Nähe zu Wänden oder Unterzügen gelten (direkte Lagerung) oder ob auch Plattenanschlüsse zwischen zwei Platten feuerwiderstandsfähig sind.

Nur für Plattenanschlüsse mit durchgehend nichtbrennbarer Schicht soll die Verwendbarkeit in hochfeuerhemmenden oder feuerbeständigen Decken in aBgs derzeit bestätigt werden, da davon ausgegangen wird, dass Plattenanschlüsse nur als tragende und raumabschließende Bauteile eingestuft und bewertet werden.

Dies gilt auch dann, wenn der Raumabschluss (Bewertungskriterium EI 90 nach DIN EN 13501-2) und die Tragfähigkeit (R90) experimentell nachgewiesen und das Bauteil mindestens als REI 90 klassifiziert wurde.

5 Zusammenfassung: Welcher Plattenanschluss ist aus brandschutztechnischer Sicht anzuwenden

Die brandschutztechnischen Anforderungen an Plattenanschlüsse werden im Brandschutzkonzept festgelegt und ergeben sich aus der Gebäudeklasse sowie der baulichen Anwendung im Gebäude.

Die übliche Zuordnung unter Berücksichtigung der Nutzung als Teil eines Balkons, Wintergartens, Erkers, einer Loggia oder eines Laubengangs kann Abbildung 3 entnommen werden. Aus dieser Zuordnung ergibt sich die Brandschutzanforderung in Abhängigkeit von der Gebäudeklasse, wie in Tabelle 1 zusammengefasst. Das notwendige Brandverhalten des Plattenanschlusses sollte den Angaben in Tabelle 3 entsprechen.

Soll hiervon abgewichen werden, beispielsweise weil ein feuerwiderstandsfähiger, tragender Plattenanschluss ohne Raumabschluss ausreichend ist, aber keine durchgehende nichtbrennbare Bekleidung vorhanden ist und/oder die Tragkonstruktion, vergleichbar zum Holzbau, brennbar sein soll, handelt es sich um eine materielle Abweichung, die vom Planer explizit bei der Bauaufsichtsbehörde zu beantragen ist. Der Nachweis der Feuerwiderstandsfähigkeit für solche Plattenanschlüsse ist dann gesondert zu führen.

Falls dies zu aufwändig ist, sollten im Zweifel Plattenanschlüsse mit aBg mit klassifizierter, ausreichender Feuerwiderstandsfähigkeit verwendet werden.

Verwendete Unterlagen:

[1] MBO 2002 *Musterbauordnung, -,* 27. September 2019

[2] *Fragen-Antwort-Katalog zur Musterbauordnung: Brandschutzanforderungen an Balkone,* IS-Argebau, 2014

[3] MHHR *Muster-Richtlinie über den Bau und Betrieb von Hochhäusern, -,* April 2008; zuletzt geändert durch Beschluss der Fachkommission Bauaufsicht vom Februar 2012

[4] MHolzBauRL *Muster-Richtlinie über brandschutztechnische Anforderungen an Bauteile und Außenwandbekleidungen in Holzbauweise, -,* 28. Oktober 2020

[5] Landesbauordnung LBO *Landesbauordnung* für Baden-Württemberg (LBO) in der Fassung vom 5. März 2010 - letzte berücksichtigte Änderung vom 21. Dezember 2021 (GBl. 2022 S1, 4), -, 21. Dezember 2021

[6] 2018 BauO NRW *Bauordnung für das Land Nordrhein-Westfalen - in Kraft getreten am 4. August 2018 und am 1. Januar 2019 (GV.NRW.2018 S.421); geändert durch Artikel 7 des Gesetzes vpm 26. März 2019 (GV-NRW. S.193), in Kraft getreten am 10-April 2019; Artikel 13 des Gesetzes vom 14. April 2020 (GV.NRW. S.218b), in Kraft getreten am 15. April 2020; Artikel 1 des Gesetzes vom 1. Dezember 2020 (GV.NRW. S.1109), in Kraft getreten am 8. Dezember 2020; Gesetzt vom 30. Juni 2021 (GV.NRW. S. 822), in Kraft getreten am 2. Juli 2021, -,* 21. Juli 2018

[7] 2020 NBauO *Niedersächsische Bauordnung, -,* 10. November 2020

[8] 2016 SächsBO *Sächsische Bauordnung in der Fassung der Bekanntmachung vom 11. Mai 2016 (SächsGVBl. S.186), die zuletzt durch Artikel 6 der Verordnung vom 12. April 2021 (SächsGVBl. S. 517) geändert worden ist, -*, 11. Mai 2016

[9] European Assessment Document EAD 050001-00-0301 *Load bearing thermal insulating elements which form a thermal break between balconies and internal floors*, EOTA - European Organisation for Technical Approvals, 2018-02

[10] DIN EN 1365-2: 2000-02 *Feuerwiderstandsprüfungen für tragende Bauteile - Teil 2: Decken und Dächer*

[11] European Assessment Document EAD 050001-02-0301 *Load bearing thermal insulating elements which form a thermal break between balconies and internal floors*, EOTA - European Organisation for Technical Approvals, Entwurf von 2021-2023 (in Arbeit)

Manfred Lippe, Frank Möller

1.1
Gebäudetechnischer Brandschutz in der Praxis

Thema 1: Auslegung der neuen EltBauVO 2022 (Elektro und Lüftung)

Neuerungen zum Thema Batterieanlagen und deren Auswirkung auf die notwendige Be- und Entlüftung

Was hat sich in der neuen M-EltBauVO zum Thema Batterieanlagen gegenüber der Version 01/2009 geändert?

Muster einer Verordnung über den Bau von Betriebsräumen für elektrische Anlagen (M-EltBauVO) Stand Januar 2009, zuletzt geändert durch Beschluss der Fachkommission Bauaufsicht vom 22.02.2022

Die wesentlichen Änderungen beziehen sich auf

- die technische Spezifikation von Batterieanlagen zur Versorgung bauordnungsrechtlich geforderter sicherheitstechnischer Anlagen und
- die Einordnung von Batterieanlagen der Allgemeinstromversorgung in den Geltungsbereich der M-EltBauVO

Hinweis:

Kursive Texte kennzeichnen den Originaltext der Verordnung.

Die unterstrichenen Texte kennzeichnen die relevanten Änderungen im Zusammenhang mit Batterieanlagen.

§ 1   Geltungsbereich

(1)   ¹Diese Verordnung gilt für die Aufstellung von

1. *Transformatoren und Schaltanlagen für Nennspannungen über 1 kV,*

2. *ortsfeste Stromerzeugungsaggregate für bauordnungsrechtlich vorgeschriebene sicherheitstechnische Anlagen* und Einrichtungen

   und

3. *zentralen Batterieanlagen für bauordnungsrechtlich vorgeschriebene sicherheitstechnische Anlagen* und Einrichtungen *in Gebäuden.*

²Die Verordnung gilt auch für die Aufstellung von Energiespeichersystemen in Form von Akkumulatoren für die allgemeine Stromversorgung.

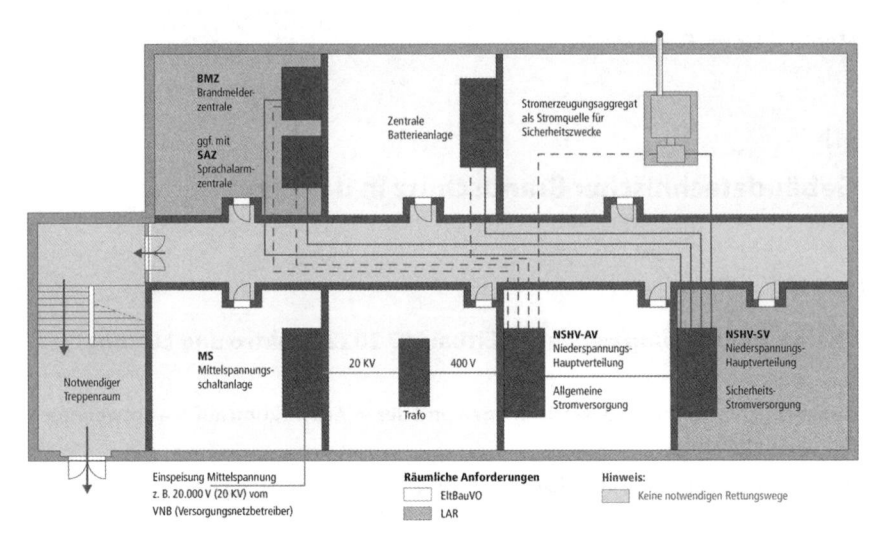

Abb. 1: Beispielhafte Anordnung von elektrischen Betriebsräumen.

Der Begriff Einrichtungen wurde gestrichen, um klarzustellen, dass sich die Anforderungen auf die im Anhang 14 MVV-TB „Technische Regel Technische Gebäudeausrüstung (TR TGA)" aufgeführten sicherheitstechnischen Anlagen bezieht. Einrichtungen wie z. B: Feststellanlagen für Feuerschutzabschlüsse sind damit nicht gemeint.

Die Ergänzung um Batteriesysteme der allgemeinen Stromversorgung trägt insbesondere der zunehmenden Aufstellung von Speichersystemen für regenerativer Energien (z. B. PV-Anlagen) in Gebäuden und den damit verbundenen Risiken, Rechnung.

(1)   Die Verordnung gilt nicht für

1. die Aufstellung der in Abs. 1 S. 1 Nr. 1 und 2 genannten elektrischen Anlagen sowie Energiespeichersystemen nach Satz 2 in

   a)   ausschließlich zu diesem Zweck genutzten freistehenden Gebäuden oder

   b)   durch Brandwände abgetrennten Gebäudeteilen.

2. die in § 1 Abs. 1 S. 1 Nr. 3 genannten zentralen Anlagen mit einer Gesamtkapazität von nicht mehr als 2 kWh, für die nur verschlossene Batterien verwendet werden und

3. Energiespeichersysteme mit einer Batteriekapazität von insgesamt nicht mehr als 20 kWh für die allgemeine Stromversorgung in Gebäuden.

Die Aufnahme von technischen Spezifikationen bei Batterieanlagen wurde erforderlich, um den aktuellen Stand der Batterietechnik und eindeutige Vorgaben bei der Zuordnung von Systemen abzubilden.

Abb. 2: Ältere Batterieanlage mit geschlossenen stationären Bleibatterien.

Die Batterietechnik und deren Ladeüberwachung hat in den vergangenen Jahren einen deutlichen Entwicklungsprozess durchlaufen.

Bei älteren Batterieanlagen wurden in erster Linie Batterien mit geschlossenen Zellen eingesetzt. Bei den geschlossenen Sekundärzellen ist der Deckel mit einer Öffnung versehen, durch die Gase entweichen können und Elektrolyt nachgefüllt werden kann.

Bei diesen Batterien besteht die Gefahr, dass beim Ladevorgang die Gefahr einer Knallgasbildung möglich ist. Insbesondere bei einer Überladung (Überladestrom) treten aufgrund der Elektrolyse von Wasser > Gase (Wasserstoff und Sauerstoff) aus den Zellen bzw. Batterien aus. Hierdurch kann es zu einem explosiven Gemisch kommen, wenn die Wasserstoffkonzentration einen Wert von 4 Vol.-% in der Umgebungsluft übersteigt.

Um dieser Gefahr zu begegnen ist insbesondere eine dauerhafte und wirksame Be- und Entlüftung des Aufstellraums erforderlich. Gemäß EltBauVO ist die Be- und Entlüftung direkt aus dem freien herzustellen.

Bei neueren Batteriebauarten mit verschlossenen Zellen ist das Elektrolyt in einem gelgetränkten Vlies gebunden und kann nicht nachgefüllt werden (wartungsfrei). Diese Batterien verfügen über ein Sicherheitsventil über das Gas entweichen kann, wenn z. B. bei einer Überladung ein zu großer Druck im Inneren der Zelle/Batterie entsteht. Die Gefahr einer Überladung wird jedoch durch den Einsatz moderner Lade- und Überwachungstechnik auf ein Minimum reduziert.

Kleine Batterieanlagen mit verschlossenen Batterien und einer Gesamtkapazität von nicht mehr als 2 kWh fallen als Erleichterung nicht mehr in den Geltungsbereich der EltBauVO.

Der Begriff zentrale Anlagen mit einer Gesamtkapazität von nicht mehr als 2 kWh bezieht sich in der Regel auf ein System, welches einen Bereich (z. B. Sicherheitsbeleuchtungsabschnitt) versorgt. Durch den Begriff Gesamtkapazität wird klargestellt, dass nicht mehrere Geräte mit einer Batteriekapazität von bis zu 2 kWh an einem Standort kaskadiert werden.

Die Ausnahme von Energiespeichersystemen der Allgemeinstromversorgung (z. B. Batteriespeicher PV-Anlage) mit einer Gesamtkapazität unter 20 kWh dient der Erleichterung bei der Aufstellung solcher Systeme z. B. in Einfamilienhäusern. Dort kommen in der Regel kleinere Batteriekapazitäten zur Anwendung.

§ 2 Begriffsbestimmung

¹Betriebsräume für elektrische Anlagen (elektrische Betriebsräume) sind Räume, die ausschließlich zur Unterbringung von Anlagen im Sinne des § 1 Abs. 1 dienen.

²Zentrale Batterieanlagen nach § 1 Abs. 1 S. 1 Nr. 3 sind Sicherheitsstromversorgungsanlagen, die sicherheitstechnische Anlagen versorgen, deren Wirkungsbereich sich auf mehrere Räume, Geschosse, Brandabschnitte oder das gesamte Gebäude erstrecken.

Der Satz 2 dient der Klarstellung, dass mit einer zentralen Batterieanlage im Sinne der EltBauVO eine Sicherheitsstromversorgungsanlage gemeint ist, über die bei Ausfall der Allgemeinstromversorgung die Funktion von bauordnungsrechtliche vorgeschriebenen sicherheitstechnischen Anlagen erfolgt.

Der Begriff „zentrale Batterieanlage", gemäß EltBauVO, kann unter Beachtung der Schutzziele wie folgt definiert werden:

Eine zentrale Batterieanlage im Sinne der EltBauVO ist gegeben, wenn die von der Batterieanlage versorgten Anlagen bauordnungsrechtlich gefordert sind und mindestens einer der folgenden Punkte gegeben ist:

- die zentrale Batterieanlage, als Stromquelle für Sicherheitszwecke, versorgt in einem Gebäude mehrere sicherheitstechnische Anlagen, „zentral" von einer Stelle aus.
- Die in den Sonderbauverordnungen, wie z. B. Versammlungsstättenverordnung, geforderte Sicherheitsstromversorgungsanlage wird als zentrale Batterieanlage ausgeführt. Von dieser zentralen Batterieanlage werden dann wiederum die angeschlossenen sicherheitstechnischen Anlagen zentral versorgt.
- Die zentrale Batterieanlage versorgt ein komplettes System, wie z. B. die gesamte Sicherheitsbeleuchtung, für ein oder mehrere Gebäude. Hierbei versorgt die zentrale Batterieanlage mehrere Sicherheitsbeleuchtungsabschnitte.

§ 3 Erfordernis elektrischer Betriebsräume

¹Innerhalb von Gebäuden müssen elektrische Anlagen gemäß § 1 Abs. 1, getrennt nach Anlagen gemäß Nr. 1 bis 3, in jeweils eigenen Betriebsräumen untergebracht sein.

²Elektrische Betriebsräume für Anlagen nach § 1 Abs. 1 Nr. 2 und 3 dienen dem Schutz der darin untergebrachten sicherheitstechnischen Anlagen im Hinblick auf deren bestimmungsgemäße Funktion im Brandfall.

³Elektrische Betriebsräume für Anlagen nach § 1 Abs. 1 S. 1 Nr. 1 und Energiespeichersysteme nach § 1 Abs. 1 S. 2 diesen dem Schutz gegenüber Gefahren, die von diesen Anlagen ausgehen können, sowie dem Schutz dieser Anlagen im Brandfall.

Unter § 3 werden die Schutzziele in Verbindung mit Batterieanlagen konkretisiert.

Ziel ist es das die bauordnungsrechtlich vorgeschriebenen Anlagen jederzeit während der geforderten Mindest-Funktionsdauer im Brandfall entweder von einem Stromerzeugungsaggregat oder einer Batterieanlage versorgt werden können.

Dazu ist es erforderlich, die Systeme in Räumen aufzustellen, die auch mindestens eine so lange Zeit ihre bauliche Beschaffenheit behalten.

Darum müssen:

- Raumabschließende Bauteile, ausgenommen Außenwände, in entsprechender Feuerwiderstandsfähigkeit ausgeführt werden.
- Türen müssen der Feuerwiderstandsfähigkeit der raumabschließenden Bauteile entsprechen und selbstschließend sein.

Funktionserhalt E 30 > mind. feuerhemmende Bauteile und Türen

Funktionserhalt E 60 > mind. hochfeuerhemmende Bauteile und Türen

Funktionserhalt E 90 > feuerbeständige Bauteile und Türen

Bezüglich dem elektrischen Funktionserhalt im Brandfall ergänzt die EltBauVO die Anforderungen der Leitungsanlagen-Richtlinie Abschnitt 5.2.2

Elektrische Betriebsräume zur Unterbringung von Transformatoren und Mittelspannungsanlagen mit einer Nennspannung über 1.000 V sowie den Energiespeichersystemen der Allgemeinstromversorgung dienen dem Schutz von Gefahren im Gebäude, die von solchen Anlagen ausgehen können (z. B. Brandgefahren). Ein weiteres Schutzziel liegt darin diese Anlagen bei einem Brand im Gebäude zu schützen, um einer Brandausbreitung entgegenzuwirken und somit wirksame Löscharbeiten zu unterstützen.

§ 7 Zusätzliche Anforderungen an Batterieräume

(1) ¹*Raumabschließende Bauteile von elektrischen Betriebsräumen für zentrale Batterieanlagen zur Versorgung bauordnungsrechtlich vorgeschriebener sicherheitstechnischer Anlagen, ausgenommen Außenwände, müssen in einer dem erforderlichen Funktionserhalt der zu versorgenden Anlagen entsprechenden Feuerwiderstandsfähigkeit ausgeführt sein.*

²*§ 5 Abs. 5 S. 1 und 3 und § 6 Abs. 2 gelten entsprechend; für Lüftungsleitungen, die durch andere Räume führen, gilt Satz 1 entsprechend.*

³Für elektrische Betriebsräume, die nur der Aufstellung von verschlossenen Batterien mit einer Gesamtkapazität von maximal 20 kWh dienen, kann abweichend von Satz 2 auf eine Lüftung verzichtet werden.

⁴*Die Feuerwiderstandsfähigkeit der Türen muss derjenigen der raumabschließenden Bauteile entsprechen; die Türen müssen selbstschließend sein.*

⁵*An den Türen muss ein Schild „Batterieraum" angebracht sein.*

Bei zentralen Batterieanlagen mit einer Gesamtkapazität von mehr als 20 kWh bzw. zentralen Batterieanlagen mit geschlossenen Batteriebauarten muss der Aufstellort unmittelbar oder über eigene Lüftungsleitungen wirksam aus dem Freien be- und in das Freie entlüftet werden.

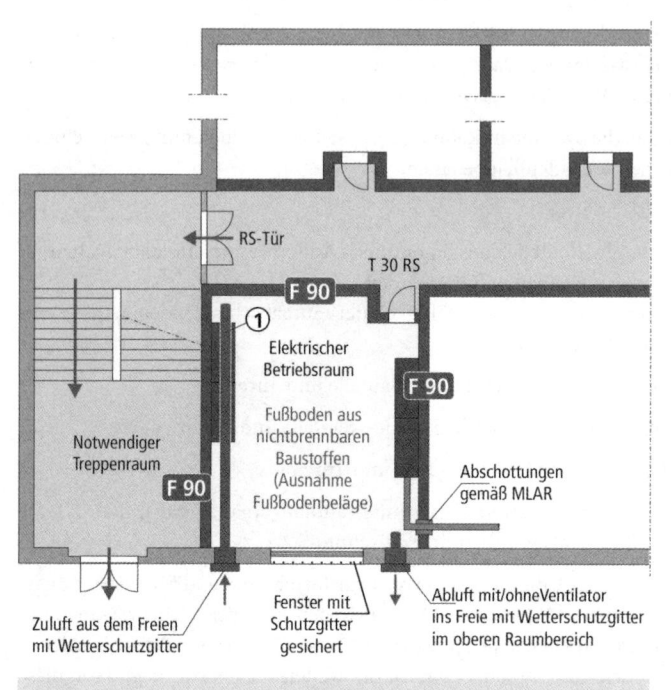

Abb. 3: Beispiel einer direkten Belüftung eines elektrischen Betriebsraums ins Freie

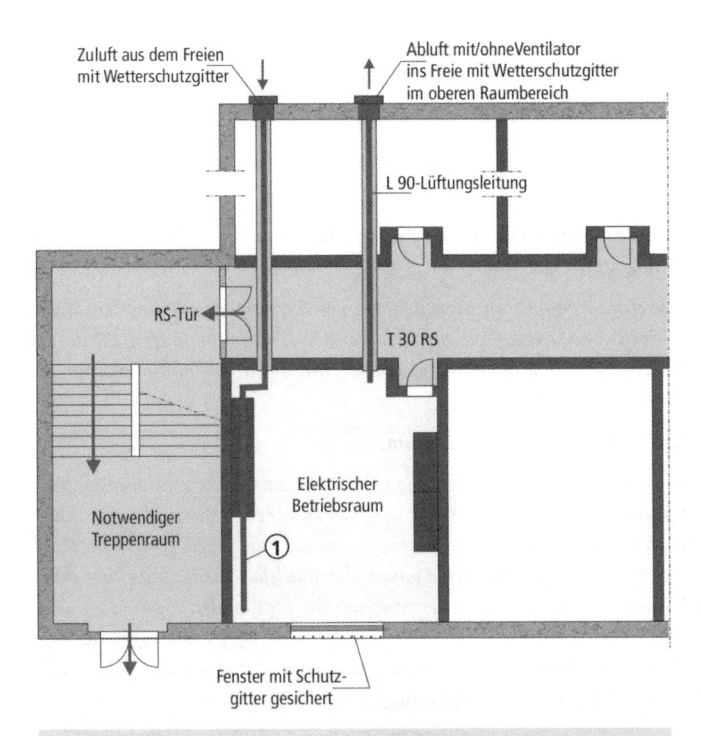

Abb. 4: Beispiel einer Be- und Entlüftung eines elektrischen Betriebsraumes über Lüftungskanäle. Der Feuerwiderstand der Lüftungskanäle muss dem Feuerwiderstand der raumabschließenden Bauteile entsprechen. Schutzgitter an den Fenstern sind z. B. bei Traforäumen erforderlich.

Die Auslegung des erforderlichen Luftvolumenstroms [m³/h] und der erforderliche Querschnitt von Zu- und Abluftöffnungen basiert auf den Anforderungen der DIN EN IEC 62485-2 (Sicherheitsanforderungen an Sekundär-Batterien und Batterieanlagen – Teil 2: Stationäre Batterien).

Bei zentralen Batterieanlagen mit einer Gesamtkapazität bis 20 kWh bei denen verschlossene Batteriebauarten eingesetzt werden, ist keine unmittelbare Be- und Entlüftung aus dem Freien erforderlich.

Wie bereits unter der Kommentierung zu Änderungen § 1 beschrieben, fallen zentrale Batterieanlagen mit einer Gesamtkapazität bis 2 kWh mit verschlossenen Batteriebauarten nicht in den Geltungsbereich der EltBauVO. Hier sind die Vorgaben der Hersteller zu beachten. Der nötige Luftvolumenwechsel basiert auf den Anforderungen der DIN EN IEC 62485-2.

Be- und Entlüftung von zentralen Batterieanlagen in elektrischen Betriebsräumen gem. M-EltBauVO 2022 (Auszüge)

§ 4 Allgemeine Anforderungen an elektrische Betriebsräume

(3) Elektrische Betriebsräume müssen den betrieblichen Anforderungen entsprechend wirksam be- und entlüftet werden.

§ 5 Zusätzliche Anforderungen an elektrische Betriebsräume für Transformatoren und Schaltanlagen mit Nennspannungen über 1 kV

5) ¹Elektrische Betriebsräume müssen unmittelbar oder über eigene Lüftungsleitungen wirksam aus dem Freien be- und in das Freie entlüftet werden. ²Lüftungsleitungen, die durch andere Räume führen, sind feuerbeständig herzustellen. ³Öffnungen von Lüftungsleitungen zum Freien müssen Schutzgitter haben.

§ 7 Zusätzliche Anforderungen an Batterieräume

(1) ¹Raumabschließende Bauteile von elektrischen Betriebsräumen für zentrale Batterieanlagen zur Versorgung bauordnungsrechtlich vorgeschriebener sicherheitstechnischer Anlagen, ausgenommen Außenwände, müssen in einer dem erforderlichen Funktionserhalt der zu versorgenden Anlagen entsprechenden Feuerwiderstandsfähigkeit ausgeführt sein. ²§ 5 Abs. 5 S. 1 und 3 und § 6 Abs. 2 gelten entsprechend; für Lüftungsleitungen, die durch andere Räume führen, gilt Satz 1 entsprechend. <u>³Für Elektrische Betriebsräume, die nur der Aufstellung von verschlossenen Batterien mit einer Gesamtkapazität von maximal 20 kWh dienen, kann abweichend von Satz 2 auf eine Lüftung verzichtet werden.</u>

Aus den Anforderungen der M-EltBauVO 2022 ergeben sich für die Planung und Umsetzung der Lüftungsanlagen folgende Lösungsansätze:

- Im § 4 Abs. 3 wird eine allgemeine Anforderung gestellt, die für die Planung und Errichtung aller baurechtlich erforderlichen elektrischen Betriebsräume gilt.
- Im § 5 Abs. 1 S. 1 bis 3 wird klargestellt, dass die Be- und Entlüftungsleitungen für elektrische Betriebsräume generell direkt vom und ins Freie zu führen sind. Das Wort „direkt" bedeutet, dass in diesen Lüftungsleitungen auch keine Brandschutzklappen montiert werden dürfen. Aus diesem Grund müssen die Lüftungsleitungen, die durch andere Räume führen auch in feuerbeständiger Qualität, z. B. Stahlblechkanal mit L90-Verkleidung, hergestellt werden.

Die Öffnungen in den Außenwänden sind mit Schutzgittern zu versehen, damit diese Lüftungsleitungen nicht von außen zugestopft oder durch Tiere benutzt werden können. Die Mindestabstände zwischen den Öffnungen für die Be- und Entlüftung von mind. 2 m oder über Eck sind einzuhalten.

- Im § 7 Abs. 1 S. 3 wird baurechtlich als „Erleichterung" darauf hingewiesen, dass bei einer **Gesamtkapazität von maximal 20 kWh** auf eine Lüftung verzichtet werden kann. Das gilt allerdings nur für verschlossene Batteriebauarten. Unabhängig von dieser baurechtlichen „Erleichterung" muss durch den Ersteller der Batterieanlage ein Nachweis zum Mindestluftwechsel, wie vor beschrieben, geführt werden. Hier reichen i. d. R. Mindestquerschnitte wie Unterschnitte unter der Eingangstür (ohne absenkbare Bodendichtung) aus.

Es bestehen keine baurechtlichen Bedenken, wenn aus projektspezifischen Gründen bei Batterieräumen mit einer **Gesamtkapazität (verschlossene Batterien) von maximal 20 kWh** eine Be- und Entlüftung unter Verwendung von Brandschutzklappen und Stahlblechkanälen mit Führung durch andere Räume gebaut wird. *Der vor beschriebene Mindestluftwechsel muss jedoch auch dann nachgewiesen werden.* Im Brandfall innerhalb und außerhalb des elektrischen Betriebsraumes dürfen und sollen die Brandschutzklappen in jedem Fall auslösen.

Diese projektspezifische Bauform mit Brandschutzklappen stellt keine materielle Abweichung im Sinne des § 67 MBO dar, da der Betrieb baurechtlich bis zu einer Gesamtkapazität von 20 kWh mit verschlossenen Batterien auch ohne diese projektspezifisch gewünschte Be- und Entlüftung erfolgen darf.

§ 8 Zusätzliche Anforderungen an elektrische Betriebsräume für Energiespeichersysteme

[1]Raumabschließende Bauteile von elektrischen Betriebsräumen für Energiespeichersysteme müssen der Feuerwiderstandsfähigkeit der tragenden Wände und Stützen des Geschosses, in dem der elektrische Betriebsraum errichtet wird, entsprechen, mindestens aber feuerhemmend sein.

[2]Der sichere Betrieb der Energiespeichersysteme ist zu gewährleisten; soweit erforderlich, sind die elektrischen Betriebsräume dafür zu beheizen oder zu kühlen.

[3]Elektrische Betriebsräume müssen entraucht werden können und über eine selbsttätige Löschanlage verfügen, wenn die Gesamtkapazität der Energiespeichersysteme innerhalb eines elektrischen Betriebsraumes insgesamt mehr als 100 kWh beträgt.

[4]§ 7 Abs. 1 Satz 4 und 5 gelten entsprechend.

Um den Gefahren die durch die Unterbringung größere Energiespeichersysteme, wie z. B: Batteriespeicher bei PV-Anlagen innerhalb von Gebäuden zu begegnen, sind diese Anlagen ebenfalls in eigenen elektrischen Betriebsräumen unterzubringen.

In dem Raum darf sich nur das Energiespeichersystem und die zum Betrieb des Raumes erforderlichen Installationen befinden. Das Durchführen von anderen Leitungen ist entsprechend § 4 Abs. 4 EltBauVO nicht gestattet.

Energiespeichersysteme mit einer Gesamtkapazität von mehr als 20 kWh müssen in eigenen elektrischen Betriebsräumen untergebracht werden. Die raumabschließenden Bauteile des Betriebsraums müssen mind. dem Feuerwiderstand der tragenden Wände und Stützen des Geschosses entsprechen, in dem sich der Betriebsraum befindet.

Bei einer Unterbringung im Kellergeschoss eines Gebäudes, folgt daraus

Gebäudeklasse 3 > feuerhemmend

Gebäudeklasse 4 > hochfeuerhemmend

Gebäudeklasse 5 > feuerbeständig

Die Mindestanforderungen das solche Anlagen grundsätzlich in mind. feuerhemmenden Betriebsräumen untergebracht werden müssen ist dem Umstand geschuldet, dass diese Systeme eine über das normale Maß hinausgehende Brandlast darstellen, auch wenn z. B. im obersten Geschoss eines Gebäudes keine Anforderungen mehr an die Feuerwiderstandsfähigkeit von Wänden und Stützen gestellt werden.

Bei der Unterbringung solcher Systeme sind neben der Statik (Tragkraft der Geschossdecke) die Herstellerangaben zu beachten.

Hierzu zählen u. a.:

- Zulässige Umgebungstemperaturen (optimal zwischen 15 °C und 25 °C)
- Zulässige Umgebungsbedingungen, wie z. B. Luftfeuchtigkeit
- Schutz vor Ungeziefer
- Ausreichende Belüftung des Aufstellraums

Bei Batteriespeichern für PV-Anlagen kommen in der Regel verschlossenen Batteriebauarten zur Anwendung. Lithium-Ionen-Akkus zählen ebenfalls zu den verschlossenen Batteriebauarten.

Aufgrund der Bauart besteht bei Lithium-Ionen-Akkus keine Gefährdung durch Knallgase. Jedoch ist auch hier eine ausreichende Belüftung erforderlich, um Luftfeuchte abzuführen und die Temperatur im Raum zu begrenzen. Sowohl die Batterien als auch die elektronischen Komponenten der Speichersysteme entwickeln Wärme die sich nicht stauen darf.

Brandgefahren gehen bei Lithium-Ionen-Akkus insbesondere bei mechanischen Beschädigungen bzw. Überhitzung aus.

Bei Energiespeichersystemen mit einer Gesamtkapazität mit mehr als 100 kWh muss der elektrische Betriebsraum über Möglichkeiten der Rauchableitung, z. B. RWA-Anlage verfügen. Zusätzlich ist eine geeignete selbsttätige Feuerlöschanlage im Aufstellraum erforderlich.

Thema 2: Aktuelles zur Steuerung und Überwachung von Lüftungsanlagen

In der Planungs-, Erstellungs- und Betreiberpraxis von Lüftungsanlagen hat sich durch die aktuelle Veröffentlichung der DIN VDE 0833-2 ein wesentlicher Punkt zur Überwachung der Zu- und Abluftkanäle bei RLT-Anlagen einiges vereinfacht.

In der bisherigen Fassung der DIN VDE 0833-2 war im Abschnitt Überwachungsumfang von Brandmeldeanlagen der Kat. I und II nach DIN 14675-1 noch die Überwachung aller Zu- und Abluftkanäle einer RLT-Anlage mit Anbindung an die Brandmeldeanlage zwingend vorgegeben.

Auszug aus der aktuell erschienen VDE 0833-2:2022-06

6.1.3 Überwachungsumfang

6.1.3.1 Allgemeines (Auszug)

Der Überwachungsumfang ist mit dem Betreiber und gegebenenfalls mit den aufsichtführenden Behörden sowie gegebenenfalls mit dem Versicherer entsprechend der Gebäudenutzung in dem Sicherungskonzept festzulegen. ...

Die Sicherungsbereiche müssen, mit Ausnahme der in 6.1.3.2 genannten Fälle, vollständig überwacht werden.

Es müssen auch folgende Teilbereiche in die Überwachung mit einbezogen werden:

- *Aufzugsmaschinenräume;*
- *Transport- und Transmissionsschächte;*
- *Kabelkanäle und -schächte, sofern sie begehbar oder mit Revisionsöffnungen ausgestattet sind;*
- *Aufstellungsräume für Klima-, Be- und Entlüftungsanlagen;*
- ***Zu- und Abluftkanäle, sofern im Brandschutzkonzept ausdrücklich gefordert;***
- *Kanäle und Schächte für Material sowie Abfälle und deren Sammelbehälter;*
- *Kammern und Einbauten jeder Art;*
- *Zwischendecken- und Doppelbodenbereiche;*
- *Teilbereiche in Räumen, die durch näher als 0,5 m an die Decke reichende Regale oder sonstige Einrichtungen geschaffen werden.*

In der jetzt aktuellen Fassung wurde die zwingende Überwachung der Zu- und Abluftkanäle von RLT-Anlagen mit Anbindung an die Brandmeldeanlage aufgegeben. Diese Form der Überwachung ist nur noch erforderlich, wenn diese im genehmigten Brandschutzkonzept inkl. der Schutzzieldefinition vorgeschrieben wird. Dabei ist in jedem Fall zu beschreiben, wie die Anbindung an die Brandmeldeanlage zu erfolgen hat, z. B. mit oder ohne Alarmierung der Feuerwehr.

In der Praxis hat sich gezeigt, dass durch den steigenden Anteil der Brandmeldeanlagen nach DIN 14675-1, Kat. I und Kat. II, die direkte Raumüberwachung und Detektion für die Auffindung eines Brandherdes zielführender ist als über Zu- und Abluftkanäle bei denen Rauch auf Grund der vielen angeschlossenen Räumlichkeiten sehr stark verdünnt wird und keine klare Zuordnung des Brandquelle, z. B. durch die Feuerwehr möglich ist. Die Anforderung der M-LüAR 2020 Abschnitt 5.1.3 „Außenluftüberwachung" bzw. Abschnitt 5.1.4 „Umluftüberwachung" bleibt unverändert bestehen.

Inzwischen wurden die Autoren der Kommentierung zur M-LüAR in größeren Projekten der Industrie angesprochen, ob nach dem Entfall der Überwachungspflicht der Zu- und Abluftkanäle mit Anbindung an die Brandmeldeanlage, gemäß den Anforderungen der älteren VDE-Regelwerke 0833-2 die Kanalrauchmelder ausgebaut werden können, was erhebliche Wartungs- und Prüfkosten einsparen kann.

Grundsätzlich muss zu dieser Fragestellung das genehmigte Brandschutzkonzept bzw. die Baugenehmigung herangezogen werden. Wenn dort baurechtlich verankert ist, dass eine VDE 0833-2 älterer Generation zum Errichtungszeitraum umzusetzen war, kann der Ausbau nur baurechtlich durch einen Antrag zur Änderung der Baugenehmigung erfolgen. Der Aufwand wird sich durch die Reduzierung der wiederkehrenden Wartungs-, Inspektions- und Prüfkosten in vielen Fällen lohnen. Bei der Erstellung von neuen Brandschutzkonzepten oder Fortschreibungen mit anschließender Baugenehmigung sollte diese Veränderung in jedem Fall berücksichtigt werden.

Beispielhafte Anordnungen in Verbindung mit Lüftungsleitungen am Ein- und Austritt von Lüftungszentralen (LZ) auf Grundlage von Abschnitt 6.4.4 der M-LüAR

(Auszüge aus dem Kommentar zur M-LüAR 2020, 3. Auflage, der Autoren Lippe, Czepuck, Mertens, Vogelsang), Hinweis: Tabelle A-II-6 siehe Kommentar.

In der M-LüAR 2020 war und ist weiterhin nur die Außenluft- (Abschnitt 5.1.3) und die Umluftüberwachung (Abschnitt 5.1.4) mittels Rauchauslöseeinrichtung vorgegeben. Bei Rauchdetektion an diesen Rauchauslöseeinrichtungen muss die RLT-Anlage automatisch abschalten. Diese Anforderung hat auch weiterhin Bestand und kann je nach Planung der Anlage auf Grundlage folgender Schemen erfolgen.

Variante a) ohne Brandschutzklappen am Ein- und Austritt der Lüftungszentrale, Rauch- bzw. Brandschutzklappe in der Außenwand

Diese Variante kommt bei nichtbrennbarer Belegung der anschließenden Installationsschächte oder bei Anschluss einer direkt zugehörigen Nutzungseinheit zur Anwendung. Die Außenluft-Kanaldämmung muss nichtbrennbar oder alternativ brennbar mit einer Verblechung erfolgen.

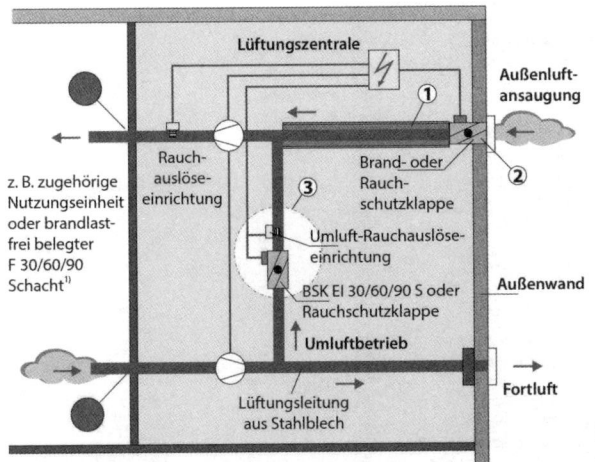

D 1.1 Gebäudetechnischer Brandschutz in der Praxis

```
                    Lüftungszentrale
                                                    Außenluft-
                                          ①         ansaugung

z. B. zugehörige    Rauch-          Brand- oder
Nutzungseinheit     auslöse-    ③   Rauch-          ②
oder brandlast-     einrichtung     schutzklappe
frei belegter                   Umluft-Rauchauslöse-
F 30/60/90                      einrichtung
Schacht¹⁾
                                BSK EI 30/60/90 S oder   Außenwand
                                Rauchschutzklappe

                                Umluftbetrieb

                                                    Fortluft
                    Lüftungsleitung
                    aus Stahlblech
```

Funktion der Steuerung:

Bei Rauchdetektion der Rauchauslöseeinrichtung wird Folgendes angesteuert:

① nichtbrennbare Dämmung oder als Abweichung von der technischen Baubestimmung M-LüAR mit diffusionshemmender schwerentflammbarer Kautschukdämmung und einer dichten durchgängigen Verblechung aus Stahlblech auf Grundlage der DIN 4140:2014-04, siehe **Tab. A-II-6**.

② „Zuluftklappe" mit Rauchauslöseeinrichtung gemäß Abschnitt 5.1.3 M-LüAR

③ „Umluftklappe" mit Rauchauslöseeinrichtung gemäß Abschnitt 5.1.4 M-LüAR

● Durchführung der Lüftungsleitung aus Stahlblech gemäß M-LüAR, Abschnitt 5.2.1.2, z. B. als dichter Mörtelverschluss

¹⁾ Schachtbelegung siehe **Bild A-II-48**, Anordnung 2)

- Brandschutz- bzw. Rauchschutzklappe mit Rauchauslöseeinrichtung ② im Bereich der Außenluftansaugung > ZU
- Umluftklappe ③ mit Rauchauslöseeinrichtung > ZU
- Lüftungsventilatoren > AUS

Abb. 5: Variante a) ohne Brandschutzklappen am Ein- und Austritt der Lüftungszentrale, Rauch- bzw. Brandschutzklappe in der Außenwand

Variante b) Alternative Einbauposition der Rauch- bzw. Brandschutzklappe nicht in der Außenwand, sondern beim Austritt aus der Lüftungszentrale, Umluftüberwachung über die gemeinsame Rauchauslöseeinrichtung.

Diese Variante kommt bei nichtbrennbarer Belegung der anschließenden Installationsschächte oder bei Anschluss einer direkt zugehörigen Nutzungseinheit zur Anwendung. Die Außenluft-Kanaldämmung muss nichtbrennbar oder alternativ brennbar mit einer Verblechung erfolgen.

Bildschema (Abb. 6)

Beschriftungen im Schema:
- BSK EI 30/60/90 S oder Rauchschutzklappe
- ② Lüftungszentrale
- ① Außenluftansaugung
- z. B. zugehörige Nutzungseinheit oder brandlastfrei belegter F 30/60/90 Schacht[1]
- Rauchauslöseeinrichtung
- Außenwand
- Umluftbetrieb
- Lüftungsleitung aus Stahlblech
- Fortluft

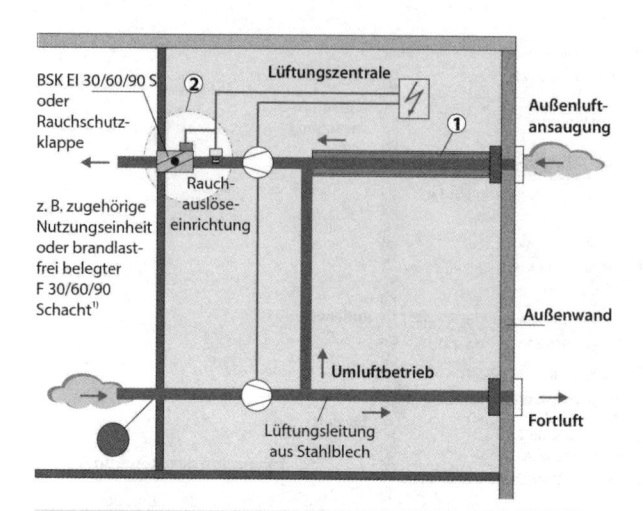

① nichtbrennbare Dämmung oder als Abweichung von der technischen Baubestimmung M-LüAR mit diffusionshemmender schwerentflammbarer Kautschukdämmung und einer dichten durchgängigen Verblechung aus Stahlblech auf Grundlage der DIN 4140:2014-04, siehe **Tab. A-II-6**.

② „Zuluftklappe" mit Rauchauslöseeinrichtung gemäß Abschnitt 5.1.3 M-LüAR

● Durchführung der Lüftungsleitung aus Stahlblech gemäß M-LüAR, Abschnitt 5.2.1.2, z. B. als dichter Mörtelverschluss

[1] Schachtbelegung siehe **Bild A-II-48**, Anordnung 2)

Funktion der Steuerung:

Bei Rauchdetektion der Rauchauslöseeinrichtung wird Folgendes angesteuert:
- Brandschutz- bzw. Rauchschutzklappen mit Rauchauslöseeinrichtung ② am Austritt der Lüftungszentrale (LZ) > ZU
- Lüftungsventilatoren > AUS

Abb. 6: Variante b) Alternative Einbauposition der Rauch- bzw. Brandschutzklappe nicht in der Außenwand, sondern beim Austritt aus der Lüftungszentrale, Umluftüberwachung über die gemeinsame Rauchauslöseeinrichtung

Variante c) mit Brandschutzklappen am Ein- und Austritt der Lüftungszentrale

Diese Variante kommt z. B. bei Gemischtbelegung der anschließenden Installationsschächte zur Anwendung. Die Außenluft-Kanaldämmung kann brennbar erfolgen, da eine Brandweiterleitung durch die Brandschutzklappen verhindert wird. Ebenfalls kommt diese Variante zur Anwendung, wenn weitere technische Anlagen in der RLT-Zentrale, z. B. Kälte- und Entfeuchtungsanlagen, in der Technik-/Lüftungszentrale montiert werden.

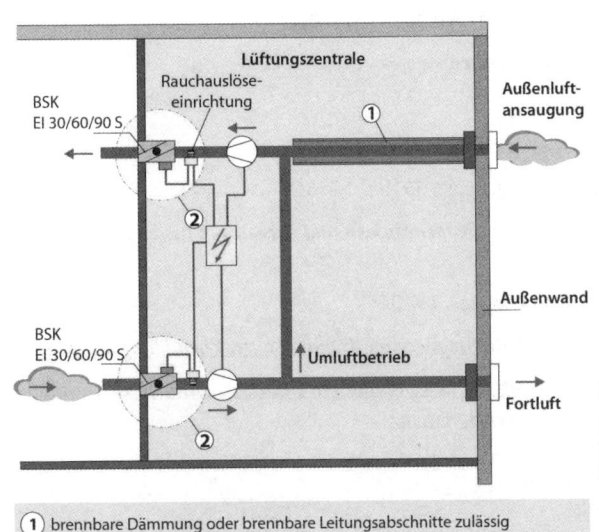

Abb. 7: Variante c) mit Brandschutzklappen am Ein- und Austritt der Lüftungszentrale

Der Brandschutzkonzeptersteller sollte klare Vorgaben zur Ansteuerung der RLT-Anlagen im Brandfall beschreiben, z. B.:

- Abschaltung der RLT-Anlage im Brandfall innerhalb des Gebäudes, z. B. über die Brandfallmatrix > Ventilatoren AUS, Brandschutzklappen am Aus- und Eintritt der Lüftungszentrale > ZU
- Abschaltung der RLT-Anlage im Brandfall innerhalb der RLT-Zentrale, z. B. über die Brandfallmatrix > Ventilatoren AUS, Brandschutzklappen am Aus- und Eintritt der Lüftungszentrale > ZU
- Wenn eine RLT-Bussteuerung vorhanden (keine baurechtliche Anforderung): Zufahren der Zu- und Abluft-Brandschutzklappen des vom Brand betroffenen Bereichs auf Grundlage einer Brandfallmatrix. Die RLT-Anlage läuft weiter.
- Weitere Vorgaben zur Brandfallmatrix in Verbindung mit RLT-Anlagen, wenn dies projektspezifisch im Rahmen der Schutzzielbetrachtungen erforderlich ist. Die Steuerungen sollten so einfach und überschaubar wie möglich sein.

Thema 3: Zulässige Leitungsanlagen und techn. Einrichtungen in Rettungswegen

Im Rahmen der baurechtlichen Anforderungen auf Grundlage der MLAR, Abschnitt 3 „Leitungsanlagen in Rettungswegen" ergeben sich immer wieder Unsicherheiten und Diskussionen, insbesondere zu dem Bereich elektrischer Anlagen und Komponenten.

Grundlegende Anforderungen der MLAR 2020 (Auszüge)

3   Leitungsanlagen in Rettungswegen

3.1   Grundlegende Anforderungen

3.1.1 Gemäß § 40 Abs. 2 MBO sind Leitungsanlagen in

a) *notwendigen Treppenräumen gemäß § 35 Abs. 1 MBO,*

b) *Räumen zwischen notwendigen Treppenräumen und Ausgängen ins Freie gemäß § 35 Abs. 3 Satz 2 MBO und*

c) *notwendigen Fluren gemäß § 36 Abs. 1 MBO*

<u>*nur zulässig, wenn eine Nutzung als Rettungsweg im Brandfall ausreichend lang möglich ist.*</u>
<u>*Diese Voraussetzung ist erfüllt, wenn die Leitungsanlagen in diesen Räumen den Anforderungen der Abschnitte 3.1.2 bis 3.5.6 entsprechen.*</u>

3.2.1 Elektrische Leitungen müssen

……

<u>*Sie dürfen offen verlegt werden, wenn sie*</u>

a)   *nichtbrennbar sind,*

b)   <u>**ausschließlich der Versorgung der Räume und Flure nach Abschnitt 3.1.1 dienen**</u> *oder*

…

<u>*Außerdem dürfen in notwendigen Fluren einzelne kurze Stichleitungen offen verlegt werden.*</u>
<u>*Werden für die offene Verlegung nach Satz 2 Elektro-Installationskanäle oder -rohre (siehe DIN EN 50085-1(VDE 0604 Teil 1):2014-05) verwendet, so müssen diese aus nichtbrennbaren Baustoffen bestehen.*</u>

Im Folgenden wollen die Referenten an Beispielen die Umsetzbarkeit kurz beleuchten. Die ausführliche Interpretation und Erklärung der Vereinbarkeit mit dem Baurecht, erfolgt im Rahmen des Vortrags.

Folgende Anlagen und Einrichtungen dürfen zum Betrieb der Rettungswege offen verlegt und montiert werden, z. B. für

- Beleuchtung
- Sicherheitsbeleuchtung
- Hinweisleuchten zu den Rettungswegen und Sicherheitseinrichtungen
- LPS-Systeme akkugepuffert (< 2 kWh) zur Versorgung der Sicherheitsbeleuchtung, z. B. im notw. Treppenraum
- Brand-/Rauchmelder von Brandmeldeanlagen (BMA)
- Alarmierungseinrichtungen
- Schalter und Steckdosen
- Handfeuermelder

- Raumbedienteile die zum Betrieb erforderlich sind
- Flachbildschirme
- W-LAN-Router mit Stromversorgung über die Datenleitung
- digitale Raumanzeigen
- Rauch- und Wärmeabzugsanlagen
- Druckbelüftungsanlagen
- Fußbodenheizungsverteiler mit integrierter Raumsteuerung in Stahlblech-Verteilergehäusen
- Federrücklaufmotoren an Brandschutzklappen mit BUS-Steuerung
- Empfehlung: Verlegung der elektrischen Leitungen grundsätzlich in Verbindung mit nichtbrennbaren Befestigungen, z. B. Kabelsammelhalter, oder innerhalb von nichtbrennbaren Elektro-Installationskanälen oder -rohren

Die folgenden Empfehlungen der folgenden Organisationen können zur Begründung herangezogen werden:

AGBF bund — Arbeitskreis Vorbeugender Brand- und Gefahrenschutz

DEUTSCHER FEUERWEHR VERBAND

Abb. 8: Organisationen, die Empfehlungen zum Download anbieten unter https://www.agbf.de/downloads-fachausschuss-vorbeugender-brand-und-gefahrenschutz/category/28-fa-vbg-oeffentlich-empfehlungen (letzter Abruf am 24.4.2023)

Die Empfehlungen umfassen folgende Rettungswege und stehen zum Download über den o. g. Link bereit:

- Notwendiger Treppenraum
- Notwendiger Flur (1. und zugleich 2. Rettungsweg) oder einziger baulicher Rettungsweg
- Notwendiger Flur (einer von zwei unabhängigen baulichen Rettungswegen)
- Es wird dabei unterschieden zwischen **D**=Duldung, **J**=Ja, **N**=Nein und zusätzlichen Fußnoten.

Thema 4: Konkretisierungen zum elektrischen Funktionserhalt im Brandfall

Möglichkeiten der dezentralen Stromversorgung bei Anlagen mit Funktionserhalt

Die Muster-Leitungsanlagen-Richtlinie beschreibt im Abschnitt 5.1 die grundlegenden Anforderungen an den elektrischen Funktionserhalt wie folgt:

5.1.1 [1]Die elektrischen Leitungsanlagen für bauordnungsrechtlich vorgeschriebene sicherheitstechnische Anlagen müssen so beschaffen oder durch Bauteile abgetrennt sein, dass die sicherheitstechnischen Anlagen im Brandfall ausreichend lang funktionsfähig bleiben (Funktionserhalt).

Um den Funktionserhalt sicherzustellen, muss die gesamte Anlage betrachtet werden. Aus diesem Grund definiert die MLAR unter dem Begriff elektrische Leitungsanlage nicht nur die Leitungen, sondern deren Befestigung, Verteiler, Anschlusseinrichtungen, Betriebsmittel und alles, was sonst noch zum Betrieb erforderlich ist. D.h. die Leitungsanlagen müssen so beschaffen oder durch Bauteile abgetrennt sein, dass die erforderliche Dauer des Funktionserhalts erreicht wird.

Am Beispiel einer Sicherheitsbeleuchtungsanlage sollen die Schutzziele und Möglichkeiten einer dezentralen Stromversorgung zur Ausfallsicherheit im Brandfall erläutert werden.

Bezüglich des elektrischen Funktionserhalts im Brandfall werden gemäß MLAR folgende Anforderungen an eine Sicherheitsbeleuchtungsanlage gestellt.

5.3.2 Die Dauer des Funktionserhalts der Leitungsanlagen muss mindestens 30 Minuten betragen bei

a) Sicherheitsbeleuchtungsanlagen; ausgenommen sind Leitungsanlagen, die der Stromversorgung der Sicherheitsbeleuchtung nur innerhalb eines Brandabschnittes in einem Geschoss oder nur innerhalb eines Treppenraumes dienen; die Grundfläche je Brandabschnitt darf höchstens 1.600 m² betragen.

Hieraus lässt sich ableiten, dass wenn bauordnungsrechtlich eine Sicherheitsbeleuchtungsanlage im Gebäude gefordert ist, diese im Brandfall für mindestens 30 Minuten funktionsfähig bleiben muss.

Jedoch darf hierbei die Sicherheitsbeleuchtung im direkt vom Brand betroffenen Bereich ausfallen. Dies gilt entweder für ein Geschoss innerhalb eines Brandabschnitts oder in einem Treppenraum.

Aus folgenden Gründen wird bei einem Brand der Ausfall der Sicherheitsbeleuchtung in einem begrenzten Rahmen geduldet.

- Es ist davon auszugehen, dass auf der begrenzten Fläche von max. 1.600 m² die Personen den Bereich bereits verlassen haben, bevor die Sicherheitsbeleuchtung wirksam wird. Diese schaltet sich in der Regel erst bei Ausfall der Allgemeinbeleuchtung ein.
- Sicherheits- und Rettungszeichenleuchten sind aufgrund Ihrer Bauart nicht so beschaffen, dass Sie im Brandfall funktionsfähig bleiben. Bei der Beschädigung einer Leuchte durch Brandeinwirkung ist mit einem Kurzschluss bzw. Unterbrechung des Stromkreises zu rechnen. Dadurch fallen alle an den Stromkreis angeschlossenen Leuchten aus.
- Im vom Brand betroffenen Bereich ist bei starker Rauchentwicklung die Wirksamkeit der Leuchten nicht mehr ausreichend gegeben.

Als Alternative für die zentrale Stromversorgung der Sicherheitsbeleuchtung in einem Gebäude, über eine zentrale Batterieanlage in Verbindung mit E30 Kabelanlagen (DIN 4102-12), besteht auch die Möglichkeit einer dezentralen Stromversorgung der Sicherheitsbeleuchtung.

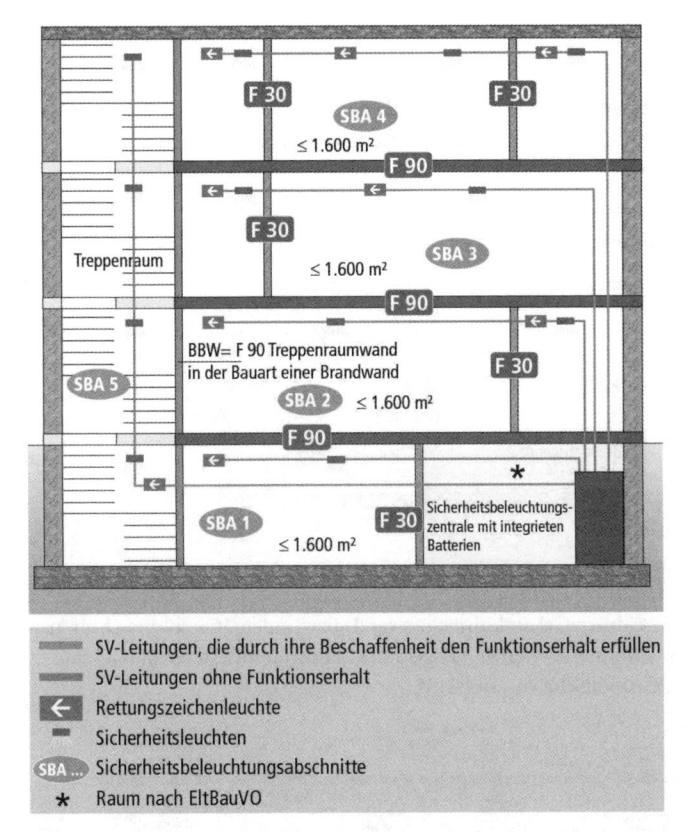

D 1.1 Gebäudetechnischer Brandschutz in der Praxis

— SV-Leitungen, die durch ihre Beschaffenheit den Funktionserhalt erfüllen
— SV-Leitungen ohne Funktionserhalt
← Rettungszeichenleuchte
■ Sicherheitsleuchten
SBA... Sicherheitsbeleuchtungsabschnitte
* Raum nach EltBauVO

Abb. 9: Herkömmliche Ausführung einer Sicherheitsbeleuchtung über eine zentrale Batterieanlage (Hinweis: Die Darstellung ist aus Gründen der Übersichtlichkeit mit nur einem Stromkreis je Sicherheitsbeleuchtungsabschnitt dargestellt – DIN VDE beachten).

Begriffserklärung (Brandabschnitt/Sicherheitsbeleuchtungsabschnitt)

Gemäß MLAR, Abschnitt 5.3.2, muss die Dauer des Funktionserhalts bei den Leitungsanlagen einer Sicherheitsbeleuchtungsanlage mindestens 30 Minuten betragen.

Ausgenommen sind Leitungsanlagen, die der Stromversorgung der Sicherheitsbeleuchtung nur innerhalb eines Brandabschnittes, in einem Geschoss oder nur innerhalb eines Treppenraumes dienen; die Grundfläche je Brandabschnitt darf höchstens 1.600 m² betragen.

Hierdurch wird ein möglicher Ausfall der Sicherheitsbeleuchtung, im Brandfall, räumlich durch Brandabschnittsgrenzen und feuerwiderstandsfähige Geschossdecken begrenzt. Hierbei ist es unerheblich, ob innerhalb der Geschosse unterschiedliche Nutzungseinheiten mit entsprechenden Trennwänden oder sonstigen Wänden mit Anforderungen an einen Feuerwiderstand angeordnet sind. Es sei denn, im Brandschutzkonzept/-nachweis wird etwas anderes gefordert.

Notwendige Treppenräume bilden eigene Abschnitte, auch wenn sich diese innerhalb eines Brandabschnittes befinden.

Im Rahmen der Kommentierung zur MLAR wurde der Begriff „Sicherheitsbeleuchtungsabschnitt", zur Beschreibung der vom Funktionserhalt ausgenommenen Flächen, verwendet.

Definition Brandabschnitt

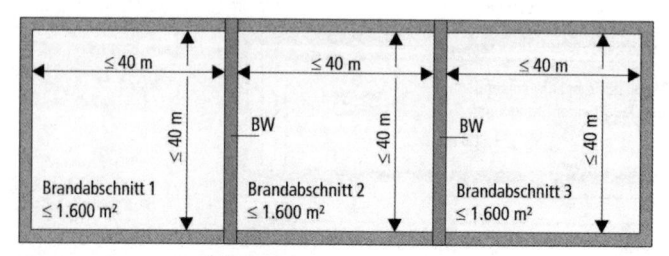

Abb. 10: Grundrissbeispiel für die Anordnung innerer Brandwände

Ein Brandabschnitt wird durch Gebäudeabschlusswände bzw. innere Brandwände begrenzt. Unter einem Brandabschnitt versteht man das gesamte Raumvolumen, über alle Geschosse, auf einer maximalen Grundfläche von 1.600 m².

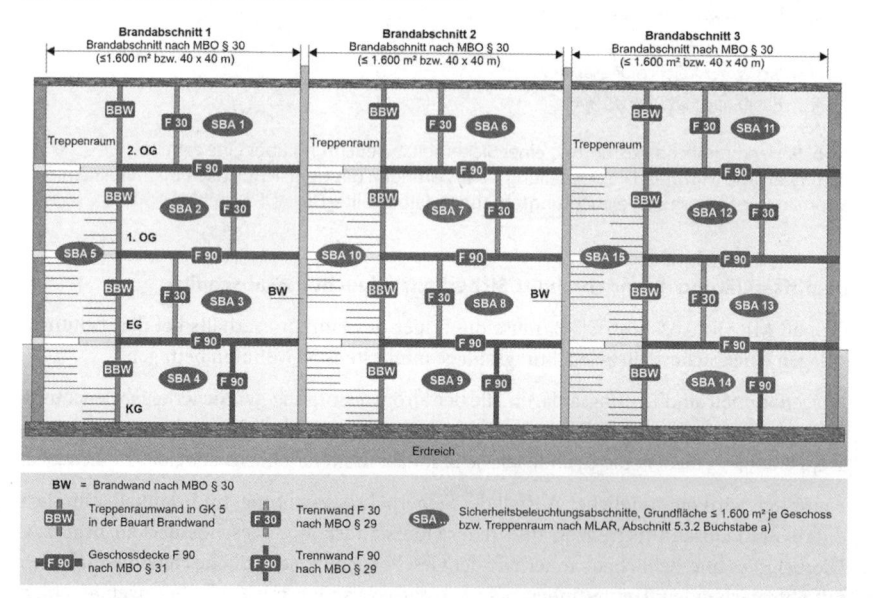

Abb. 11: Begriffe Brandabschnitte und Sicherheitsbeleuchtungsabschnitte

D 1.1 Gebäudetechnischer Brandschutz in der Praxis

Das Konzept der dezentralen Stromversorgung der Sicherheitsbeleuchtung

Unter einer dezentralen Stromversorgung der Sicherheitsbeleuchtung versteht man, dass einzelne Sicherheitsbeleuchtungsabschnitte in einem Gebäude jeweils über eine eigene Stromquelle für Sicherheitszwecke verfügen und nicht von zentraler Stelle aus, z. B. über eine zentrale Batterieanlage versorgt werden.

Bei einem Stromausfall bzw. Ausfall von Stromkreisen der Allgemeinbeleuchtung übernimmt die Stromquelle für Sicherheitszwecke die Funktion der angeschlossenen Sicherheits- und Rettungszeichenleuchten.

Als Stromquelle für Sicherheitszwecke kommen bei der Sicherheitsbeleuchtung in der Regel Sicherheitsstromversorgungssysteme nach DIN EN 50171 zur Anwendung.

Tabelle 1: Übersicht Sicherheitsstromversorgungssysteme nach DIN EN 50171

System nach DIN EN 50171	Definition
zentrales Sicherheitsstromversorgungssystem (CPS-System)	zentrales Stromversorgungssystem, das mit beliebiger Ausgangsleistung den geforderten Notstrom für die notwendige Sicherheitseinrichtungen liefert.
Sicherheitsstromversorgungssystem mit Leistungsbegrenzung (LPS-System)	zentrales Stromversorgungssystem mit Begrenzung der Ausgangsleistung auf 500 W für eine Dauer von 3 h oder 1.500 W für eine Dauer von 1 h

Alternativ ist auch eine Stromversorgung über Einzelbatteriesysteme (Einzelbatterieleuchten) bzw. Stromerzeugungsaggregate möglich.

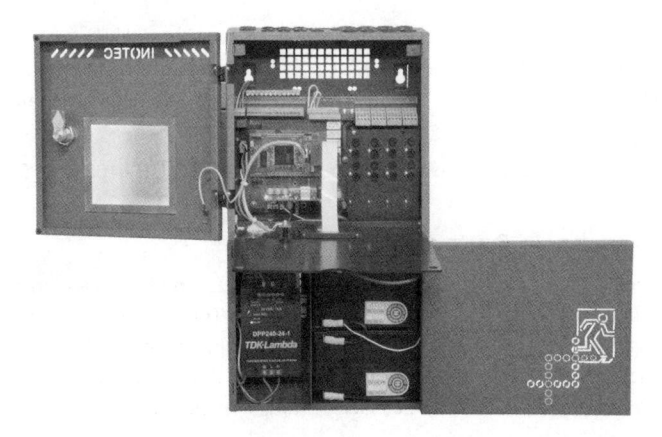

Abb. 12: Exemplarisches LPS-System mit integrierten verschlossenen Batterien (Werksfoto INOTEC Sicherheitstechnik GmbH)

Die Stromversorgung bei Netzausfall erfolgt bei modernen LPS-Systemen über verschlossene Batterien (Akkus). LPS-Systeme verfügen über eine moderne Ladetechnik mit entsprechender Batterieüberwachung.

Hierbei wird im Regelfall mittels Sensoren, permanent die Spannung sowie die Oberflächentemperatur jedes einzelnen Batterieblocks bzw. die Umgebungstemperatur des Batteriegehäuses überwacht.

Bei Über- oder Unterschreitung definierter Grenzwerte erfolgt umgehend eine Störmeldung an eine normativ geforderte, zentrale Stelle bis hin zur Abschaltung der Ladung, so dass eine möglicherweise entstehende Gefahr verhindert wird und die Betriebsbereitschaft schnell wiederhergestellt werden kann.

Eine wirksame Be- und Entlüftung solcher Systeme ist durch die natürlichen Lüftungsverhältnisse innerhalb des Gebäudes sichergestellt, und wird durch nicht zu vermeidende Leckraten von Fenstern und Türen sowie freie Luftvolumina der Aufstellungsräume, unterstützt. Auch eine ggf. vorhandene Lüftungsanlage sorgt für eine ausreichende Be- und Entlüftung.

Bezüglich der erforderlichen Be- und Entlüftung des Batteriesystems sind die Herstellerangaben zu beachten. Der nötige Luftvolumenwechsel basiert auf den Anforderungen der DIN EN IEC 62485-2 (ehem. DIN EN 50272-2).

Gemäß § 1 der M-EltBauVO fallen Batterieanlagen für bauordnungsrechtlich vorgeschriebene sicherheitstechnische Anlagen mit einer Gesamtkapazität von nicht mehr als 2 kWh in Verbindung mit verschlossenen Batterien nicht mehr in den Geltungsbereich der M-EltBauVO.

Aufgrund der geringen Batteriekapazität eines LPS-Systems und der Verwendung von verschlossenen Batteriebauarten sind diese Systeme somit von den Anforderungen der M-EltBauVO ausgenommen.

Hierbei ist jedoch zu beachten, dass jeweils nur ein System mit einer Gesamtkapazität von max. 2 kWh einen brandschutztechnisch getrennten Sicherheitsbeleuchtungsabschnitt versorgt. Eine Kaskadierung mehrerer solcher Systeme zur Versorgung von einem Abschnitt ist beim dezentralen Sicherheitsbeleuchtungskonzept nicht vorgesehen.

Eine Unterbringung in einem elektrischen Betriebsraum, nach DIN VDE 0100-731, ist ebenfalls nicht erforderlich.

Anwendung von dezentralen LPS-Systemen nach MLAR

Wie bereits beschrieben, bestehen innerhalb eines Brandabschnittes in einem Geschoss, mit einer Grundfläche ≤ 1.600 m² oder nur innerhalb eines Treppenraumes, keine Anforderungen an den elektrischen Funktionserhalt der Leitungsanlage einer Sicherheitsbeleuchtung (Sicherheitsbeleuchtungsabschnitt). D. h. bei einem Brand, innerhalb eines solchen Abschnittes, kann und darf die Sicherheitsbeleuchtung ausfallen.

Andere Sicherheitsbeleuchtungsabschnitte werden durch bauliche Trennung (feuerwiderstandsfähige Bauteile, wie Wände und Decken) vor Brandeinwirkung geschützt und bleiben in Funktion.

D 1.1 Gebäudetechnischer Brandschutz in der Praxis

Wenn das LPS-System innerhalb eines Sicherheitsbeleuchtungsabschnitts montiert wird und nur diesen allein versorgt, bestehen keine Anforderungen an den Funktionserhalt. Das LPS-System inklusive der zugehörigen Leitungen zu den Leuchten muss somit nicht brandschutztechnisch geschützt werden.

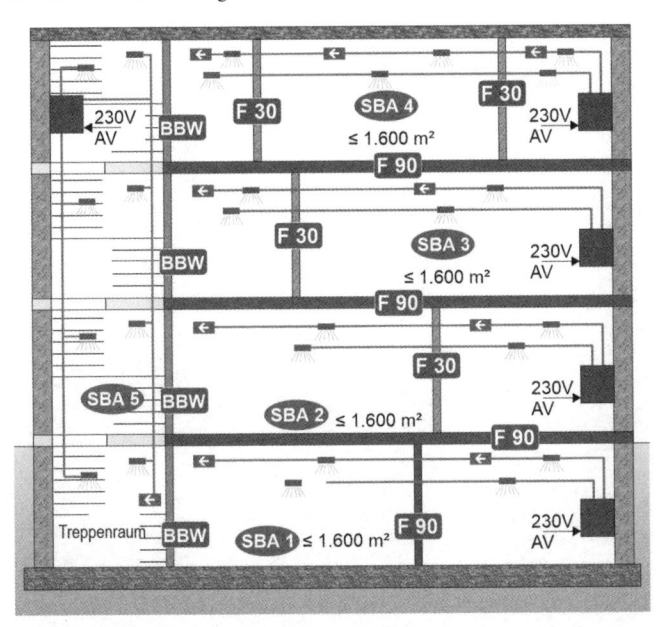

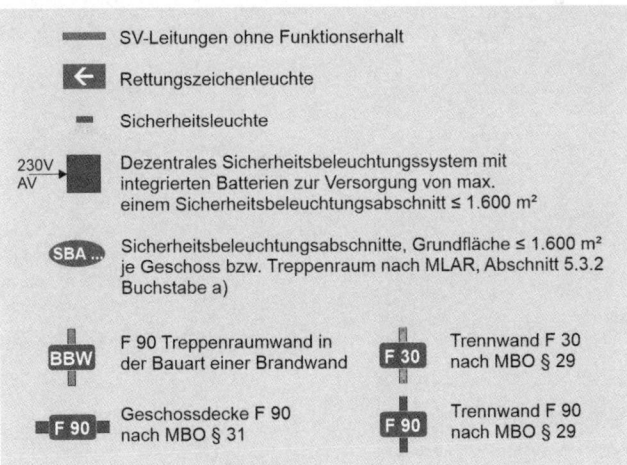

Abb. 13: Darstellung von Sicherheitsbeleuchtungsabschnitten (SBA), gemäß den Anforderungen an den Funktionserhalt für die Sicherheitsbeleuchtung, nach Abschnitt 5.3.2 a) der MLAR.

Carsten Janiec, Prof. Dr. Eugen Nachtigall

2.1
Ausfall kritischer Infrastruktur:
Ein Thema für den vorbeugenden Brandschutz?

Prolog

Dieser Beitrag ist nicht typisch und behandelt für den vorbeugenden Brandschutz ein auch sicher nicht alltägliches Thema. Nichtsdestotrotz fanden wir diese Themenstellung sehr spannend möchten Sie aber in diesem Prolog gerne kurz mit auf unsere Gedankenreise hin zu diesem Thema nehmen.

Insbesondere nach den dramatischen geopolitischen Ereignissen des Frühjahrs 2022 und den daraus folgenden Einflüssen auf die Energieversorgung trat das Thema „Blackout" immer mehr auf die (mediale) Bühne und es wurde in vielen mehr oder minder naheliegenden Zusammenhängen über kritische Infrastrukturen (im Weiteren Kritis) und ihre Resilienz bzw. Ausfälle dieser Systeme gesprochen.

In einem fachlichen Gespräch gab nunmehr ein Wort das andere und wir können heute nicht mehr sagen, wer von uns die initiale Frage stellt: Hat ein Blackout eigentlich einen Einfluss auf den vorbeugenden Brandschutz bzw. die Brandschutzkonzepte?

Die Diskussion ging hin und her, eine Podcastfolge entstand und aus einem Gespräch mit Herrn Gesellchen entstand die Idee, dieses Thema im Sinne eines Werksattberichts für den Feuertrutzkongress 2023 aufzubereiten.

Werkstattbericht in diesem Zusammenhang bedeutet, dass unsere Auseinandersetzung mit diesem Thema nicht abgeschlossen ist, sondern weitergeht. Unabhängig davon, dass die teilweise prophezeiten katastrophalen Stromausfälle in diesem Winter (Stand: Ende März 2023) ausgeblieben sind, steht zu befürchten, dass es aus den unterschiedlichsten Gründen jederzeit und jeden Orts zu entsprechenden Ereignissen kommen kann.

Eines steht fest, die Kritis ist nicht nur von der Energieversorgung allein abhängig. Es gibt auch andere Risikofaktoren, wie z.B. Starkregen- bzw. Flutereignisse, die zum einen Anlagen physisch zerstören und andererseits nur bedingt antizipiert und insbesondere prognostisch lokalisiert werden können. Daher ist der Ausfall der Kritis mindestens eine latente Gefahr.

Im Beitrag werden zunächst exemplarische Gründe für den Ausfall der Infrastruktur betrachtet. Hierfür werden mögliche Definition für Infrastruktur und kritische Infrastruktur vorgestellt. Anhand von Beispielobjekten und Szenarien werden einige wichtige Aspekte der Auswirkung der Ausfälle von Infrastruktur auf den Brandschutz diskutiert. Schließlich werden Hinweise gegeben, wie mit Ausfall von Infrastrukturen bei der Brandschutzplanung umgegangen werden kann.

Gründe für Ausfälle (kritischer) Infrastruktur

In jüngster Vergangenheit, aber auch in den vergangenen Jahren und Jahrzehnten wurden wir Zeugen von zahlreichen Ausfällen von Infrastrukturen mit weitreichenden Konsequenzen für die Gesellschaft. In den Massenmedien lassen sich nahezu täglich Beispiele für Ausfälle von Versorgungs-, Kommunikations-, und Verkehrssystemen usw. sowie deren Folgen im In- und Ausland finden [5]. Nicht jeder Ausfall wirkt dabei so großflächig, dass die internationalen Medien darüber berichten, aber ggf. reichen bereits Ausfälle in kleinen räumlichen Bereichen aus, um einen bedeutenden Einfluss auf den vorbeugenden Brandschutz in einzelnen Objekten oder bestimmten Gebieten zu haben.

Die Beschaffenheit und die Resilienz der kritischen Infrastruktur in Deutschland wird zunehmend infrage gestellt [5, 6]. Hierbei ist von besonderer Bedeutung die Vernetzung immer mehr vormals alleinstehender Systeme, zu einem komplexen Netzwerk von sicherheitsrelevanten Anlagen.

Die Gründe für Ausfälle der kritischen Infrastruktur sowie Risiken und Bedrohungen sind vielfältig und selten monokausal. Folgende exemplarische Kategorien für Ausfälle der Infrastruktur lassen sich in Literatur finden [2]:

- Naturkatastrophen
  - Stürme, Tornados
  - Starkniederschläge, Hochwasser
  - Erdbeben
- Technogene Katastrophen
  - Störfälle
  - Systemversagen
  - Softwarefehler
  - Stromausfälle/Brown Outs/Black Outs
- Cyberangriffe/Terrorismus/Sabotage/Kriegerische Handlungen
- Komplexität

Die vorgenannte Liste mit möglichen Kategorien für Ausfälle von Infrastrukturen ist nicht abschließend und kann auf eine vielfältige Art und Weise fortgesetzt werden. Es wäre mühsam und nicht möglich, alle mögliche Kategorien zu benennen, weshalb wir im Folgenden, bezugnehmend auf unsere Betrachtungen es dabei belassen wollen.

An dieser Stelle seien noch konkrete Ausfälle, aus jüngster Vergangenheit in Deutschland, mit den Eckdaten, sowie deren zentrale Auswirkungen exemplarisch genannt [1]:

- „Münsterländer Schneechaos" 2005 (Betroffen 250.000 Menschen in 25 Gemeinden, Dauer: mehrere Tage)
- Stromausfall in Berlin-Köpenick 19.02.2019 (Ursache: Stromkabel durchtrennt, Dauer: ca. 31 Stunden)
- Hochwasserkatastrophe in Rheinland-Pfalz und Nordrhein-Westfalen 15.07.2021 (Dauer Wiederherstellung der Stromversorgung: teilweise ca. 5 Wochen, Wiederaufbau von Verkehrsinfrastruktur, Gebäuden usw. wird Jahre in Anspruch nehmen) [3]

Ausfälle der kritischen Infrastruktur im Ausland treten teilweise öfter auf und führen in manchen Fällen zu noch drastischere Auswirkungen [7, 8]. Gegen die Bedrohung der kritischen Infrastruktur werden Schutzkonzepte und Maßnahmen entwickelt. In diese Maßnahmen muss sich auch der vorbeugende Brandschutz einfügen und zur Absicherung der kritischen Infrastruktur seinen Beitrag leisten [4].

Definitionen von und Abgrenzung der Infrastruktur und der kritischen Infrastruktur

Bei den Definitionen der Infrastruktur und der kritischen Infrastruktur gibt es keine allgemein anerkannten Ansätze, weshalb wir hier zwei aufführen wollen, die aus unserer Sicht die wichtigsten Aspekte berücksichtigen.

Definition Infrastruktur

Anlagen, Institutionen, Strukturen, Systeme und nicht-materiellen Gegebenheiten, die der Daseinsvorsorge und der Wirtschaftsstruktur eines Staates oder seiner Regionen dienen [10].

Definition kritische Infrastruktur [9]

„Kritische Infrastrukturen" Objekte, Anlagen, Ausrüstung, Netze oder Systeme oder Teile eines Objekts, einer Anlage, einer Ausrüstung, eines Netzes oder eines Systems, die für die Erbringung eines wesentlichen Dienstes erforderlich sind; „wesentlicher Dienst" einen Dienst, der für die Aufrechterhaltung wichtiger gesellschaftlicher Funktionen, wichtiger wirtschaftlicher Tätigkeiten, der öffentlichen Gesundheit und Sicherheit und Ordnung oder der Erhaltung der Umwelt von entscheidender Bedeutung ist

Diese wichtigen Systeme und Anlagen bilden das Fundament einer funktionalen Gesellschaft. Im Kleinen sind sie für funktionierende Gebäude und den vorbeugenden Brandschutz in diesen von elementarer Bedeutung. Im Folgenden möchten wir auf die betrachteten Beispiele und Szenarien eingehen und diese mit den Ausfällen definierter Infrastruktur in Verbindung bringen.

Betrachtete Beispielobjekte und Szenarien

Als Beispielobjekte wählen wir im Rahmen unserer Betrachtung ein Bürogebäude und ein Krankenhaus.

Objekt 1: Das Bürogebäude ist städtisch gelegenes typisches Büro- und Verwaltungsgebäude mit einer offenen Tiefgarage und mehreren Nutzungseinheiten in oberirdischen Geschossen. Wir gehen von einer Fläche von circa 10.000 m² und der Gebäudeklasse 3, im Sinne der Musterbauordnung aus. Das Gebäude ist im Wesentlichen in Massivbauweise errichtet und in mehrere übergroße, 400 m²-Einheiten unterteilt. Der bauliche Brandschutz steht bei diesem Gebäude in der Gesamtschau des vorbeugenden Brandschutzes im Vordergrund. Bei dem anlagentechnischen Brandschutz verfügt das Gebäude über hinterleuchtete Fluchtwegpiktogramme und eine Sicherheitsbeleuchtung, eine Brandmeldeanlage zur Kompensation der übergroßen 400 m²-Einheiten, über Lüftungsanlagen und eine maschinelle Entrauchung im Treppenraum. Darüber hinaus gibt es Löschanlagen in Serverräumen, eine elektronische Schließanlage und Aufzüge. Der betriebliche, organisatorische Brandschutz spielt bei diesem Gebäude keine exponierte Rolle.

Objekt 2: Das Krankenhaus hat eine regionale Bedeutung und verfügt über eine Fläche von circa 50.000 m². Die Anzahl der Patienten kann mit etwa 1000 Betten angegeben werden, hinzu kommen circa 1200 an medizinischem und anderem Personal, wobei zeitgleich sich davon circa 300 Personen vor Ort befinden.

Bei dem Objekt handelt es sich um die Gebäudeklasse 5. Das Gebäude ist in Massivbauweise errichtet. Der Brandschutz des Gebäudes berücksichtigt aufgrund Sonderbaustatus alle Aspekte des vorbeugenden Brandschutzes.

Das Gebäude ist in mehrere Brand- und Rauchabschnitte horizontal und vertikal unterteilt. Zur Anlagentechnik gehört als Besonderheit ein Feuerwehraufzug. Weitere Besonderheiten, die brandschutztechnisch relevant sind, sind ein Hubschrauberlandeplatz, zahlreiche medizinische Anlagentechnik, sowie beispielsweise separate Lüftungsanlagen für OP-Räume. Das Krankenhaus verfügt über eine Ersatzstromversorgung und interne Kommunikationsanlagen.

Für den OP- und Intensivpflegebereich ist ein umfangreicher Funktionserhalt für die Medizintechnik vorgesehen, um lebenserhaltende Systeme auch im Falle einer Versorgungsunterbrechung sicher weiterbetreiben zu können. Den Bereich der Medizintechnik wird im Rahmen dieses Beitrags nicht weiter berücksichtigt.

Szenario im Sinne einer Studie

Um die Auswirkungen der Ausfälle der Infrastruktur auf den Brandschutz zu beleuchten, gehen wir von einem Szenario mit den dargestellten Folgen aus:

- Dauer des Ausfalls: ca. 2 Wochen, Beginn 14:00, Mittwoch
- Witterung: Herbsttag +10 C° tags, nachts 2 C°
- Ausfall kritischer Infrastruktur auf Landkreisebene (1-2 Landkreise, betroffen)
- Stromausfall und Kommunikation (öffentlich): sofortiger Ausfall (Restlaufzeit < 1h)
- Wasserversorgung aus dem Leitungsnetz: Ausfall nach 24-36 Std
- Reduktion/Überlastung verfügbarer Kräfte der BOS
- Trinkwasser- und Lebensmittelversorgung (von extern sichergestellt)
- Verkehrsinfrastruktur auch als Individualverkehr zunehmend eingeschränkt

In diesem Bericht wird keine Ursache für den Ausfall festgelegt, sondern es wird vereinfachend davon ausgegangen, dass das Ereignis mit den vorgenannten Folgen eintritt. Es ist davon auszugehen, dass durch unterschiedliche Ursachen die Ausfallszenarien sich im Detail unterscheiden werden. Allerdings steigt hierdurch die Komplexität der Betrachtung ganz wesentlich, weshalb an dieser Stelle zur Vermittlung eines Grundeindrucks verzichtet wird.

Die Dauer des Ausfalls wird im Szenario auf zwei Wochen gesetzt, wobei natürlich den fiktiven Beteiligten die Dauer vor allem das Ende des Ausfalls nicht bekannt sind. Als wichtigste Randbedingung des Szenarios ist der sofortige Ausfall der Kommunikationsinfrastruktur (ab Beginn, d.h. < 1h), hier angenommen auf Landkreisebene, wobei 1-2 Landkreise betroffen sind. Ebenso gehen wir von einem sofortigen Ausfall der öffentlichen Stromversorgung aus. In unserem Szenario gehen wir darüber hinaus von dem Ausfall der öffentlichen Wasserversorgung nach 24-36 Stunden aus.

Im zeitlichen Ablauf des Szenarios werden zunehmend weniger externe Einsatzkräfte der BOS und anderes, vor allem betriebsinternes Personal zur Verfügung stehen. Erleichternd wird unterstellt, dass mithilfe von Katastrophenhilfe von außen, also außerhalb der betroffenen Landkreise, die Trinkwasser- und die Lebensmittelversorgung gewährleistet werden.

Auswirkungen des Szenarios auf das Bürogebäude (Objekt 1)

Das Gebäude hat keinen unmittelbaren Bezug zur kritischen Infrastruktur. Auch sind dort keine Behörden mit Sicherheitsaufgaben untergebracht.

Bei dem Szenario kann man zunächst davon ausgehen, dass der bauliche Brandschutz vorerst intakt bleibt. Die Anlagen und Systeme des Brandschutzes werden aufgrund des Ausfalls der Kommunikationssysteme praktisch unmittelbar bzw. im zeitlichen Verlauf ausfallen. So kann davon ausgegangen werden, dass die Brandmeldung an die Leitstelle sofort nach Ausfall nicht gewährleistet werden kann. Zum einen aus Gründen der Anlagentechnik, da die Kommunikation unmittelbar unterbrochen wird. Sollte zum Beispiel in den ersten circa 20 Minuten die Alarmierung noch möglich sein, so wird in der Regel die Leitstelle durch Anrufe vieler Betroffener überlastet sein, dass die Wahrscheinlichkeit, dass Einsatzkräfte zu diesem Objekt ausrücken relativ gering ist. Zum anderen werden die akkugepufferten, sicherheitsrelevanten Anlagen nach und nach ausfallen. Hier spielen Faktoren, wie Alter und technischer Zustand etc. eine Rolle, wie zeitnah diese Ausfälle der Anlagentechnik auftreten. Wiederkehrende Tests und Wirkprinzipprüfungen in Gebäuden zeigen regelmäßig, dass in modernen Gebäuden vielfach zahlreiche sicherheitsrelevante Mängel an Anlagen vorhanden sind. Was für den Normalbetrieb regelmäßig auftritt, wird sich in einer Notsituation u.U. nochmals verschärfen. Dies gilt auch im Hinblick darauf, dass das notwendige Personal, das zur Fehlerbeseitigung notwendig ist, voraussichtlich nicht beliebig verfügbar ist.

Der abwehrende Brandschutz wird für dieses Gebäude nur bedingt gegeben sein, da davon auszugehen ist, dass bei den Einsatzkräften das Gebäude selbst bei einem Brandfall keine

Priorität haben wird. Der Grund hierfür wird die extreme Auslastung der Einsatzkräfte für die Personenrettung bei Unfällen, medizinische Notfälle, Befreiung der Personen aus Aufzügen und so weiter, eine weit höhere Priorität haben. Zudem kann spätestens ab Tag zwei angenommen werden, dass das Gebäude ohne Nutzer sein wird.

Der betriebliche, organisatorische Brandschutz wird im betrachteten Objekt ab Tag eins oder spätestens zwei ebenfalls nicht mehr funktionieren, da davon auszugehen ist, dass die Funktionsträger (Brandschutzbeauftragter, Brandschutzhelfer, Evakuierungshelfer und so weiter) nicht oder in einem unzureichenden Maße vor Ort sein werden.

Für das Objekt 1 kann man damit annehmen, dass mit hoher Wahrscheinlichkeit, spätestens nach Ausfall der Anlagentechnik, wie etwa der Sicherheitsbeleuchtung (Akkupufferung reicht max. circa 24 Stunden), usw. das Gebäude von den Nutzern und den Betreibern für die Dauer des Infrastrukturausfalles aufgegeben beziehungsweise nicht länger genutzt wird. Hier obliegt es dem Betreiber, sofern ihm Personal zur Verfügung steht, entsprechende Sicherungsmaßnahmen zu ergreifen, um das Gebäude gegen unberechtigtes Betreten zu sichern.

Wie bereits zuvor dargestellt, wird das Gebäude nur noch in seinen Grundzügen (sicherheits-) technisch funktionieren. Daher kann es jederzeit dazu kommen, dass daraus resultierende Gefahren sich im Zusammentreffen mit den Schutzobjekten, hier den Gebäudenutzern, zu Gefährdungen konkretisieren. Dies bedeutet, dass sich die Verantwortlichen, wie z.B. Unternehmer, Geschäftsführungen etc. in einer solchen Situation entscheiden müssen, ob es verantwortbar ist, einen Gebäudebetrieb aufrecht zu erhalten. Maßgeblich hierbei ist u.a. das Kriterium, dass im Objekt selbst keine kritischen Infrastrukturen betrieben oder aus diesem heraus gesteuert werden und deshalb ein Weiterbetrieb nur von eingeschränkter Wichtigkeit ist.

In ein Brandschutzkonzept könnten diesbezüglich der Hinweis aufgenommen werden, dass bei Ausfall brandschutztechnischer Maßnahmen die Verantwortlichen im „pflichtgemäßen Ermessen" unter ggf. Einholung besonders fachkundiger Beratung und Beachtung der (bauordnungs-) rechtlichen Randbedingungen über die Einstellung des Gebäudebetriebs zu entscheiden haben.

Auswirkungen des Szenarios auf das Krankenhaus (Objekt 2)

Das Krankenhaus ist aufgrund seiner regionaler Bedeutung Teil der kritischen Infrastruktur. Bei einem andauernden Ausfall der Versorgung wäre das Gebäude sicherlich einer der zentralen Anlaufpunkte für die Bevölkerung. Da andere medizinische Einrichtungen voraussichtlich ausfallen würden, müsste das Krankenhaus viele Aufgaben im medizinischen Bereich übernehmen. Weiterhin werden gerade große und weiterbetriebene Gebäude wie z.B. Krankenhäuser von den Menschen als Licht- und Wärmeinsel wahrgenommen und diesbezüglich eine besondere Anziehungskraft haben.

Es kann, wie auch bei dem ersten Objekt davon ausgegangen werden, dass der bauliche Brandschutz zunächst intakt bleibt. Sollte während des Szenarios kein Brandereignis im Krankenhaus auftreten, wird der Brandschutz nicht auf die Probe gestellt. Somit wäre zumindest ein Grundschutz im Bereich des Brandschutzes gewährleistet, selbst wenn die Anlagen des technischen Brandschutzes ausfallen würden.

Der Anlagen des technischen Brandschutzes bleiben ebenfalls zunächst intakt, da eine vergleichsweise langfristige Notstromversorgung vorhanden ist. Eine automatische Alarmierung der Einsatzkräfte wäre natürlich, aufgrund des Ausfalls von Kommunikationssystemen nicht möglich. Auf einen möglichen Brandfall abstellend, bekommt dem Abwehrenden Brandschutz eine hohe Priorität. Da das Objekt zur kritischen Infrastruktur gehört, muss es auch im Brandfall in dieser kritischen Gesamtsituation priorisiert behandelt werden, um die medizinische Grundversorgung der Bevölkerung aufrecht zu erhalten.

Analog zu den Ausführungen zum Objekt 1 werden auch hier die Verantwortlichen des Krankenhauses, idealerweise auf Basis vorher durchdachter Szenarien entscheiden müssen, wie ein Weiterbetrieb möglich ist. Ein denkbarer Ansatz z.B. zur Substitution des Ausfalls der Feuerwehr wäre der Einsatz einer größeren Anzahl von Selbsthilfekräften zur frühzeitigen Bekämpfung kleinster Entstehungsbrände. Hierzu muss solches Personal ausgebildet und auch in der entsprechenden Situation zur Verfügung stehen. Dies stellt also eine wesentliche Aufgabe des betrieblich-organisatorischen Brandschutzes in solchen Objekten dar.

Hinweise zur Betrachtung der Ausfälle von Infrastrukturen bei der Brandschutzplanung

Bezugnehmend auf die Diskussion des Szenarios bei den beiden Objekten kann man festhalten, dass bei Gebäuden, die selbst nicht zur kritischen Infrastruktur gehören und nicht dem Wohnen, dienen bei der Brandschutzplanung regelmäßig keine besonderen Maßnahmen betrachtet werden müssen. Den Betreibern und den Brandschutzplanenden sollte lediglich bewusst sein, dass das Gebäude bei bestimmten Randbedingungen (langanhaltender Ausfall kritischer Infrastruktur, wie etwa Löschwasserversorgung) im bauordnungsrechtlichen Sinne nicht (immer) sicher betrieben werden kann.

Im Rahmen des Risikomanagements und insbesondere des Business Continuity Managements sollten die Betreiber sich auf solche Szenarien vorbereiten, um im Falle eines Falles unverzüglich handlungsfähig zu sein.

n Brandschutzkonzepten, die der Genehmigungsfähigkeit im bauordnungsrechtlichen Sinne dienen, sind diese Themen, zumindest, um die Genehmigungsfähigkeit zu erhalten, nicht relevant. Soll ein solches Thema behandelt werden, so gehört dies unseres Erachtens nicht in ein Brandschutzkonzept, sondern in spezielle Dokumente des betrieblichen Risikomanagements. Bei der Erstellung entsprechender Dokumente können die Brandschutzspezialisten sicherlich ihren Beitrag leisten, aber in Gänze abhandeln können sie es im Regelfall nicht.

Bei den Objekten und Gebäuden, die zur kritischen Infrastruktur selbst gehören, kann man es sich dagegen nicht leisten auch bei der Planung von Brandschutzmaßnahmen, die Auswirkungen der Ausfälle der kritischen Infrastruktur nicht zu berücksichtigen. Hier sollten Bemerkungen in das Brandschutzkonzept aufgenommen werden, dass zumindest diese Themen im Rahmen des betrieblich organisatorischen Brandschutzes genauer zu betrachten sind. Die Folgen hieraus können ergeben, dass diesen Ausfällen von kritischer Infrastruktur mithilfe baulicher, anlagentechnischer und betrieblich-organisatorischen Maßnahmen zu begegnen ist.

Freilich wird zu entscheiden sein, ob die zusätzlichen Maßnahmen sich mit den bauordnungsrechtlich-erforderlichen decken, oder ob diese darüber hinaus gehen. Vor diesem Hintergrund muss entschieden werden, welche Maßnahmen ins bauordnungsrechtlich-relevante Brandschutzkonzept einfließen, oder ob diese Maßnahmen separat, also neben den bauordnungsrechtlich-erforderlichen Maßnahmen geplant und verwirklicht werden. In jedem Fall sollten diese Maßnahmen sich in die Themen der Business Continuity einfügen und nicht separat für sich stehen. Auch wären diese zusätzlichen Maßnahmen mit den Aufsichtsbehörden, dem medizinischen Personal, den Einsatzkräften und ggf. auch den Versicherern abzustimmen.

Fazit und Ausblick

In jüngster Vergangenheit wurde die Gesellschaft mit zunehmenden Ausfällen der Infrastruktur und insbesondere der kritischen Infrastruktur konfrontiert und für die Zukunft ist nicht davon auszugehen, dass die Zahl und Schwere solcher Ereignisse relevant abnimmt.

Diese Veränderungen müssen nun auch bei der Brandschutzplanung eine Berücksichtigung finden. Dabei kann aus Sicht der Autoren differenziert vorgegangen werden. Für einfache Objekte, die nicht selbst zur kritischen Infrastruktur gehören und nicht dem dauerhaften, d.h. mind. wohnähnlichen Aufenthalt von Personen dienen, kann die Betrachtung sehr einfach ausfallen und muss zu keinen spezifischen Maßnahmen führen.

Bei Objekten, die jedoch selbst ein Teil der kritischen Infrastruktur sind, muss der Ausfall von kritischer Infrastruktur auch im Hinblick auf den vorbeugenden Brandschutz gebührend berücksichtigt werden. Der Beitrag gibt Hinweise und Beispiele, wie die Betrachtung der Ausfälle der kritischen Infrastruktur anhand von zwei exemplarischen Objekten vorgenommen werden kann.

Quellen

[1] Liste historischer Stromausfälle https://de.wikipedia.org/wiki/Liste_historischer_Stromausf%C3%A4lle; Abruf: 06.03.23

[2] BBK Risiken und Bedrohungen für KRITIS, https://www.bbk.bund.de/DE/Themen/Kritische-Infrastrukturen/KRITIS-Gefahrenlagen/kritis-gefahrenlagen_node.html; Abruf: 06.03.23

[3] Energie Blog, Ein Jahr nach der Flut im Ahrtal: Erfolgreicher Wiederaufbau und Lernen aus den fatalen Ereignissen https://energie.blog/ein-jahr-nach-der-flut-im-ahrtal-strom-und-fernwaermeversorgung-funtionierern-wieder/; Abruf: 06.03.23

[4] BBK Schutzkonzepte für Kritische Infrastrukturen, https://www.bbk.bund.de/DE/Themen/Kritische-Infrastrukturen/Schutzkonzepte-KRITIS/schutzkonzepte-kritis_node.html; Abruf: 06.03.23

[5] Deutschlandfunk: Kritische Infrastruktur – Lebenswichtige Bereiche in Deutschland nur unzureichend geschützt, https://www.deutschlandfunk.de/kritische-infrastruktur-schutz-gesetze-100.html; Abruf: 06.03.23

[6] Bundesministerium für Wirtschaft und Energie (BMWi): Öffentliche Infrastruktur in Deutschland: Probleme und Reformbedarf, Juni 2020, https://www.bmwk.de/Redaktion/DE/Publikationen/Ministerium/Veroeffentlichung-Wissenschaftlicher-Beirat/gutachten-oeffentliche-infrastruktur-in-deutschland.pdf?__blob=publicationFile&v=12; Abruf: 06.03.23

[7] Süddeutsche Zeitung: Blackout in Südafrika, https://www.sueddeutsche.de/politik/suedafrika-stromversorgung-korruption-1.5762161; Abruf: 06.03.23

[8] DW: Energiekrise: Südafrika ruft den Katastrophenfall aus, https://www.dw.com/de/energiekrise-s%C3%BCdafrika-ruft-den-katastrophenfall-aus/a-64661787; Abruf: 06.03.23

[9] RICHTLINIE (EU) 2022/2557 DES EUROPÄISCHEN PARLAMENTS UND DES RATES vom 14. Dezember 2022 über die Resilienz kritischer Einrichtungen…, https://eur-lex.europa.eu/legal-content/DE/TXT/HTML/?uri=CELEX:32022L2557&from=EN; Abruf: 06.03.23

[10] Kritische Infrastrukturen, Artikel Wikipedia, https://de.wikipedia.org/wiki/Kritische_Infrastrukturen; Abruf 25.03.23

Dipl.-Ing. Martin Hamann

2.2 Die Digitalisierung im Prüfprozess bautechnischer Nachweise – neue digitale Werkzeuge unterstützen medienbruchfreies und effizientes Arbeiten

1 Einleitung

Mit dem Onlinezugangsgesetz (OZG) verpflichtete der Bund die Länder und die Kommunen in Deutschland dazu, bis Ende 2022 die meisten ihrer Verwaltungsleistungen in digitalisierten Prozessen anzubieten. Dies gilt auch für die in den jeweiligen Bundesländern etablierten Baugenehmigungsverfahren. Der IT-Planungsrat der Bundesregierung, das politische Steuerungsgremium von Bund und Ländern, das die Zusammenarbeit im Bereich der Informationstechnik koordiniert, hat noch im Mai 2022 das digitale Baugenehmigungsverfahren als eine priorisiert zu digitalisierende Verwaltungsleistung hervorgehoben. Die Umsetzung des OZG ist für das Baugenehmigungsverfahren je nach Bundesland und Verwaltungseinheit sehr unterschiedlich.

Sowohl die Erstellung von Bauvorlagen und bautechnischen Nachweisen als auch die hoheitliche Prüfung bautechnischer Nachweise sind integrale Bestandteile der Baugenehmigungsverfahren. Die bisher in den Ländern und Kommunen angedachten Lösungen für das digitale Baugenehmigungsverfahren haben eines gemeinsam: sie bilden den digitalen Prozess der Prüfung bautechnischer Nachweise entweder gar nicht oder nur unvollständig ab.

Auch heute – im Jahr 2023 – sind die Prozesse für die digitale Erstellung, Einreichung, Prüfung und Freigabe bautechnischer Nachweise nach dem Vier-Augen-Prinzip trotz OZG-Fristablaufs noch immer geprägt von ineffizienten Medienbrüchen.

Sowohl die Planer und als auch die Prüfingenieure müssen anerkennen, dass spätestens jetzt ihre Tätigkeit in den Ingenieurbüros komplett digitalisiert werden muss. Hierfür werden leistungsfähige digitale Werkzeuge benötigt, um ein medienbruchfreies Arbeiten in allen Phasen der in der Regel hoheitlichen Prüfung bautechnischer Nachweise zu ermöglichen.

2 Prozessumstellungen von Analog zu Digital

Seit vielen Jahren wandeln sich das Planen und Bauen und auch die bautechnische Prüfung.

Die Errichtung, Änderung und der Unterhalt von Bauwerken sind komplexe integrale Prozesse mit sehr vielen Beteiligten. Diese Prozesse bestehen aus einer Vielzahl von Teil-, Planungs- und Produktionsprozessen, die miteinander in Verbindung stehen, einander bedingen und miteinander geeignet kommunizieren können müssen. Beteiligte Akteure sind Bauherren, Planer, Ausführungsunternehmen, Prüfingenieure und die behördliche Verwaltung.

Außerdem steigen die Anforderungen an moderne Bauwerke in vielen Fachgebieten ständig an, und zwar aus unterschiedlichen Gründen. Dies führt zu:

- fortschreitender Erhöhung der Zahl der Beteiligten,
- fortschreitendem Zuwachs anzuwendender Vorschriften,
- fortschreitender Spezialisierung auf Einzelgewerke (Detailspezialisten).

Nicht selten sind heute am Planungs- und Bauprozess für Bauvorhaben mehr als 50 Parteien und einige Hundert Personen beteiligt – mit zunehmender Tendenz. Moderne Bauwerke sind geprägt von einer immer weiter voranschreitenden Verflechtung und der Abhängigkeit verschiedener Planungsbereiche voneinander. Bestandteile der Haustechnik werden beispielsweise in Tragwerke integriert oder Fassadengestaltungen übernehmen Aufgaben der Energiegewinnung und so weiter. Gleichzeitig werden die Planungs- und Bauzeiten immer weiter reduziert, obwohl aufgrund dieser immanenten Verflechtung und Abhängigkeiten die Anzahl der notwendigen Abstimmungen zwischen den Planungsgewerken ständig ansteigt.

Die Teilprozesse der Bauwerksplanung sind immer öfter fachkundigen Detailspezialisten vorbehalten. Jede Partei bearbeitet ihre Teilprozesse aus ihrer eigenen Firmenumgebung heraus. Nur wenige beteiligte Parteien kennen und beeinflussen den Gesamtprozess. Jede Partei arbeitet derzeit noch mit ihrer eigenen EDV in unterschiedlichen Graduierungen der Nutzung digitalisierter Werkzeuge. Einige Parteien erledigen noch heute ihre Teilprozesse vollständig analog und manuell – also mit Stift und Papier (zum Beispiel staatliche Verwaltungen und Behörden), andere Parteien bearbeiten ihre spezialisierten Prozesse komplett mit Hilfe der EDV (zum Beispiel Spezialisten in einigen Planungsbüros), wieder andere setzen hybride Hilfsmittel als eine Kombination beider Arbeitsweisen ein.

Einzelne Prozessbestandteile des Bauens sind einer quasi-evolutionären Weiterentwicklung unterworfen. Arbeitsabläufe verändern sich wegen der anstehenden Aufgaben im Einzelfall oder sie werden insgesamt effizienter gestaltet. Auch der Gesamtprozess des Bauens ist stetigen Veränderungen ausgesetzt. Dies gründet sich unter anderem darauf, dass die meisten Bauvorhaben Unikate mit jeweils individuellen Anforderungen und Entwürfen darstellen. Bauwerke sind in aller Regel keine Serienprodukte, deren serieller Erstellungsprozess allein zu optimieren wäre, sondern unterliegen immer den im Einzelfall anzupassenden Gesamtprozessen.

Diese Anforderungen des modernen Bauens müssen gemeistert werden. Die Geschwindigkeit und Effizienz in der Abstimmung zwischen den beteiligten Parteien sind hierbei ein Schlüssel zum Erfolg. Wer diese Abstimmungen nicht effektiv meistern kann, dem wird das moderne Bauen verschlossen bleiben – oder er wird die Ziele heutiger Bauaufgaben nicht erfüllen können.

D 2.2 Die Digitalisierung im Prüfprozess bautechnischer Nachweise

Bei jeder evolutionären Prozessveränderung ist es eine Frage der Beherrschung und des Verständnisses für die zur Verfügung stehenden Werkzeuge, ob diese technische, organisatorische und strukturelle Evolution gemeistert und vorangetrieben werden kann. Wenn man das Verständnis für diese Entwicklung nicht mitbringt, besteht das Risiko, mit der Veränderung nicht Schritt halten zu können, abgehängt zu werden, am Wettbewerb nicht mehr teilnehmen zu können oder digitalisierte Prozesse vorgesetzt zu bekommen, die im Alltag des eigenen Büros nicht bewältigt werden können, weil sie von externen Dritten gestaltet worden sind, die den professionellen Alltag des Spezialisten nicht verstanden und durchdrungen haben.

Dieser Sachverhalt trifft in gleicher Weise auf die Erstellung bautechnischer Nachweise und der bautechnischen Prüfung zu.

Einige Beteiligte in den Büros sehen in dieser Entwicklung einen Reiz für spontane, oft nur oberflächig und banal begründete Abwehrreaktionen – andere sehen in ihr aber einen Anreiz, an dieser Entwicklung mitzuwirken und sie interessiert mitzugestalten. Die jeweiligen Schwellenwerte hängen dabei von jedem individuellen Betroffenen ab.

In den allen Wirtschaftsunternehmen wird abgewogen, ob Innovationen, die eine maßgebliche Veränderung im eigenen Arbeitsalltag nach sich ziehen, tatsächlich mit hinreichender Wahrscheinlichkeit eine Effizienz- oder Qualitätssteigerung erwarten lassen. Solche Einschätzungen können in Unternehmen aber nur dann evidenzbasiert begründet werden, wenn die Entscheider mit Wissen und Weitblick (manchmal auch mit etwas Glück) alle Auswirkungen der Einführung der in Betracht gezogenen Innovationen erfassen können.

Digitale Prozessinnovationen sind aber kein Selbstzweck, sondern dienen vorher wohlüberlegten, präzise definierten Unternehmenszielen. Die aber können sich mit der Zeit verändern, was Prozessanpassungen notwendig macht. Solange eine digitale Innovation keinen wirtschaftlich gewünschten Mehrwert verspricht, wird diese in den Unternehmen mittel- und langfristig keine Anwendung finden. Der Mehrwert muss erkannt und seine Übereinstimmung mit den aktuellen Unternehmenszielen geprüft werden (Abb. 1).

Die Besonderheiten innovativer digitaler Werkzeuge bestehen in der Regel in der Notwendigkeit, dass für deren Einführung und Anwendung ein hohes Maß an digitaler Expertise vorhanden sein oder extern beauftragt werden muss. Außerdem sind diese Innovationen normalerweise mit vergleichsweise hohen Investitions- und Unterhaltungskosten verbunden. Damit muss dem innovierenden Unternehmen auch klar sein, dass die eingesetzten finanziellen Mittel sich erst durch Routine mittelfristig amortisieren können. Dieser Sachverhalt trifft für die planenden Ingenieurunternehmen oder Prüfingenieure genauso zu wie für bauausführende Baufirmen.

Zyklus Prozessoptimierung

Prozessziele (regelmäßig auf Aktualität geprüft)

Innovation 1,2,3
Teilprozess XYZ

1. Prozessziele unterstützt?
2. Auswirkungen der Innovation absehbar?

Nein — Ja

offene Teilprozesse?

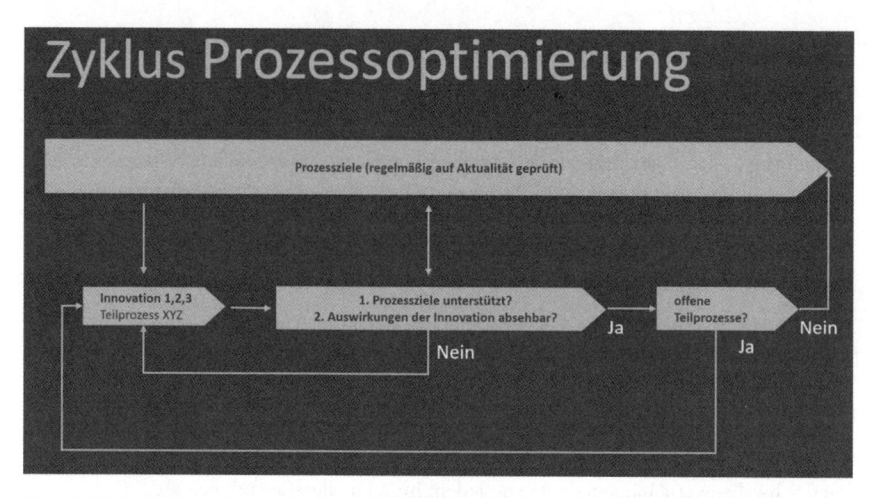

Ja — Nein

Abb. 1: Digitale Prozessinnovationen sind kein Selbstzweck, sondern dienen genau definierten Unternehmenszielen: Der Zyklus der Prozessoptimierung

Zusammengefasst kann der Gesamtprozess des Planens und Bauens allein dann zielführend einer Optimierung unterzogen werden, wenn man folgende Punkte beachtet:

- Formulierung bewertbarer Ziele des Gesamtprozesses des Bauens,
- regelmäßige Überprüfung der Prozessziele auf Aktualität,
- Verständnis aller für den Gesamtprozess erforderlichen Teilprozesse im analogen und digitalen Prozess,
- Verständnis möglicher Auswirkungen von Prozessanpassungen,
- Einführung von Teil-Prozessinnovationen, wenn diese den Gesamtzielen des Prozesses dienen.

Für den Teilprozess des Erstellens und Prüfens von bautechnischen Nachweisen sollen nachfolgend die schematischen Arbeitsmodelle eines Ingenieurunternehmens (Abb. 2) im analogen Zeitalter mit einem digitalisierten Arbeitsmodell (Abb. 3) betrachtet werden.

D 2.2 Die Digitalisierung im Prüfprozess bautechnischer Nachweise

Arbeitsmodell in Ingenieurbüros

- Auftraggeber / Planungspartner / Behörden / Datenbanken ...
- Arbeitsgeräte (Messgeräte, etc.)
- Mitarbeiter (Lokale IT-Devices)
- Unterlagen & Modelle
- Auftraggeber / Planungspartner / Behörden / Datenbanken ...

Analoger Prozess

Teilprozess 1 → Teilprozess 2 → Teilprozess ... → Teilprozess X

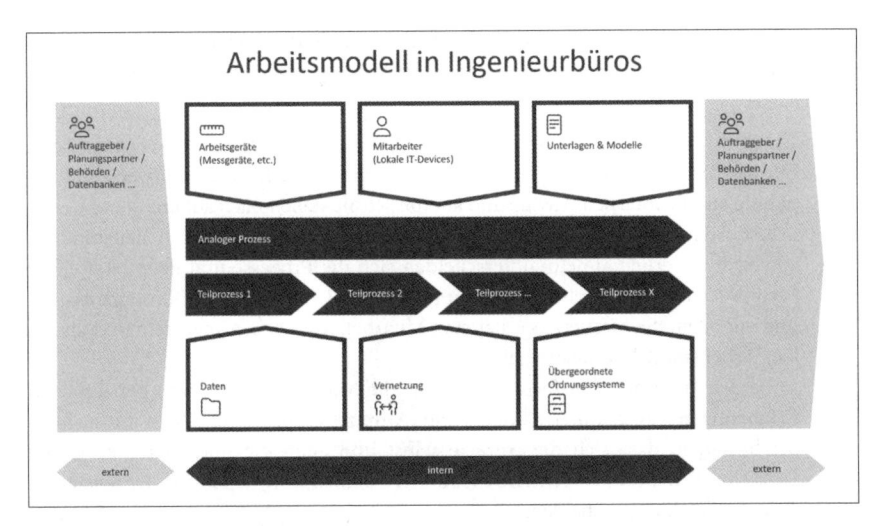

- Daten
- Vernetzung
- Übergeordnete Ordnungssysteme

extern — intern — extern

Abb. 2: Vergleich der schematisch dargestellter Arbeitsmodelle in einem Ingenieurbüro, das analog arbeitet und ...

Digitalisiertes Arbeitsmodell in Ingenieurbüros

- Auftraggeber / Planungspartner / Behörden / Datenbanken ... (IT-System)
- Digitalisierte Arbeitsgeräte (Messgeräte, 3D Scan, etc.)
- Digitalisierte Mitarbeiter (Lokale IT-Devices)
- Digitalisierte Unterlagen & Modelle
- Auftraggeber / Planungspartner / Behörden / Datenbanken ... (IT-System)

Digitalisierte Prozesse

Teilprozess 1 → Teilprozess 2 → Teilprozess ... → Teilprozess X

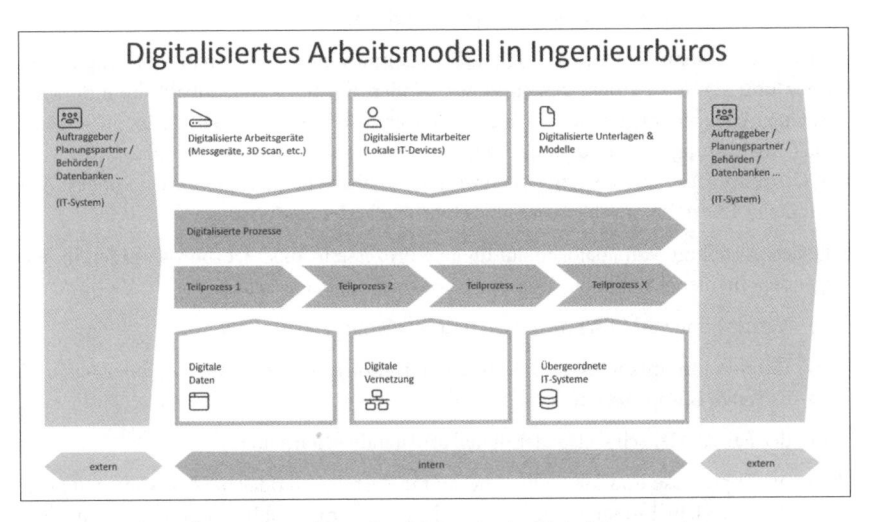

- Digitale Daten
- Digitale Vernetzung
- Übergeordnete IT-Systeme

extern — intern — extern

Abb. 3: ... in demselben Ingenieurbüro, das sich bereits der Digitalisierung seiner Arbeitsvorgänge unterzogen hat.

Nach einem Vergleich der in Abb. 2 und Abb. 3 schematisch dargestellten analog und digital geprägten Arbeitsmodelle in einem Ingenieurbüro können folgende Erkenntnisse abgleitet werden:

- Unterschieden werden müssen externe und interne Bestandteile des Arbeitsmodells.
- Für den Unternehmensinhaber begrenzt sich die Möglichkeit der aktiven Einflussnahme auf die internen Anteile und auf die Schnittstellen nach außen.
- Selbst wenn sich die schematischen Darstellungen der beiden Arbeitsmodelle zunächst äußerlich ähneln, unterscheiden sich die Prozesse und Teilprozesse, die verwendeten Arbeitsgeräte, die Datenmodelle und Unterlagen, die Büroorganisation und vor allem die hierfür ausgestatteten Mitarbeiter zwischen analogem und digitalem Arbeitsmodell fundamental.
- In beiden Unternehmensformen sind nur die Mitarbeiter mit ihren persönlichen Erfahrungen für definierte Reize und Anreize empfänglich. Man muss hierbei beachten, dass sich die Anreize selbst und auch die mitarbeiterbezogenen Reizschwellen im analogen Arbeitsmodell deutlich von denen im digitalisierten Arbeitsmodell unterscheiden.
- Auch in einem Ingenieurbüro muss jede digitalisierte Prozessinnovation im Ergebnis auf Übereinstimmung mit den Zielen des Unternehmens abgeglichen werden. Nur dann wird diese Innovation Akzeptanz und Anwendung finden.

Hierbei wird erkennbar, dass jede digitale Prozessinnovation zu einem unternehmerischen Anreiz und somit zu einem gemeinsamen Wollen werden kann, sobald diese die ausgerufenen Unternehmensziele protegiert. Die Herausforderung besteht darin, die wesentlichen Auswirkungen einer digitalen Innovation – des sogenannten digitalen Erbes – auf den Gesamtprozess zu erkennen und bewertbar zu machen. Dies erfordert ein hohes Maß an digitaler Expertise, welche man selbst einbringen oder kaufen muss.

Für die Umstellung von analogen auf digitale Prozesse in Ingenieurbüros werden in den folgenden Themengebieten die größten Herausforderungen gesehen:

a) Vermeidung von Mischprozessen und Medienbrüchen,

b) Datenkommunikation und Datenorganisation digitaler Daten in internen und externen Büroprozessen,

c) der Faktor Mensch – also: der digital arbeitende Mitarbeiter.

Zu a): Mischprozesse und Medienbrüche sind in Testphasen oder bei der Anpassung von Teilprozessen nicht immer vermeidbar. Jedoch zeigt die Erfahrung, dass die Effizienz von digitalen Teilprozessen leidet, wenn zum Beispiel digitale Prozessergebnisse über Medienbrüche an Folgeprozesse weitergegeben werden. Sehr oft kann beobachtet werden, dass Medienbrüche insgesamt bedeutende Effizienzeinbußen bewirken.

Eine weitere Herausforderung besteht darin, dass die Ergebnisse digitaler Teilprozesse womöglich gar nicht zur Übergabe an einen analogen Folgeprozess geeignet sind oder dafür zusätzlichen Zusatzaufwand erfordern (einfaches Beispiel: Das Versenden eines handgeschriebenen Briefes per E-Mail erfordert mindestens das zusätzliche Einscannen des Briefes). Im Ergebnis leidet so die Effizienz der Gesamtperformance des Prozesses und bewirkt sehr oft auch einen unbefriedigenden Arbeitsablauf. Daher muss das grundsätzliche Ziel einer digitalen Prozessinnovation immer darin bestehen, möglichst den Gesamtablauf von Anfang bis Ende frei von Medienbrüchen zu halten und vollständig zu digitalisieren.

Zu b): Die Zeit des Übergangs von analogen zu digitalen Prozessen in Baugenehmigungsverfahren ist hinsichtlich der Datenkommunikation oft geprägt von ...

- vielen Medienbrüchen aufgrund unklarer Gesetzeslagen und projekt- und beteiligtenspezifisch ständig wechselnder Vorgaben,
- einer fehlenden projektübergreifend einheitlichen Datenkommunikation,
- fehlenden projektübergreifend einheitlichen Datenordnungssystemen,
- einer Flut ungeordneter Nachrichten an beliebige Empfänger innerhalb von Projekten, ohne Reflexion der Absender darüber, ob die Mitteilungen tatsächlich für diese Empfänger relevant sind,
- -E-Mail-Verteilern oder Verteilern in privaten Kommunikationssystemen, die immer größer werden, um möglichst alle Beteiligte mit allen Informationen zu versorgen, ohne im Einzelfall zu prüfen, ob die jeweiligen Informationen für diesen Empfänger überhaupt relevant sind. In der analogen Kommunikation hat der Absender entschieden, ob und für welche Empfänger seine jeweiligen Informationen wichtig sind. Heute, in einer Zeit, in der der Datentransport kaum etwas kostet, machen sich die Absender kaum noch die Mühe, herauszufinden, ob die Daten für den Empfänger etwas bedeuten können oder nicht. Der Empfänger muss die übermittelten Daten also wohl oder übel einsehen und kann erst dann entscheiden, ob er sie braucht oder nicht. Der Aufwand für die Überprüfung der Relevanz einer E-Mail und die unterstellte richtige Adressierung und sachliche Zuständigkeit des Empfängers wechseln immer mehr vom Absender zum Empfänger.

Zu c): Eine besondere Bedeutung bei der Umstellung von analogen zu digitalen Prozessen muss den Mitarbeitern beigemessen werden. Sie reagieren subjektiv auf diverse Reize, sie haben unterschiedliche Reizschwellen und völlig unterschiedliche Erfahrungen mit der analogen und in der digitalen Welt. Die Herausforderung für die Unternehmensführung besteht deshalb darin, ihre Mitarbeiter von der Richtigkeit und von der Notwendigkeit der geplanten Prozessveränderungen zu überzeugen und sie dann in den Gesamtprozess der Umstellung so einzugliedern, dass sie ihn passioniert und engagiert mittragen.

3 Das digitale Werkzeug ELBA

Die Prüfingenieure für Bautechnik haben sich mit Ihrer Bundesvereinigung der Prüfingenieure für Bautechnik (BVPI) deutschlandweit einheitlich Gedanken gemacht, wie der Austauschprozess von Planung und Prüfung bautechnischer Nachweise, effizient digitalisiert werden kann. Zielstellungen waren hierbei allein bezogen auf bautechnische Nachweise:

- · die offensichtlich vorhandenen Lücken in den bisher vorhandenen digitalen behördlichen Verfahren zu schließen und somit Landes- oder Kommunenportale sinnvoll zu ergänzen,

- den Einreichungs- und Prüfprozess effizient zu digitalisieren,
- bundesweit vereinheitlichte Lösung für alle Bundesländer anzubieten (unter Berücksichtigung von landesspezifischer Gesetzgebung)
- Schaffung hoher Wiedererkennungswerte, Bedienfreundlichkeit und Akzeptanz für alle Nutzer, um die Umstellungsphase interessant und die Nutzungsphase des digitalen Prozesses als Erleichterung und Verbesserung erlebbar zu machen.

Hierzu wurde seit Ende des Jahres 2021 intensiv und eng mit vielen Planern und Prüfingenieuren, mit Bundes- und Landesbehörden sowie dem IT- Planungsrat der Bundesregierung zusammengearbeitet.

Als Ergebnis entwickeln die Prüfingenieure „ELBA – die elektronische bautechnische Prüfakte".

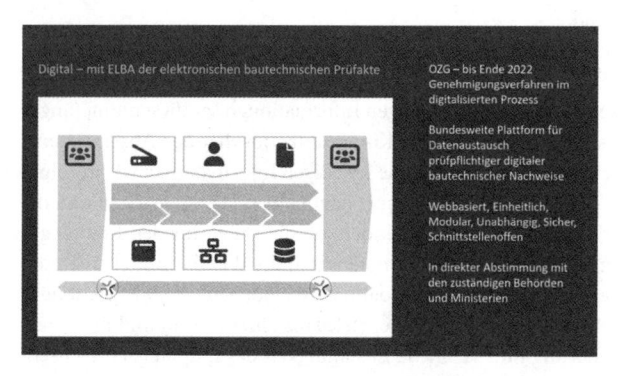

Abb. 4: Für einen optimierten und einheitlichen Kommunikationsablauf bei der Übergabe von bautechnischen Nachweisen im Genehmigungsverfahren stellt die BVPI an der Schnittstelle von externen und internen Büroprozessen ein neues digitales Werkzeug zur Verfügung: die Elektronische bautechnische Prüfakte ELBA

Abb. 5: ELBA ist eine webbasierte Daten- und Kommunikationsplattform für prüfpflichtige bautechnische Nachweise.

Auf ELBA können künftig Bauaufsichtsbehörden, Fachbehörden, Prüfingenieure, Nachweisersteller und andere am Bau Beteiligte direkt, sicher und ohne Medienbrüche miteinander kommunizieren und bautechnische Nachweise austauschen. ELBA macht die digitale Datenflut beherrschbar und schafft Transparenz für einheitliche Prüfprozesse in

D 2.2 Die Digitalisierung im Prüfprozess bautechnischer Nachweise

allen Bundesländern. ELBA steht dabei nicht in Konkurrenz zu den im Aufbau befindlichen elektronischen Bauantragsplattformen der Bundesländer oder Kommunen. ELBA ist die digitale Ergänzung kommunaler Bauantragsplattformen um die dort bisher fehlenden Teile der bautechnischen Nachweise und deren Prüfung nach dem Vier- Augen Prinzip. Teilnehmende Landesportale und interessierte Bauaufsichten haben die Möglichkeit über geeignete Schnittstellen (z.b. XBau) direkt und effizient unter Beachtung aktueller Datenschutzbestimmungen Daten mit ELBA auszutauschen.

Nach eine intensiven Planungsphase begann die konkrete Projektrealisierung im Herbst 2022 mit der Wahl der Bundesländer Baden-Württemberg, Bayern, Berlin, Brandenburg, Hamburg und Schleswig-Holstein als Pilot-Bundesländer und der Einrichtung einer Projektorganisation. Bundesweit übergreifend wird das Projekt zur Sicherstellung von Vereinheitlichungen gesteuert. Arbeitskreise in den einzelnen Bundesländern definieren die aus den Landesbaugesetzen erforderlichen regionalen Anpassungen.

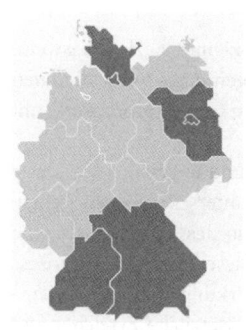

Abb. 6: Mit der Pilot-Umsetzung in den Bundesländern Baden-Württemberg, Bayern, Berlin, Brandenburg, Hamburg und Schleswig-Holstein können ab dem 2.Quartal 2023 die hier ansässigen mehr als 50% der BVPI Prüfingenieure ELBA für alle Bauvorhaben in diesen Ländern nutzen. Alle weiteren Bundesländer sollen noch bis zum Ende 2023 folgen.

Da die Sicherheit des Datenbestandes des gesamten ELBA-Systems von herausragender Wichtigkeit ist, sind die Daten und die damit verbundenen Infrastrukturdienste in Deutschland in zwei parallelen Sicherheitsdatenzentren hochverfügbar (> 99,98%) gehostet.

Von besonderer Bedeutung in diesem Zusammenhang ist die Aufnahme von ELBA in das Deutsche Verwaltungsdiensteverzeichnis (DVDV). Hiermit wurden die Voraussetzungen für sicheren und rechtskonformen Datenaustausch bei E-Government-Anwendungen geschaffen.

Parallel zur strukturellen und inhaltlichen Entwicklung hat die BVPI ihr ELBA-Projekt bereits in etlichen persönlichen Gesprächen den Repräsentanten nahezu aller obersten Bauaufsichten und vieler Baugenehmigungsbehörden vorgestellt und eingehend erläutert, um die künftige vertiefte Zusammenarbeit auf digitaler Ebene zu organisieren.

Die weitere Projektplanung der BVPI für ELBA sieht vor, die Plattform nach einer ausgiebigen Testphase im ersten Quartal des Jahres 2023 in den Pilotbundesländern zum produktiven Live – Betrieb ab dem 2. Quartal 2023 zu überführen und im Anschluss daran die verbleibenden Bundesländer in den ELBA-Betrieb aufzunehmen.

4 Zusammenfassung

Die BVPI hat ELBA mit einem großen ehrenamtlichen und finanziellen Engagement der Prüfingenieure entwickelt, vorangetrieben und erfolgreich in Betrieb genommen. Die Prüfingenieure haben damit innerhalb kürzester Zeit den Weg der Transformation der bautechnischen Prüfung von einem analogen in ein digitales Verfahren geebnet und gangbar gestaltet.

Inwiefern künftig planende und prüfende Ingenieure die Digitalisierung tatsächlich als Anreiz verstehen werden, wird davon abhängen, ob ihre individuell sehr unterschiedlichen Reizschwellen zu diesem Thema bereits erreicht wurden.

Die folgenden Punkte sollen dabei der Zusammenfassung dienen:

- Soll der Prozess des Planens und Bauens insgesamt effizienter beziehungsweise in höherer Qualität erfolgen, müssen die Randbedingungen eines jeden digitalen Teilprozesses durchdrungen und die Auswirkungen auf den Gesamtprozess erkannt werden.
- Jeder digitale Teilprozess eines Vorgangs hat gewünschte und ungewünschte sowie direkt erkennbare, aber auch versteckte Auswirkungen an unterschiedlichen Stellen. Diese digitalen Auswirkungen spielen einerseits innerhalb des Teilprozesses eine Rolle oder sind übergreifend an dem Gesamtprozess abzulesen. Im Gesamtprozess einer Bauwerksentstehung können einzelne digitale Auswirkungen für den gesamten Prozessablauf, für die Prozessdauer und für das grundsätzliche Erreichen der Prozessziele relevant werden. Alle diese Auswirkungen eines digitalen Teilprozesses werden vom Verfasser als *digitales Erbe* bezeichnet.
- Sollen digitalisierte Prozesse übergreifend reibungsarm funktionieren, dann liegt ein Erfolgsschlüssel darin, jeden einzelnen Teilprozess auf seine digitalen Erben hin zu untersuchen und jede Erbfolge auf Übereinstimmung mit den Gesamtprozesszielen zu vergleichen. Hierbei sind im Bedarfsfalle alle Teilprozesse so lange anzupassen, bis die digitalen Erben den Gesamtprozesszielen entsprechen.
- Es ist aus heutiger Sicht sehr unwahrscheinlich, dass künftig lediglich ein einzelnes Werkzeug der Digitalisierung allein für alle Prozessbestandteile eine Lösung anbieten wird. Das bedeutet auf dem Weg der Digitalisierung:
    - Ziele formulieren, wenn erforderlich auf dem Weg der Digitalisierung die Ziele anpassen und nicht mehr aus den Augen verlieren,
    - Achtsamkeit *(Awareness)* für das digitale Erbe schaffen,
    - Individuelle Bedürfnisse der agierenden Menschen müssen beachtet werden, um gesetzte Ziele zu erreichen.

Dr.-Ing. Manuel Kitzlinger

2.3
BIM im Brandschutz – wo stehen wir und wie geht es weiter?

Einleitung

Die Digitalisierung mit BIM im Bauwesen schreitet in der Praxis voran. In allen Bereichen des Bauens und Betreibens von Bauwerken werden Schnittstellen zum digitalen Bauwerksmodell und Möglichkeiten zur Nutzung der hinterlegten Planungs- bzw. Gebäudeinformation gesucht und getestet. Ideen und Ansätze bilden dabei das gesamte Spektrum von „direkt praktikabel umsetzbar" bis hin zu „visionär wünschenswert" ab. Entsprechendes gilt ebenfalls für den Brandschutz, wobei es bereits Erfahrungen für die Brandschutzplanung mit BIM [1],[2] bis zur Baugenehmigung gibt.

Damit die Ideen einer digitalen Planung im vorbeugenden Brandschutz und die Nutzung der aus dieser Planung vorliegenden Information im Betrieb oder sogar im Ernstfall durch den abwehrenden Brandschutz möglich werden, bedarf es eines Weges zu neuen strukturierten digitalen Planungsleistungen aus verschiedenen Anwendungsfällen (siehe auch [3]). Diese müssen in den BIM-Gesamtprozess eingebettet werden: Welche Informationen werden bereits aus dem Modell benötigt und welche Informationen werden für den weiteren Planungsprozess zur Verfügung gestellt?

Die Planung des vorbeugenden baulichen Brandschutzes mündet in der Regel in die Baugenehmigung durch die Bauaufsichtsbehörden. Letztere sind also ein wesentlicher Empfänger der brandschutztechnischen Planungsinformation. Auf Grundlage der bisherigen Erfahrungen mit BIM-Planungen im Brandschutz besteht die Herausforderung einer modellbasierten Kommunikation mit den genehmigenden Behörden und/oder Prüfingenieuren für Brandschutz. In den vergangenen Jahren hat ebenfalls auch eine Auseinandersetzung mit bauordnungsrechtlichen Anforderungen und modellbasierten Genehmigungsverfahren im Rahmen von Forschungsvorhaben stattgefunden. An deren Ergebnisse gilt es anzuknüpfen und gemeinsam für die Planung des Brandschutzes einen praktikablen modellbasierten Gesamtprozess bis zur Baugenehmigung zu entwickeln.

Brandschutzplanung im BIM-Prozess

Grundlagen des Informationsaustausches

In der Praxis erfolgt die Teilnahme am BIM-Prozess derzeit grundsätzlich durch den Austausch von Fachmodellen zwischen den unterschiedlichen Planungsdisziplinen. Der Austausch erfolgt in der Regel über gemeinsame Speicherplattformen (Cloud-Dienste), die überwiegend weitere Funktionen zur Verarbeitung von Bauwerksmodellen und modellbasierten Nachrichten verfügen. Man spricht dann auch von Gemeinsamer Datenumgebung (oder Common Data Environment CDE), die den Planungsbeteiligten die Möglichkeit zur Speicherung der eigenen Daten sowie den Zugriff auf geteilte oder freigegebene Daten in dieser Umgebung ermöglichen. Für den Austausch der Modellinformation werden Fachmodelle auf der CDE einerseits versioniert und andererseits mit einem Status versehen, der sich am strukturierten Koordinationsprozess der einzelnen Fachmodelle orientiert.

Fachmodelle in einem Bearbeitungsstand können geteilt werden, so dass andere Planungsbeteiligte die Informationen nutzen können. Erreicht das Fachmodell einen endgültigen Stand wird es freigegeben. Mit der Freigabe ist ein qualitätssichernder Prozess verbunden und das freigegebene Modell ist Basis für den Koordinationsprozess. Die Freigabe erfolgt in der Regel einem strukturierten Zeitplan, damit darauf basierende Fachmodelle die erforderliche Qualitätssicherung zur Freigabe vornehmen können. Diese zeitliche Abfolge, an die sich dann eine Zusammenführung der Fachmodelle in einem Koordinationsprozess anschließt, wird oft auch als DataDrop bezeichnet. Im Koordinationsprozess werden Planungskollisionen und Modellqualitäten im Sinne der erforderlichen Planungs- und Informationstiefe durchgeführt.

Die modellbasierte Kommunikation erfolgt dabei über BCF-Nachrichten, welche es erlauben eine Ansicht auf das Modell mit einem Filter und der aktuellen Markierung neben einem Screenshot zwischen den Teilnehmern auszutauschen. So kann der Empfänger der Nachricht exakt dieselbe Sicht auf das Bauwerksmodell nachvollziehen, wie der Sender. Abhängig von den Möglichkeiten der jeweiligen Software lassen sich erforderliche Änderungen oder Anpassungen direkt vornehmen und die Lösung zurück kommunizieren.

Rollen im Informationsaustausch

Die Aufgaben, welche sich aus dem zuvor beschriebenen Vorgehen ergeben, werden BIM-Rollen zugeordnet. Es wird zwischen BIM-Autor, BIM-Koordinator und BIM-Gesamtkoordinator unterschieden. Die Erstellung des Bauwerksmodells mit Geometrie und Informationen erfolgt in der Rolle des BIM-Autors. Die Aufgabe der Koordination liegt in der Überprüfung der erstellten Information auf Widersprüche und Inkonsistenzen. Insbesondere bei Fachplanungen mit verschiedenen Einzelmodellen kommt dieser Aufgabe eine große Bedeutung zu. Im Gesamtkoordinationsprozess werden alle Fachmodelle zusammengeführt und ebenfalls in dieser Hinsicht geprüft. Das BIM-Management ist in der Regel beim Bauherrn angesiedelt.

Einbindung in den Informationsaustausch

In der Praxis werden die Mehrzahl aller Brandschutzkonzepte bzw. -nachweise konventionell erstellt. Oft werden (einzelne) Informationen aus den Brandschutzplänen von den Architekten in deren Fachmodell übernommen und gelangen so in den BIM-Prozess.

Die einfachste Möglichkeit für einen Brandschutzplaner an BIM teilzunehmen, besteht daher in der Prüfung der entsprechend mit den Brandschutzanforderungen angereicherten IFC-Modelle. Dies lässt sich als visuelle Prüfung durch entsprechende Filterung und Einfärbung von Elementen des Bauwerks erreichen. Die entsprechenden Funktionalitäten weisen die meisten, teilweise auch frei verfügbaren IFC-Viewer auf. In dieser Vorgehensweise werden die Aufgaben der Rolle eines BIM-Fachkoordinators bezüglich der fachlichen Qualitätssicherung des BIM-Modells übernommen.

Es ist im Weiteren möglich, die Rolle des BIM-Autors für die Brandschutzplanung ebenfalls zu erfüllen. Hierzu werden die Brandschutzinformationen als Informationsanreicherung an die Elemente (z.B. Bauteile oder Räume) des Architekturmodells angefügt. Die Anreicherung von IFC-Modellen ist mit unterschiedlichen Software-Werkzeugen möglich. Neben allgemeiner Autorensoftware für BIM-Modelle existieren auch Programme zur Informationsverwaltung oder einzelne Viewer, mit denen den Modellelementen Eigenschaften und Attribute angefügt werden können. Es empfiehlt sich, dass so durch die Brandschutzanforderungen ergänzte Architekturmodell direkt mit dem Architekten zu koordinieren. Hierbei ist es wichtig durch den Brandschutzplaner zu prüfen, ob die vereinbarten Eigenschaften an den Bauteilen oder Räumen vorhanden und fachlich korrekt mit Werten belegt sind. Dies erweitert die Aufgabe in der Koordination von der rein fachlichen Qualitätssicherung um eine technische Komponente.

Schließlich kann durch den Brandschutzplaner ein eigenes Fachmodell für die Brandschutzanforderungen auf Grundlage des Architekturmodells erstellt werden. Hierbei können z. B. Abstimmungen mit dem Architekten über das Splitten von Bauteilelementen entfallen, da eine geometrische Anpassung der Bauteile bzw. Elemente im eigenen Brandschutzmodell möglich ist. Die Erstellung eines eigenen Modells kann zudem Vorteile zur Verwaltung intern genutzter Informationen, z. B. mit Blick auf Ingenieurmethoden und Simulationsberechnungen haben. Es ist jedoch ebenfalls erforderlich die BIM-Fachkoordination, also sowohl die fachliche als auch die informationstechnische Qualitätssicherung des eigenen Fachmodells vorzunehmen.

BIM-Standards für den Brandschutz

Eine Erwartung im Zuge der Digitalisierung ist auch die Optimierung von Arbeits- bzw. Planungsabläufen. Für eine routinierte Anwendung der digitalen Prozesse mit BIM ist daher eine Festlegung der Informationsstruktur unerlässlich. In der Praxis erfolgen solche Festlegungen derzeit projektspezifisch in sogenannten BIM-Abwicklungsplänen (BAP), die aus der Informationsanforderung des Auftraggebers entwickelt werden. Das Potenzial einer standardisierten Informationsstruktur wird bei wechselnden Projektbeteiligten deutlich. Die ersten Festlegungen zu einer Informationsstruktur wurden für den Brandschutz z. B. durch den VIB e.V. als „Muster-AIA BIM im Brandschutz" [4] vorgeschlagen und in unterschiedlichen Gremien für technische Richtlinien und Standards als Basis vorgeschlagen.

Auf Grund der Erfahrungen mit den ersten BIM-Projekten und in weiterer verbandsinterner Abstimmung im VIB e.V. mit Mitgliedern aus der Schweiz und Österreich ist dieser Vorschlag zu einem Eigenschaftssatz weiterentwickelt worden und soll als ein Standard für die modellbasierte Brandschutzinformation mit BIM in der DACH-Region veröffentlicht werden. (Eigenschaftssatz: VIB_FireSafetyRequirement zur Zeit der Beitragserstellung noch nicht veröffentlicht.)

Ausblick

Die Brandschutzplanung erfolgt in den frühen Planungsphasen der Gebäudeplanung. Mit der BIM-Methode soll jedoch der gesamte Lebenszyklus von Gebäuden erfasst werden und die Leistungen von Brandschutzingenieuren enden nicht mit der Baugenehmigung. Vielmehr bildet der Brandschutz ein komplexes gewerkeübergreifendes Thema, welches im Zuge der weiteren Planung eine Vielzahl von Abstimmungs- und Kommunikationsschnittstellen aufweist. Die Entwicklung von weiteren BIM-Prozessen im Brandschutz und Austausch von Brandschutzinformation kann jedoch nur auf einer strukturierten Informationsgrundlage aus der Genehmigungsplanung gelingen und sollte im Fokus der kommenden Bemühungen in Gremien stehen.

Mit dem aktuellen Stand gilt es in die weiteren Planungs- und Umsetzungsphasen beim Bauen mit BIM zu schauen und die digitalen Brandschutzinformationen entsprechend zu nutzen. Ein Augenmerk muss nun auch auf die Bauüberwachung gelegt werden, bei der z. B. eine modellbasierte Fachbauleitung im Brandschutz als weiterer Schritt zu betrachten ist.

Literatur

[1] Kitzlinger, Manuel; Matthiesen, Ole; Plum, Andreas; Teske, Paul; VIB e. V. (Hrsg.): BIM im Brandschutz: Beuth Verlag, 2020. ISBN 978-3-410-29901-1

[2] Kasburg, Jörg; Dressino, Luca; Matthiesen, Ole: BIM im Brandschutz - Beispiele aus der Praxis. In: Tagungsband Brandschutzkongress 2019. Nürnberg: RM Rudolf Müller, 2019. ISBN 978-3-86235-383-5

[3] Kitzlinger, Manuel: Integration von BIM in das Brandschutzingenieurwesen als digitales Leistungsmodell Brandschutz. Düren: Shaker Verlag, 2022. ISBN 978-3-8440-8388-0

[4] Plum, Andreas; Teske, Paul; Dressino, Luca; Kirchner, Udo; Kitzlinger, Manuel; Grewolls, Gerald: BIM Muster–AIA: Einbindung der Brandschutzplanung in den Gesamtplanungsprozess mit Building Information Modeling, VIB e. V. (Hrsg.), 2020.

Dr. Benjamin Schröder

3.1
Zwischen Anspruch und Wirklichkeit: Ingenieurtechnische Nachweise im Brandschutz

Einleitung

In der Bandschutzplanung werden tagtäglich Probleme aufgeworfen, die sich nicht abschließend mit den anzuwendenden baurechtlichen Regelwerken beschreiben lassen. Dies kann und soll auch gar nicht der Anspruch des Baurechts sein, da nicht jede denkbare Fallkonstellation mit präskriptiven Festlegungen abgebildet werden kann.

Vielmehr sehen die baurechtlichen Regelwerke (hier stellvertretend: Musterbauordnung MBO [1]) die Instrumentarien der „Abweichung" und – bei Sonderbauten – der „Erleichterung" vor. Nach § 67 MBO können die Bauaufsichtsbehörden Abweichungen von den baurechtlichen Anforderungen zulassen, wenn sie unter Berücksichtigung des Zwecks der jeweiligen Anforderung und unter Würdigung der öffentlich-rechtlich geschützten nachbarlichen Belange mit den öffentlichen Belangen, insbesondere den Allgemeinen Anforderungen aus § 3 Satz 1 MBO vereinbar ist.

Reflexartig wird dieser Mechanismus häufig in Verbindung mit außergewöhnlichen oder atypischen Gebäudeentwürfen oder Nutzungskonzepten gesehen. Weiterhin ist es aber insbesondere auch der Gebäudebestand, der bei Sanierungsmaßnahmen, Revitalisierungen, Nutzungsänderungen oder sonstigen wesentlichen Änderungen unzertrennlich mit diesen beiden Instrumentarien einhergeht. Im Anbetracht der übergeordneten gesellschaftlichen und politischen Ziele zur Verringerung des Ressourcenverbrauchs wird der Gebäudebestand perspektivisch noch mehr Raum für sich beanspruchen.

Das Planen mit Abweichungen bzw. Erleichterungen und deren Genehmigung sind also sowohl für Neubauten als auch für Gebäude im Bestand regelhaft. Gleichlautend lautet die Zielsetzung gemäß der Begründung zur MBO [2] die „Erreichung des jeweiligen Schutzziels der Norm in den Vordergrund zu rücken und - insbesondere ohne die Bindung an das Erfordernis des atypischen Einzelfalls [...] das materielle Bauordnungsrecht vollzugstauglich zu flexibilisieren". Damit bringt der Gesetzgeber zum Ausdruck, dass sie eine stärkere Würdigung des Einzelfalls unter Berücksichtigung der Schutzziele des Bauordnungsrechts sowie eine angemessene Loslösung von materiellen Einzelvorschriften zulassen will [3].

Wie oben dargelegt, bedarf die Inanspruchnahme von Abweichungen oder Erleichterungen – sowohl bei Neubauten als auch bei Bestandsobjekten – eines Nachweises, dass dem Zweck der jeweiligen Anforderung entsprochen wird. Eine genauere Definition dieses Prozederes ist in den baurechtlichen Regelwerken zunächst nicht niedergelegt. Folglich existiert in der Planungs- und Genehmigungspraxis eine große Bandbreite, inwieweit Abweichungen bzw. Erleichterungen systematisch gehandhabt werden. In der Praxis hat es sich bewährt, Abweichungen bzw. Erleichterungen mehrstufig zu bewerten [3]. Hierzu bietet sich folgende Schrittfolge an:

- Benennung der materiellen Anforderung inkl. Bezugsstelle und Beschreibung/ggf. Quantifizierung der Abweichung
- Herausarbeiten der berührten baurechtlichen Schutzziele und Begründung, wie diesen Schutzzielen entsprochen wird.
- Benennung oder Ausschluss von Kompensationsmaßnahmen

Insbesondere bei der Begründung bzw. dem Nachweis der Einhaltung der baurechtlichen Schutzziele nehmen ingenieurtechnische Nachweisverfahren eine zentrale Rolle ein.

Ingenieurtechnische Nachweisverfahren

Grundsätze und Regeln für die Anwendung des Brandschutzingenieurwesens sind in Deutschland seit Veröffentlichung der DIN 18091 „Brandschutzingenieurwesen – Teil 1: Grundsätze und Regeln für die Anwendung" (2016) genormt [4]. Die in der Norm beschriebene Einbettung ingenieurtechnischer Verfahren in die Brandschutzplanung ist als Regelkreis zu verstehen und kann Abbildung 1 entnommen werden.

Aus methodischer Sicht werden die ingenieurtechnischen Verfahren grundsätzlich in die argumentative Nachweisführung und die leistungsbezogene Nachweisführung unterschieden. Während beide Verfahren eine vergleichbare Anwendungssystematik aufweisen, heben sich die leistungsbezogenen Nachweisverfahren von der argumentativen Nachweisführung dahingehend ab, dass Rechenverfahren zur Anwendung gebracht werden. Ausgehend von der Festlegung der funktionalen Anforderungen muss der Anwender deshalb entscheiden, ob die Fragestellung argumentativ beantwortet werden kann oder ob ein leistungsbezogener Nachweis angemessen ist.

Im Zuge dessen ist zudem eine Entscheidung zu treffen, welche Komplexität das Rechenmodell zur Beantwortung der Fragestellung aufweisen muss. Bei einem leistungsbezogenen Nachweis müssen die zuvor definierten funktionalen Anforderungen durch sog. Leistungskriterien quantifiziert werden. Ausgehend von den durchzuführenden Berechnungen bedeutet dies, dass durch den Nachweisersteller konkrete, messbare Beurteilungsgrößen festgelegt und mit definierten Beurteilungswerten abgeglichen werden. Gängige Beurteilungsgrößen sind beispielsweise:

- Sichtbedingungen (u. a. optische Dichte), Gastemperaturen und Gaskonzentrationen zur Bestimmung verfügbarer Räumungszeiten oder zur Bewertung der Möglichkeit von wirksamen Löscharbeiten
- erforderliche Räumungszeiten,
- Räumungszeitdifferenz (Abgleich zwischen verfügbarer und erforderlicher Räumungszeit),
- Stauzeiten,
- Anzahl der Personen innerhalb eines Staus,
- Bauteiltemperaturen

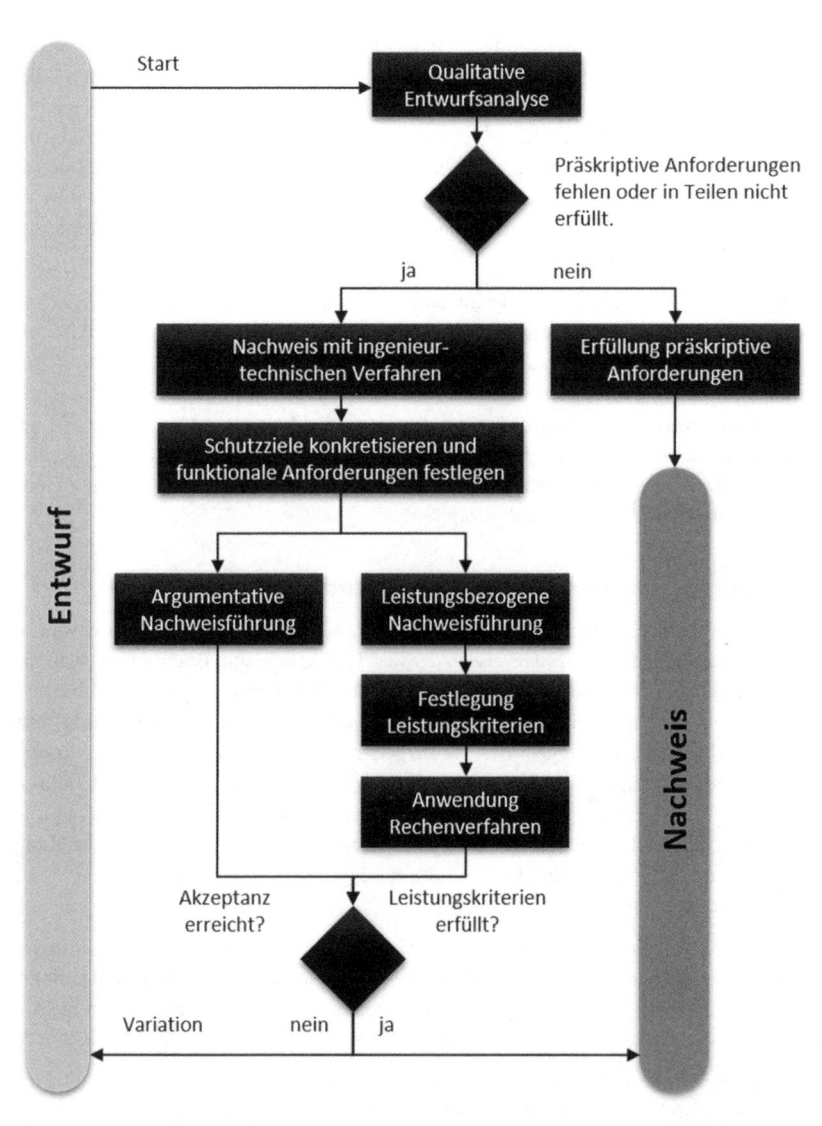

D 3.1 Ingenieurtechnische Nachweise im Brandschutz

Abb. 1: Einbettung ingenieurtechnischer Nachweise in die Brandschutzplanung nach DIN 18009-1

Die beschriebene Konkretisierung der funktionalen Anforderungen und Leistungskriterien ist untrennbar mit der Auswahl eines geeigneten Modells verbunden. Dabei muss sich die Modellauswahl nach der Fragestellung und den über die Schutzziele abgeleiteten funktionalen Anforderungen richten.

Ausgehend von diesen Überlegungen liegt den ingenieurtechnischen Verfahren immer eine Szenarienbetrachtung zugrunde. Der methodische Anspruch des Brandschutzingenieurwesens liegt darin, den unbegrenzten Szenarienraum möglicher Gefahrenereignisse im Lebenszyklus eines Gebäudes auf ein handhabbares Maß zu reduzieren. Die Gesamtheit von denkbaren Szenarien ist deshalb zunächst in eine Teilmenge von maßgeblichen Szenarien und im Weiteren in eine nochmals reduzierte Anzahl von Bemessungsszenarien zu überführen. Dieses Vorgehen ist universell auf Brand und/oder Räumungsszenarien übertragbar.

Die DIN 18009 Normenreihe wurde im Jahr 2022 durch eine weitere Norm ergänzt. Mit der DIN 18009-2 „Räumungssimulation und Personensicherheit" [5] steht nun eine weitere technische Regel zur Verfügung, die sich exklusiv der Durchführung von Räumungssimulationsberechnungen in der Schnittstelle zu Brandsimulationsberechnungen widmet. Damit wird die Standardisierung der Begrifflichkeiten und der Methodik bei der Durchführung ingenieurtechnischer Nachweise weiter vorangetrieben. Derzeit befinden sich weitere Normenteile in Bearbeitung. Hierzu zählen die Themenfelder „Brandsimulation" und „Sicherheitskonzept".

Plausibilisierung und Prüfung im bauaufsichtlichen Verfahren

Im Regelfall sind ingenieurtechnische Nachweise Bestandteil eines Brandschutznachweises. Je nach Umfang werden solche Nachweise in der Regel als Anlage zum Brandschutznachweis dem bauaufsichtlichen Genehmigungsverfahren zugeführt. Ein ingenieurtechnischer Nachweis stellt dabei keine eigenständige Bauvorlage dar. Die Verzahnung mit dem Brandschutznachweis regelt der Gesetzgeber nicht einheitlich. In der Muster-Bauvorlagenverordnung MBauVorlV [6] werden ingenieurtechnische Nachweisverfahren nicht als Regelinhalt eines Brandschutznachweises aufgeführt. Anderslautend sehen die landesrechtlichen Regelungen in Nordrhein-Westfalen vor, dass Aussagen zur „Anwendung von Verfahren und Methoden des Brandschutzingenieurwesens" Gegenstand eines Brandschutzkonzepts sind [7].

Aus Verfassersicht müssen ingenieurtechnische Nachweise grundsätzlich als untrennbarer Bestandteil der Bauvorlage „Brandschutznachweis" verstanden werden. Damit einhergehend müssen derartige Nachweise auch Gegenstand der bauaufsichtlichen Prüfung sein. Nur damit kann eine durchgängige Wahrung des 4-Augen-Prinzips gewahrt werden.

In der Normenfamilie DIN 18009 würdigen sowohl die „Rahmennorm" DIN 18009-1 als auch die „Fachnorm" DIN 18009-2 die Prüfung von ingenieurtechnischen Nachweisen.

Beide Normen verfolgen den Anspruch, neben den Anwendern auch den prüfenden Instanzen ein breites Spektrum an Werkzeugen für die Durchführung und Prüfung bzw. Plausibilisierung von Nachweisen zur Verfügung zu stellen. Die Norm würdigt dabei die Tatsache, dass in der Anwendungspraxis Fragestellungen unterschiedlicher Komplexitäten untersucht werden können. Damit einhergehend kann die Komplexität der anzuwendenden Modelle – und damit auch der erforderliche Nachweisaufwand – variiert werden.

Als übergeordneten Bedarf stellen beide Normen fest, dass ingenieurtechnische Nachweise grundsätzlich mit einem erhöhten Abstimmungsaufwand einhergehen. Dies betrifft zum einen die Planungsbeteiligten im Projektinnenverhältnis aber insbesondere auch die genehmigenden Stellen, sofern die Nachweise das öffentlich-rechtliche Sicherheitsniveau tangieren. Letzteres ist bei der Durchführung von ingenieurtechnischen Nachweisen im Brandschutz in aller Regel der Fall.

Elementar für die Durchführung von ingenieurtechnischen Nachweisen ist die Szenarienauswahl. Ziel dieses Auswahlprozesses ist eine Reduktion der Komplexität, die mit einem steigenden Grad von Annahmen einhergeht. In der Anwendungspraxis führt dieser Aspekt häufig zu Diskussionen zwischen den Beteiligten, insbesondere zwischen den Aufstellern und den Prüfern von Nachweisen. In der DIN 18009-1 wird daher ausdrücklich empfohlen, die Genehmigungsbehörden bereits in dieser frühen Nachweisphase aktiv einzubinden.

Für die Plausibilisierung von berechneten Räumungszeiten stellt die DIN 18009-2 darüber hinaus ein vereinfachtes Rechenverfahren zur Verfügung, das grundsätzlich auch seinen Platz bei einer bauaufsichtlichen Prüfung finden kann. Eine Plausibilisierung unter Nutzung von komplexeren Rechenmodellen sollte aus Sicht des Verfassers nicht der Regelfall sein und nur in begründeten bzw. besonderen Fällen in Betracht gezogen werden.

Die wesentliche Grundlage für die bauaufsichtliche Prüfung eines ingenieurtechnischen Nachweises ist dessen schriftliche Dokumentation. Auch hier setzt die DIN 18009 Normenfamilie an und definiert Mindestinhalte, die den Anwender zu einer systematischen Darlegung der einzelnen Nachweisschritte führen sollen. Im Umkehrschluss können diese Mindestinhalte auf Seiten der prüfenden Stellen als Checkliste herangezogen werden, um die Vollständigkeit eines vorgelegten Nachweises nachvollziehen zu können.

Erfahrungen und Probleme

In der Projektpraxis zeigt sich ein breites Spektrum, in welcher Art und Weise ingenieurtechnische Nachweise sich in das bauaufsichtliche Verfahren einbetten. Die Erkenntnisse des Tagungsbeitrages fußen auf Erfahrungen aus Sicht von Aufstellern aber auch von Prüfingenieuren/Prüfsachverständigen. Die Erfahrungswerte werden dabei in folgende Teilfragestellungen zu einem ingenieurtechnischen Nachweis untergliedert:

- Art des Nachweises?
- Veranlassung durch wen?
- Grundsätzliche Akzeptanz?
- Umfang der Vorabstimmungen?
- Prüfung durch wen?
- Beurteilungstiefe der Prüfung?
- Überarbeitung erforderlich?

Zum Redaktionsschluss des Tagungsbandes lagen noch nicht alle Ergebnisse vor, weshalb auf eine Darstellung von Zwischenergebnissen verzichtet wurde. Hierzu wird auf den Vortrag selbst verwiesen.

Ungeachtet dessen können aber verschiedene Punkte herausgearbeitet werden, die in der Projektpraxis wiederkehrend eine Herausforderung darstellen.

Beispielsweise ist die grundsätzliche Akzeptanz von ingenieurtechnischen Nachweisen sehr unterschiedlich ausgeprägt. Vereinzelt schwingt der Unterton, dass man mit einem Rechenverfahren letztlich jede Planung „schönrechnen" könne. Diese Aussage ist aus Sicht des Verfassers weder falsch noch richtig. Selbstverständlich können methodische oder technische Fehler die eigentliche Erreichung der baurechtlichen Schutzziele in Frage stellen. Derartige Fallstricke gibt es in diesem Themenfeld ganz sicher. Ein vorsätzliches Manipulieren von Berechnungen oder Interpretationen steht jedoch in einem diametralen Widerspruch zu der öffentlich-rechtlichen und privatrechtlichen Planungsverantwortung eines beratenden Ingenieurs. Aus Sicht des Verfassers muss anerkannt werden, dass auf Seiten der Nachweisersteller erhebliche und vielseitige Aufwände betrieben werden, um robuste ingenieurtechnische Nachweise erbringen zu können.

Ein weiterer Aspekt aus der Projektpraxis ist der Umfang von Vorabstimmungen. Es geschieht hin und wieder, dass ingenieurtechnische Nachweise zwar grundsätzlich als Nachweisweg Zustimmung finden; diese jedoch inhaltlich nicht weiter mit den genehmigenden Stellen abgestimmt werden können. Da die Anzahl der Freiheitsgrade regelmäßig hoch ist, entsteht hieraus eine potenzielle Angriffsfläche für die später folgende bauaufsichtliche Prüfung/Plausibilisierung.

Der letzte Aspekt, er hier Beachtung findet, ist der Umfang bzw. die Beurteilungstiefe der bauaufsichtlichen Prüfung. Ingenieurtechnische Nachweise sind in aller Regel ein elementarer Bestandteil des zu prüfenden Brandschutznachweises. Konsequenterweise muss auch ein ingenieurtechnischer Nachweis durch die Genehmigungsbehörde dem 4-Augen-Prinzip unterzogen werden. Im Gegensatz zur inhaltlichen Prüfung des eigentlichen Brandschutznachweises fristen ingenieurtechnische Nachweise hier nicht selten ein Schattendasein. In nicht wenigen Baugenehmigungen wird beispielsweise vermerkt, dass ein Bericht über einen ingenieurtechnischen Nachweis „nicht Gegenstand" der bauaufsichtlichen Prüfung ist. Im besten Fall wird eine „Prüfung auf Plausibilität" in den Genehmigungsunterlagen vermerkt. Eine vollumfängliche, inhaltliche und dokumentierte Prüfung anhand der einschlägigen technischen Regeln erfolgt in der Regel nicht.

Lösungsansätze

Die aufgezeigten Erfahrungen deuten darauf hin, dass eine Wahrung des 4-Augen-Prinzipts bei der bauaufsichtlichen Prüfung von ingenieurtechnischen Nachweisen im Brandschutz in der Praxis nur bedingt umsetzbar ist. Diese Feststellung ist in keiner Weise als Generalkritik an den Genehmigungsbehörden zu verstehen. Der Verfasser erkennt vielmehr an, dass die inhaltlichen Kompetenzen auf Seiten der Genehmigungsbehörden – auch abseits des Brandschutzes – so breit aufgestellt sein müssen, dass eine vollumfängliche, inhaltliche Prüfung von ingenieurtechnischen Nachweisen anhand der einschlägigen technischen Regeln kaum umsetzbar bzw. zumutbar erscheint.

Hierfür bedarf es der Einbindung von Expertenwissen in das bauaufsichtliche Verfahren. Diesen Bedarf hat der Gesetzgeber ebenso identifiziert. Je nach den landesrechtlichen Regelungen (hier: stellvertretend § 58 Abs. 5 BauO NRW [8] für Nordrhein-Westfalen) besteht die Möglichkeit, dass:

- die Bauaufsichtsbehörden zur Erfüllung ihrer Aufgaben Sachverständige heranziehen können.
- für die bauaufsichtliche Prüfung des Brandschutzes einschließlich des Brandschutzkonzeptes und die Zulassung von Abweichungen von Anforderungen an den Brandschutz eine Prüfingenieurin oder ein Prüfingenieur für den Brandschutz beauftragt werden kann.

Im erstgenannten Fall kann die Genehmigungsbehörde exklusiv die Prüfung eines ingenieurtechnischen Nachweises an einen externen Sachverständigen delegieren. Der externe Sachverständige berichtet an die Bauaufsichtsbehörde und schafft mit seiner Prüftätigkeit eine Beurteilungsgrundlage für die Ermessensausübung auf Seiten der Genehmigungsbehörde. Die Prüfung des Brandschutznachweises verbleibt weiterhin in der Zuständigkeit der Genehmigungsbehörde.

Im letztgenannten Fall wird die bauaufsichtliche Prüfung des Brandschutznachweises inklusive eines zugehörigen ingenieurtechnischen Nachweises an einen hoheitlich tätigen Prüfingenieur übertragen.

Bei beiden Fallkonstellationen ist eine vollumfängliche, inhaltliche Prüfung von ingenieurtechnischen Nachweisen anhand der einschlägigen technischen Regeln umsetzbar. Der Grundsatz des 4-Augen-Prinzips wird gewahrt.

Fazit

Der Beitrag zeigt auf, dass ingenieurtechnische Nachweisverfahren – sowohl bei Neubauten als auch bei Gebäuden im Bestand – einen zunehmend hohen Stellenwert einnehmen sollten.

Dabei stehen die hohen Anforderungen, die an die Nachweisaufsteller zu stellen sind, nicht selten im Widerspruch zu dem was für eine Genehmigungsbehörde im Zuge der bauaufsichtlichen Prüfung leistbar bzw. zumutbar ist.

Eine mögliche Konsequenz ist, dass die Erwägung zur Durchführung von ingenieurtechnischen Nachweisen nicht oder nur bedingt auf Akzeptanz stößt. Für den Fall, dass ingenieurtechnische Nachweise grundsätzlich zugelassen werden, stellt sich jedoch die Frage, inwieweit eine inhaltliche Prüfung im Rahmen des bewährten 4-Augen-Prinzips dann überhaupt bewerkstelligt werden kann.

In beiden Fällen besteht für die Genehmigungsbehörden die Möglichkeit, – in Abhängigkeit zu den landesrechtlichen Regelungen – externe Sachverständige oder Prüfingenieure/Prüfsachverständige zu beteiligen.

Die derzeitigen Regelungen zu ingenieurtechnischen Nachweisverfahren fokussieren sich stark auf die Nachweisersteller. Aus Sicht des Verfassers muss die Weiterentwicklung der ingenieurtechnischen Verfahren – allen voran die Normung und sinnvollerweise perspektivisch auch das Baurecht – die Belange der bauaufsichtlichen Prüfung intensiver würdigen.

Nur mit der Wahrung eines durchgängigen 4-Augen-Prinzips kann die Qualität von ingenieurtechnischen Nachweisen gesichert und deren Akzeptanz und Stellenwert langfristig gestärkt werden.

Literatur

[1] Musterbauordnung – MBO – Fassung 11/2002, zuletzt geändert durch Beschluss der Bauministerkonferenz vom 25.09.2020

[2] Musterbauordnung – MBO – Begründung der Fassung 10/2008

[3] Marc Stolbrink, Systematische Beurteilung von Abweichungen und Erleichterungen. FeuerTrutz Magazin, (2018.2), Seiten 48–52

[4] DIN 18009-1 Brandschutzingenieurwesen Teil 1: Grundsätze und Regeln für die Anwendung, Deutsches Institut für Normung, September 2016

[5] DIN 18009-2 Brandschutzingenieurwesen Teil 2: Räumungssimulation und Personensicherheit, Deutsches Institut für Normung, August 2022

[6] Musterbauvorlagenverordnung – MBauVorlV – Fassung Februar 2007, zuletzt geändert durch Beschluss der Bauministerkonferenz vom 25. September 2020

[7] Land Nordrhein-Westfalen, Verordnung über bautechnische Prüfungen (BauPrüfVO) vom 6. Dezember 1995

[8] Land Nordrhein-Westfalen, Bauordnung für das Land Nordrhein-Westfalen (BauO NRW) vom 21. Juli 2018

Prof. Dr. Kathrin Grewolls und Dr. Gerald Grewolls

3.2 Mehr als nur Evakuierung: Personenströme simulieren

1 Methoden zur Berechnung von Personenströmen

Personenströme können sowohl mittels Handrechenverfahren (z.B. nach Predtetschenski-Milinski) als auch über Computersimulationen bestimmt werden. Den Modellen zur Computersimulation liegen im Wesentlichen drei verschiedene Berechnungsmethoden zugrunde (Abbildung 1) [1].

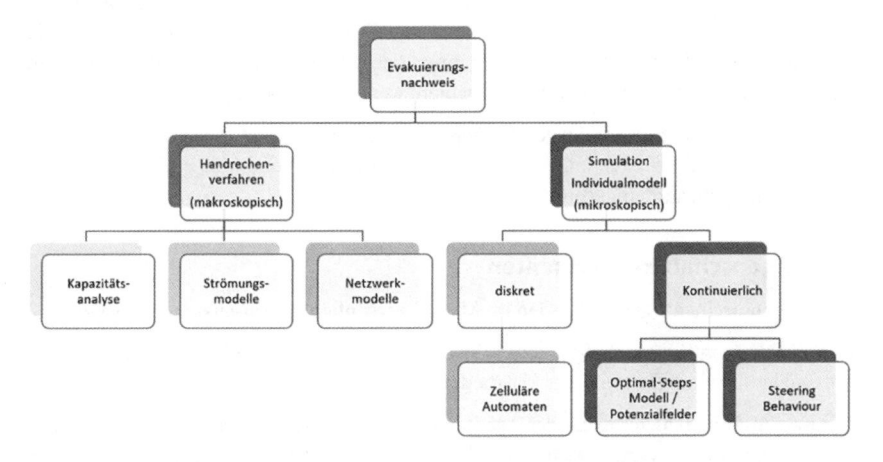

Abb. 1: Übersicht über die verschiedenen Methoden zur Berechnung von Personenströmen als Grundlage für einen Evakuierungsnachweis

Personenstromsimulationen haben sich als Grundlage für Evakuierungsnachweise etabliert. Sie können aber auch zur Optimierung für alltägliche Situationen verwendet werden, zum Beispiel für Einlassbereiche zu einem Veranstaltungsgelände oder zur Optimierung von Servicepunkten in Kantinen, Schaltern oder in öffentlichen Bereichen, wie zum Beispiel Bahnhöfen. Der Vortrag zeigt neben der Anwendung für Evakuierungsnachweise auch typische Anwendungsfälle, die darüber hinausgehen und die alltäglichen Situationen betreffen.

2 Simulationssoftware

Die im Vortrag gezeigten Beispiele wurden mit Pathfinder simuliert. Pathfinder ist ein agentenbasiertes kontinuierliches Modell. Diese Software wird von Thunderhead Engineering Consultants, USA, entwickelt. Die Personen im Modell werden im Allgemeinen als „Agenten" bezeichnet. Die Bewegung der Agenten wird auf Grundlage der Steering-Behaviour-Methode in Kombination mit einem Kostenmodell berechnet. Die maximal erreichbare Geschwindigkeit jedes Agenten hängt grundsätzlich von dem gewählten Fundamentaldiagramm ab. Ein Überblick über verschiedene Fundamentaldiagramme wird in der RiMEA-Richtlinie [2] gegeben. Entlang des berechneten Pfades wird die persönliche Geschwindigkeit jedes Agenten modifiziert. Die modifizierte maximale Geschwindigkeit des Agenten ist zu jedem Zeitpunkt abhängig vom Terrain (Raum, Rampe oder Treppe) und vom Abstand zu anderen Agenten und somit auch von der Dichte des Personenstroms.

Die Wahl des Weges erfolgt lokal im Raum über die Methode des schnellsten Weges. Dabei wird für jeden Agenten abgeschätzt, welcher Ausgang in der Nähe am schnellsten passiert werden kann. Dafür wird ein differenziertes Kostenmodell verwendet, welches unter anderem die Laufzeit zum Ausgang, die Wartezeit vor diesem Ausgang und die verbleibende Evakuierungszeit berücksichtigt. Entlang ihres Weges können sich die Agenten jederzeit umentscheiden und einen anderen Weg wählen, wenn sich die Bedingungen ändern.

Die dem Modell zugrundeliegende Berechnungsmethode ist nach den allgemein anerkannten Regeln der Technik aufgestellt und veröffentlicht und wird in der Fachwelt als ausreichend verifiziert eingestuft.

3 Eigenschaften der Agenten

Für jeden einzelnen Agenten werden im Modell persönliche Eigenschaften festgelegt.

Die wichtigsten Eigenschaften sind die unter optimalen Bedingungen erreichbare Maximalgeschwindigkeit und der Platzbedarf.

Die maximale Geschwindigkeit der Agenten hängt von vielen Faktoren, wie zum Beispiel der Intention der Bewegung, dem Kulturkreis, der Gesundheit oder der Altersgruppe ab. In der RiMEA-Richtlinie 4.0.0 [2] wird im Wesentlichen die Verwendung der maximalen Geschwindigkeit in Abhängigkeit vom Alter in Anlehnung an Weidmann empfohlen, wenn keine näheren Informationen über die Population vorliegen (siehe Abbildung 2).

D 3.2   Mehr als nur Evakuierung: Personenströme simulieren   381

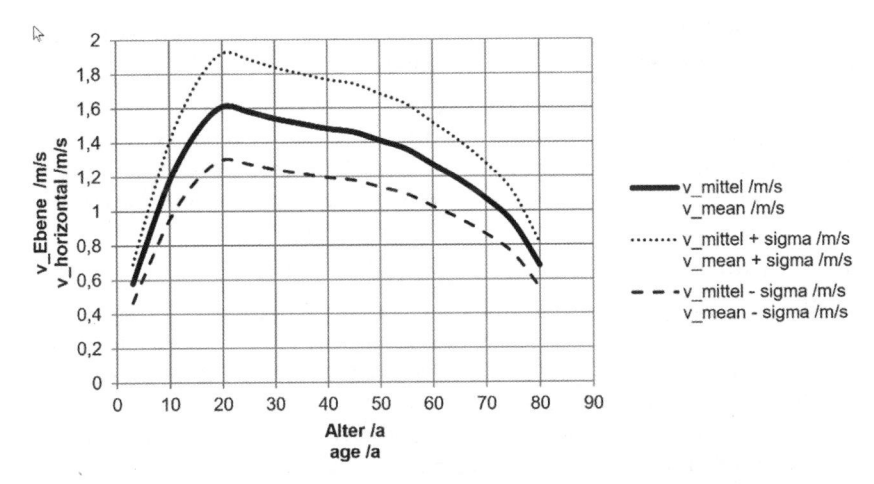

Abb. 2: Gehgeschwindigkeit in der Ebene in Abhängigkeit vom Alter in Anlehnung an Weidmann, Ausschnitt aus der RiMEA-Richtlinie [2]

Der Platzbedarf der Agenten wird im Modell als Kreis abgebildet, sodass für Personen ohne Einschränkungen lediglich die Schulterbreite bestimmt werden muß. Diese Werte können aus verschiedenen Veröffentlichungen zur Erhebung von anthropometrischen Maßen für den Arbeitsschutz und die Arbeitsmedizin (z.B. DIN 33402 Teil 2, siehe Abbildung 3) entnommen werden [3].

1.10	Schulterbreite (bideltoid)					
	Männer			Frauen		
	Perzentil					
	5	50	95	5	50	95
Altersgruppen	Angaben in mm					
18 - 65	440	480	525	395	435	485
18 - 25	425	470	515	385	420	455
26 - 40	440	480	525	395	435	490
41 - 60	445	480	525	400	445	495
61 - 65	435	475	520	395	440	480

Abb 3: Ausschnitt aus der DIN 33402 Teil 2 mit alters- und geschlechtsspezifischen Angaben zur Schulterbreite [3]

Der Platzbedarf kann jedoch eine andere geometrische Form und deutlich größere Werte annehmen, wenn die Agenten als Personen mit Einschränkungen (z. B. Personen im Rollstuhl oder im Krankenbett) modelliert werden. Der in diesen Fällen maßgebende

Platzbedarf, Bedarf an Hilfsagenten und die maximal erreichbare Geschwindigkeit wurden im Rahmen eines Forschungsprojekts in London ermittelt [4].

Die Interaktionen zwischen verschiedenen Agenten werden in Pathfinder ebenfalls berücksichtigt, sodass Agenten bereits in einem ausreichenden zeitlichen Abstand vor einer möglichen Kollision ihre Bewegung anpassen. Auch soziale Beziehungen zwischen den Agenten, wie zum Beispiel Familien, Schulklassen oder Reisegruppen können berücksichtigt werden.

4 Personenströme simulieren – mit Notfall-Szenario

Bei einer Evakuierungssimulation wird davon ausgegangen, dass die Agenten in einer festgelegten Zeit nach der Einleitung der Evakuierung ihre Plätze verlassen und sich auf dem schnellsten Weg zum Notausgang bewegen. Die Evakuierungszeiten jeder virtuellen Person setzen sich zusammen aus den gesamten Lauf- und Stauzeiten summiert über die Simulationsdauer. Die maßgebende Evakuierungszeit insgesamt ist die Zeitspanne zwischen dem Beginn der Evakuierung und dem Zeitpunkt, an welchem die letzte Person das Gebäude bzw. den Brandabschnitt verlassen hat. Diese Zeit wird in der RIMEA-Richtlinie [2] auch als Gesamtentfluchtungszeit bezeichnet. Bei der brandschutztechnischen Bewertung der Ergebnisse müssen zusätzlich zur berechneten Evakuierungszeit auch die Zeit bis zur Brandentdeckung und der Brandmeldung sowie die Reaktionszeit betrachtet werden.

Evakuierungs- und Stauzeiten

Diejenige Zeit, welche die Agenten für eine sichere Evakuierung benötigen, wird als *required safe evacuation time* (RSET) bezeichnet. Sie setzt sich aus den Lauf- und Wartezeiten zusammen. Für jeden Agenten werden von Pathfinder die Stauzeiten berechnet (Einzelstauzeit und Gesamtstauzeit). Die Geschwindigkeit, ab welcher ein Agent sich im Stau bewegt, kann vom Nutzer frei gewählt werden (z.B. bei langsamem Trippelschritt). Als Einzelstauzeit wird die Stauzeit bezeichnet, in der ein Agent an einer Position, z.B. vor einer Tür, fortlaufend seine Staugeschwindigkeit erreicht oder unterschreitet. Die maximale Einzelstauzeit eines Agenten ist die längste Zeitspanne, während der er sich fortlaufend in einem Bereich im Stau befindet. Werden alle Einzelstauzeiten eines Agenten über die Simulationsdauer aufsummiert, so ergibt sich daraus die Gesamtstauzeit. Ist die ermittelte erforderliche Evakuierungszeit (*required safe evacuation time* – RSET) kleiner als die verfügbare sichere Evakuierungszeit (*available safe evacuation time* – ASET), so wird der Nachweis im Allgemeinen als zulässig akzeptiert. Weil die verfügbare sichere Evakuierungszeit jedoch erst durch eine Brandsimulation ermittelt werden muss, liegt dieser Wert nicht immer vor, sodass die Einschätzung der Zulässigkeit des betrachteten Szenarios auf einer anderen Grundlage erfolgen muss.

Wird die Evakuierungszeit von bauordnungsrechtlich zulässigen Versammlungsräumen berechnet, so werden in den ungünstigsten Fällen Stauzeiten bis zu 2 min vor einer Tür ermittelt. Daher wird dieser Wert oft als Kriterium für die zulässige Einzelstauzeit herangezogen, wenn keine Informationen über die verfügbare sichere Evakuierungszeit vorliegen.

Ein weiteres Kriterium, ob ein Stau als kritisches Stauereignis betrachtet werden muss, kann die Geometrie des Bereichs, in dem der Stau auftritt (z. B. Flaschenhals-Situation) sein.

Überlagerung mit einer Brandsimulation

Die Evakuierungssimulation mit Pathfinder kann mit einer Brandsimulation überlagert werden, sodass die verfügbare sichere Evakuierungszeit auch im Pathfinder-Modell deutlich wird. Pathfinder kann die Ergebnisse von Brandsimulationen, die mit dem Fire Dynamics Simulator (FDS) berechnet wurden, mit den Ergebnissen der Evakuierungssimulation verknüpfen. Die Überlagerung der Rauch- und Temperaturergebnisse mit dem Personenstrommodell kann nicht nur sichtbar gemacht werden, sondern auch Einfluss auf die Bewegung der Agenten ausüben.

5 Anwendungsfälle für alltägliche Situationen

Eine zusätzliche Anwendungsmöglichkeit von Pathfinder ist die Simulation von Personenströmen in Alltagssituationen, ohne Notfall-Szenario.

Um solche Personenströme realistisch zu simulieren, ist es wichtig, typische „Störungen" eines gleichmäßigen Personenstroms und vorgegebene Bewegungsrichtungen zu erfassen. Dafür sind in Pathfinder verschiedene Möglichkeiten verfügbar:

- Warteschlangen
- Anziehungspunkte („Attraktoren"), die Personen veranlassen, von ihrem geplanten Weg zeitweise abzuweichen (z.B. Snack-Automaten, WCs)
- Platzwahl in Veranstaltungsräumen (Theater, Kino)
- Zeitabhängige Sperrungen von Wegen und Treppen durch dynamische Hindernisse

Warteschlangen

Warteschlangen führen ein völlig neues Konzept der Insassenbewegung in Pathfinder ein, das durch vordefinierte Pfade und Wegpunkte, sogenannte Dienste, eingeschränkt wird. Dadurch können Verhaltensweisen an Flughäfen, Restaurants, Vergnügungsparks und mehr besser simuliert werden.

Eine Warteschlange definiert, wo sich die Agenten während des Wartens positionieren und wo sie ihr Ziel erreichen. Eine Warteschlange wird durch Pfade definiert, wo Personen warten und Dienste, wo Personen eine vorgegebene Zeit lang bedient werden und dann weitergehen.

Damit können z.B. Situationen in Kantinen simuliert werden, wo mehrere Theken und mehrere Kassen vorhanden sind, um die beste Anordnung, Anzahl und Kapazität der Theken und Kassen zu planen (Abbildung 5).

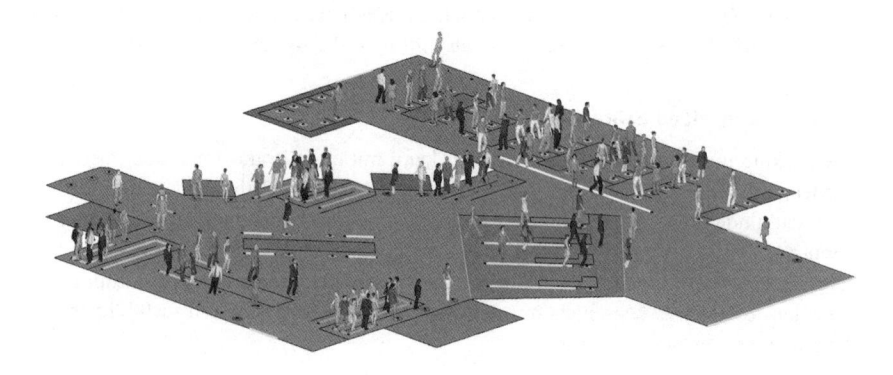

Abb. 4: Simulation von Personenströmen mit Warteschlangen in einer Cafeteria

Attraktoren

Attraktoren sind Objekte, die es Personen ermöglichen, spontane Entscheidungen in der realen Welt nachzuahmen, beispielsweise Verkaufsautomaten, die einige Personen dazu bewegen, von Ihrem Weg abzuweichen, oder dorthin zu gehen, während sie warten.

Sitzplatzwahl

Bei der Modellierung des Personenstroms in einen Saal mit Stuhlreihen kann modelliert werden, wie Personen nacheinander ihre Plätze einnehmen und an bereits sitzenden Personen vorbeigehen, um ihren Platz zu erreichen.

Beispiele für Anwendungsfälle

Durch die Implementierung von Warteschlangen, Attraktoren und Servicepunkten können der Einfluss des Standorts von Servicegeräten in hoch frequentierten Bereichen oder der Anordnung von Servicepunkten in Kantinen oder anderen Bereichen mit „Schalter- und Servicepunkten" sichtbar gemacht und optimiert werden. Dies gilt auch für die Anordnung von Einlasspunkten und Abschrankungen zu Veranstaltungsbereichen oder einem Festgelände. Aber auch die Wegführung in Museen oder Verkaufsstätten kann mit Hilfe der Personenstromsimulation mit Pathfinder unter verschiedenen Gesichtspunkten optimiert werden. Während die Anwendung von Evakuierungssimulationen in Pflegebereichen in der Fachwelt noch umstritten ist, können diese Simulationen aber auch dort zur Optimierung von Arbeitsabläufen und der Platzgestaltung herangezogen werden.

6   Literatur

[1] Grewolls, K.; Grewolls, G.: Praxiswissen Brandschutz - Simulationen: schneller Einstieg und kompaktes Wissen. FeuerTRUTZ Network GmbH, 2012. ISBN 9783862351848

[2] RiMEA e.V. - Richtlinie für Mikroskopische Entfluchtungsanalysen. Version 4.0.0 vom 28.04.2022, www.rimea.de (letzter Zugriff am 25.04.2023)

[3] DIN Deutsches Institut für Normung e. V. (Hrsg.): DIN 33402 Ergonomie – Körpermaße des Menschen – Teil 2: Werte. 2020.

[4] Hunt, A. L. E.: Simulating hospital evacuation, University of Greenwich, Dissertation, Januar 2016. http://gala.gre.ac.uk/18058/ (letzter Zugriff am 25.04.2023)

Download der Referentenvorträge und Zugang zur Aufzeichnung der Vorträge

Die Vortragsfolien als PDF zum Download finden Teilnehmer des Brandschutzkongresses unter https://www.feuertrutz.de/brandschutzkongress-2023-download-vortraege

Die Aufzeichnungen der Vorträge als Online-Stream können Sie auf der Veranstaltungsplattform des digitalen Brandschutzkongresses unter www.talque.com abrufen.

Die Aufzeichnungen aller Vorträge stehen im Anschluss an den Kongress **sechs Monate on-Demand** auf der Veranstaltungsplattform zur Verfügung. Der Download der Vortragsfolien als PDF ergänzt dieses Angebot optimal.

So verpassen Sie keinen der parallel stattfindenden Vorträge und können sich diese nachträglich zu Hause bzw. im Büro ansehen!

Die Vortragsfolien als PDF und die Videoaufnahmen werden nach dem Kongress bereitgestellt.

Berufsbegleitende Lehrgänge:
Fundiertes Praxiswissen für Ihre Karriere!

Die Lehrgänge:

- Fachplaner Brandschutz
- Fachbauleiter Brandschutz
- Fachkoordinator Evakuierung
- BIM im Brandschutz

Online-Tagesseminare zur Vertiefung wichtiger Themen sowie E-Learnings ergänzen das Programm.

Ihre Vorteile:

- Sie bekommen praxisbezogenes Wissen von erfahrenen Brandschützern vermittelt.
- Durch flexible Lernmodule sind die Lehrgänge an Ihr Berufsleben angepasst.
- Sowohl Einsteigern als auch erfahrenen Profis wird die Möglichkeit geboten, sich zielgerichtet fortzubilden.

Mehr Infos unter:
www.feuertrutz.de/akademie

FeuerTrutz

RM Rudolf Müller | Akademie

Referenten

Dipl.- Ing. Ralf Abraham, Architekt
- selbstständig seit 1998
- Studium an der TU Hannover
- Referent der AKNDS zum vorbeugenden Brandschutz
- Mitwirkender in der AG Bauordnungsrecht der AKNDS
- Gründung der AG Brandschutz im Dialog (2017)
- Verfasser von Publikationen wie „Mythen des Brandschutzes" und Anfragen an die Politik
- Geladener Experte bei der Novellierung der NBauO 2021/22
- Seit 2021 Mitglied des DIVB, Mitwirkender der AG Baurecht

Dipl.-Ing. Johanna Bartling
ist Diplom-Ingenieurin für Technischer Umweltschutz und seit 2011 beim DIBt angestellt. Sie wirkt seit über zehn Jahren in Gremien des Normenausschusses Bauwesen in DIN sowie in Arbeitsgruppen des Bundes und der ARGEBAU mit. Von 2016 bis 2019 vertrat sie Deutschland in der „Action 5" der Joint Initiative on Standardisation der EU-Kommission. Bartling leitete bis Dezember 2022 das Referat Produktinformationsstelle für das Bauwesen, Koordinierung Normung im DIBt und hat in diesen Arbeitsbereichen die Digitalisierung der Fachverfahren veranlasst und umgesetzt. Das Referat koordiniert außerdem die Mitwirkung deutscher Expert:innen im sogenannten CPR Technical Acquis-Prozesses der Europäischen Kommission im Zusammenhang mit der Revision der EU-Bauproduktenverordnung. Seit Januar 2023 leitet Bartling im DIBt die Abteilung „Bauphysik und Technische Gebäudeausrüstung".

Dipl.-Ing. (FH) Lutz Battran
Nach dem Architekturstudium an der FH Biberach und der Tätigkeit in mehreren Architekturbüros; Spezialisierung im Bereich „Vorbeugender Brandschutz".

Seit 1986 ist Lutz Battran bei der Versicherungskammer Bayern als Brandschutzsachverständiger tätig. Er ist Referent an der Bayerischen Verwaltungsschule sowie bei verschiedenen Fachseminaren. Außerdem ist er Herausgeber des *Brandschutzatlas* und Vorsitzender des bayerischen Prüfungsausschusses für den „Prüfsachverständigen für Brandschutz". Auch ist er Gründungsmitglied der Vereinigung der Brandschutzplaner e.V. VdBP.

Dipl.-Ing. (FH) Paul Benz
- Langjährige Tätigkeit als Bauverständiger der Kreisstadt Tauberbischofsheim mit Schwerpunkt technische Baugenehmigungen mit Schwerpunkt „vorbeugender Brandschutz, Brandverhütungsschau, Bauabnahmen, usw.
- Eignung zur Heranziehung eines Sachverständigen nach § 47 Abs. 2 LBO BaWü zur Prüfung des Brandschutzes entsprechend VwV Brandschutzprüfung BaWü
- Architekt
- Sachverständiger für vorbeugenden Brandschutz
- Zertifizierter Sachverständiger für vorbeugenden Brandschutz
- Brandschutzbeauftragter
- Fachreferent + Fachausbilder Brandschutz für verschiedene Fort-/Weiterbildungsakademien

Miriam Braun
ist studierte Betriebswirtschaftlerin und seit 2018 bei Siemens Smart Infrastructure (SI) im Bereich Fire Safety tätig. Zuvor verantwortete sie viele Jahre das Marketing und die Kommunikation eines internationalen Unternehmens im Gebäudebereich, das sich mit seinem Leistungsportfolio auf ganzheitliche und effiziente Lösungen für Komfort, Energiemanagement und Sicherheit konzentriert. Mehrjährige Erfahrungen sammelte Miriam Braun in einem Verband für Gebäudetechnik, bevor sie in das Deutsche Headquarter von Siemens SI in Frankfurt wechselte.

Seit ihrer Zugehörigkeit bei Siemens gehörte es zu ihrer Aufgabe, die Modernisierungskonzepte der Brandmeldesysteme zu entwickeln und umzusetzen. In 2020 wechselte Braun in den Bereich „Standardisierung und Normierung für den anlagentechnischen Brandschutz" und verantwortet diesen seit 2022 für Deutschland.

Dipl.-Ing. Knut Czepuck
Seit 1991 Bediensteter des Landes Nordrhein-Westfalen in verschiedenen Dienststellen, derzeit in dem für die Bauaufsicht zuständigen Ministerium in NRW. Er ist tätig im gesamten Bereich der technischen Gebäudeausrüstung bei Bauunterhaltungsarbeiten, Neu- und Umbaumaßnahmen, Gebäudemanagement sowie der Bauaufsicht.

Seine Erfahrungsschwerpunkte: Novellierungen der Muster-Lüftungsanlagenrichtlinie und der Muster-Leitungsanlagenrichtlinie, bauordnungsrechtliche Vorschriften zu Anlagen der Technischen Gebäudeausrüstung und zu deren Prüfungen im Land NRW.

Dipl.-Ing. (FH) Stefan Deschermeier
ist seit vielen Jahren im Bauwesen, Brandschutz und in der Feuerwehr aktiv. Seit über 25 Jahren Mitglied der Freiwilligen Feuerwehr; Studium zum Bauingenieur zum Arbeitsschutz- und Brandschutzingenieur. Nach über fünfzehn Jahren beruflicher Erfahrungen als Leiter einer Werkfeuerwehr und im Bereich des Bauwesens, Brand- und Umweltschutzes berät er seit 2015 im eigenen Ingenieurbüro seine Kunden. Führte mehr als fünf Jahre die Geschäftsstelle des Werkfeuerwehrverbandes Bayern e.V. / Arbeitsgemeinschaft Betrieblicher Brandschutz und ist nun als Geschäftsführer im Bundesverband Betrieblicher Brandschutz – Werkfeuerverband Deutschland e.V. tätig; Wirkt aktiv am Runden Tisch der bayerischen Staatsregierung zum „Bürokratieabbau Brandschutz" mit.

Dipl.-Ing. Matthias Dietrich
Staatlich anerkannter Sachverständiger für die Prüfung des Brandschutzes (NRW) und Prüfsachverständiger für Brandschutz (BY).
Matthias Dietrich studierte Sicherheitstechnik an der Universität Wuppertal. Der aktive Freiwillige Feuerwehrmann ist Geschäftsführer des Sachverständigenbüros Rassek & Partner Brandschutzingenieure in Wuppertal und Würzburg. Zu seinen Tätigkeitsschwerpunkten zählt insbesondere der Brandschutz in historischen und denkmalgeschützten Gebäuden sowie die Prüfung von Konzepten und Nachweisen für komplexe Sonderbauten. Herr Dietrich ist Autor von umfangreichen Fachveröffentlichungen auf dem Gebiet des vorbeugenden Brandschutzes.

Dipl.-Ing. (FH) Tobias Endreß

ist Nachweisberechtigter für Brandschutz in Hessen. Seit 2022 Lehrbeauftragter für Brandschutz an der Hochschule Darmstadt. Die Endreß Ingenieurgesellschaft ist mit Sachverständigenteams für Brandschutz und Planungsteams für Löschanlagen tätig; bundesweit sechs weitere Standorte.

1990 – 1993: Industrieinformatiker, Zürich Versicherung, Frankfurt

1993 – 1995: Betriebswirtschaftslehre, Goethe Universität Frankfurt

1995 – 1999: Diplom-Ingenieur Bauingenieurwesen, Fachhochschule Frankfurt am Main

1994 – 2004: Geschäftsführer Brandschutzplanung mit System GmbH, Frankfurt

1999 – 2004: Freier Mitarbeiter Sachverständigenbüro für Brandschutz Diplom-Ingenieure, Endreß GbR, Frankfurt

2003: Fachplaner für vorbeugenden Brandschutz, Europäisches Institut für postgraduale Bildung (EIPOS), Dresden

2004: Sachverständiger für vorbeugenden Brandschutz, Europäisches Institut für postgraduale Bildung (EIPOS), Dresden

seit 04/2004: Partner Sachverständigenbüro für Brandschutz Diplom-Ingenieure, Endreß GbR, Frankfurt

seit 04/2009: Geschäftsführender Gesellschafter, Endreß Ingenieurgesellschaft mbH, Frankfurt a. M.

Thomas Engel

ist wissenschaftlicher Mitarbeiter am Lehrstuhl für Holzbau und Baukonstruktion an der Technischen Universität München. Er betreut Forschungsvorhaben und Vorlesungen im }Fachbereich Brandschutz. Er war mehrere Jahre für renommierte Brandschutzingenieurbüros tätig. Engel ist darüber hinaus Kommandant einer Abteilung der Freiwilligen Feuerwehr München.

Dipl. Ing. (FH) Lutz Erbe

1990-2002: Leitung der Instandhaltungswerkstatt eines kunststoffverarbeitenden Betriebs in Hannover

seit 2002: Mitarbeiter der VGH Versicherung Hannover, Abteilung Schadenverhütung und Technik: Beratung Schadenverhütung, Schadenermittlung in Sach- und Haftpflichtschadenfällen, Referententätigkeit bei Informationsveranstaltungen, Verbandstätigkeiten

Mitarbeiter in den Normungsgremien des DKE 221.1.4 (PV-Anlagen) und K221.2.2 (Überspannungsschutz); 221.1.5 (Landwirtschaft)

Leitung der GDV Arbeitsgruppen zur Erstellung des Technischen Leitfadens VdS 3145 „PV-Anlagen" und VdS 3885 „Elektrofahrzeuge in geschlossenen Garagen"

seit 2009: VdS anerkannter Sachverständiger für Elektrothermografie

seit 2010: von der Ingenieurkammer Niedersachsen öffentlich bestellter und vereidigter Sachverständiger für: Schaltanlagen/Verteilungen und Überspannungsschutzeinrichtungen und Elektrothermografie

Dr. Till Fischer

Fachanwalt für Bau- und Architektenrecht. Er ist Lehrbeauftragter für Baurecht u.a. an der Hochschule Darmstadt, Lehrbeauftragter für Baurecht und Brandschutzrecht an der Dresden International University (DIU), sowie am Europäischen Institut Für Postgraduale Bildung (EIPOS).

- Rechtswiss. Studium an der Justus-Liebig-Universität in Gießen
- 1999 Wissenschaftlicher Mitarbeiter am Lehrstuhl für Deutsches und Internationales, öffentliches und privates Baurecht an der Technischen Universität Darmstadt
- 2004 Promotion im Baurecht
- 2005 Kanzlei Karch, Dr. Fischer & Schnurr in Heidelberg; seit 2005 bis dato Lehrbeauftragter für Bau- und Brandschutzrecht an der Hochschule Darmstadt, FB Bauingenieurwesen
- seit Nov. 2011 Henkel Rechtsanwälte
- Dozent für Bau- und Brandschutzrecht u. a. an der Hessischen Ingenieurakademie, der Architekten- und Stadtplanerkammer Hessen, VDI, TÜV Nord
- Autor zahlreicher Veröffentlichungen zum öffentlichen und privaten Baurecht, sowie zum Brandschutzrecht und Denkmalschutzrecht, u.a. „Rechtspraxis für Brandschutzplaner" (Verlag Feuertrutz 2014), Mit-Kommentator des Beck`schen VOB-Kommentars Teil C

Prof. Dr.-Ing. Gerd Geburtig

ist freischaffender Architekt und Inhaber der Planungsgruppe Geburtig.

Er ist Sachverständiger und Prüfingenieur für Brandschutz, Honorarprofessor für das Fachgebiet Brandschutz an der Bauhaus-Universität Weimar und u. a. Mitglied im Normungsausschuss NA 005-52-21 (Brandschutzingenieur-verfahren) des DIN.

Seit 2018 leitet er das Referat „Brandschutz" in der Wissenschaftlich-Technischen Arbeitsgemeinschaft für Bauwerkserhaltung und Denkmalpflege e. V. (WTA).

Als Autor kann er auf etliche Fachbücher, insbesondere zu Themen des Brandschutzes, und ca. 130 Veröffentlichungen in Fachzeitschriften verweisen.

Prof. Dr. Kathrin Grewolls

- 2009–2013: Promotion (University of Central Lancashire, UK, Thema: Probabilistic Modelling of Sensitivity in Fire Simulations)
- 2006–2009: Studium an der Hochschule Zittau-Görlitz (FH) / EIPOS, Abschluss: Master of Engineering für vorbeugenden Brandschutz
- 2001–2004: Studium an der Fachhochschule München im Studiengang Bauingenieurwesen
- seit 2022: Prüfingenieurin für vorbeugenden Brandschutz
- Bestellung: Staatsministerium Sachsen
- seit 2020: Professorin an der Ostbayerischen Technischen Hochschule
- Regensburg (OTH Regensburg), Fachbereich: Bauingenieurwesen, Fachgebiet: Brandschutz
- seit 10/2019 Lehrbeauftragte an der Schornsteinfegerschule Niedersachsen e.V. in Langenhagen
- seit 01/2006 Ingenieurbüro für Brandschutz Kathrin Grewolls

Dipl.-Ing. Martin Hamann

- 1995: Abschluss als Diplomingeneur (Bauwesen), Technische Universität Dresden / Eidgenössische Technische Hochschule Lausanne
- 1995: Projektleiter im Ingenieurbüro Leonhardt, Andrä und Partner
- 1998 – 2004: Projektleiter in der Krone Hamann Reinke Ingenieurbüro GmbH
- 2010: Prüfingenieur für Brandschutz
- 2004: Beratender Ingenieur für Bauwesen Baukammer Berlin
- 2004 – 2014: Geschäftsführer und Gesellschafter Krone Hamann Reinke Ingenieurbüro GmbH
- seit 2014: Geschäftsführer und Gesellschafter Hamann Ingenieure GmbH

Dr.-Ing. Sebastian Hauswaldt

hat an der TU Hamburg-Harburg und der Universität Leipzig Bauingenieurwesens studiert und an der Leibniz Uni Hannover am Lehrstuhl für Stahlbau promoviert. Er war von 2005 bis 2008 im Bereich der Feuerwiderstandsprüfungen an der MFPA Leipzig GmbH und anschließend als Doktorand bis 2012 an der BAM Berlin tätig. Bis 2019 wieder an der MFPA, zuletzt als Geschäftsbereichsleiter Baulicher Brandschutz. Dr. Hauswaldt ist seit 2020 geschäftsführender Gesellschafter der IBB Hauswaldt mbH, das Ingenieurbüro hat sich auf die Bewertung des Brandverhaltens von Bauarten spezialisiert. Er ist Sachverständiger des DIBts, u.a. für die Tragwerksbemessung im Brandfall, und Obmann des DIN-Ausschusses Brandverhalten von Außenwandbekleidungen.

Carsten Janiec

Dr.-Ing. Manuel Kitzlinger

hat an der TU Darmstadt und TU Braunschweig Bauingenieurwesen studiert. Er war zwei Jahre als wissenschaftlicher Mitarbeiter am IIB der TU Darmstadt tätig. Seit 2011 ist er bei Halfkann+Kirchner als Brandschutzingenieur in der Abteilung Ingenieurmethoden beschäftigt. Er befasst sich mit der Einführung der BIM-Methode im Brandschutz und hat 2021 an der TU Darmstadt promoviert. Als Sprecher der Fachgruppe Brandschutz bei buildingSMART Deutschland beteiligt er sich an Projekten bei buildingSMART international. Für die Weiterentwicklung im Brandschutzingenieurwesen engagiert er sich beim DIN und im Referat 4 der vfdb e.V. sowie im VIB e.V.

Dipl.-Verw. (FH), Rechtsanwalt Stefan Koch

Stefan Koch, Diplom-Verwaltungswirt (FH), ist Rechtsanwalt seit 2001 und Fachanwalt für Verwaltungsrecht seit 2005. Er berät seine Mandanten umfassend im Öffentlichen Baurecht mit Spezialisierung im Brandschutzrecht. Er ist Mitautor des Brandschutzatlas und Autor des Buches „Brandschutz und Baurecht". Bis Juli 2013 war Herr Koch Partner in einer der führenden deutschen Kanzleien im Bau- und Immobilienrecht. Zum 01.08.2013 hat er die „Kanzlei für Baurecht und Brandschutz" mit Sitz in Köln gegründet.

Dipl.-Ing. Thomas Krause-Czeranka

studierte Baubetrieb und Projektsteuerung an der TU Dortmund und war seit seinem Bauingenieurstudium in unterschiedlichen Positionen und Funktionen im Brandschutz tätig. Neben Prüf- und Forschungstätigkeiten am Brandprüfzentrum Erwitte des MPA NRW leitete er als Geschäftsführer der BELFOR Prevention (Deutschland) GmbH ein spezialisiertes Unternehmen in dem Bereich Brandschutzsanierung von Bestandsgebäuden und war als Verlagsleiter bei FeuerTrutz Network in Köln tätig.

2011 gründete er das Ingenieurbüro Krause-Czeranka und ist insbesondere als Fachdozent für Brandschutz und Bauprodukte bei verschiedenen Einrichtungen in der Aus- und Weiterbildung aktiv. Neben seiner Dozententätigkeit unterstützt er als Fachberater die FeuerTrutz Network GmbH und ist seit Juli 2018 für die Abteilung Bausicherheit des MPA NRW tätig.

Lars Oliver Laschinsky

arbeitet seit seinem Studium des Brand- und Explosionsschutzes am Fachbereich Sicherheitstechnik der Bergischen Universität Wuppertal als Fachlehrer für das Institut für Sicherheits- und Gefahrentraining. Als Fachdozent ist er für Fachinstitute von Fachhochschulen und Universitäten, für weitere technische Bildungseinrichtungen und Berufsgenossenschaften, insbesondere in der Fachkundeausbildung nach GefStoffV zur Gefährdungsbeurteilung und im Explosionsschutz tätig. Weiterhin ist er 1. Vorsitzender des Vereins der Brandschutzbeauftragten in Deutschland e.V. (VBBD).

Dipl.-Ing. Manfred Lippe

ist ö.b.u.v. Sachverständiger bei der HWK Düsseldorf für das Installateur-, Heizungs- und Lüftungsbauerhandwerk sowie für das Wärme-, Kälte- und Schallschutzisolierhandwerk (Brandabschottungen und Schallschutz) und der IHK Mittlerer Niederrhein Krefeld-Mönchengladbach-Neuss für den baulichen und anlagentechnischen Brandschutz. Herr Lippe ist Mitglied der Projektgruppe Leitungsanlagen in der ARGEBAU und Dozent für Brandschutz bei Leitungs- und Lüftungsanlagen für EIPOS-Dresden. Er ist Mitglied in diversen Ausschüssen der SHK-Fachverbände und Geschäftsführer der ML Sachverständigen Gesellschaft mbH und der LiComTec GmbH.

A.1 Referenten

Dipl. Ing. (FH) Frank Lucka, MEng. (VDI)
arbeitet im Sachverständigenbüro PVT mbH Prenzlau als Geschäftsführer, ö.b.u.v. Sachverständiger für Heizungstechnik, Prüfsachverständiger für sicherheitstechnische Gebäudeausrüstung auf allen Fachgebieten, und Sachverständiger für vorbeugenden Brandschutz und ist Nachweisberechtigter für Brandschutzplanung. Lucka ist als Dozent in Weiterbildungen für Ingenieure, Techniker, Feuerwehren und Behörden tätig. Ehrenamtlich ist Frank Lucka im Prüfungsausschuss zur Prüfung von Prüfsachverständigen und in der Fachsektion Brandschutz bei der Brandenburgischen Ingenieurkammer tätig. Er ist Mitglied im Richtlinienausschuss VDI 6010 Blatt 1, Blatt 2 und Blatt 3, der VDI 3819 Blatt 1 und Blatt 2 sowie in der Vereinigung zur Förderung des Brandschutzes (vfdb).

Dipl.-Ing. (FH) Josef Mayr
ist Bauingenieur und Brandschutzsachverständiger. Er studierte Bauingenieurwesen mit Schwerpunkt Baubetrieb an der FH München und arbeitete dann zehn Jahre als Bauleiter und Bausachverständiger. In dieser Zeit spezialisierte er sich auf den vorbeugenden Brandschutz. Von 1987-97 war er im Risk-Management der Versicherungskammer Bayern, u.a. als Autor der „Schadenbilder aktuell" und „Brandschutzinformationen" tätig. 1997 gründete er die Feuertrutz GmbH, Verlag für Brandschutzpublikationen wo er als Geschäftsführer, Herausgeber und Hauptautor des Brandschutzatlas bis Mitte 2005 wirkte. Seit 2005 ist er als Referent und Autor tätig und führt ein Ingenieurbüro für Brandschutz in Wolfratshausen.

Prof. Dr. Marion Meinert

Dr. Dana Meißner
1988 – 1993: Chemiestudium in Rostock,
1998: Promotion in Chemie am Katalyse-Institut in Rostock,
1998 – 2002: wissenschaftliche Mitarbeiterin Fachbereich Physik an der Universität Rostock,
seit 2002: wissenschaftliche Mitarbeiterin am Institut für Sicherheitstechnik /Schiffssicherheit e.V. in Warnemünde
seit 2009: Leiterin Forschung und Entwicklung am Institut
Forschung zu verschiedenen Themen der Schiffssicherheit, u.a. Brandschutz auf Seeschiffen, Evakuierungsmittel, Mann über Bord, Human Factor, Piraterie und Terrorismusabwehr, Infektionskrankheiten auf Fahrgastschiffen, Kurbelraumexplosionen u.a.

Dr. Michael Merk

ist Bauingenieur an der Technischen Universität München. Er leitet dort die Prüf-, Überwachungs- und Zertifizierungsstelle Holzbau am MPA BAU und ist tätig in Lehre und Forschung am Lehrstuhl für Holzbau und Baukonstruktion. Seit 2010 ist er zudem seitens des DIBt anerkannter Leiter der Überwachungsstelle für hochfeuerhemmende Bauteile in Holzbauweise.

Darüber hinaus ist Merk geschäftsführender Gesellschafter des Ingenieurbüros FIRE & TIMBER .ING GmbH in München. Er ist Bauingenieur und gelernter Zimmermann. Seine Promotion mit dem Titel „Sicherheit mehrgeschossiger Holzgebäude im Brandfall – Eine Risikoanalyse unter stochastischer Abbildung realer Ereignisverläufe im Brandfall" hat er im Juni 2015 abgeschlossen.

Frank Möller

Geschäftsführender Gesellschafter der Möller BSP GmbH

Prokurist der ML Sachverständigen Gesellschaft mbH

öffentlich bestellter und vereidigter Sachverständiger der IHK Mittlerer Niederrhein für den anlagentechnischen Brandschutz

geprüfter Sachverständiger für den gebäudetechnischen Brandschutz (Eipos)

geprüfter Fachplaner für den gebäudetechnischen Brandschutz (Eipos)

Meister im Elektrotechnikerhandwerk

zertifizierter Fachplaner für Brandmeldeanlagen nach DIN 14675-2

Prof. Dr.-Ing. Dipl.-Wirt. Ing. Eugen Nachtigall

ist Geschäftsführer des Ingenieurbüros Nachtigall; Studiengangleiter und Professor des Studiengangs Bauingenieurwesen sowie Modulverantwortlicher im Masterbereich am CAS (Module: Industriebau, Strategisches und technisches Facility Management) an der Dualen Hochschule Baden-Württemberg; Studium der Wirtschaftswissenschaften sowie des Bauingenieurwesens an der RWTH; Promotion an der BUW zum Thema „Dynamische Ansteuerung gebäudetechnischer Brandschutzeinrichtungen"; u.a. Projektleiter Brandschutz bei Gruner AG Ingenieure und Planer.

Bastian Nagel
ist Spezialist für Bauordnungsrecht, Normen und Richtlinien bei Hekatron Brandschutz.
Er hat Rettungsingenieurwesen in Köln und Brandschutz in Kaiserslautern studiert. Nachdem er in einem Schweizer Ingenieurbüro mehrere Jahre als Projektleiter für Brandfallsteuerungen tätig war, wechselte Bastian Nagel 2015 zu Hekatron Brandschutz. Dort befasst er sich insbesondere mit dem Bauordnungsrecht sowie mit Normen und Richtlinien aus dem Bereich des anlagentechnischen Brandschutzes; zunächst als Schulungsreferent und seit Oktober 2017 als Spezialist im Produktmanagement.
Nagel ist Mitglied in zahlreichen Normungs- und Richtlinienausschüssen bei CEN, DIN, DKE und VDI, Dozent bei EIPOS sowie Mitautor des Buches Kommentars zur VDI-Richtlinie 6010 Blatt 1 (Vom sicherheitstechnischen Steuerungskonzept bis zur Brandfallsteuermatrix).

Dr. Michael Neupert
ist seit 2007 Rechtsanwalt. Er arbeitet im Öffentlichen Recht samt dessen Schnittstellen zum Zivil- und Strafrecht mit Fokus auf technische Anlagen und Betriebsorganisation. Seine Tätigkeit dreht sich hauptsächlich um die Unterstützung in schwierigen Konfliktfällen, etwa bei weitgehenden behördlichen Maßnahmen, erheblichen Schadensersatzforderungen, Bußgeld- und Strafverfahren. Unter anderem berät er bei schweren Betriebsunfällen und Brandschutzproblemen. Vor und während des Studiums hat Michael Neupert jahrelang als Rettungssanitäter gearbeitet. Er ist Autor einer Reihe von Veröffentlichungen, darunter diverse zum vorbeugenden und organisatorischen Brandschutz.

M.Sc. Eike Peltzer
beratender Ingenieur
unterstützt mit seiner Firma E.P.FIRE Löschanlagenbetreiber und Feuerwehren herstellerunabhängig bei der Umstellung von AFFF auf fluorfreie Schaummittel
leitet AK Schaummittel des Werkfeuerwehrverbands Deutschland
Master in Disaster Management von der Coventry University (UK)
Ausbildung zum höheren feuerwehrtechnischen Dienst

Dipl.-Ing. (FH) Torsten Pfeiffer
Produktgruppenleiter BMA, SAA und FSA im PM der Technischen Prüfstelle bei VdS Schadenverhütung
Fachrichtungsleiter BMA im Prüfungsausschuss Sachverständigenwesen der Brandenburgischen Ingenieurkammer (BBIK)
Baurechtlich anerkannter Prüfsachverständiger für Brandmelde- und Alarmierungsanlagen
Mitarbeit in Normungs- und Richtliniengremien bei DIN, DKE, VDI, VdS und ZVEI zu den Themen BMA, SAA und FSA

Marco Schmöller

Dr.-Ing. Benjamin Schröder
ist als Projektleiter tätig und betreut insbesondere die Fachdisziplin der Ingenieurmethoden. In diesem Zusammenhang beteiligt er sich in verschiedenen Gremien an der Erarbeitung von Regelwerken wie der DIN 18009-2 oder der RiMEA-Richtlinie.

Ing., M SC. Patrick Sonntag
Jahrgang 1989, hat sein Bachelorstudium in Security & Safety Engineering im Jahr 2013 abgeschlossen. Anschließend studierte er an der Bergischen Universität Wuppertal Sicherheitstechnik mit Vertiefung in Bevölkerungsschutz und Brandschutz. Seit seinem Abschluss arbeitet er bei der Niederlassung Köln der Gruner Deutschland GmbH in verschiedenen Positionen, zurzeit als Senior-Projektleiter Brandschutz.

Dipl.-Ing. (FH) Bernd Steinhofer

ist Geschäftsführer der Steinhofer Ingenieure GmbH mit Sitz in Regensburg und St. Johann, Tirol.

seit 2003: Diplom-Bauingenieur FH Regensburg

seit 2007: Fokussierung auf Brandschutz und Sicherheit mit Gründung der heutigen Steinhofer Ingenieure GmbH

seit 2007

- Anerkannt als Fachkraft für Arbeitssicherheit / Sicherheitsingenieur
- Anerkannt als Sicherheits- und Gesundheitsschutz-Koordinator
- Bauvorhabenberechtigung Bayern nach BayBO
- Bauvorlageberechtigung inkl. Brandschutz Sachsen
- Brandschutzfachingenieur TÜV
- Brandschutzbeauftragter
- Sachverständiger vorbeugender Brandschutz TÜV
- Fachplaner Brandschutz TÜV
- Fachbauleiter Brandschutz TÜV
- Sachverständiger Sicherheits- und Evakuierungsmanagement
- Nachweisberechtigung für den vorbeugenden Brandschutz, Bayern
- Nachweisberechtigung für Standsicherheit, Bayern und Sachsen

seit 2020: Anerkannt als Baumeister der WK Österreich

M.Sc. Angelo Tonn

ist als Sachverständiger (TÜV) im Bereich Brandschutz bei der TÜV Rheinland Industrie Service GmbH tätig. Tonn betreut aktuell den Frankfurter Hauptbahnhof als Brandschutzkoordinator.

Ein weiterer Arbeitsschwerpunkt ist die Erstellung von Brandfallsteuermatrizen sowie deren Kontrolle innerhalb des Vollprobetests.

Dipl.-Ing.(FH) Christoph Vahlhaus s.a.

geboren 1976, hat Bauingenieurwesen in Aachen studiert und ist ab 2002 ausschließlich im Brandschutz tätig. Nach Stationen als Projektingenieur und Projektleiter in zwei großen Ingenieurbüros in Frankfurt und Köln ist er heute Geschäftsführer und Leiter der Niederlassung Köln der Gruner Deutschland GmbH. Neben der Qualifikation als staatlich geprüfter (2008) und ab 2012 anerkannter Sachverständiger für die Prüfung des Brandschutzes ist er als Prüfingenieur für Brandschutz in NRW und Prüfsachverständiger für Brandschutz in Hessen anerkannt.

Dipl.-Ing. Peter Vogelsang

Staatlich anerkannter Sachverständiger für die Prüfung von Lüftungsanlagen, Überdruckanlagen zur Rauchfreihaltung von Rettungswegen, Rauch- und Wärmeabzugsanlagen und CO-Meß- und Warnanlagen.

Dr.-Ing. Norman Werther

Technische Universität München Lehrstuhl für Holzbau und Baukonstruktion, IGNIS Fire Design Consulting

ist Leiter der Forschungsgruppe Brandschutz am Lehrstuhl für Holzbau und Baukonstruktion der Technischen Universität München. Er lehrt auf dem Gebiet des Holzhausbaus und Brandschutz und ist Autor von über 100 Publikationen in diesem Bereich. Bis 2008 war er wissenschaftlicher Mitarbeiter an der Leipziger Materialforschungs- und Prüfanstalt (MFPA Leipzig GmbH). Er ist Mitglied des Projektteams zur EN 1995-1-2 „Tragwerksbemessung von Holzbauten für den Brandfall" in der Erarbeitung der nächsten Generation der Eurocodes, ist deutscher Delegierter im CEN/TC 250/SC 5/WG4 und aktives Mitglied in deutschen Normungsgremien, wie zur DIN 4102-4 „Brandverhalten von Baustoffen und Bauteilen". Zudem ist Norman Werther Gesellschafter der IGNIS - Fire Design Consulting GmbH Zürich.

Dipl. Ing. (FH) Frank Wienböker

ist ein Experte auf dem Gebiet der Sicherheitstechnik mit dem Schwerpunkt Lüftung und Entrauchung. Seit mehr als 30 Jahren ist er für Rauch- und Wärmeabzug, natürliche Lüftung sowie Rauchschutz-Druckanlagen bei Kingspan STG GmbH (ehemals STG-Beikirch) tätig. Er arbeitet aktiv in vielen Verbänden mit und ist Mitglied in mehreren Vorständen, wie im Fachverband Sicherheit des ZVEI, im Fachkreis RWA und natürliche Lüftung (ZVEI) oder im VFE (Verband Fensterautomation und Entrauchung).

Prof. Dr. Jochen Zehfuß